高等学校"十三五"重点规划
电子信息与自动化系列

高频电子线路

（第 4 版）

阳昌汉　主编

哈尔滨工程大学出版社
Harbin Engineering University Press

内 容 简 介

本书以通信功能电路的"功能"为基点,从通信功能电路的输入信号频谱与输出信号频谱的变换关系出发,在理论上讲清楚各个通信功能电路的基本原理和实现电路的基本方法。本书的内容以模拟通信功能电路为主,对数字信号的调制与解调功能电路、频率合成技术和功率合成技术也有适当的叙述。本书共8章,主要内容包括绪论、高频小信号放大器、高频功率放大器、正弦波振荡器、振幅调制与解调电路、角度调制与解调电路、变频电路、反馈控制电路与频率合成,各章后均附有思考题与习题。

本书可作为高等学校通信、电子信息等专业的"高频电子线路""通信电子线路""电子线路Ⅱ"等课程的教材,也可供从事电子系统研制与开发的工程技术人员参考。

图书在版编目(CIP)数据

高频电子线路 / 阳昌汉主编. — 4 版. —哈尔滨 :
哈尔滨工程大学出版社,2019.7(2021.8 重印)
ISBN 978 – 7 – 5661 – 2281 – 0

Ⅰ. ①高… Ⅱ. ①阳… Ⅲ. ①高频 – 电子电路 – 高等
学校 – 教材 Ⅳ. ①TN710.6

中国版本图书馆 CIP 数据核字(2019)第 099920 号

责任编辑 马佳佳
封面设计 刘长友

出版发行 哈尔滨工程大学出版社
社　　址 哈尔滨市南岗区南通大街 145 号
邮政编码 150001
发行电话 0451 – 82519328
传　　真 0451 – 82519699
经　　销 新华书店
印　　刷 哈尔滨石桥印务有限公司
开　　本 787 mm×1 092 mm　1/16
印　　张 19
字　　数 495 千字
版　　次 2019 年 7 月第 4 版
印　　次 2021 年 8 月第 2 次印刷
定　　价 42.00 元
http://www.hrbeupress.com
E-mail:heupress@ hrbeu.edu.cn

前　　言

本书是根据教育部高等学校电子信息科学与电气信息类基础课程教学指导分委员会最新制定的"电子线路Ⅱ"课程教学基本要求,并考虑到科学技术的飞速发展,新器材、新技术不断更新的实际情况,遵循"加强基础,强调功能,优选内容,便于学习"的原则,结合我们多年的教学实践经验,参考了国内外有关教材,在原《高频电子线路(第3版)》的基础上改编而成。

本书主要讲述通信功能电路的基本原理及其实现方法。基本的通信功能电路经历了电子管、晶体管、场效应管、集成电路及大规模集成系统等不同的实现过程,但基本功能电路的"功能"是没有变化的。因而本书以通信功能电路的"功能"为基点,从通信功能电路的输入信号频谱与输出信号的频谱关系出发,分析各个通信功能电路的输入信号频谱与输出信号频谱变换关系的特征,从理论上讲清楚组成各个通信功能电路的基本原理和实现电路的基本方法。使学生能够深刻认识功能电路在信息传输系统中的作用,增强对系统各部分内在关系的认识,通过相关通信集成电路系统的应用分析,将基本功能电路与应用电路系统有机结合,培养学生用基本功能电路构建应用电路系统的能力,启发学生的创新思维能力。

本书基本保留了第3版的体系,对各章节的内容进行了适当的调整;强调电路功能及实现功能电路的基本原理,注意基本功能电路与相关应用集成电路的关联;增加了模拟乘法器在调幅和混频中的应用内容,改编了二极管环型调幅与混频的基本原理分析;增加了集成电路的应用实例。为了让学生掌握课程的基本概念,在习题中增加了基本概念的思考题。为了增强学生对基本功能电路和相关应用集成电路的认识,提高实践应用技能,本书增加了共射－共基集成放大、低噪声宽带集成放大、模拟乘法调幅和集成环形混频等集成电路的应用内容。本书将反馈控制电路一章更改为反馈控制电路与频率合成,重点讲述了频率合成的内容,对集成频率合成器的原理与应用做了分析说明。

本书的内容以模拟通信功能电路为主,对数字信号的调制与解调功能电路、频率合成技术和功率合成技术也有适当的叙述。本书共8章,主要内容包括绪论、高频小信号放大器、高频功率放大器、正弦波振荡器、振幅调制与解调电路、角度调制与解调电路、变频电路、反馈控制电路与频率合成,各章后均附有思考题与习题。

本书可作为高等学校通信、电子信息等专业的"高频电子线路""通信电子线路""电子线路Ⅱ"等课程的教材,也可供从事电子系统研制与开发的工程技术人员参考。

"高频电子线路"是一门工程性和实践性很强的课程,有许多理论知识和实践技能,如实际应用电路的组成、大规模通信集成电路在系统中的应用和测试技术等,必须在实践中学习。有关集成电路及大规模集成系统电路的应用内容可以通过实验课和课程设计来完成,以提高学生的专业素质,培养学生的创新能力。

参加《高频电子线路(第 3 版)》编写的有阳昌汉、谢红,第 4 版由阳昌汉改编。主审张占基教授对本书进行了认真的审阅,并提出了许多宝贵的意见。在本书编写过程中参考或引用了国内外一些专家、学者的论述,对此表示深深的谢意!

限于编者水平,不妥和错误之处在所难免,恳请读者批评指正。

编 者

2018 年 10 月

于哈尔滨工程大学

目　　录

第1章　绪论 ……………………………………………………………………… 1

1.1　通信系统的基本组成 ……………………………………………………… 1

1.2　无线信道及其传播方式 …………………………………………………… 2

1.3　无线电发送设备的组成与原理 …………………………………………… 4

1.4　无线电接收设备的组成与原理 …………………………………………… 5

1.5　高频电子线路的研究对象 ………………………………………………… 7

1.6　思考题与习题 ……………………………………………………………… 8

第2章　高频小信号放大器 ……………………………………………………… 9

2.1　概述 ………………………………………………………………………… 9

2.2　高频电路的基础知识 ……………………………………………………… 10

2.3　晶体管高频小信号等效电路 ……………………………………………… 18

2.4　晶体管谐振放大器 ………………………………………………………… 22

2.5　小信号谐振放大器的稳定性 ……………………………………………… 27

2.6　场效应管高频放大器 ……………………………………………………… 31

2.7　线性宽频带放大集成电路与集中滤波器 ………………………………… 33

2.8　放大电路的噪声 …………………………………………………………… 37

2.9　思考题与习题 ……………………………………………………………… 47

第3章　高频功率放大器 ………………………………………………………… 51

3.1　概述 ………………………………………………………………………… 51

3.2　丙类(C类)高频功率放大器的工作原理 ………………………………… 52

3.3　丙类(C类)高频功率放大器的折线分析法 ……………………………… 54

3.4　丙类高频功率放大电路 …………………………………………………… 65

3.5　丁类(D类)和戊类(E类)高频功率放大器 ……………………………… 84

3.6　宽频带高频功率放大器 …………………………………………………… 87

3.7　功率合成 …………………………………………………………………… 91

3.8　本章附录 …………………………………………………………………… 97

3.9　思考题与习题 ……………………………………………………………… 99

第4章　正弦波振荡器 …………………………………………………………… 101

4.1　概述 ………………………………………………………………………… 101

4.2　反馈型 LC 振荡原理 ……………………………………………………… 102

4.3　反馈型 LC 振荡电路 ……………………………………………………… 107

4.4　振荡器的频率稳定原理 …………………………………………………… 113

4.5　高稳定度的 LC 振荡器 …………………………………………………… 116

4.6　晶体振荡电路 ……………………………………………………………… 119

4.7　负阻振荡器 ……………………………………………………………… 124

4.8　集成压控振荡器 ………………………………………………………… 127

4.9　思考题与习题 …………………………………………………………… 130

第5章　振幅调制与解调电路 ………………………………………………… 134

　　5.1　概述 …………………………………………………………………… 134

　　5.2　低电平调幅电路 ……………………………………………………… 140

　　5.3　高电平调幅电路 ……………………………………………………… 152

　　5.4　单边带信号的产生 …………………………………………………… 155

　　5.5　包络检波电路 ………………………………………………………… 157

　　5.6　同步检波器 …………………………………………………………… 167

　　5.7　数字信号调幅与解调 ………………………………………………… 170

　　5.8　思考题与习题 ………………………………………………………… 172

第6章　角度调制与解调电路 ………………………………………………… 178

　　6.1　概述 …………………………………………………………………… 178

　　6.2　频率调制电路 ………………………………………………………… 186

　　6.3　相位调制电路 ………………………………………………………… 194

　　6.4　集成调频发射机 ……………………………………………………… 200

　　6.5　调相信号解调电路(鉴相器) ………………………………………… 202

　　6.6　调频信号解调电路(鉴频器) ………………………………………… 207

　　6.7　数字角度调制与解调 ………………………………………………… 219

　　6.8　思考题与习题 ………………………………………………………… 224

第7章　变频电路 ……………………………………………………………… 229

　　7.1　概述 …………………………………………………………………… 229

　　7.2　晶体三极管混频器 …………………………………………………… 231

　　7.3　场效应管混频器 ……………………………………………………… 236

　　7.4　二极管混频电路 ……………………………………………………… 238

　　7.5　模拟乘法器混频器 …………………………………………………… 245

　　7.6　混频器的干扰与失真 ………………………………………………… 248

　　7.7　集成接收电路 ………………………………………………………… 251

　　7.8　思考题与习题 ………………………………………………………… 254

第8章　反馈控制电路与频率合成 …………………………………………… 257

　　8.1　概述 …………………………………………………………………… 257

　　8.2　锁相环路基本原理及应用 …………………………………………… 259

　　8.3　频率合成器 …………………………………………………………… 274

　　8.4　自动频率控制电路 …………………………………………………… 289

　　8.5　自动增益控制电路 …………………………………………………… 291

　　8.6　思考题与习题 ………………………………………………………… 294

参考文献 ………………………………………………………………………… 297

第1章

绪　　论

1.1　通信系统的基本组成

能完成信息传输任务的系统称为通信系统。一个通信系统应由输入变换器、发送设备、传输信道、接收设备和输出变换器五个基本部分组成。图1-1是通信系统的组成方框图。其中,输入变换器的功能是将输入信息变换为电信号。当输入信息为非电量(例如,语言、音乐、文字、图像等)时,输入变换器是必要的。当输入信息本身就是电信号(例如,计算机输出的二进制信号、传感器输出的电流或电压信号等)时,在能满足发送设备要求的条件下,可不用输入变换器,而直接将电信号送给发送设备。输入变换器输给发送设备的电信号应反映原输入的全部信息,通常称此信号为基带信号。基带信号由于频率为低频且相对频带较宽,不一定适合信道的有效传输。例如,无线电波的自由空间信道就不适合基带信号的直接传输。需将输入变换器输出的基带信号送给发送设备,将其变换成适合信道传输的高频已调信号,通过信道传送到接收设备。传输信道是信号传输的通道,它可以是平行线、同轴电缆或光缆,也可以是传输无线电波的自由空间或传送声波的水等。接收设备将经传输信道传送的高频已调信号变换成基带信号送给输出变换器。输出变换器的功能是将接收设备输出的基带信号变换成原来的信息,如语言、音乐、文字、图像等。

图1-1　通信系统的组成方框图

通信系统的类型较多,按传输信道的不同通信系统可分为有线通信系统和无线通信系统;按通信方式的不同通信系统可分为单工通信系统、半双工通信系统和双工通信系统。所谓单工通信系统是指只能发或只能收的方式;半双工通信系统是一种既可以发也可以收,但不能同时收发的方式;双工通信系统是可以同时收发的通信方式。当通信系统中传输的基带信号是模拟信号时,称为模拟通信系统;当通信系统中传输的基带信号是数字信号时,则称为数字通信系统。尽管它们的种类不同,但就系统的基本组成部分来说是相同的。

图1-2所示是模拟通信系统方框图,它将图1-1的通信系统中的输入变换器的输出

具体化为信源,即需传送信息的电信号(模拟基带信号);发送设备具体化为调制器和高频功率放大器;将接收设备具体化为变频放大器和解调器;将输出变换器具体化为信宿,即将解调器输出的模拟基带电信号还原成原始信息。发送设备的主要功能是将需传送的模拟基带信号经调制转换成适合信道传送的高频调制信号;接收设备的主要功能是将接收到的高频调制信号经解调还原成原始的电信号。所谓模拟信号是信号的参数取值随时间连续变化的波形信号。

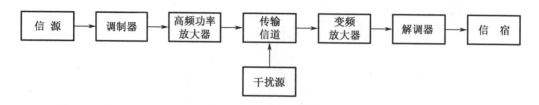

图 1-2 模拟通信系统方框图

图 1-3 所示是数字通信系统方框图,它与模拟通信系统的主要区别是在发送设备的调制器前有编码器,在接收设备的解调器后有译码器。送给调制器的是经过信源编码器和信道编码器处理过的数字基带信号,它是离散取值的脉冲信号。信源输出的电信号可能是模拟信号,也可能是数字信号。如果是模拟信号,信源编码器除了完成应有的编码功能外,还要完成将模拟信号转换成数字信号的功能。译码器则是编码器的逆过程。

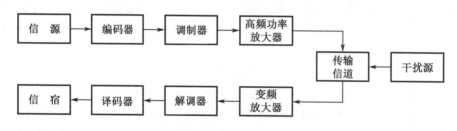

图 1-3 数字通信系统方框图

模拟通信系统和数字通信系统在电路系统结构上,其发送设备和接收设备的基本功能是相同的。例如,发送设备中的调制器,无论是模拟通信系统还是数字通信系统其调制方式均为幅度调制、频率调制和相位调制三大类。由于模拟通信系统传送的是连续的模拟基带信号,数字通信系统传送的是离散取值的脉冲信号的数字基带信号,模拟通信系统的调制方式为调幅(AM)、调频(FM)和调相(PM),而数字通信系统的调制方式为幅度键控(ASK)、频移键控(FSK)和相移键控(PSK)。可见,模拟通信系统和数字通信系统调制的功能相同,具体实现方式因传送基带信号不同而有所区别。

1.2 无线信道及其传播方式

电磁波的波谱很宽,除了无线电波以外还有红外线、可见光、紫外线、X 射线和宇宙射线等。无线通信中所用的无线电波只是一种波长比较长的电磁波,占有的频率范围很宽。波长与频率的关系为

$$c = f\lambda$$

式中,c 为光速;f 为无线电波的频率;λ 为无线电波的波长。因此,也可以认为无线电波是一种频率相对较低的电磁波。

表 1-1 列出了无线电波的频段划分、主要传播方式与用途,其列出的频段、传播方式和用途的划分是相对而言的,相邻频段间无绝对的分界线。电波在无线信道中传播的主要方式可分为三种:地波(绕射)传播、天波(反射和折射)传播和直线(视距)传播。地波(绕射)传播是电波沿着地球弯曲表面传播,其示意图如图 1-4(a)所示。由于地面不是理想的导体,当电波沿其表面传播时,将有能量的损耗。这种损耗随电波波长的增大而减小。因此,通常只有中长波范围的信号才适合绕射传播。地波传播由于地面的电特性不会在短时间内有很大的变化,所以电波沿地面传播比较稳定。天波传播是利用电离层的折射和反射来实现传播的,其示意图如图 1-4(b)所示。在地球表面存在着具有一定厚度的大气层,由于受到太阳的照射,大气层上部的气体将发生电离而产生自由电子和离子,被电离的大气层叫作电离层。电离层从里向外可以分为 D、E、F_1、F_2 四层,D 层和 F_1 层在夜晚几乎完全消失,因此经常存在的是 E 层和 F_2 层。

表 1-1　无线电波的频段、传播方式与用途

频带	波长	名称	传播方式	用途
3 ~ 30 kHz	100 ~ 10 km	VLF(甚低频)	地波传播	远距离导航,声呐,电报,电话
30 ~ 300 kHz	10 ~ 1 km	LF(低频)	地波传播	船舶与航空导弹,航标信号
0.3 ~ 3 MHz	1 000 ~ 100 m	MF(中频)	地波传播或天波传播	调幅广播,舰船无线通信,遇险和呼救
3 ~ 30 MHz	100 ~ 10 m	HF(高频)	天波传播或地波传播	短波调幅广播,短波通信,业余无线电台
30 ~ 300 MHz	10 ~ 1 m	VHF(甚高频)	直线传播	电视广播,调频广播,航空通信,导航设备
0.3 ~ 3 GHz	100 ~ 10 cm	UHF(超高频)	直线传播	电视广播,雷达,导航,卫星通信,移动通信
3 ~ 30 GHz	10 ~ 1 cm	SHF(特高频)	直线传播	微波及卫星无线电系统
30 ~ 300 GHz	10 ~ 1 mm	EHF(极高频)	直线传播	雷达着陆系统,射电天文
300 ~ 3 000 GHz	1 ~ 0.1 mm	亚毫米波		光纤通信

电离层是一层介质,对射向它的无线电波会产生反射与折射作用。入射角越大,越易反射,入射角小,越容易折射。同时,电离层对通过的电波也有吸收作用。频率越高的电波,其电离层吸收能量越弱,电波的穿透能力越强。因此,频率太高的电波会穿透电离层而到达外层空间。短波信号主要是利用电离层的反射实现传播,对于短波信号,F_2 层是反射层,D 层和 E 层是吸收层。利用电离层反射可以实现信号的远距离传输。实际应用时,可以利用地面与电离层之间的多次反射,实现距离为几千千米的通信。但电离层的特性受多种因素的影响,这种通信的稳定性较差。直线传播是电波从发射天线发出,沿直线传播到接收天线,

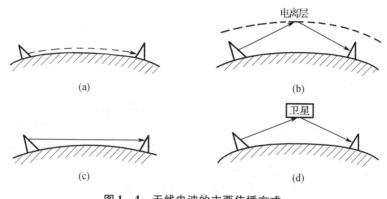

图 1-4 无线电波的主要传播方式
(a)地波传播;(b)天波传播;(c)直线传播;(d)卫星通信

其示意图如图 1-4(c)所示。由于地球表面是一个曲面,因此发射天线和接收天线的高度会影响直线传播的距离。增高天线可以提高直线传播的距离,但天线的高度不可能无限增高。目前,采用一个离地面几万千米的卫星作为地面信号的转发器,可以使传播距离大大提高,这就是卫星通信,其示意图如图 1-4(d)所示。

从电波的传播来看,长波信号以地波传播为主;中波和短波信号可以以地波和天波两种方式传播,而中波以地波为主,短波以天波为主。频率较高的超短波及其更高频率的无线电波,主要沿空间直射传播。

1.3　无线电发送设备的组成与原理

无线电发送是以自由空间为传输信道,把需要传送的信息(声音、文字或图像)变换成无线电波传送到远方的接收点。

为什么要用无线电波发送方式把信息(例如声音)传送出去呢? 信息传输通常应满足两个基本要求:一是希望传送距离远;二是要能实现多路传输,且各路信号传输时,应互不干扰。为了把声音传送到远方,常用的方法是将声音变成电信号,再通过发送设备送出去。这种电信号是与声音同频率的交变电磁振荡信号,可以利用天线向空中辐射出去。电磁波在空气中的传播速度很快(3×10^8 m/s),在天线高度足够的条件下是能够实现远距离传送的。但是,无线电波通过天线辐射,天线的长度必须和电磁振荡的波长相近,才能有效地把电磁振荡波辐射出去。对于频率为 20 Hz ~ 20 kHz 的声频来说,其波长为 15×10^6 ~ 15×10^3 m。制造这样大尺寸的天线是很困难的。即使可以制造出来,由于各个电台所发出的信号频率范围相同,接收者也无法选择所需的接收信号。解决的办法是,提高发射的电磁波的频率,使传送的音频信号"加载"到高频振荡之中,从而减小天线的尺寸。对于多路通信,已调波可以采用频分复用(FDM)、时分复用(TDM)、码分复用(CDM)及波分复用(WDM)的方式实现。通常,把需传送的信息"加载"到高频振荡中的过程称为调制。能实现这样功能变换的电路称为调制器。调制可以分为三类,即调幅、调频和调相。可见,无线发送设备的关键部分是调制器。

图 1 - 5 是调幅广播发射机的方框图,它由三部分组成。

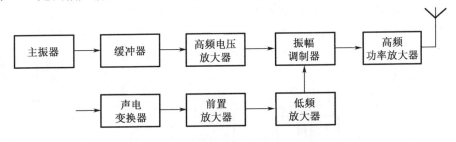

图 1 - 5 调幅广播发射机的方框图

(1)低频部分

低频部分由声电变换器(话筒)和低频放大器组成,实现声电变换,并对音频电信号进行放大,使其满足调制器的要求。

(2)高频部分

高频部分由主振器、缓冲器、高频电压放大器、振幅调制器和高频功率放大器组成,实现载波的产生、放大,振幅调制和高频功率放大。

(3)传输线和天线部分

传输线和天线部分将已调波通过天线以电磁波形式辐射出去。

主振器产生的高频振荡信号经缓冲、放大后,作为高频载波电压送给振幅调制器。设其表达式为

$$u_i(t) = U_{im}\cos(\omega_c t + \varphi)$$

式中,$u_i(t)$ 是调制器输入高频载波信号的瞬时值;U_{im} 是它的振幅;ω_c 是角频率;φ 为初始相位。

送给调制器的另一信号是,由声音经话筒转变成电信号,并经低频电压放大的低频电信号。设其表达式为

$$u_\Omega(t) = U_{\Omega m}\cos \Omega t$$

式中,$u_\Omega(t)$ 为送给调制器的调制信号的瞬时值;$U_{\Omega m}$ 是振幅;Ω 是角频率。

$u_i(t)$ 和 $u_\Omega(t)$ 送到调制器进行振幅调制,调制器输出的调幅波为

$$u(t) = U_{cm}(1 + m_a \cos \Omega t)\cos(\omega_c t + \varphi)$$

它通过高频功率放大、传输线和天线将已调波以电磁波形式辐射出去。

1.4 无线电接收设备的组成与原理

无线电接收过程正好和发送过程相反,它的基本任务是将通过天空传来的电磁波接收下来,通过选频和解调器,从中取出需要接收的信息信号。

图 1 - 6 是一个最简单的调幅接收机的方框图。它由接收天线、选频电路、检波器和输出变换器(耳机)四部分组成。接收天线接收从空中传来的电磁波。在同一时间,接收天线不仅会接收到所需接收的无线电信号,而且也会接收到若干个不同载频的无线电信号与一些干扰信号。为了选择出所需要的无线电信号,在接收机的接收天线之后要有一个选频电

路,其作用是将所要接收的无线电信号取出来,并把不需要的信号滤掉,以免产生干扰。利用并联 LC 回路的谐振特性就能够实现选频。通过选频电路选频,将选出所需要的高频调幅波,例如 $u(t) = U_{cm}(1 + m_a \cos \Omega t) \cos \omega_c t$,送给检波器。检波器的任务是从已调波信号中解调出原调制信号,即音频 Ω 成分。音频信号送给耳机将电信号转换成声音。这样就完成了全部接收过程。

图 1-6　最简单的调幅接收机的方框图

这种最简单的接收机叫作直接检波式接收机,其特点是线路简单。因为从天线得到的高频无线电信号非常微弱,一般只有几十微伏至几毫伏,直接送给检波器解调,检波器的电压传输系数很小,检波后输出的低频信号更弱,只能采用高阻耳机完成电声变换。为了提高检波器的电压传输系数,通常希望送给检波器的高频信号电压达到 1 V 左右。这就需要在选频电路与检波器之间增加高频放大器,将通过选频电路的高频信号进行放大。增加高频放大器后,送给检波器的高频信号幅值增大,检波器的电压传输系数增大。但是检波器输出的低频信号通常只有几百毫伏,要推动功率大一点的扬声器是不行的。因而,在检波器之后要进行低频电压放大和低频功率放大,然后去推动扬声器。这种带有高频放大器的接收机叫作直接放大式接收机,其方框图如图 1-7 所示。

图 1-7　直接放大式接收机的方框图

直接放大式接收机的特点是,灵敏度较高,输出功率大,特别适用于固定频率的接收。但是,在用于多个电台接收时,其调谐比较复杂。再则,高频小信号放大器的整个接收频带内,频率高端的放大倍数比频率低端的放大倍数要小。因此,对不同的电台其接收效果也就不同。为了克服这样的缺点,现在的接收机几乎都采用超外差式线路。图 1-8 所示是超外差式接收机的方框图。

超外差式接收机通常是由前置低噪声放大器、混频器、本机振荡器、中频放大器和解调器组成。其主要特点是,由于采用前置低噪声放大器使整机噪声系数小、灵敏度高;混频器和本机振荡器组成变频器,把被接收的已调波信号的载波角频率 ω_s 先变为频率较低的(或较高的),且是固定不变的中间频率 ω_I(称为中频),而其调制规律保持不变;中频放大器对混频器输出的中频已调波进行选频放大送至解调器进行解调,解调出与调制信号 $u_\Omega(t)$ 线性关系的输出电压。因为中频放大器的中心频率是固定不变的,接收机的主要放大倍数和选频特性由中频放大器承担。所以,整机增益在接收频率范围内,高端和低端的差别就会很小。对于调谐来说,仅对前置低噪声放大器的选频输入回路和本机振荡器进行同步调谐,这是容易实现的。

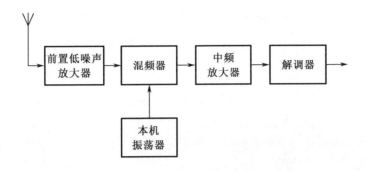

图 1-8 超外差式接收机的方框图

将高频信号的载波频率 ω_S 变换为中频 ω_I 的任务是由变频器来实现的。有关变频器的变频原理将在第 7 章中讨论。在此仅简述变频的工作过程。当许多高频信号通过天线进入前置低噪声放大器的输入回路时,由于输入回路调谐于 ω_S,具有选频作用,则只有角频率为 ω_S 及其附近的频率成分通过输入回路进入前置低噪声放大器进行低噪选频放大,然后送给混频器作为混频器的输入信号。另外,本机振荡器产生的角频率为 ω_L 的等幅振荡信号也送入混频器与输入信号的各个频率分量进行混频,并由混频器的输出选频回路选出 $\omega_I = \omega_L - \omega_S$ 的中频信号及上下边频分量。即输入信号是已调波,输出信号是载频为中频的调制规律保持不变的已调波。值得注意的是,本机振荡的振荡角频率 ω_L 的调节与前置低噪声放大器输入回路的调谐是同步进行的,必须保持二者的角频率之差为 ω_I。

由于超外差式接收机有固定频率的中频放大器,因此它不仅可以实现较高的放大倍数,而且选择性也很容易得到满足。可以同时兼顾高灵敏度与高选择性,这是非常重要的。

图 1-8 所示的超外差式接收机只有一级变频(或混频),通常都是以下变频的方式工作,即中频频率是取本振频率与输入信号载波频率之差,是最基本的超外差接收机。广播接收机、电视接收机等就是采用最基本的下变频接收方式。根据不同通信系统对性能技术指标的特殊要求,在最基本超外差接收方式的基础上发展成为多种超外差接收的方式。例如,二次变频超外差接收、直接下变频接收(零中频接收)和镜频抑制接收等。但是,这些接收方式的主要基本功能电路仍是前置低噪声放大器、混频器、本机振荡器、中频放大器和解调器等。

1.5 高频电子线路的研究对象

上面介绍了无线电广播发送与接收的基本原理和工作过程。虽然介绍的是传送语言的特殊例子,但对传输其他形式的信号来说,其基本工作原理是相同的。发送设备和接收设备中的高频小信号放大器、高频功率放大器、正弦波振荡器、振幅调制与解调电路、角度调制与解调电路、变频电路和反馈控制电路等都是高频电子线路课程所要讲授的内容,而这些内容又是发送设备和接收设备不可缺少的重要组成部分。

本课程讲授的各功能电路,大多属于非线性电子线路。非线性电子线路的分析方法与线性电子线路的分析方法是不同的。因而,在学习本课程的各功能电路时,要根据不同电路的功能和特点,掌握各个功能电路的实现方法和基本原理;要根据输入信号的大小和器件工作状态的不同,选用不同的近似分析方法,系统地了解非线性电子线路的分析方法。高频电子线路的理论与实践必须紧密联系,要学会用理论去指导实验和分析实验现象,从而得出合理的结论。这对科学研究和电子系统开发有很大帮助。

值得注意的是,在科学技术快速发展,新电路和新器件日新月异,通信集成电路不断更新的今天,学习本课程时应特别注意对电路功能和基本原理的理解,加上实践环节的训练,培养运用集成电路去设计与开发新的电子系统的能力。因为对高频功能电路来说,可以用不同的器件组成。虽然使用的器件不同,但是每个高频功能电路的功能和基本原理是不会变的。通信集成电路通常是由多个功能电路组成的,掌握了各个功能电路的功能,对理解和应用集成电路会有很大帮助。

1.6　思考题与习题

1-1　为什么在无线电通信中要使用"载波"发射,其作用是什么?

1-2　在无线电通信中为什么要采用"调制"与"解调",各自的作用是什么?

1-3　计算机通信中应用的"调制解调"与无线电通信中的"调制解调"有什么异同点?

1-4　试说明模拟信号和数字信号的特点,它们之间的相互转换应采用什么器件实现?

1-5　理解功能电路的"功能"的含义,说明掌握功能电路的功能在开发电子系统中有什么好处?

1-6　理解地波传播、天波传播和直线传播的无线信道传播的主要方式,它们主要的传送频率范围是什么?

第2章

高频小信号放大器

2.1 概 述

2.1.1 高频小信号放大器的功能

高频小信号放大器是电子系统中常用的功能电路。高频小信号放大器的功能是实现对微弱的高频信号进行不失真的放大。

高频小信号放大器的特点是:①高频是指被放大信号的频率在数百千赫至数百兆赫。由于频率高,放大器的晶体管的极间电容的作用不能忽略。②小信号是指放大器输入信号小,可以认为放大器的晶体管(或场效应管)是在线性范围内工作的。这样就可以将晶体管(或场效应管)看成线性元件,分析电路时可将其等效为二端口网络。也就是,放大器工作于线性放大状态,输入信号电压为 $u_i = U_{im}\cos \omega t$ 时,输出电压 $u_o = A_u U_{im}\cos \omega t$,其中 A_u 为放大器的电压增益。从信号所含频谱来看,输入信号的频谱与放大后输出信号的频谱是完全相同的。

2.1.2 高频小信号放大器的分类与用途

高频小信号放大器按照所放大信号的频谱宽窄可分为宽带小信号放大器和窄带小信号放大器;按照所用负载的性质可分为谐振小信号放大器和非谐振小信号放大器。

高频小信号放大器的主要用途是做接收机的前置高频放大器和中频放大器。

2.1.3 高频小信号放大器的主要技术指标

1. 电压增益与功率增益

电压增益(A_u)等于放大器输出电压与输入电压之比,而功率增益(A_P)等于放大器输出给负载的功率与输入功率之比。

2. 通频带

通频带的定义是放大器的电压增益下降到最大值的 $1/\sqrt{2}$ 倍时,所对应的频带宽度,常用$2\Delta f_{0.7}$来表示。

3. 矩形系数

矩形系数是表征放大器选择性好坏的一个参量,而选择性是表示选取有用信号、抑制无用信号的能力。理想的频带放大器应该对通频带内的频谱分量有同样的放大能力,而对通频带以外的频谱分量要完全抑制,不予放大。所以,理想的频带放大器的频率响应曲线应是矩形。但是,实际放大器的频率响应曲线与矩形有较大的差异,矩形系数用来表示实际曲线形状接近理想矩形的程度,通常用$K_{r0.1}$来表示。其定义为

$$K_{r0.1} = 2\Delta f_{0.1}/(2\Delta f_{0.7})$$

式中,$2\Delta f_{0.7}$为放大器的通频带宽度;$2\Delta f_{0.1}$为放大器电压增益下降至最大值的0.1倍时所对应的频带宽度。

4. 噪声系数

噪声系数是用来表征放大器的噪声性能好坏的一个参量。对于放大器来说,总是希望放大器本身产生的噪声越小越好,即要求噪声系数接近于1。

本章重点分析晶体管单级谐振放大器。对于其他器件组成的放大器,只是所用器件的等效电路有所差别,总的分析方法是相同的。本章还将介绍由集成放大电路和集中滤波器组成的高频小信号放大器的基本电路形式和特点。

2.2 高频电路的基础知识

2.2.1 *LC* 串、并联谐振回路的特性

1. 电感线圈的高频特性

在高频电路中电感元件的损耗是不能忽略的,因而在等效电路中应该考虑到损耗电阻的影响。一个实际的电感元件可以用一个理想无损耗的电感 L 和一个串联的损耗电阻 r_0 来等效,也可以用一个理想无损耗的电感 L 和一个并联电导 g_0 来等效。通常一个有损电感线圈可在工作频率下通过 Q 表,测得电感线圈的电感值和空载品质因数 Q_0,而 Q_0 的大小就能反映损耗的大小,图 2-1 所示是一个

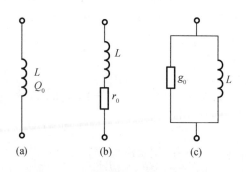

图 2-1 有损电感的等效关系

有损电感等效为一个无损耗电感和一个串联损耗电阻或一个并联损耗电导的等效关系。图 2-1(a)是一个在工作频率下用 Q_0 表示损耗的有损电感,它可以等效为图 2-1(b)所示的串联形式,$r_0 = \omega_0 L/Q_0$,也可以等效为图 2-1(c)所示的并联形式,在 $Q_0 \gg 1$ 时,$g_0 = \dfrac{1}{\omega_0 L Q_0}$,式中 ω_0 为工作频率。

2. 电容元件的高频特性

由于在高频电路所讨论的频率范围内,电容元件损耗很小,因而可以认为它是理想元

件,不考虑其损耗的影响。

3. LC 串联谐振回路

图 2-2 所示是一个 LC 串联谐振回路。由于电感 L 有损耗,可以等效为一个 LCr_0 串联电路。$r_0 = \omega_0 L/Q_0$,其中 Q_0 为电感 L 在工作频率为 ω_0 时测得的品质因数。

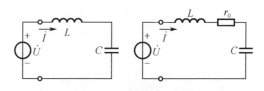

图 2-2　LC 串联谐振回路

串联回路的阻抗为

$$Z = r_0 + j\left(\omega L - \frac{1}{\omega C}\right)$$

谐振频率为

$$\omega_0 = \frac{1}{\sqrt{LC}}$$

串联回路的品质因数是表征回路谐振过程中电抗元件的储能与电阻元件耗能的比值。由于回路无负载电阻,回路总电阻 $r = r_0$,则

$$Q = \frac{\omega_0 L}{r} = \frac{\omega_0 L}{r_0} = Q_0$$

上式表明串联谐振回路无负载电阻时,其品质因数等于电感 L 在 ω_0 时反映本身损耗的品质因数,通常称为空载品质因数 Q_0。

图 2-3 所示为 LCr 串联电路。外接负载电阻为 r_L,由于电感 L 有损耗电阻 r_0,回路总电阻为 $r = r_0 + r_L$。

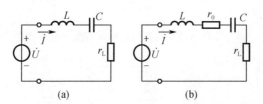

图 2-3　LCr 串联谐振回路

串联回路的阻抗为

$$Z = r_0 + r_L + j\left(\omega L - \frac{1}{\omega C}\right)$$

谐振频率为

$$\omega_0 = \frac{1}{\sqrt{LC}}$$

回路的有载品质因数为

$$Q_L = \frac{\omega_0 L}{r_0 + r_L} = \frac{1}{\omega_0 C(r_0 + r_L)}$$

当在 LCr 串联谐振回路加入激励电压 $\dot{U}$ 时,流过电路的电流 $\dot{I}(j\omega)$ 可表示为

$$\dot{I}(j\omega) = \frac{\dot{U}}{Z} = \frac{\dot{U}}{r + j\left(\omega L - \dfrac{1}{\omega C}\right)} \tag{2-1}$$

当 $\omega = \omega_0$ 时,流过电路的电流最大,即 $\dot{I}(j\omega_0) = \dot{U}/r$,称为谐振电流。则相对电流为

$$\frac{\dot{I}(j\omega)}{\dot{I}(j\omega_0)} = \frac{1}{1 + jQ_L\left(\dfrac{\omega}{\omega_0} - \dfrac{\omega_0}{\omega}\right)} \tag{2-2}$$

相对电流值的模及相角分别为

$$\frac{I(\omega)}{I(\omega_0)} = \frac{1}{\sqrt{1 + Q_L^2\left(\dfrac{\omega}{\omega_0} - \dfrac{\omega_0}{\omega}\right)^2}} \tag{2-3}$$

$$\varphi(\omega) = -\arctan Q_L\left(\frac{\omega}{\omega_0} - \frac{\omega_0}{\omega}\right) \tag{2-4}$$

图 2-4 是串联谐振回路的相对幅频特性和相频特性图,其中 $Q_{L1} > Q_{L2}$。

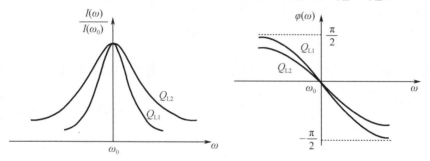

图 2-4 串联谐振回路的相对幅频特性与相频特性曲线

4. *LC* 并联谐振回路

(1)无负载电阻的并联谐振回路

一个 *LC* 并联电路,由于电感 *L* 有损耗,可等效为如图 2-5(a)所示电路。

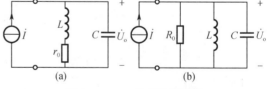

图 2-5 *LC* 并联谐振回路

并联回路的导纳为

$$Y = \frac{1}{r_0 + j\omega L} + j\omega C = G_0(\omega) + jB(\omega)$$

式中

$$B(\omega) = \omega C - \frac{\omega L}{r_0^2 + \omega^2 L^2}$$

$$G_0(\omega) = \frac{r_0}{r_0^2 + \omega^2 L^2}$$

令 $B(\omega) = 0$,可得并联回路的谐振频率 ω_p 为

$$\omega_p = \sqrt{\frac{1}{LC} - \left(\frac{r_0}{L}\right)^2} = \omega_0\sqrt{1 - \frac{1}{Q_0^2}} \tag{2-5}$$

式中, $\omega_0 = \dfrac{1}{\sqrt{LC}}$ 为回路无阻尼振荡频率;Q_0 为回路空载品质因数,$Q_0 = \dfrac{\omega_0 L}{r_0}$。

当 Q_0 不是很高时,并联回路的谐振频率 ω_p 不等于回路无阻尼振荡频率 ω_0,而当 Q_0 比较高时,$\omega_p \approx \omega_0$,这对多数高频电路近似条件是成立的。

若将并联回路等效为图 2-5(b) 的形式,则在 $Q_0 \gg 1$ 的条件下,谐振电阻 R_p 为

$$R_p = R_0 = \frac{1}{G_0(\omega_0)} = \frac{r_0^2 + \omega_0^2 L^2}{r_0} = (1 + Q_0^2) r_0 \approx Q_0^2 r_0$$

(2) 有负载电阻 R_L 的并联回路

有负载电阻的 LC 并联谐振回路如图 2-6 所示。

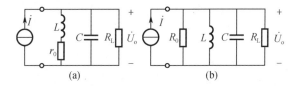

图 2-6　有负载电阻的 LC 并联谐振回路

对于接入负载电阻 R_L 的并联回路,则在 $Q_0 \gg 1$ 的条件下,回路两端等效电阻为 R_0 与 R_L 并联,即 $R = \dfrac{R_0 R_L}{R_0 + R_L}$。并联回路的导纳为

$$Y = \frac{1}{R} + \mathrm{j}\left(\omega C - \frac{1}{\omega L}\right) = g + \mathrm{j}\left(\omega C - \frac{1}{\omega L}\right) = g\left[1 + \mathrm{j}Q_L\left(\frac{\omega}{\omega_0} - \frac{\omega_0}{\omega}\right)\right]$$

式中 $g = \dfrac{1}{R_0} + \dfrac{1}{R_L} = g_0 + g_L$。

谐振频率为

$$\omega_p = \omega_0 = \frac{1}{\sqrt{LC}}$$

有载品质因数为

$$Q_L = \frac{R}{\omega_0 L} = \frac{1}{\omega_0 L g} = \frac{\omega_0 C}{g}$$

则并联谐振回路的阻抗的模及相角分别为

$$|Z(\omega)| = \frac{1}{Y} = \frac{R}{\sqrt{1 + Q_L^2\left(\dfrac{\omega}{\omega_0} - \dfrac{\omega_0}{\omega}\right)^2}} \tag{2-6}$$

$$\varphi(\omega) = -\arctan Q_L\left(\frac{\omega}{\omega_0} - \frac{\omega_0}{\omega}\right) \tag{2-7}$$

并联回路的阻抗特性如图 2-7 所示。

从图 2-7 可以看出,当 $\omega = \omega_0$ 时,回路谐振,回路等效为纯电阻,其阻值最大为 R,随着 ω 偏离 ω_0,阻抗值越来越小;当 $\omega > \omega_0$ 时,回路呈容抗特性;当 $\omega < \omega_0$ 时,回路呈感抗特性。在回路加电流源 $\dot{I}$ 激励时,输出电压 $\dot{U}_o = \dot{I}Z(\omega)$,当 $\omega = \omega_0$ 时,$\dot{U}_o(\mathrm{j}\omega) = \dot{I}R$。并联谐振回路的输出电压的相对幅频特性和相频特性分别为

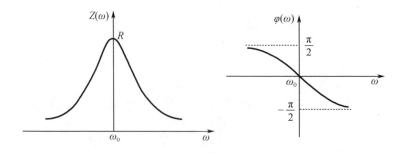

图 2 - 7 并联回路的阻抗特性

$$\frac{U_o(\omega)}{U_o(\omega_0)} = \frac{1}{\sqrt{1 + Q_L^2\left(\frac{\omega}{\omega_0} - \frac{\omega_0}{\omega}\right)^2}} \qquad (2-8)$$

$$\varphi(\omega) = -\arctan Q_L\left(\frac{\omega}{\omega_0} - \frac{\omega_0}{\omega}\right) \qquad (2-9)$$

可见与并联谐振回路的阻抗特性相似。

2.2.2 串、并联阻抗的等效互换

图 2 - 8 是一个串联电路与并联电路的等效互换电路。设串联电路由 X_1 与 r_1 组成,等效后的并联电路由 X_2 与 R_2 组成。所谓"等效"是指在工作频率 ω 相同的条件下,AB 两端的阻抗相等。也就是

$$r_1 + jX_1 = \frac{R_2 jX_2}{R_2 + jX_2} = \frac{R_2 X_2^2}{R_2^2 + X_2^2} + j\frac{R_2^2 X_2}{R_2^2 + X_2^2} \quad (2-10)$$

所以

$$r_1 = \frac{R_2 X_2^2}{R_2^2 + X_2^2}, X_1 = \frac{R_2^2 X_2}{R_2^2 + X_2^2} \qquad (2-11)$$

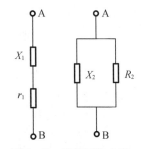

图 2 - 8 等效互换电路

根据品质因数 Q 的定义,串联回路的品质因数 $Q_1 = X_1/r_1$。将式(2 - 11)的值代入 Q_1,得

$$Q_1 = \frac{X_1}{r_1} = \frac{R_2}{X_2} = Q_2$$

式中,Q_2 为并联回路的品质因数。可见等效互换结果 Q 不变,即 $Q_1 = Q_2 = Q$。

由式(2 - 10)可得

$$r_1 = \frac{X_2^2 R_2}{R_2^2 + X_2^2} = \frac{R_2}{\frac{R_2^2}{X_2^2} + 1} = \frac{1}{Q^2 + 1}R_2$$

$$X_1 = \frac{R_2^2 X_2}{R_2^2 + X_2^2} = \frac{X_2}{1 + \frac{X_2^2}{R_2^2}} = \frac{1}{1 + \frac{1}{Q^2}}X_2$$

所以

$$R_2 = (Q^2 + 1)r_1 \tag{2-12}$$

$$X_2 = \left(1 + \frac{1}{Q^2}\right)X_1 \tag{2-13}$$

若回路品质因数较高,满足 $Q \geqslant 10$,可得

$$R_2 \approx Q^2 r_1, \quad X_2 \approx X_1$$

这个结果表明,串联电路转换为等效并联电路后,R_2 为串联电路中 r_1 的 Q^2 倍,而 X_2 与串联电路中 X_1 相同,保持不变。若不满足 $Q \geqslant 10$,则需运用式(2-12)和式(2-13)进行计算。

2.2.3 并联谐振回路的耦合连接与阻抗变换

并联谐振回路作为放大器的组成部分,其连接的方式将直接影响放大器的性能。由于晶体管的输出阻抗和下一级晶体管的输入阻抗要与并联谐振回路相连接作为其负载,这些负载在温度变化时是不稳定的,直接并接在谐振回路两端对放大器的性能影响较大。希望在满足放大器技术指标的条件下尽可能减小这些不稳定量的影响,通常采用部分接入的方式实现阻抗变换。因而并联谐振回路除了具有选频功能外还要完成阻抗变换。

1. 变压器耦合连接的阻抗变换

图 2-9 是变压器耦合连接形式,因为 L_1 与 L_2 绕在同一磁芯上,是紧耦合,可认为是理想变压器。设二次侧负载电阻 R_L 得到的功率为 P_2,$P_2 = \dfrac{U_2^2}{R_L}$,此功率来自一次侧,即一次侧电压 U_1 给等效电阻 R_L' 提供的功率 $P_1 = \dfrac{U_1^2}{R_L'}$。由于耦合无损耗,则 $P_1 = P_2$,故

$$R_L' = \frac{U_1^2}{U_2^2}R_L \tag{2-14}$$

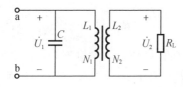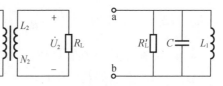

图 2-9 变压器耦合连接的变换

根据变压器的电压变换关系,U_1 与 U_2 之比等于一次线圈的圈数 N_1 与二次线圈的圈数 N_2 之比,即 $U_1 / U_2 = N_1 / N_2$,故可得

$$R_L' = \left(\frac{N_1}{N_2}\right)^2 R_L \tag{2-15}$$

2. 自耦变压器耦合连接的阻抗变换

图 2-10 是自耦变压器耦合连接形式,其变比关系的分析与变压器耦合连接相同。设 ac 的圈数为 N_1,cb 圈数为 N_2,总圈数为 $N_1 + N_2$,则

$$R_L' = \left(\frac{N_1 + N_2}{N_2}\right)^2 R_L \tag{2-16}$$

自耦变压器耦合连接方式适用于晶体管的连接,它除了能实现阻抗变换外,还能为晶体

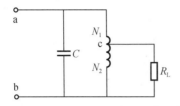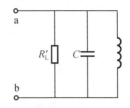

图 2-10 自耦变压器耦合连接的变换

管的集电极提供直流通路。

自耦变压器耦合连接采用电感与互感表示的另一种形式,如图 2-11 所示。由于线圈绕在同一磁芯上,为紧耦合,ac 两端电感为 L_1,cb 两端电感为 L_2,两电感线圈的互感为 M,同名端如图 2-11 所示,则 ac 两端总感抗为 $L_1 + M$,cb 两端总感抗为 $L_2 + M$。

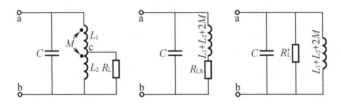

图 2-11 自耦变压器耦合连接的变换的另一种表示形式

将 $L_2 + M$ 和 R_L 并联支路等效为串联支路,在 $Q_{L2} \gg 1$ 的条件下,X 不变,即 cb 两端总感抗仍为 $L_2 + M$,而电阻 R_{LS} 为

$$R_{LS} = \frac{1}{Q_{L2}^2} R_L = \frac{1}{R_L^2 / [\omega_0 (L_2 + M)]^2} R_L = \frac{\omega_0^2 (L_2 + M)^2}{R_L}$$

再将 R_{LS} 与 $L_1 + L_2 + 2M$ 串联支路等效为并联支路,在串联支路 $Q \gg 1$ 的条件下,等效后的电感值不变仍为 $L_1 + L_2 + 2M$,而电阻 R_L' 为

$$R_L' = Q^2 R_{LS} = \frac{[\omega_0 (L_1 + L_2 + 2M)]^2}{R_{LS}^2} R_{LS} = \left(\frac{L_1 + L_2 + 2M}{L_2 + M} \right)^2 R_L \tag{2-17}$$

式(2-17)和式(2-16)的结论是一致的,只是表示参量不同。因为在磁芯、线圈半径、导线等相同的条件下,电感线圈的电感量 $L_1 = L_0 N_1^2$,$L_2 = L_0 N_2^2$,$M = L_0 N_1 N_2$。其中,L_0 为电感系数,在线圈绕制条件相同时是一确定值。因而可得

$$\frac{L_1 + L_2 + 2M}{L_2 + M} = \frac{L_0 N_1^2 + L_0 N_2^2 + 2L_0 N_1 N_2}{L_0 N_2^2 + L_0 N_1 N_2} = \frac{N_1 + N_2}{N_2}$$

3. 双电容分压耦合连接的变比关系

图 2-12 是双电容分压耦合连接形式,其变比关系可以应用串、并联等效互换的关系求得。

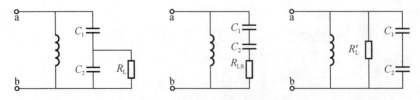

图 2-12 双电容分压耦合连接的变换

首先将 R_L 与 C_2 组成的并联支路等效为串联支路。其中 X 不变,即 C_2 不变,电阻 R_{LS} 为

$$R_{LS} = \frac{1}{Q_{C2}^2}R_L = \frac{1}{(\omega_0 C_2 R_L)^2}R_L = \frac{1}{\omega_0^2 C_2^2 R_L}$$

再将 R_{LS}、C_1、C_2 组成的串联支路等效为并联支路。其中,C_1、C_2 仍串联不变,而电阻 R_L' 为

$$R_L' = Q_C^2 R_{LS} = \left(\frac{1}{\omega_0 C R_{LS}}\right)^2 R_{LS} = \frac{1}{\omega_0^2 C^2 R_{LS}} = \frac{C_2^2}{C^2}R_L$$

因为 $C = C_1 C_2/(C_1 + C_2)$,所以

$$R_L' = \left(\frac{C_1 + C_2}{C_1}\right)^2 R_L \qquad (2-18)$$

上面进行推导的近似条件是 $Q_{C2} \gg 1$、$Q_C \gg 1$。双电容分压耦合的连接方式可以避免绕制变压器线圈时抽头的麻烦。在实际电路中,这种方法用得较多。

2.2.4　等效变换的接入系数与变换关系

将电阻 R_L 等效变换成 R_L' 的变比关系可用与接入系数 p 的关系表示。定义接入系数 p 为负载 R_L 两端电压 U_L(转换前负载电压)与等效负载 R_L' 两端电压 U_L'(转换后等效负载电压)之比,即

$$p = \frac{U_L}{U_L'}$$

根据定义,将电压比 $\dfrac{U_L}{U_L'}$ 变换为变压器变换前与变换后的线圈圈数之比(或容抗、感抗比),令 p 为

$$p = \frac{变换前的线圈圈数(或容抗、感抗)}{变换后的线圈圈数(或容抗、感抗)}$$

根据此定义和式(2-15)至式(2-18)可得转换的通式为

$$R_L' = \frac{1}{p^2}R_L \qquad (2-19)$$

将变比关系推广到其他量可得

$$g_L' = p^2 g_L, \quad X_L' = \frac{1}{p^2}X_L, \quad C_L' = p^2 C_L, \quad I_g' = p I_g; \quad U_g' = \frac{1}{p}U_g \qquad (2-20)$$

利用式(2-20)可以很方便地进行各种变换。

例 2-1　如图 2-13 所示,电路为一等效电路,其中 $L = 0.8\ \mu H$,$Q_0 = 100$,$C = 5\ pF$,$C_1 = 20\ pF$,$C_2 = 20\ pF$,$R = 10\ k\Omega$,$R_L = 5\ k\Omega$,试计算回路的谐振频率、谐振电阻。

解　由图 2-13 得图 2-14 所示等效电路图。

(1)回路的谐振频率 f_0

由图 2-14 等效电路可知 $L = 0.8\ \mu H$,回路总电容 C_Σ 为

$$C_\Sigma = C + \frac{C_1 C_2}{C_1 + C_2} = 5 + \frac{20 \times 20}{20 + 20}\ pF = 15\ pF$$

则

$$f_0 = \frac{1}{2\pi\sqrt{LC_\Sigma}} = \frac{1}{2\pi\sqrt{0.8 \times 10^{-6} \times 15 \times 10^{-12}}}\ Hz = 45.97\ MHz$$

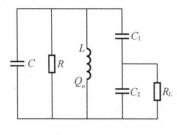

图 2 - 13　等效电路

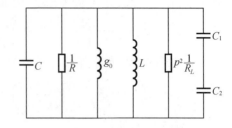

图 2 - 14　等效电路图

（2）回路的谐振电阻

R_L 等效到回路两端时的接入系数 p 为

$$p = \frac{\dfrac{1}{\omega C_2}}{\dfrac{1}{\omega \dfrac{C_1 C_2}{C_1 + C_2}}} = \frac{C_1}{C_1 + C_2} = \frac{1}{2}$$

则

$$g_L' = p^2 \frac{1}{R_L} = 0.5^2 \times \frac{1}{5 \times 10^3}\,\text{S} = 0.05 \times 10^{-3}\,\text{S}$$

电感 L 的损耗电导 g_0 为

$$g_0 = \frac{1}{\omega_0 L Q_0} = \frac{1}{2\pi \times 45.97 \times 10^6 \times 0.8 \times 10^{-6} \times 100}\,\text{S}$$
$$= 43.30 \times 10^{-6}\,\text{S}$$

总电导为

$$g_\Sigma = \frac{1}{R} + g_0 + p^2 \frac{1}{R_L} = \left(\frac{1}{10 \times 10^3} + 0.043\,3 \times 10^{-3} + 0.05 \times 10^{-3}\right)\,\text{S}$$
$$= 0.193\,3 \times 10^{-3}\,\text{S}$$

谐振电阻为

$$R_p = \frac{1}{g_\Sigma} = 5.17\,\text{k}\Omega$$

2.3　晶体管高频小信号等效电路

2.3.1　晶体管 y 参数等效电路

图 2 - 15 是晶体管 y 参数等效电路。设输入端有输入电压 $\dot{U}_1$ 和输入电流 $\dot{I}_1$，输出端有输出电压 $\dot{U}_2$ 和输出电流 $\dot{I}_2$。根据二端口网络理论，若选输入电压 $\dot{U}_1$ 和输出电压 $\dot{U}_2$ 为自变量，输入电流 $\dot{I}_1$ 和输出电流 $\dot{I}_2$ 为参变量，则得到 y 参数系的方程组为

$$\dot{I}_1 = y_{11}\dot{U}_1 + y_{12}\dot{U}_2 \tag{2 - 21}$$

$$\dot{I}_2 = y_{21}\dot{U}_1 + y_{22}\dot{U}_2 \tag{2-22}$$

式中，$y_{11} = y_i = \dot{I}_1/\dot{U}_1\big|_{U_2=0}$ 称为输出短路时的输入导纳；$y_{12} = y_r = \dot{I}_1/\dot{U}_2\big|_{U_1=0}$ 称为输入短路时的反向传输导纳；$y_{21} = y_f = \dot{I}_2/\dot{U}_1\big|_{U_2=0}$ 称为输出短路时的正向传输导纳；$y_{22} = y_o = \dot{I}_2/\dot{U}_2\big|_{U_1=0}$ 称为输入短路时的输出导纳。

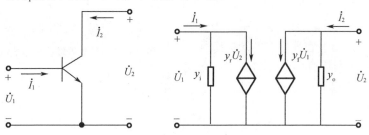

图 2 - 15 晶体管 y 参数等效电路

根据式(2-21)和式(2-22)可得出如图 2 - 15 所示的 y 参数等效电路。对于共发射极组态，$\dot{I}_1 = \dot{I}_b, \dot{U}_1 = \dot{U}_{be}, \dot{I}_2 = \dot{I}_c, \dot{U}_2 = \dot{U}_{ce}$，其 y 参数用 $y_{ie}、y_{re}、y_{fe}、y_{oe}$ 表示。对于共基极组态，$\dot{I}_1 = \dot{I}_e, \dot{U}_1 = \dot{U}_{eb}, \dot{I}_2 = \dot{I}_c, \dot{U}_2 = \dot{U}_{cb}$，其 y 参数用 $y_{ib}、y_{rb}、y_{fb}、y_{ob}$ 表示。对于共集电极组态，$\dot{I}_1 = \dot{I}_b, \dot{U}_1 = \dot{U}_{bc}, \dot{I}_2 = \dot{I}_e, \dot{U}_2 = \dot{U}_{ec}$，其 y 参数用 $y_{ic}、y_{rc}、y_{fc}、y_{oc}$ 表示。

2.3.2 混合 π 等效电路

混合 π 等效电路在《低频电子线路》中已介绍过。在此，仅就高频电子线路所对应的频率范围的混合 π 等效电路进行说明。

图 2 - 16 是晶体管混合 π 等效电路图。其中 $r_{b'e}$ 是发射结电阻。当工作于放大状态时，发射结是处于正向偏置的，所以 $r_{b'e}$ 数值很小，可表示为 $r_{b'e} = 26\beta_0/I_E$，其中 β_0 为共发射极组态晶体管的低频电流放大系数，I_{EQ} 为发射极电流，单位为 mA。$C_{b'e}$ 是发射结的结电容。$r_{bb'}$ 是基区扩展电阻。对于高频小功率管，其值约为几十欧，不同型号管子的 $r_{bb'}$ 数值

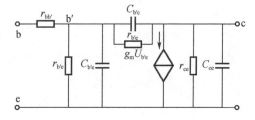

图 2 - 16 晶体管混合 π 等效电路

不相同，可通过查阅手册得到。$r_{b'c}$ 是集电结的结电阻。由于集电结处于反向偏置，$r_{b'c}$ 的数值很大。$C_{b'c}$ 是集电结的结电容，其数值较小。r_{ce} 是集电极与发射极之间的电阻，其数值一般很大，比放大器集电极负载电阻要大得多，可忽略其影响。C_{ce} 是集电极与发射极之间的电容，其值很小，等效时可合并到集电极负载电路中去。$g_m U_{b'e}$ 表示晶体管放大作用的等效电流源，而 $g_m = I_{EQ}/26$，表示晶体管的放大能力，称为跨导，单位为 S。

因为 $r_{b'c}$ 的值在所讨论的频率范围内比 $C_{b'c}$ 的容抗值大得多，通常对等效电路进行简化时常用 $C_{b'c}$ 代替 $r_{b'c}$ 和 $C_{b'c}$ 的并联电路。晶体管简化的混合 π 等效电路如图 2 - 17 所示。

在对等效电路的参数进行估算时，从晶体管器件手册中可查得参数 C_{ob}，C_{ob} 是晶体管共基接法且发射极开路时 c、b′间的结电容，而 $C_{b'c} \approx C_{ob}$。$C_{b'e}$ 的数值可通过手册给出的特征频

率 f_T 和放大电路的静态工作点的数值由式
（2 - 25）、式（2 - 26）进行计算。

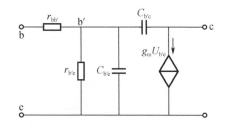

　　通常，在分析小信号谐振放大器时，采用 y 参数等效电路等效晶体管。但 y 参数随工作频率不同而有所变化，不能充分说明晶体管内部的物理过程。而混合 π 等效电路用集中参数元件 R、C 表示，物理过程明显，在分析电路原理时用得较多。y 参数与混合 π 等效电路的参

图 2 - 17　晶体管简化的混合 π 等效电路

数的变换关系可根据 y 参数的定义求出，其近似计算公式为

$$y_{ie} = \frac{g_{b'e} + j\omega(C_{b'e} + C_{b'c})}{1 + r_{bb'}[g_{b'e} + j\omega(C_{b'e} + C_{b'c})]}$$

$$y_{re} = \frac{-j\omega C_{b'c}}{1 + r_{bb'}[g_{b'e} + j\omega(C_{b'e} + C_{b'c})]}$$

$$y_{fe} = \frac{g_m - j\omega C_{b'c}}{1 + r_{bb'}[g_{b'e} + j\omega(C_{b'e} + C_{b'c})]}$$

$$y_{oe} = \frac{j\omega C_{b'c} r_{bb'} g_m}{1 + r_{bb'}[g_{b'e} + j\omega(C_{b'e} + C_{b'c})]} + j\omega C_{b'c}$$

　　从上述公式中可看出，晶体管的 y 参数是复数，其中 $y_{ie} = g_{ie} + j\omega C_{ie}$，$y_{oe} = g_{oe} + j\omega C_{oe}$，即输入导纳与输出导纳都用电导与电容并联等效。

2.3.3　高频参数

　　表征晶体管高频特性可用下列几个参数。这些参数对于分析和设计电子线路是较为重要的。

　　1. 截止频率 f_β

　　β 是晶体管共发射极电流放大系数，其值大小与工作频率有关，如图 2 - 18（a）所示。当工作频率增高到一定值后，β 值将随工作频率增高而减小。截止频率 f_β 的定义是，当 $|\beta|$ 减小到低频电流放大系数 β_0 的 $1/\sqrt{2}$ 倍时，所对应的频率称为 β 的截止频率 f_β。根据定义 $\beta = \dot{I}_c / \dot{I}_b |_{U_{ce} = 0}$，其可等效为图 2 - 18（b）。由图 2 - 18（b）可知，由于 $C_{b'c}$ 很小，流过 $C_{b'c}$ 的电流很小，所以 $\dot{I}_c \approx g_m \dot{U}_{b'e}$。

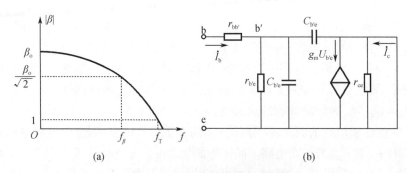

（a）　　　　　　　　　　　　　　　　（b）

图 2 - 18　晶体管高频参数特性

因为

$$\dot{U}_{b'e} = \dot{i}_b \frac{1}{g_{b'e} + j\omega(C_{b'e} + C_{b'c})}$$

所以

$$\beta = \frac{\dot{i}_c}{\dot{i}_b} = \frac{g_m}{g_{b'e} + j\omega(C_{b'e} + C_{b'c})} \qquad (2-23)$$

在工作频率很低时,电路中 $C_{b'e}$ 和 $C_{b'c}$ 可以忽略,对应的 $\beta = \beta_0$,所以 $\beta_0 = g_m r_{b'e}$。将其代入式(2-23)中,可得

$$\beta = \frac{\beta_0}{1 + j\omega r_{b'e}(C_{b'e} + C_{b'c})} \qquad (2-24)$$

根据定义, $|\beta| = \beta_0/\sqrt{2}$ 所对应的 f 为 f_β,即

$$\sqrt{1 + [\omega_\beta r_{b'e}(C_{b'e} + C_{b'c})]^2} = \sqrt{2}$$

$$f_\beta = \frac{1}{2\pi r_{b'e}(C_{b'e} + C_{b'c})} \qquad (2-25)$$

由式(2-24)和式(2-25)可得

$$\beta = \frac{\beta_0}{1 + j\omega/\omega_\beta} = \frac{\beta_0}{1 + jf/f_\beta} \qquad (2-26)$$

取其模,得计算任意频率时晶体管的 $|\beta|$ 为

$$|\beta| = \frac{\beta_0}{\sqrt{1 + (f/f_\beta)^2}} \qquad (2-27)$$

2. 特征频率 f_T

特征频率 f_T 的定义是,当 $|\beta|$ 下降到 1 时所对应的频率。根据定义可得

$$\frac{\beta_0}{\sqrt{1 + (f_T/f_\beta)^2}} = 1$$

$$f_T = f_\beta \sqrt{\beta_0^2 - 1} \qquad (2-28)$$

一般来说,晶体管的 $\beta_0 \gg 1$,所以

$$f_T \approx \beta_0 f_\beta \qquad (2-29)$$

特征频率 f_T 是晶体管共发射极运用时能得到电流增益的最高频率的极限。当 $f > f_T$, $\beta < 1$ 时,并不意味着晶体管已经没有放大作用,这时放大器电压增益还有可能大于 1。

3. 最高振荡频率 f_{max}

晶体管的功率增益 $A_P = 1$ 时所对应的频率称为最高振荡频率 f_{max},即

$$f_{max} = \frac{1}{2\pi} \sqrt{\frac{g_m}{4r_{bb'}C_{b'e}C_{b'c}}} \qquad (2-30)$$

可以证明,最高振荡频率 f_{max} 是晶体管运用的极限频率。在此频率下,晶体管已不能实现功率放大。通常,为了使电路工作稳定,且有一定的功率增益,实际工作频率为最高振荡频率的 $1/4 \sim 1/3$。以上三个频率大小的顺序是: f_{max} 最高, f_T 次之, f_β 最低。

2.4 晶体管谐振放大器

2.4.1 单调谐回路谐振放大器

高频小信号谐振放大器通常可采用共射放大、共基放大或共射－共基级联放大等放大电路。图 2－19 是共射单调谐回路小信号谐振放大器,它由共发射极组态的晶体管和高频变压器组成的单调谐 LC 并联谐振回路构成。放大器的直流偏置由 R_1、R_2、R_e 来实现,C_b、C_e 为高频旁路电容。输入信号 $\dot{U}_i$ 由前级放大器谐振回路的二次侧加入,相当于加在 T_1 的 b、e 之间,而单级放大器的输出电压 $\dot{U}_o$ 是本级放大器的谐振回路的二次侧加到下一级放大器的输入端的输入电压。由于是小信号放大,放大器工作于线性放大状态,可以采用等效电路进行分析。

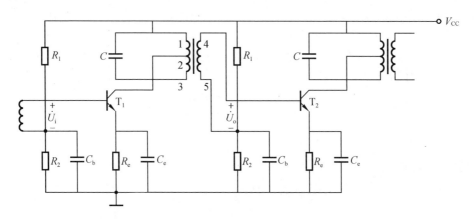

图 2－19 共射单调谐回路谐振放大器

1. 放大器的等效电路及其简化

图 2－20 是晶体管 T_1 组成的高频小信号放大器的高频小信号等效电路。其中晶体管 T_1 用 y 参数等效电路等效,信号源用 I_S 和 Y_S 等效。变压器二次侧的负载为下一级放大器的输入导纳 Y_{ie2}。

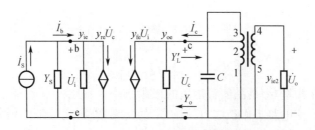

图 2－20 单调谐放大器高频小信号等效电路

设从晶体管 T_1 的 ce 两端向谐振回路看的等效负载导纳为 Y'_L。那么,晶体管在接上 Y'_L

和信号源 $\dot{I}_S$ 之后，$\dot{I}_b$、$\dot{I}_c$ 与 $\dot{U}_i$、$\dot{U}_c$ 的关系是由晶体管内部特性决定的，即

$$\dot{I}_b = y_{ie}\dot{U}_i + y_{re}\dot{U}_c \tag{2-31}$$

$$\dot{I}_c = y_{fe}\dot{U}_i + y_{oe}\dot{U}_c \tag{2-32}$$

而 $\dot{I}_c$ 又要由外部负载所决定，即

$$\dot{I}_c = -Y_L'\dot{U}_c \tag{2-33}$$

由式(2-33)和式(2-32)得

$$\dot{U}_c = -\frac{y_{fe}}{y_{oe}+Y_L'}\dot{U}_i \tag{2-34}$$

由式(2-34)和式(2-31)得

$$\dot{I}_b = y_{ie}\dot{U}_i + \left(-\frac{y_{re}y_{fe}}{y_{oe}+Y_L'}\dot{U}_i\right)$$

放大器的输入导纳 Y_i 为

$$Y_i = \frac{\dot{I}_b}{\dot{U}_i} = y_{ie} - \frac{y_{fe}y_{re}}{y_{oe}+Y_L'} \tag{2-35}$$

式(2-35)表明，由于 y_{re} 的存在，使得放大器的输入导纳 Y_i 不仅与晶体管的输入导纳 y_{ie} 有关，而且还与放大器的负载 Y_L' 有关。也就是说，放大器负载导纳 Y_L' 的变化会引起放大器输入导纳 Y_i 的变化。

同理，由式(2-31)至式(2-33)可得出放大器的输出导纳 Y_o，即

$$Y_o = \frac{\dot{I}_c}{\dot{U}_c} = y_{oe} - \frac{y_{fe}y_{re}}{y_{ie}+Y_S} \tag{2-36}$$

式(2-36)表明，由于 y_{re} 的存在，使得放大器的输出导纳 Y_o 不仅与晶体管的输出导纳 y_{oe} 有关，而且还与放大器输入端的信号源内导纳 Y_S 有关。也就是说，Y_S 的变化会引起放大器输出导纳 Y_o 变化。

为了分析的简化，在分析电路时，假设晶体管的 $y_{re}=0$。其简化的等效电路如图2-21所示。必须注意的是变压器二次侧两端接的是 T_2 管的输入导纳 y_{ie2}。如果多级放大器采用同型号的管子，在工作电流相同时 $y_{ie1}=y_{ie2}=y_{ie}$。

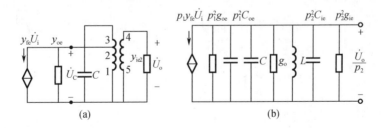

图 2-21　单调谐放大器简化等效电路

设 T_1 和 T_2 是同型号的晶体管，变压器一次侧的电感量为 L，在工作频率时其空载品质因数为 Q_0，则空载谐振电导 $g_0=\dfrac{1}{\omega_0 L Q_0}$。由于 $y_{ie}=g_{ie}+j\omega C_{ie}$，$y_{oe}=g_{oe}+j\omega C_{oe}$，故 y_{ie} 可用 g_{ie} 和 C_{ie} 并联表示，y_{oe} 可用 g_{oe} 和 C_{oe} 并联表示。根据接入系数的定义，$p_1=N_{12}/N_{13}$，$p_2=N_{45}/N_{13}$。由简化等效电路可以很方便地对放大器的技术指标进行分析。

2. 放大器的技术指标

(1)电压增益 $\dot{A}_u$

根据定义, $\dot{A}_u = \dot{U}_o / \dot{U}_i$ 。由图 2 – 21 可得

$$Y_\Sigma = g_\Sigma + j\omega C_\Sigma + \frac{1}{j\omega L}$$

式中, $g_\Sigma = p_1^2 g_{oe} + g_0 + p_2^2 g_{ie}$; $C_\Sigma = p_1^2 C_{oe} + C + p_2^2 C_{ie}$ 。从等效关系可知

$$\frac{\dot{U}_o}{p_2} = -\frac{p_1 y_{fe} \dot{U}_i}{Y_\Sigma} = -\frac{p_1 y_{fe} \dot{U}_i}{g_\Sigma + j\omega C_\Sigma + \frac{1}{j\omega L}}$$

则

$$\dot{A}_u = \frac{\dot{U}_o}{\dot{U}_i} = -\frac{p_1 p_2 y_{fe}}{g_\Sigma + j\omega C_\Sigma + \frac{1}{j\omega L}} \tag{2 – 37}$$

放大器谐振时, $\omega_0 C_\Sigma - \dfrac{1}{\omega_0 L} = 0$,对应的谐振频率 $\omega_0 = 1/\sqrt{LC_\Sigma}$,则

$$\dot{A}_{u0} = -\frac{p_1 p_2 y_{fe}}{g_\Sigma} \tag{2 – 38}$$

由式(2 – 38)可见,谐振时的电压增益 $\dot{A}_{u0}$ 与晶体管的正向传输导纳 y_{fe} 成正比,与回路两端总电导 g_Σ 成反比。负号表示放大器的输入与输出电压相位差为 $180°$ 。此外, y_{fe} 是一个复数,它有一个相角 φ_{fe} 。因此,一般来说放大器谐振时, $\dot{U}_o$ 与 $\dot{U}_i$ 的相位差不是 $180°$,而是 $180° + \varphi_{fe}$ 。只有当工作频率较低时, $\varphi_{fe} = 0$, $\dot{U}_o$ 与 $\dot{U}_i$ 之间的相位差才是 $180°$ 。

通常,在电路计算时,谐振时电压增益用其模表示,即 $|A_{u0}|$ 可表示为

$$|A_{u0}| = \frac{p_1 p_2 |y_{fe}|}{g_\Sigma} \tag{2 – 39}$$

(2)谐振曲线

放大器的谐振曲线表示放大器的相对电压增益与输入信号频率的关系。由式(2 – 37)可得

$$\dot{A}_u = \frac{-p_1 p_2 y_{fe}}{g_\Sigma \left[1 + \frac{1}{g_\Sigma} \left(j\omega C_\Sigma + \frac{1}{j\omega L} \right) \right]} = \frac{\dot{A}_{u0}}{1 + j \frac{1}{\omega_0 L g_\Sigma} \left(\omega C_\Sigma \omega_0 L - \frac{\omega_0 L}{\omega L} \right)}$$

$$= \frac{\dot{A}_{u0}}{1 + j Q_L \left(\dfrac{\omega}{\omega_0} - \dfrac{\omega_0}{\omega} \right)} \tag{2 – 40}$$

由式(2 – 40)可得

$$\frac{\dot{A}_u}{\dot{A}_{u0}} = \frac{1}{1 + j Q_L \left(\dfrac{\omega}{\omega_0} - \dfrac{\omega_0}{\omega} \right)} = \frac{1}{1 + j Q_L \left(\dfrac{f}{f_0} - \dfrac{f_0}{f} \right)}$$

对于谐振放大器来说,通常讨论的 f 与 f_0 相差不会很大,即可认为 f 在 f_0 附近变化,则

$$\frac{\dot{A}_u}{\dot{A}_{u0}} = \frac{1}{1 + j Q_L \dfrac{2\Delta f}{f_0}} \tag{2 – 41}$$

式中 $\Delta f = f - f_0$,称为一般失谐。

对于 $Q_L 2\Delta f / f_0$ 仍具有失谐的含义,令 $\xi = Q_L 2\Delta f / f_0$,称为广义失谐。将 ξ 代入式(2 - 41)得

$$\frac{\dot{A}_u}{\dot{A}_{u0}} = \frac{1}{1 + j\xi} \tag{2 - 42}$$

取其模可得

$$\frac{A_u}{A_{u0}} = \frac{1}{\sqrt{1 + \xi^2}} \tag{2 - 43}$$

式(2 - 43)是放大器在 f 接近于 f_0 条件下的谐振特性方程式。图 2 - 22 是谐振特性的两种表示形式。

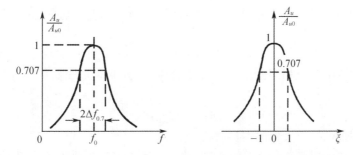

图 2 - 22　放大器的谐振特性

(3)放大器的通频带

根据通频带的定义,$A_u / A_{u0} = 1/\sqrt{2}$ 时所对应的 $2\Delta f$ 为放大器的通频带。由式(2 - 43)得

$$\frac{A_u}{A_{u0}} = \frac{1}{\sqrt{1 + \xi^2}} = \frac{1}{\sqrt{2}}$$

则

$$\xi = Q_L \frac{2\Delta f_{0.7}}{f_0} = 1$$

$$2\Delta f_{0.7} = \frac{f_0}{Q_L} \tag{2 - 44}$$

(4)放大器的矩形系数

根据矩形系数的定义

$$K_{r0.1} = \frac{2\Delta f_{0.1}}{2\Delta f_{0.7}}$$

式中,$2\Delta f_{0.1}$ 是 $\frac{A_u}{A_{u0}} = 0.1$ 时所对应的频带宽度,即

$$\frac{A_u}{A_{u0}} = \frac{1}{\sqrt{1 + \xi^2}} = \frac{1}{10}$$

$$\xi = Q_L \frac{2\Delta f_{0.1}}{f_0} = \sqrt{100 - 1} = \sqrt{99}$$

$$2\Delta f_{0.1} = \sqrt{99} \frac{f_0}{Q_\mathrm{L}}$$

则矩形系数为

$$K_{r0.1} = \sqrt{99} \qquad (2-45)$$

单调谐回路放大器的矩形系数远大于1。也就是说,它的谐振曲线与矩形相差较远,选择性差。

2.4.2 多级单调谐回路谐振放大器

在实际运用中,需要较高的电压增益,就要用多级放大器来实现。下面仅讨论其主要技术指标。

1. 多级单调谐谐振放大器的电压增益

假如,放大器有 m 级,各级电压增益分别为 $A_{u1}, A_{u2}, \cdots, A_{um}$,则总电压增益 A_m 是各级电压增益的乘积,即

$$A_m = A_{u1} \cdot A_{u2} \cdot A_{u3} \cdot \cdots \cdot A_{um} \qquad (2-46)$$

当多级放大器由完全相同的单级放大器组成时,各级电压增益相等,则 m 级放大器的总电压增益为

$$A_m = (A_{u1})^m \qquad (2-47)$$

2. 多级单调谐谐振放大器的谐振曲线

m 级相同的放大器级联时,它的谐振曲线等于各单级谐振曲线的乘积,可表示为

$$\frac{A_m}{A_{m0}} = \frac{1}{\left[1 + \left(Q_\mathrm{L} \frac{2\Delta f}{f_0} \right)^2 \right]^{\frac{m}{2}}} \qquad (2-48)$$

3. 多级单调谐谐振放大器的通频带

m 级相同的放大器级联时,根据定义总通频带应满足下式

$$\frac{A_m}{A_{m0}} = \frac{1}{\left\{ 1 + \left[Q_\mathrm{L} \frac{(2\Delta f_{0.7})_m}{f_0} \right]^2 \right\}^{\frac{m}{2}}} = \frac{1}{\sqrt{2}}$$

可得

$$(2\Delta f_{0.7})_m = \sqrt{2^{\frac{1}{m}} - 1} \frac{f_0}{Q_\mathrm{L}} \qquad (2-49)$$

式中,Q_L 为每一单级的有载品质因数。

与单级放大器的通频带相比较,式(2-49)可表示为

$$2(\Delta f_{0.7})_m = \sqrt{2^{\frac{1}{m}} - 1}(2\Delta f_{0.7})_1$$

因 m 是大于1的整数,总的通频带比单级放大器的通频带要小。级数越多,总通频带越小。

4. 多级单调谐谐振放大器的矩形系数

根据矩形系数的定义

$$(K_{r0.1})_m = \frac{(2\Delta f_{0.1})_m}{(2\Delta f_{0.7})_m}$$

式中，$(2\Delta f_{0.1})_m$ 可由式 $(2-49)$ 求得，令 $A_m/A_{m0}=0.1$，则

$$(2\Delta f_{0.1})_m = \sqrt{100^{\frac{1}{m}}-1}\,\frac{f_0}{Q_{\mathrm{L}}}$$

故 m 级单调谐谐振放大器的矩形系数为

$$(K_{r0.1})_m = \frac{\sqrt{100^{\frac{1}{m}}-1}}{\sqrt{2^{\frac{1}{m}}-1}} \qquad (2-50)$$

可见，级数越多，矩形系数越小。

2.5　小信号谐振放大器的稳定性

2.5.1　谐振放大器存在不稳定的原因

前面分析电路曾假定晶体管的 $y_{\mathrm{re}}=0$。但是，在实际应用中，晶体管存在着反向传输导纳 y_{re}，放大器的输出电压可通过晶体管的 y_{re} 反向作用到输入端，引起输入电流的变化，这种反馈作用可能会引起放大器产生自激等不良后果。式 $(2-35)$ 和式 $(2-36)$ 表明，放大器的输入导纳和输出导纳由于 y_{re} 不为零，而与 Y_{L}' 和 Y_{S} 有关。下面以放大器的输入导纳为例来进行分析说明。因为放大器的输入端与谐振回路相连接，其等效电路如图 $2-23$ 所示。

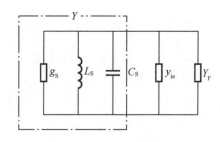

图 $2-23$　等效输入电路

由式 $(2-35)$ 知，放大器的输入导纳

$$Y_{\mathrm{i}} = y_{\mathrm{ie}} - \frac{y_{\mathrm{fe}}y_{\mathrm{re}}}{y_{\mathrm{oe}}+Y_{\mathrm{L}}'} = y_{\mathrm{ie}} + Y_{\mathrm{F}}$$

$$Y_{\mathrm{F}} = g_{\mathrm{F}} + \mathrm{j}b_{\mathrm{F}} = -\frac{y_{\mathrm{fe}}y_{\mathrm{re}}}{y_{\mathrm{oe}}+Y_{\mathrm{L}}'}$$

值得注意的是，Y_{F} 是频率的函数。在某些频率上，g_{F} 有可能为负值。回路的总电导将可能减小甚至为零，Q_{L} 将趋于无限大，放大器处于自激振荡状态。

2.5.2　放大器的稳定系数及稳定增益

1. 放大器的稳定系数

图 $2-24$ 是调谐放大器的等效电路。当信号源提供输入电压 $\dot{U}_{\mathrm{i}}$ 后，通过晶体管得到 $\dot{U}_{\mathrm{c}} = -y_{\mathrm{fe}}\dot{U}_{\mathrm{i}}/(y_{\mathrm{oe}}+Y_{\mathrm{L}}')$，而 $\dot{U}_{\mathrm{c}}$ 通过 y_{re} 反馈到输入端得

$$U_{\mathrm{i}}' = -\frac{y_{\mathrm{re}}\dot{U}_{\mathrm{c}}}{y_{\mathrm{ie}}+Y_{\mathrm{S}}} = \frac{y_{\mathrm{re}}y_{\mathrm{fe}}}{(y_{\mathrm{ie}}+Y_{\mathrm{S}})(y_{\mathrm{oe}}+Y_{\mathrm{L}}')}\dot{U}_{\mathrm{i}}$$

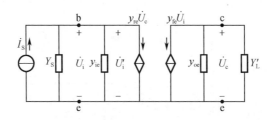

图 2 - 24 调谐放大器等效电路

如果反馈电压 $\dot{U}'_i$ 在相位和幅度上与 $\dot{U}_i$ 相同,这就意味着放大器要产生自激振荡。

将 $\dot{U}_i$ 与 $\dot{U}'_i$ 的比值定义为稳定系数 S,即

$$S = \frac{\dot{U}_i}{\dot{U}'_i} = \frac{(y_{ie} + Y_S)(y_{oe} + Y'_L)}{y_{re} y_{fe}} \tag{2-51}$$

S 越大,放大器越稳定;$S = 1$ 为维持自激振荡的条件。对于一般放大器来说,$S \geq 5$ 就可以认为是稳定的。

由于 Y_S 是信号源的内导纳,它是由前级放大器的谐振回路等效而得,即

$$y_{ie} + Y_S = g_{ie} + g_S + j\omega C_S + j\omega C_{ie} + \frac{1}{j\omega L_S}$$

$$= (g_{ie} + g_S)(1 + j\xi_1)$$

式中

$$\xi_1 = Q_1\left(\frac{f}{f_0} - \frac{f_0}{f}\right), \quad f_0 = \frac{1}{2\pi \sqrt{L_S(C_{ie} + C_S)}}$$

$$Q_1 = \frac{\omega_0(C_{ie} + C_S)}{g_S + g_{ie}}$$

用幅值与相角表示为

$$y_{ie} + Y_S = (g_{ie} + g_S) \sqrt{1 + \xi_1^2} \, e^{j\psi_1} \tag{2-52}$$

式中 $\psi_1 = \arctan \xi_1$。

同理,输出回路也可用相同形式表示,即

$$y_{oe} + Y'_L = (g_{oe} + g'_L) \sqrt{1 + \xi_2^2} \, e^{j\psi_2} \tag{2-53}$$

式中 $\psi_2 = \arctan \xi_2$。

通常,放大器输入回路和输出回路相同,即 $\xi_1 = \xi_2 = \xi$,$\psi_1 = \psi_2 = \psi$,则

$$S = \frac{(g_{ie} + g_S)(g_{oe} + g'_L)(1 + \xi^2)}{|y_{fe}||y_{re}|} e^{j[2\psi - (\varphi_{fe} + \varphi_{re})]} \tag{2-54}$$

根据相位相同的条件,$2\psi - (\varphi_{fe} + \varphi_{re}) = 0$,可得 $2\arctan \xi = \varphi_{fe} + \varphi_{re}$,则

$$\xi = \tan \frac{\varphi_{fe} + \varphi_{re}}{2}$$

$$1 + \xi^2 = \frac{2}{1 + \cos(\varphi_{fe} + \varphi_{re})}$$

将以上各式代入式(2-54)中,得

$$S = \frac{2(g_{ie} + g_S)(g_{oe} + g'_L)}{|y_{fe}||y_{re}|[1 + \cos(\varphi_{fe} + \varphi_{re})]} \quad (2-55)$$

2. 单级调谐放大器的稳定增益

所谓稳定增益,是指晶体管不加任何稳定措施,而满足稳定系数 S(例如 $S \geqslant 5$)要求时,放大器工作于谐振频率的最大电压增益。从图 2-20 所示等效电路可求得放大器的电压增益。设各级放大器的参数均相同,且晶体管接入谐振回路的接入系数为 p_1,下级负载接入谐振回路的接入系数为 p_2,则单级调谐放大器的电压增益为

$$|A_u| = \frac{|U_o|}{|U_i|} = \frac{|U_c|}{|U_i|} \cdot \frac{|U_o|}{|U_c|} = \frac{|y_{fe}|}{|y_{oe} + Y'_L|} \cdot \frac{p_2}{p_1}$$

由于各级参数相同,从输出电压 U_o 处向放大器输出端看,可认为其等效导纳为 Y_S,故可得

$$p_1^2(y_{oe} + Y'_L) = p_2^2(y_{ie} + Y_S)$$

于是

$$\frac{p_2}{p_1} = \sqrt{\frac{y_{oe} + Y'_L}{y_{ie} + Y_S}}$$

则

$$|A_u| = \frac{|y_{fe}|}{\sqrt{|y_{oe} + Y'_L| \cdot |y_{ie} + Y_S|}}$$

当回路谐振时,谐振电压增益为

$$|A_{u0}| = \frac{|y_{fe}|}{\sqrt{(g_{oe} + g'_L)(g_{ie} + g_S)}}$$

由式(2-55),可得 $(g_{oe} + g'_L)(g_{ie} + g_S)$ 的表示式,则稳定电压增益为

$$|A_{u0}|_S = \sqrt{\frac{2|y_{fe}|}{S|y_{re}|[1 + \cos(\varphi_{fe} + \varphi_{re})]}} \quad (2-56)$$

稳定电压增益 $|A_{u0}|_S$ 的计算公式通常是在已知晶体管参数的条件下,根据稳定系数 S 的要求来确定自己设计的放大器的允许的最高电压增益。也就是说,在不加任何稳定措施的情况下,你所制作的放大器的实际电压增益 $\leqslant |A_{u0}|_S$,这个放大器一定是稳定的。

例 2-2　已知某晶体管在工作频率为 10.7 MHz 时,$y_{fe} = (26.4 - j36.4)$ mS;$y_{re} = (0.08 - j0.3)$ mS。用其作中频放大器,若 $S \geqslant 5$ 认为是稳定的,试计算稳定电压增益。

解

$$|y_{fe}| = \sqrt{26.4^2 + 36.4^2} = 45.0 \text{ mS}$$

$$\varphi_{fe} = \arctan\frac{-36.4}{26.4} = -54°$$

$$|y_{re}| = \sqrt{0.08^2 + 0.3^2} = 0.31 \text{ mS}$$

$$\varphi_{fe} = \arctan\frac{-0.3}{0.08} = -75°$$

$$|A_{u0}|_S = \sqrt{\frac{2|y_{fe}|}{S|y_{re}|[1 + \cos(\varphi_{fe} + \varphi_{re})]}}$$

$$= \sqrt{\frac{2 \times 45 \times 10^{-3}}{5 \times 0.31 \times 10^{-3}[1 + \cos(-54° - 75°)]}}$$

$$= 12.52$$

这说明,用这个晶体管设计制作高频小信号放大器,只要放大器电压增益不大于 12.52,在没有任何稳定措施条件下,放大器是稳定的,即满足 $S \geq 5$ 的要求。

2.5.3 提高谐振放大器稳定性的措施

由于 y_{re} 的反馈作用,晶体管是一个双向器件。使晶体管 y_{re} 的反馈作用消除的过程称为单向化。单向化的目的就是提高放大器的稳定性。单向化的方法有中和法和失配法。

1. 中和法

所谓中和法,是指在晶体管放大器的输出与输入之间引入一个附加的外部反馈电路,以抵消晶体管内部 y_{re} 的反馈作用。

图 2-25 所示是具有中和电路的放大器。放大器输入电压 $\dot{U}_i$ 经晶体管放大在谐振回路得到电压 $\dot{U}_{21}$。由于 y_{re} 的内部反馈,产生反馈电流为 $y_{re}\dot{U}_{21}$,而外部反馈电路 Y_N 取自电压 $\dot{U}_{45}$,其反馈电流为

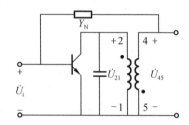

图 2-25 具有中和电路的放大器

$Y_N\dot{U}_{45}$。从抵消 y_{re} 的反馈来说,这两个电流对输入端应是大小相等、方向相反。可见,在 Y_N 与 y_{re} 同性质条件下,$\dot{U}_{45}$ 与 $\dot{U}_{21}$ 的相位差应是 180°,两电流正好抵消,对输入电流就不会产生反馈的影响。

通常,y_{re} 的实部很小,可以忽略。为了简单方便,常采用一个电容 C_N 来抵消 y_{re} 虚部中的电容反馈,达到中和目的。由于虚部中的 C_{re} 与 $C_{b'c}$ 有关,常用 $C_{b'c}$ 代替 C_{re} 来对 C_N 进行相应的计算。图 2-26 给出了中和电路的两种形式。其中,图 2-26(a)较常用,它能确保内外反馈的相位相反。中和电容 C_N 的数值为

$$C_N = \frac{U_{12}}{U_{32}}C_{b'c} = \frac{N_{12}}{N_{32}}C_{b'c}$$

对于图 2-26(b)电路,在相位上由变压器耦合的同名端的选取来保证外电路反馈电压与内反馈电压的相位相反。中和电容 C_N 的数值为

$$C_N = \frac{U_{12}}{U_{45}}C_{b'c} = \frac{N_{12}}{N_{45}}C_{b'c}$$

应特别注意的是,严格的中和很难达到。因为晶体管的 y_{re} 是随频率变化的,而 C_N 不随频率变化,所以只能对一个频率点起到完全中和的作用。

2. 失配法

失配法的实质是降低放大器的电压增益,以确保满足稳定的要求。可以选用合适的接入系数 p_1、p_2 或在谐振回路两端并联阻尼电阻来实现降低电压增益。在实际运用中,较多的是采用共射－共基级联放大器,其等效电路如图 2-27 所示。由于后级共基晶体管的输入导纳较大,对于前级共射晶体管来说,它是负载。大的负载导纳使电压增益低,但它仍有

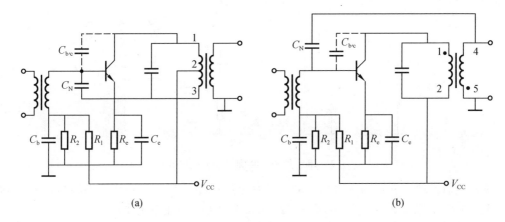

图 2-26 中和电路的连接

较大的电流增益。后级共基放大的电流增益小,电压增益大。组合后的放大器的总电压增益和功率增益都与单管共射放大电路差不多,但稳定性高。输入回路与晶体管采用部分接入,而输出回路与晶体管直接接入,这是由于共基晶体管输出电阻很大,不用部分接入。

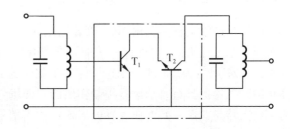

图 2-27 共射-共基级联放大器

共射-共基级联晶体管可以等效为一个共射晶体管。在晶体管 $y_{ie} \gg y_{re}$、$y_{fe} \gg y_{ie}$、$y_{fe} \gg y_{oe}$ 的条件下,可证明相同晶体管组成的共射-共基组态的等效晶体管的 y 参数为

$$y'_i \approx y_{ie}, \quad y'_r = \frac{y_{re}}{y_{fe}}(y_{re} + y_{oe}), \quad y'_f \approx y_{fe}, \quad y'_o \approx y_{re}$$

由上式可知,共射-共基复合管的输入导纳 y'_i 和正向传输导纳 y'_f 大致与单管参数相等,反向传输导纳 y'_r 远小于单管的 y_{re},小一两个数量级。这说明复合管内部反馈很弱,放大器的工作稳定性提高了,而输出导纳 y'_o 也只是单管的几分之一。

2.6 场效应管高频放大器

场效应管具有输入阻抗高、动态范围大、噪声小、线性好、抗辐射能力强等优点,在分立元件的高频放大器中,有取代晶体管的趋势。特别是双栅场效应管高频放大器在彩色电视机的高频调谐器、无线车载接收机和无线电话接收机中得到了较为广泛的应用。

2.6.1 结型场效应管高频放大器

图 2-28 所示是共源-共栅高频放大电路。它与共射-共基级联放大器相似,可以把共源-共栅级联的两管等效为一个共源的场效应管。

场效应共源-共栅高频放大电路的反向传输导纳很小,内部反馈很弱,放大器的稳定性

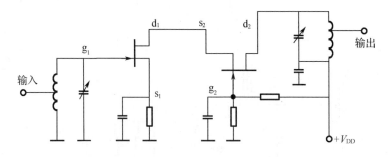

图 2－28　共源－共栅高频放大电路

高。场效应管共源－共栅高频放大器由于具有电压增益较高、工作稳定、高频特性好、动态范围大、噪声小、线性好等特点,在通信系统的高频放大中应用较为广泛。

2.6.2　双栅场效应管高频放大器

双栅场效应管也称为双栅 MOS 管。它是一个管子中有两个控制栅极。从特性上来看,由于增加了第二栅级 g_2,它具有一定的屏蔽作用,使得漏极与第一栅极之间的反馈电容变得很小,一般均小于 0.05 pF。用这样的管子制作的放大器的工作稳定性高。图 2－29 所示是高频调谐器中的具有自动增益控制作用的双栅场效应管高频放大器。从结构上来看可以认为该放大器是共源－共栅放大器的形式。输入信号通过 L_1、C_1 组成的单调谐输入回路加到第一栅极 g_1,通过双栅场效应管进行放大。漏极接的负载为互感耦合双调谐回路,耦合度较强,频率特性呈双峰特性。第二栅极 g_2 通过 C_5 交流接地,可以认为是构成共栅接法的形式,整个管子构成共源－共栅放大器。第二栅极 g_2 还通过 R_3 加入自动增益控制(AGC)电压实现放大器的增益控制。其原理是,当改变双栅场效应管的第二栅极 g_2 的电压时,可以改变场效应管正向传输特性曲线的斜率,从而改变高频放大器的增益。

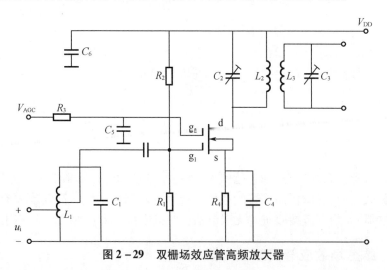

图 2－29　双栅场效应管高频放大器

图 2－30 所示是一个 MFE3007 双栅场效应管构成的具有增益控制的 100 MHz 高频放大器。放大器的输入阻抗和输出阻抗均为 50 Ω,C_1、L_1 和 C_2 组成输入匹配网络,L_2、C_3 和 C_4 组成输出匹配网络。天线或信号源来的信号经输入匹配网络送到 g_1,通过场效应管实现

电压放大,再经输出匹配网络送给负载(50 Ω)。第二栅极 g_2 由 R_1 与 R_2 分压提供一个约 4 V 的直流电压为其静态偏置,确保放大器的电压增益为一定值。若要改变电压增益,则需从外电路引入电压改变 g_2 的偏置电压实现电压增益的控制。L_p 是高频扼流圈,它与两端的旁路电容 C_B 组成去耦滤波网络,确保放大器与电源、增益控制电路的隔离,避免通过供电电源内阻产生的寄生反馈,提高了放大器的稳定性。

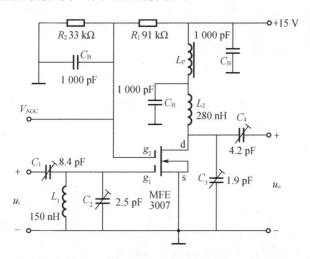

图 2 − 30　100 MHz 双栅场效应管放大器

2.7　线性宽频带放大集成电路与集中滤波器

随着集成电路技术的飞速发展,许多具有不同功能特点的新的集成放大电路不断出现,给电子电路开发与应用提供了极为有利的条件。对于采用集成放大电路构成高频选频放大器来说,通常采用集中滤波和宽频带集成放大电路相结合的方式来实现。目前,宽频带集成放大电路的型号很多,各自的性能和适应范围也有所不同,使用时可根据放大器的技术指标要求查阅有关的集成电路手册,选用合适的集成电路。集中滤波器可选用频率特性合适的陶瓷滤波器、晶体滤波器、声表面滤波器或 LC 滤波器。

2.7.1　线性宽频带集成放大电路

1. 利用负反馈的集成宽频带放大器

国产 8FZ1 集成放大电路是属于利用负反馈展宽频带的放大器,其内部电路和应用电路如图 2 − 31 所示。它是由两个晶体管组成的直接耦合放大器,电路中具有两级电流并联负反馈。从 T_2 的发射极电阻 R_f 上取得反馈信号经 R_f 反馈到输入端,而电容 C_e 和(R_{e1} + R_{e2})并联,C_e 的电容值是 15 pF,是为了使高频工作时反馈减小,以改善高频特性。另外,改变外接元件还可以调节放大器的其他性能。例如,在引线 8 和 6 之间接入电阻与 R_f 并联,可增强反馈;在 8 和 9 之间串入不同阻值的电阻可减小反馈;在 2 与 3 或 3 与 4 之间连接电阻,可以改变放大器的电压增益。

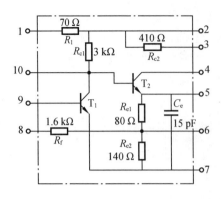
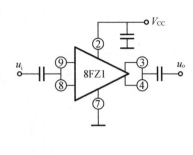

图2-31　8FZ1宽频带放大器电路图

2. 共射-共基集成宽频带放大器

许多线性宽频带集成放大电路都采用共射-共基级联放大模式,它具有较高电压增益,而且稳定性高,图2-32是集成模块CA3028差分/共射-共基放大器。它可构成差分放大,也可构成共射-共基放大。工作频率范围为 DC~120 MHz。当工作频率为100 MHz时,$A_P = 20$ dB;工作频率为 10.7 MHz 时,$A_P = 39$ dB。噪声系数 $N_F = 7.2$ dB。适用做射频放大器和中频放大器。

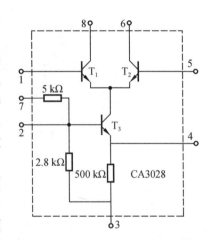

图2-33是利用CA3028组成的共射-共基中频放大电路。电路中1脚和8脚短接,T_3 和 T_2 组成共射-共基级联放大,输入回路和输出回路均采用中频变压器(465 kHz),采用单电源供电,可实现 AGC 控制。若需改变中频,可用10.7 MHz 陶瓷滤波器代替中频变压器。

图2-32　CA3028 差分/共射-共基放大器内部电路图

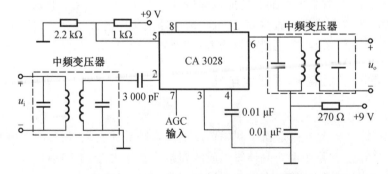

图2-33　CA3028 共射-共基中频放大电路

图2-34是MC1490宽带集成放大电路的内部电路图。它是一个具有宽范围的 AGC 控制,能够使用在 RF/IF 的宽带放大器。其工作电压为6.0~15.0 V,单电源供电。工作频率为 10 MHz 时,功率增益为 50 dB;工作频率为 60 MHz 时,功率增益为 45 dB;工作频率为

100 MHz 时，功率增益为 35 dB。AGC 控制范围可达 60 dB。

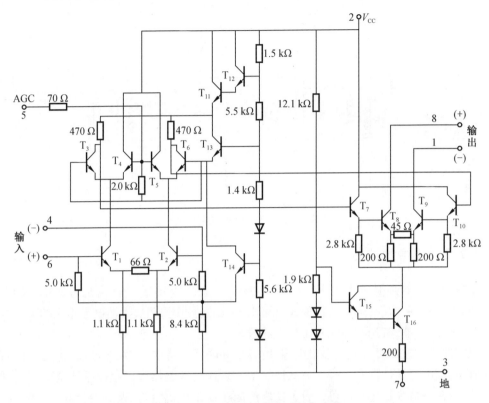

图 2 - 34 MC1490 宽带集成放大电路

由图 2 - 34 可知，该电路是由 T_1、T_2 组成共射差分输入级，驱动由 T_3、T_4 和 T_5、T_6 组成的共基差分放大器。由于 T_3、T_4、T_5、T_6 的基极是通过 AGC 直流电压控制，相当于基极交流接地。从放大作用来看，是由 T_1、T_3 和 T_2、T_6 组成共射 – 共基差分放大电路，其差动输出由 T_3 和 T_6 的集电极输出。而 T_4 和 T_5 的基极直流电压的变化只是对 T_3 和 T_6 起分流作用，使其电压增益变化，达到自动电压增益控制的目的。T_3 和 T_6 的集电极输出直接与 T_7 和 T_{10} 的基极相连，而 T_7、T_8 组成共集 – 共射级联，T_{10}、T_9 也组成共集 – 共射级联，则共集共射组合管 T_7、T_8 和 T_{10}、T_9 组成差分放大器的输出极，其输出由 T_8 和 T_9 的集电极输出。其余的 T_{12}、T_{13}、T_{14}、T_{15}、T_{16} 和二极管构成偏置电路。显然，信号经 T_1、T_3 和 T_2、T_6 组成共射 – 共基组合差分放大的输入级放大，再经 T_7、T_8 和 T_{10}、T_9 组成共集 – 共射组合差分放大输出，这样的电路具有足够高的增益和足够宽的带宽。其中 T_7 和 T_{10} 的共集组态构成隔离级的作用，隔离了共射高增益输出级 T_8、T_9 对前级 T_3、T_6 集电极的分流作用，从而也保证了电路的增益和带宽。

AGC 电路的功能是由 T_4、T_5 实现的。T_4、T_5 的基极通过 70 Ω 电阻引出到 AGC 控制端（脚 5），AGC 电压较低时，T_4、T_5 截止，不影响电路正常工作。当 AGC 电压超过 5 V 时，T_4、T_5 导通，因而分流了 T_3、T_6 的射极输入电流，即有效地控制了放大器的增益。这种 AGC 方式不仅控制效率高，而且放大器的输入输出阻抗也不会因改变增益受影响。

图 2 - 35 是 MC1490 的应用电路。其工作频率为 30 MHz，电路采用了两个单调谐回路

$L_1 C_1$ 和 $L_2 C_2$,均调谐于 30 MHz。

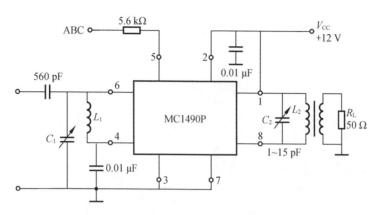

图 2 - 35　MC1490 应用电路

2.7.2　集中滤波器

宽频带放大器必须和具有一定选频特性的集中滤波器配合,才能满足特定要求的选频放大功能。在宽频带、高增益线性集成电路出现以后,集中选频放大器已在很大的范围内取代了单调谐放大器,其选频性能有了很大的改善。

集中选频滤波器可以是由多节电感、电容串并联回路构成的 LC 滤波器,也可以由石英晶体滤波器、陶瓷滤波器和声表面波滤波器构成。这些滤波器可以根据系统要求进行精确设计,而且在与放大器连接时可以设置良好的阻抗匹配电路,因此选频特性较好。目前,应用最普遍的集中选频性滤波器是声表面波滤波器。它的工作频率范围在 1 ~ 1 000 MHz,相对带宽为 0.5% ~ 50%,矩形系数为 1.1 ~ 1.2,特别适合于高频、超高频段工作。声表面波滤波器选频特性好,性能稳定,温度系数小,能根据不同需要制出所需的幅频特性,适于大规模生产。它的缺点是工作频率不能做得较低。频率太低会使体积增大,成本增加。它是当前彩色电视、雷达和通信系统主要采用的一种选频滤波器。

石英晶体滤波器和陶瓷滤波器的基本原理是相同的,都是利用压电效应制作出来的滤波元件。石英晶体滤波器的品质因数、工作频率都比陶瓷滤波器高,它可以得到极陡峭的频率特性曲线。它的缺点是通频带较窄、成本高,通常在超短波接收机中作为第一混频器后的第一中频放大器的集中滤波器。陶瓷滤波器的等效品质因数比 LC 滤波器高,但比石英晶体滤波器要低些。因此,陶瓷滤波器的通频带要比石英晶体滤波器宽、选择性能差。但由于生产成本低、体积小、性能稳定,其应用较为广泛,主要用于超短波接收机中作为第二混频器后的中频放大器的集中滤波器,例如常用的 465 kHz(或 455 kHz)中频滤波器。另外,在电视接收中的 6.5 MHz 伴音中频滤波器经常选用陶瓷滤波器。

2.7.3　线性宽频带放大器与集中滤波器构成选频放大器

1. 集中滤波器在宽频带放大器之后

这是一种常用的接法,如图 2 - 36 所示,它要求放大器与滤波器之间要实现阻抗匹配。阻抗匹配能使放大器有较大的功率增益,同时能使滤波器有正常的频率特性。因为滤波器的频率特性与其输入端匹配、输出端匹配有关，不匹配时不能得到预期的正常频率特性。

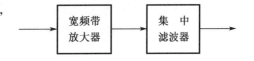

图 2－36　集中滤波器在后的宽频带放大器

2. 集中滤波器在宽频带放大器之前

这种接法的特点是频带外的强干扰信号不会直接进入放大器，避免强干扰信号使放大器进入非线性状态产生新的干扰，如图 2－37 所示。但若选用的集中滤波器的衰减较大时，进入放大器的信号较小，放大器信噪比变小。通常可在集中滤波器前加前置放大器，以提高信噪比。

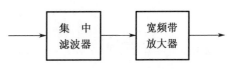

图 2－37　集中滤波器在前的宽频带放大器

2.8　放大电路的噪声

在通信系统中，放大电路对微弱信号的放大要受到内部噪声的限制。由于放大电路具有内部噪声，当外来信号通过放大电路放大输出的同时，也有内部噪声输出。若外来信号小到一定值时，放大器输出信号和噪声大小差不多，在放大器的输出端难以分辨信号。所谓噪声，就是在放大电路或电子设备的输出端与有用信号同时存在的一种随机变化的电流或电压，没有有用信号时，它也存在。

2.8.1　放大电路内部噪声的来源和特点

放大电路和电子系统的内部噪声主要来源于包括输入变换电路在内的电阻热噪声和放大器件的噪声。

1. 电阻的热噪声

一个电阻在没有外加电压时，电阻材料的自由电子在外界温度作用下要做无规则的运动，它的一次运动过程，就会在电阻两端产生很小的电压，电压的正负由电子的运动方向决定。大量的热运动电子就会在电阻两端产生起伏电压。就一段时间看，出现正负电压的概率相同，因而两端的平均电压为零。但就某一瞬时来看，电阻两端电压的大小和方向是随机变化的。这种因热而产生的起伏电压就称为电阻的热噪声。

噪声电压 $u_n(t)$ 是随机变化的，无法确切地写出它的数学表达式。大量的实践和理论分析已经找出它们的规律性，可以用概率特性和功率谱密度来描述。例如，电阻热噪声电压 $u_n(t)$ 具有很宽的频谱，它的频率从零开始，连续不断，一直延伸到 $10^{13} \sim 10^{14}$ Hz，而且它的各个频率分量的强度是相等的，如图 2－38 所示。这样的频谱和太阳光的光谱相似，通常就把这种具有均匀的连续频谱的噪声叫作白噪声。

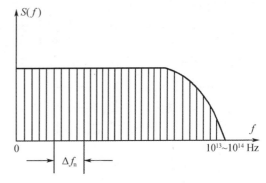

图 2－38　电阻热噪声特性

在较长时间里,噪声电压 $u_n(t)$ 的统计平均值为零。但是,假如将 $u_n(t)$ 平方后再取其平均值,就具有一定的数值,称其为噪声电压的均方值,即

$$\overline{u_n^2(t)} = \lim_{T \to \infty} \frac{1}{T} \int_0^T u_n^2(t) \, dt \qquad (2-57)$$

而噪声电压作用于 1 Ω 电阻上的平均功率为

$$P = \frac{1}{T} \int_0^T u_n^2(t) \, dt \qquad (2-58)$$

若以 $S(f) \, df$ 表示频率在 f 与 $f + df$ 之间的平均功率,则总的平均功率为

$$P = \int_0^\infty S(f) \, df \qquad (2-59)$$

可得

$$\overline{u_n^2(t)} = \lim_{T \to \infty} \frac{1}{T} \int_0^T u_n^2(t) \, dt = \int_0^\infty S(f) \, df \qquad (2-60)$$

式中,$S(f)$ 称为噪声功率谱密度,单位为 W/Hz。

因此,电阻热噪声可以用功率谱的形式来表示,即热噪声的频谱在极宽的频带内具有均匀的功率谱密度。根据热运动理论和实践证明,电阻热噪声功率谱密度为

$$S(f) = 4kTR \qquad (2-61)$$

式中,k 为玻耳兹曼常数,$k = 1.38 \times 10^{-23}$ J/K;T 为电阻的绝对温度值,单位为 K。

因为功率谱密度表示单位频带内的噪声电压均方值,故噪声电压的均方值 $\overline{u_n^2(t)}$ 为

$$\overline{u_n^2(t)} = 4kTR\Delta f_n \qquad (2-62)$$

或表示为噪声电流的均方值

$$\overline{i_n^2(t)} = 4kTg\Delta f_n \qquad (2-63)$$

式中,Δf_n 为图 2-38 所示带宽或电路的等效噪声带宽,单位为 Hz。

电阻的热噪声可以用一个噪声电压源和一个无噪声的串联电阻 R 等效,也可以用一个噪声电流源和一个无噪声的电导 g 并联等效。因功率与电压或电流的均方值成正比,电阻热噪声也可以看成噪声功率源。

2. 晶体三极管的噪声

晶体三极管的噪声主要有四个来源。

(1)热噪声

晶体三极管的热噪声主要是基区电阻 $r_{bb'}$ 产生的热噪声,用噪声功率谱密度表示为

$$S(f) = 4kTr_{bb'}$$

(2)散粒噪声

散粒噪声载流子流过 PN 结会产生电流,大量载流子流过 PN 结时的平均值,决定了它的直流电流 I_0,因此真实的结电流是围绕 I_0 起伏的,这种由于载流子随机起伏流动产生的噪声称为散粒噪声。散粒噪声的谱与电阻热噪声相似,具有平坦的噪声功率谱。散粒噪声功率谱密度为

$$S(f) = 2qI_0$$

式中,q 为每个载流子的电荷量,$q = 1.6 \times 10^{-19}$ C;I_0 为结的平均电流。

晶体三极管有两个 PN 结,发射结正偏,结电流大;而集电结反偏,只有较小的反相饱和

电流。因此,发射结的散粒噪声起主要作用。

（3）分配噪声

晶体管发射区注入基区的少数载流子中,一部分经过基极区到达集电极形成集电极电流,另一部分在基极区复合。载流子复合时,其数量是随机起伏的。分配噪声就是集电极电流随基区载流子复合数量的变化而变化所引起的噪声。

（4）闪烁噪声

闪烁噪声又称为$1/f$噪声。它主要在低频(几千赫以下)范围起主要作用。这种噪声产生的原因与半导体材料制作时表面清洁处理和外加电压有关,在高频工作时通常不考虑它的影响。

3. 场效应管的噪声

在场效应管中,因为其工作原理不是少数载流子的运动,所以散粒噪声的影响很小,主要是沟道电阻产生的热噪声。沟道热噪声是通过沟道和栅极间电容的耦合作用在栅极上感应的噪声,还存在闪烁噪声。

2.8.2　噪声电路的计算

1. 噪声等效电压源和等效电流源

在Δf_n频带内,温度为T的一个电阻的热噪声可用如图 2 – 39 所示的等效电路表示。其等效电压源$\overline{u_n^2} = 4kTR\Delta f_n$,等效电流源$\overline{i_n^2} = 4kTg\Delta f_n$。

2. 串并联电阻的噪声计算

计算两个串联电阻的总噪声电压,在两个噪声源互不相关的条件下,不能直接把噪声电压相加,而只能把产生噪声的两个源的

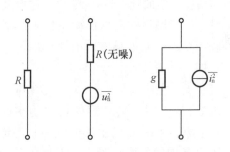

图 2 – 39　电阻热噪声的等效电路

功率相加(或将两个噪声电压的均方值相加)。其等效噪声电路如图 2 – 40 所示,其中$\overline{u_{n1}^2}$和$\overline{u_{n2}^2}$分别代表电阻R_1和R_2的噪声电压的均方值。在T和Δf_n相同的条件下,可得

$$\overline{u_n^2} = \overline{u_{n1}^2} + \overline{u_{n2}^2} = 4kT(R_1 + R_2)\Delta f_n \tag{2 – 64}$$

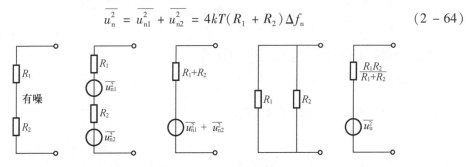

图 2 – 40　串并联电阻的等效噪声电路

同理,由并联电阻的等效噪声电路,R_1产生的热噪声电压均方值为$\overline{u_{n1}^2}$,R_2产生的热噪

声电压均方值为$\overline{u_{n2}^2}$,它们互不相关。$\overline{u_{n1}^2}$在并联电路两端产生的噪声电压均方值为

$$\overline{u_{n1}^{2\prime}} = \left(\frac{R_2}{R_1 + R_2}\right)^2 \overline{u_{n1}^2}$$

而$\overline{u_{n2}^2}$在并联电路两端所产生的噪声电压均方值为

$$\overline{u_{n2}^{2\prime}} = \left(\frac{R_1}{R_1 + R_2}\right)^2 \overline{u_{n2}^2}$$

所以

$$\overline{u_n^2} = \overline{u_{n1}^{2\prime}} + \overline{u_{n2}^{2\prime}} = 4kT\frac{R_1 R_2}{R_1 + R_2}\Delta f_n \tag{2-65}$$

可见,两个并联电阻所输出的总噪声电压均方值相当于两个电阻的并联阻值所产生的热噪声。

2.8.3 线性网络的噪声系数及计算

1. 等效噪声频带宽度

电阻热噪声是均匀频谱的白噪声,通过线性二端口网络后,噪声将怎样变化? 例如,放大电路具有一定的频率特性,噪声通过放大电路后,输出噪声是否也是均匀频谱呢?

设二端口网络的电压传输系数为$A(f)$,输入端的噪声功率谱密度为$S_i(f)$。把输入端的噪声功率谱密度乘以网络的功率传输系数$A^2(f)$,即可得输出端的噪声功率谱密度$S_o(f)$,即

$$S_o(f) = A^2(f)S_i(f) \tag{2-66}$$

因此,若作用于输入端的均匀功率谱密度为$S_i(f)$的白噪声,通过功率传输系数为$A^2(f)$的线性网络后,输出端的噪声功率谱密度就不再是均匀的了。图2-41所示是白噪声通过线性网络的输出结果。在这种情况下如何求得噪声电压的均方值呢?

由于起伏噪声电压的均方值与功率谱密度之间存在的关系为

$$\overline{u_n^2} = \int_0^\infty S_i(f)A^2(f)\,\mathrm{d}f$$

对于线性网络来说,输出端的噪声电压均方值$\overline{u_{no}^2}$可写成

$$\overline{u_{no}^2} = \int_0^\infty S_o(f)\,\mathrm{d}f = \int_0^\infty S_i(f)A^2(f)\,\mathrm{d}f \tag{2-67}$$

图2-41中$S_o(f)$曲线与横坐标轴f之间的面积就表示输出端噪声电压的均方值$\overline{u_{no}^2}$。

等效噪声带宽是按噪声功率相等(几何意义即面积相等)来等效的。图2-41中虚线表

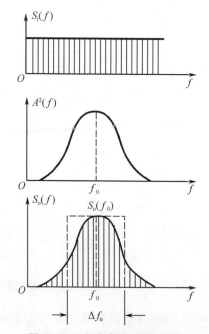

图2-41 白噪声通过线性网络

示的宽度为 Δf_{n}、高度为 $S_{\mathrm{o}}(f_0)$ 的矩形面积与曲线 $S_{\mathrm{o}}(f)$ 下的面积相等。Δf_{n} 即为等效噪声带宽。由于面积相等,所以起伏噪声通过这样两个特性不同的网络后,具有相同的输出电压均方值。

根据功率相等的条件,可得

$$\int_0^\infty S_{\mathrm{o}}(f)\,\mathrm{d}f = S_{\mathrm{o}}(f_0)\Delta f_{\mathrm{n}} \tag{2-68}$$

将式(2-66)代入式(2-68)中,可得

$$\Delta f_{\mathrm{n}} = \frac{\displaystyle\int_0^\infty A^2(f)\,\mathrm{d}f}{A^2(f_0)} \tag{2-69}$$

由式(2-67),线性网络输出端的噪声电压均方值为

$$\overline{u_{\mathrm{no}}^2} = S_{\mathrm{i}}(f)\int_0^\infty A^2(f)\,\mathrm{d}f = S_{\mathrm{i}}(f)A^2(f_0)\int_0^\infty \frac{A^2(f)\,\mathrm{d}f}{A^2(f_0)}$$

$$= S_{\mathrm{i}}(f)A^2(f_0)\Delta f_{\mathrm{n}} \tag{2-70}$$

因为 $S_{\mathrm{i}}(f) = 4kTR$,所以

$$\overline{u_{\mathrm{no}}^2} = 4kTRA^2(f_0)\Delta f_{\mathrm{n}} \tag{2-71}$$

通常,$A^2(f_0)$ 是已知的。所以,只要求出 Δf_{n} 就很容易算出 $\overline{u_{\mathrm{no}}^2}$。对于其他噪声源来说,只要噪声功率谱密度是均匀的白噪声,都可以应用 Δf_{n} 来计算其通过线性网络后输出噪声电压的均方值。

必须指出,线性网络的等效噪声带宽 Δf_{n} 与放大器的通频带 $2\Delta f_{0.7}$ 是不同的两个概念。前者是从噪声的角度引出来的,而后者是对信号而言的。但是二者之间有一定的关系。对于常用的单调谐并联谐振回路来说,$\Delta f_{\mathrm{n}} = (\pi/2)2\Delta f_{0.7}$。随着回路级数 m 的增加,等效噪声带宽与信号通频带的差别越来越小。

2. 噪声系数

(1)噪声系数的定义

线性网络的噪声系数为线性网络输入端信号噪声功率比 $P_{\mathrm{Si}}/P_{\mathrm{ni}}$ 与输出端信号噪声功率比 $P_{\mathrm{So}}/P_{\mathrm{no}}$ 的比值,用 N_{F} 来表示,即

$$N_{\mathrm{F}} = \frac{P_{\mathrm{Si}}/P_{\mathrm{ni}}}{P_{\mathrm{So}}/P_{\mathrm{no}}} = \frac{\text{输入信噪功率比}}{\text{输出信噪功率比}} \tag{2-72}$$

用分贝数表示

$$N_{\mathrm{F}}(\mathrm{dB}) = 10\lg\frac{P_{\mathrm{Si}}/P_{\mathrm{ni}}}{P_{\mathrm{So}}/P_{\mathrm{no}}} \tag{2-73}$$

它表示信号通过线性网络后,信号噪声功率比变坏的程度。

(2)噪声系数用线性网络本身产生噪声功率的表示形式

式(2-72)是噪声系数的基本定义。将它做适当的变换,可有另一种表示形式,即

$$N_{\mathrm{F}} = \frac{P_{\mathrm{Si}}}{P_{\mathrm{So}}}\cdot\frac{P_{\mathrm{no}}}{P_{\mathrm{ni}}} = \frac{P_{\mathrm{no}}}{A_P P_{\mathrm{ni}}} \tag{2-74}$$

式中,$A_P = P_{\mathrm{So}}/P_{\mathrm{Si}}$ 为线性网络的功率增益。$A_P P_{\mathrm{ni}}$ 表示信号源产生的噪声通过线性网络放大后在输出端产生的噪声功率,用 P_{noI} 表示。

实际上,线性网络的输出噪声功率 P_{no} 是由两部分组成的:一部分是 $P_{noI} = A_P P_{ni}$,另一部分是线性网络本身产生的噪声在输出端呈现的噪声功率 P_{noII},即

$$P_{no} = P_{noI} + P_{noII}$$

所以噪声系数又可写成

$$N_F = 1 + \frac{P_{noII}}{P_{noI}} \qquad (2-75)$$

由此可以看出噪声系数与线性网络内部噪声有关。如果线性网络是理想无噪网络,$P_{noII} = 0$,则 $N_F = 1$。如果线性网络本身有噪声,$P_{noII} > 0$,则 $N_F > 1$。

(3)噪声系数用额定功率和额定功率增益的表示形式

为了计算和测量方便,噪声系数可用额定功率和额定功率增益来表示。

当信号源内阻 R_S 与线性网络的输入电阻 R_i 相等时,信号源有最大功率输出。这个最大功率称为额定输入信号功率,其值为 $P'_{Si} = U_S^2/(4R_S)$。而额定输入噪声功率为

$$P'_{ni} = \overline{u_{ni}^2}/(4R_S) = (4kTR_S\Delta f_n)/(4R_S) = kT\Delta f_n$$

当 $R_S \neq R_i$ 时,额定信号功率和额定噪声功率的数值不变,但这时的额定功率不表示实际的功率。

同理,对输出端来说,当线性网络的输出电阻 R_o 与负载电阻 R_L 相等时,输出端匹配。输出端的额定信号功率为 P'_{So},额定噪声功率为 P'_{no}。当 $R_o \neq R_L$ 时,P'_{So} 和 P'_{no} 数值不变,但不表示输出端的实际功率。

额定功率增益是指线性网络的输入和输出都匹配时(即 $R_S = R_i$,$R_o = R_L$ 时)的功率增益,即 $A_{PH} = P'_{So}/P'_{Si}$。额定功率增益的概念在线性网络不匹配时,也是存在的。因此,噪声系数也可以定义为

$$N_F = \frac{P'_{Si}/P'_{ni}}{P'_{So}/P'_{no}} = \frac{P'_{no}}{A_{PH}P'_{ni}} = \frac{P'_{no}}{kT\Delta f_n A_{PH}} \qquad (2-76)$$

式(2-76)是噪声系数的又一种表示形式,用此式计算和测量噪声比较方便。

3. 噪声温度

噪声温度是用来表示线性网络内部噪声的一种形式。噪声温度的概念是,把线性网络的内部噪声看成由信号源内阻 R_S 在温度为 T_i 时所产生的噪声。也就是说,在线性网络的输入端,虚设一个噪声源 $\overline{u_{ni}^2} = 4kT_i R_S \Delta f_n$,经过线性网络传输后,在输出端得到的额定输出噪声功率正好等于线性网络内部噪声在输出端得到的额定输出噪声功率 P''_{no},即 $P''_{no} = A_{PH}kT_i\Delta f_n$。其中 T_i 叫作等效噪声温度,简称噪声温度。

对于式(2-75)用额定噪声功率来表示,可得

$$N_F = 1 + \frac{P'_{noII}}{P'_{noI}}$$

其中,P'_{noI} 是输入噪声功率通过网络后,在输出端得到的额定输出噪声功率;P'_{noII} 是线性网络本身产生的噪声在输出端呈现的额定噪声功率。它们的数值分别为 $P'_{noII} = A_{PH}kT_i\Delta f_n$,$P'_{noI} = A_{PH}kT\Delta f_n$,所以

$$N_F = 1 + \frac{T_i}{T} \qquad (2-77)$$

式中, T 为室温, 可认为 $T = 290$ K; T_i 为线性网络的等效噪声温度。

　　4. 级联网络的噪声系数

　　在级联网络中, 若已知各个单级的噪声系数, 总的噪声系数如何计算, 这是一个十分重要的问题。下面先讨论两级网络的总噪声系数。

　　设两级网络如图 2 - 42 所示。每一级的额定功率增益和噪声系数分别为 A_{PH1}、N_{F1} 和 A_{PH2}、N_{F2}, 通带均为 Δf_n。

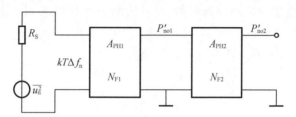

图 2 - 42　两级网络

　　第一级网络的额定输入噪声功率 $P'_{ni} = kT\Delta f_n$。由式(2 - 76)可知, 第一级网络的额定输出噪声功率 P'_{no1} 为

$$P'_{no1} = kT\Delta f_n N_{F1} A_{PH1}$$

　　显然, 第一级额定输出噪声功率 P'_{no1} 由两部分组成: 一部分是通过第一级网络传输的信号源噪声功率 $kT\Delta f_n A_{PH1}$; 另一部分是第一级网络本身产生的输出噪声功率 P_{n1}。因此

$$P_{n1} = P'_{no1} - kT\Delta f_n A_{PH1} = (N_{F1} - 1) kT\Delta f_n A_{PH1}$$

　　同理, 第二级网络的额定输出噪声功率 P'_{no2} 也是由两部分组成的: 一部分是第一级网络输出的额定输出噪声功率 P'_{no1}, 经第二级网络的输出部分 $A_{PH2} P'_{no1}$; 另一部分是第二级网络本身产生的输出噪声功率 P_{n2}, 即

$$P_{n2} = (N_{F2} - 1) kT\Delta f_n A_{PH2}$$

　　这样, 第二级网络的额定输出噪声功率为

$$P'_{no2} = P'_{no1} A_{PH2} + (N_{F2} - 1) kT\Delta f_n A_{PH2}$$
$$= kT\Delta f_n N_{F1} A_{PH1} A_{PH2} + (N_{F2} - 1) kT\Delta f_n A_{PH2}$$

根据噪声系数的定义, 两级网络的总噪声系数为

$$N_F = \frac{P'_{no2}}{A_{PH1} A_{PH2} kT\Delta f_n} = N_{F1} + \frac{N_{F2} - 1}{A_{PH1}} \tag{2 - 78}$$

采用同样方法, 可以求得 n 级级联网络的总噪声系数为

$$N_F = N_{F1} + \frac{N_{F2} - 1}{A_{PH1}} + \frac{N_{F3} - 1}{A_{PH1} A_{PH2}} + \cdots + \frac{N_{Fn} - 1}{A_{PH1} A_{PH2} \cdots A_{PH(N-1)}} \tag{2 - 79}$$

　　由式(2 - 79)可知, 多级网络总的噪声系数主要取决于前面两级, 和后面各级的噪声系数几乎没有关系。这是因为 A_P 的乘积很大, 后面各级的影响很小。通常要求第一级的 N_{F1} 要小而 A_{PH1} 要大。

　　5. 无源二端口网络的噪声系数

　　无源二端口网络广泛应用于各种无线电设备中, 例如接收机的输入回路、天线至接收机的传输线以及 LCR 滤波器等。

　　图 2 - 43 表示一个无源二端口网络。它可以是 LCR 并联振荡回路, 也可以是较复杂的

LC 滤波器或传输线等。设 A_{PH} 是该网络的额定功率传输系数, R_S 是信号源内阻, $\overline{u_n^2}$ 是信号源内阻热噪声电压的均方值, R_L 是负载。

图 2-43　无源二端口网络

根据等效电路原理,从网络的输出端 a、b 向左看,可以用 $(R+jX)$ 的串联等效电路来代替。其中,电抗部分不产生热噪声,只有电阻 R 产生热噪声。由于要求的是额定输出噪声功率,不管这个等效电阻 R 多大,它的额定输出噪声功率是 $P'_{no} = kT\Delta f_n$。同样,由信号源加到网络的额定输入噪声功率为 $P'_{ni} = kT\Delta f_n$。

根据式 (2-76) 得

$$N_F = \frac{P'_{no}}{A_{PH}P'_{ni}} = \frac{1}{A_{PH}} \tag{2-80}$$

式 (2-80) 表明,一个无源二端口网络的噪声系数 N_F 等于它的额定功率传输系数 A_{PH} 的倒数。这个结果对任何无源网络,不管其内部电路如何,都是适用的。

例 2-3　图 2-44 是一个接收机方框图。接收信号经过传输线 L 送至混频器 M,然后由中频放大器 A 放大。求整个接收机的噪声系数。

解　传输线 L 的噪声系数为

$$N_{F1} = 1/A_{PH1} = 1/0.8 = 1.25$$

可得接收机的噪声系数为

$$N_F = N_{F1} + \frac{N_{F2} - 1}{A_{PH1}} + \frac{N_{F3} - 1}{A_{PH1}A_{PH2}} = 1.25 + \frac{7 - 1}{0.8} + \frac{3 - 1}{0.8 \times 0.2} = 21.25$$

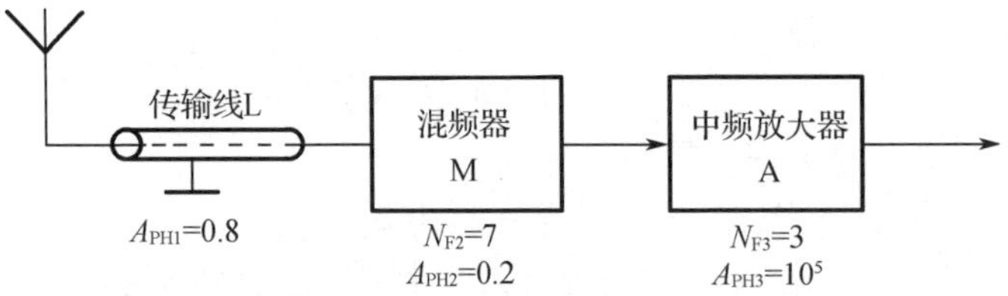

图 2-44　接收机方框图

2.8.4　接收机的灵敏度与最小可检测信号

接收机的灵敏度是指保证接收机输出端一定信噪比时,接收端所要求的最小有用信号功率。而最小可检测信号电压,则是与此功率相对应的输入端处于匹配时的有用信号幅度。

由式 (2-72) 可得出接收机所需最小有用信号功率为

$$P_{Si(min)} = \frac{P_{So}}{P_{no}} N_F P_{ni}$$

在接收机输入电阻与信号源内阻 R_S 相等且匹配时, $P_{ni} = kT\Delta f_n$,可得

$$P_{Si(min)} = \frac{P_{So}}{P_{no}} N_F kT\Delta f_n \tag{2-81}$$

式中, P_{So}/P_{no} 为接收机解调器输入端所要求的信噪比。

最小可检测信号电压为

$$U_{i(\min)} = 2\sqrt{R_i P_{Si(\min)}} \qquad (2-82)$$

式中, R_i 为接收机的输入电阻。

例 2 - 4　一个输入电阻为 50 Ω 的接收机,噪声系数 $N_F = 6$ dB,通频带为 2 MHz,当要求输出信噪比为 2 时,接收机的最小有用信号功率和电压各为多少?

解　由于接收机是多级级联电路,通频带近似等于等效噪声带宽,即 $\Delta f_n = 2$ MHz, $N_F = 6$ dB,即 $N_F = 3.98$,则

$$P_{Si(\min)} = \frac{P_{So}}{P_{no}} N_F kT\Delta f_n = 2 \times 3.98 \times 1.38 \times 10^{-23} \times 290 \times 2 \times 10^6 \text{ W}$$

$$= 6.37 \times 10^{-11} \text{ mW}$$

用分贝(dBm)表示,则

$$P_{Si(\min)} = 10\lg(6.37 \times 10^{-11}) \text{ dBm} = -102 \text{ dBm}$$

当输入电阻为 50 Ω 时,最小可检测电压振幅为

$$U_{i(\min)} = 2\sqrt{50 \times 6.37 \times 10^{-14}} \text{ V} = 35.7 \text{ μV}$$

注:dBm 为毫瓦分贝(在匹配负载上以 1 mW 为零电平的分贝)。

2.8.5　低噪声放大器

1. 低噪声放大器的特点

低噪声放大器是通信系统中接收机的射频前端的主要部件。根据它的功能要求其具有如下特点:

(1)由于工作于接收机的最前端,根据接收机系统总噪声系数的关系式知,要求低噪声放大器的噪声系数越小越好。为了抑制后面各级噪声对接收机系统总噪声系数的影响,还要求它具有一定的功率增益。但是,为了不使低噪声放大器后面的混频器过载而产生非线性失真,它的功率增益又不宜过大。同时放大器在工作频段内应该是稳定的。

(2)由于低噪声放大器接收的信号很微弱,且受传输路径的影响,信号的强弱又是变化的,故要求低噪声放大器是一个小信号线性放大器,且要有足够大的线性范围。

(3)低噪声放大器应具有一定的选频功能,抑制带外和镜频干扰,通常是频带放大器。

(4)低噪声放大器一般是通过传输线直接与天线或天线滤波器连接,放大器的输入端必须和它们实现很好的阻抗匹配,满足最大功率传输或最小噪声系数的要求,并能保证滤波器的性能正常。

2. 减小噪声系数的措施

晶体管放大器的噪声除了信号源输入噪声外,主要有基极电阻热噪声、发射结散粒噪声、集电结散粒噪声和分配噪声。根据共基放大器噪声等效电路分析可知,共基放大器的噪声系数 N_F 为

$$N_F = 1 + \frac{r_{bb'}}{R_S} + \frac{r_e}{2R_S} + \frac{1}{2\alpha_o r_e R_S}\left[\frac{1}{\alpha_o}\frac{I_{c0}}{I_E} + \frac{1}{\beta_o} + \left(\frac{f}{f_o}\right)^2\right](R_S + r_e + r_{bb'})^2 \quad (2-83)$$

因而,在设计低噪声放大器时可采取以下几种措施减小噪声系数。

（1）选用低噪声器件和元件

放大电路中，电子器件的内部噪声对噪声系数影响很大。因此应选用 $r_{bb'}$ 和噪声系数 N_F 小的晶体管或噪声电平低的场效应管。尤其是砷化镓半导体场效应管，其噪声系数可低到 $0.5 \sim 1$ dB。电路中的电阻元件宜选用金属膜电阻。

（2）正确选择晶体管放大器的直流工作点

因为晶体管放大器的 N_F 与晶体管的参数 r_e、$r_{bb'}$、α_o 和 f_α 等有直接关系，而这些参数又直接与晶体管的直流工作状态有关。在信号源内阻 R_S 一定的条件下，静态工作点 I_E 的变化会引起 r_e 的变化，即改变 I_E 可以找到 N_F 的最小值。当 I_E 太小时，晶体管功率增益太低，使 N_F 上升，而 I_E 太大，又由于晶体管的散粒分配噪声增加，也使 N_F 上升。在调试低噪声放大器时应进行此项调整。

（3）选择合适的信号源内阻

放大器噪声系数 N_F 是信号源内阻 R_S 的函数。当 R_S 较小时，N_F 随 R_S 增大而减小。而当 R_S 较大时，式（2-83）中的第四项起主要作用。这时 N_F 随 R_S 增大而增大。可见 R_S 有一个最佳值，对应的噪声系数最小。选取信号源内阻应尽可能满足噪声系数最小值。

（4）选择合适的工作带宽

噪声电压与通频带宽度有关。放大器带宽增大时内部噪声也增大。放大器带宽过窄会使正常信号失真，因而放大器带宽必须保证刚好使信号不产生失真。

（5）选用合适的放大电路

工作频率低选用共射放大，工作频率高选用共基放大。

2.8.6 集成低噪声放大器 MAX2650

根据式（2-79）可知，多级网络的总噪声系数主要取决于前面两级的噪声系数，而与后面各级的噪声系数几乎没有关系。用于信息传输的接收机或高增益的多级放大器要提高灵敏度，需要保证多级系统前两级的噪声系数尽可能低。通常在外差式接收机的混频器前增加一级低噪声的前置放大器，而对于多级放大器同样也是第一级采用低噪声放大器。

MAX2650 是一个宽频带、高增益的低噪声放大器。其工作频率范围为 DC ~ 微波；具有平坦的增益响应，可达 900 MHz；在 900 MHz 时，功率增益 $A_P = 18.3$ dB，噪声系数 $N_F = 3.9$ dB；单电源 5 V 供电，内部偏置，外部元件少；放大器的输入、输出阻抗都是 50 Ω，它适用于蜂窝基站、全球定位系统（GPS）、特殊的移动无线电、无线局域网、无线本地环路、机顶盒等设备中做前置低噪声放大。

图 2-45 是 MAX2650 低噪声放大器的外部连线图。由于 MAX2650 有内部偏置，放大器的输入端（1 脚）与输入信源之间连接必须用电容 C_{BLOCK} 串联连接，起隔直与耦合作用。因为放大器输入阻抗是 50 Ω，电容 C_{BLOCK} 的取值应满足在工作频率范围内容抗值不大于 3 Ω。即

$$\frac{1}{\omega C_{BLOCK}} = \frac{1}{2\pi f C_{BLOCK}} \leq 3 \quad (2-84)$$

经化简得

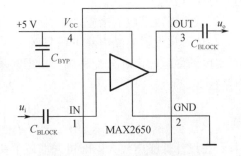

图 2-45 MAX2650 低噪声放大电路

$$C_{\text{BLOCK}} \geqslant \frac{53\,000}{f(\text{MHz})}\,(\text{pF}) \qquad\qquad (2-85)$$

同理,放大器的输出端(3 脚)与负载之间连接必须用电容 C_{BLOCK} 串联连接,起隔直与耦合作用。因为放大器输出阻抗是 50 Ω,电容 C_{BLOCK} 的取值应满足在工作频率范围内容抗值不大于 3 Ω,即电容 C_{BLOCK} 的取值也应按式(2-85)计算。

对于在电源端(4 脚)要接一个旁路电容 C_{BYP} 到地,其主要作用是电源是非理想电源,存在内阻,在正常工作频率时内阻上会建立该工作频率的电压,其反馈作用可能影响放大器的性能,甚至产生振荡。在电源端(4 脚)要接一个旁路电容 C_{BYP} 到地,就是与电源内阻并联,若电容 C_{BYP} 的取值满足在工作频率时容抗值近于短路(例如小于 1 Ω),则可近似认为电源内阻被电容旁路。

2.9　思考题与习题

2-1　已知 LC 串联谐振回路的 $f_0 = 1.5$ MHz,$C = 100$ pF,谐振时电阻 $r = 5$ Ω,试求:L 和 Q_0。

2-2　已知 LC 串联谐振回路的谐振频率为 f_0,品质因数为 Q_0,串联回路的阻抗频率特性是当 $f = f_0$ 时,回路阻抗等效为什么?当 $f > f_0$ 时,回路阻抗等效为什么?当 $f < f_0$ 时,回路阻抗等效为什么?(短路,电阻,容抗,感抗)

2-3　已知 LC 并联谐振回路的电感 L 在 $f = 30$ MHz 时测得 $L = 1$ μH,$Q_0 = 100$。求谐振频率 $f_0 = 30$ MHz 时的 C 和并联谐振电阻 R_p。

2-4　已知 LCR 并联谐振回路,谐振频率 f_0 为 10 MHz。电感 L 在 $f = 10$ MHz 时,测得 $L = 3$ μH,$Q_0 = 100$。并联电阻 $R = 10$ kΩ。试求回路谐振时的电容 C,谐振电阻 R_p 和回路的有载品质因数。

2-5　已知 LC 并联谐振回路的谐振频率为 f_0,品质因数为 Q_0,并联回路的阻抗频率特性是当 $f = f_0$ 时,回路阻抗等效为什么?当 $f > f_0$ 时,回路阻抗等效为什么?当 $f < f_0$ 时,回路阻抗等效为什么?(开路,电阻,容抗,感抗)

2-6　某电感线圈 L 在 $f = 10$ MHz 时测得 $L = 3$ μH,$Q_0 = 80$。试求与 L 串联的等效电阻 r。若等效为并联时,g 为多少?

2-7　如图 2-46 所示,给定参数如下:$f_0 = 30$ MHz,$C = 20$ pF,线圈 L_{13} 的 $Q_0 = 60$,$N_{12} = 6$,$N_{23} = 4$,$N_{45} = 3$。$R_1 = 10$ kΩ,$R_g = 2.5$ kΩ,$R_L = 830$ Ω,$C_g = 9$ pF,$C_L = 12$ pF。求 L_{13}、Q_L。

2-8　电路如图 2-47 所示,已知 $L = 0.8$ μH,$Q_0 = 100$,$C_1 = 25$ pF,$C_2 = 15$ pF,$C_i = 5$ pF,$R_i = 10$ kΩ,$R_L = 5$ kΩ。试计算 f_0、R_p、Q_L 和 $2\Delta f_{0.7}$。

2-9　晶体管 3DG6C 的特征频率 $f_T = 250$ MHz,$\beta_0 = 80$,求 $f = 1$ MHz、20 MHz、50 MHz 时该管的 β 值。

2-10　说明 f_β、f_T 和 $f_{\max}$ 的物理意义,分析说明它们之间的大小关系。

2-11　为什么高频小信号放大器可以用等效电路进行分析?

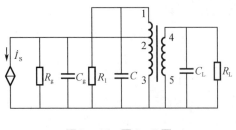
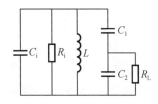

图 2-46　题 2-7 图　　　　　　　图 2-47　题 2-8 图

2-12　高频小信号放大器的技术指标谐振电压增益、通频带和矩形系数的定义是什么? 与电路的哪些参数有关?

2-13　影响谐振放大器稳定性的因素是什么? 反馈导纳的物理意义是什么?

2-14　为什么晶体管在高频工作时要考虑单向化或中和,而在低频工作时,则可以不必考虑?

2-15　在图 2-48 中,放大器的工作频率 $f_0 = 10.7$ MHz,谐振回路的 $L_{13} = 4$ μH, $Q_0 = 100$, $N_{23} = 5$, $N_{13} = 20$, $N_{45} = 6$,晶体管在直流工作点的参数为 $g_{oe} = 200$ μS, $C_{oe} = 7$ pF, $g_{ie} = 2\ 860$ μS, $C_{ie} = 18$ pF, $y_{fe} = 45$ mS, $\varphi_{fe} = -54°$, $y_{re} = 0$。试求:(1)画高频等效电路;(2)计算 C、A_{u0}、$2\Delta f_{0.7}$、$K_{r0.1}$。

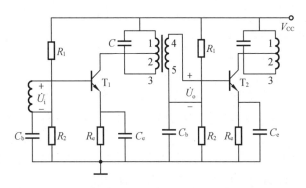

题 2-48　题 2-15 图

2-16　单调谐放大器如图 2-49 所示。已知工作频率 $f_0 = 10.7$ MHz,回路电感 $L = 4$ μH, $Q_0 = 100$, $N_{13} = 20$, $N_{23} = 6$, $N_{45} = 5$。晶体管在直流工作点和工作频率为 10.7 MHz 时,其参数为 $y_{ie} = (2.86 + j3.4)$ mS, $y_{re} = (0.08 - j0.3)$ mS, $y_{fe} = (26.4 - j36.4)$ mS, $y_{oe} = (0.2 + j1.3)$ mS。试求:

(1)忽略 y_{re},①画高频等效电路;②计算电容 C;③计算单级 A_{u0}、$2\Delta f_{0.7}$、$K_{r0.1}$;④计算四级放大器的总电压增益、通频带、矩形系数。

(2)考虑 y_{re},①若 $S \geqslant 5$,计算 $|A_{u0}|_S$;②判断并说明此放大器稳定否?

2-17　单级小信号调谐放大器的交流电路如图 2-50 所示。要求谐振频率 $f_0 = 10.7$ MHz, $2\Delta f_{0.7} = 500$ kHz, $A_{u0} = 100$。晶体管的参数为 $y_{ie} = (2 + j0.5)$ mS; $y_{re} \approx 0$, $y_{fe} = (20 - j5)$ mS, $y_{oe} = (20 + j40)$ μS;如果回路空载品质因数 $Q_0 = 100$,试计算谐振回路的 L、C、R。

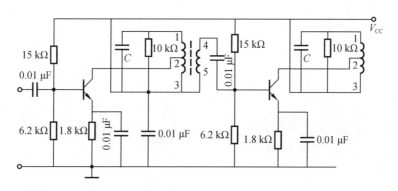

图 2 - 49　题 2 - 16 图

2 - 18　单调谐放大器如图 2 - 51 所示。已知 $L_{14} = 1\ \mu H$，$Q_0 = 100$，$N_{12} = 3$，$N_{23} = 3$，$N_{34} = 4$，工作频率 $f_0 = 30\ MHz$，晶体管在工作点的 y 参数为 $g_{ie} = 3.2\ mS$，$C_{ie} = 10\ pF$，$g_{oe} = 0.55\ mS$，$C_{oe} = 5.8\ pF$，$y_{fe} = 53\ mS$，$\varphi_{fe} = -47°$，$y_{re} = 0$。试求：

（1）画高频等效电路；

（2）计算回路电容 C；

（3）计算 A_{u0}、$2\Delta f_{0.7}$、$K_{r0.1}$。

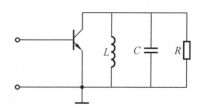

图 2 - 50　题 2 - 17 图

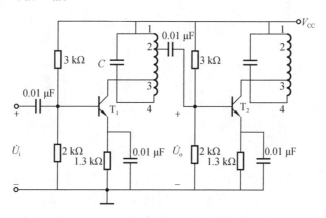

图 2 - 51　题 2 - 18 图

2 - 19　有一共射 - 共基级联放大器的交流等效电路如图 2 - 52 所示。晶体管的 y 参数与题 2 - 16 的参数相同。放大器的中心频率 $f_0 = 10.7\ MHz$，$R_L = 1\ k\Omega$，回路电容 $C = 50\ pF$，电感的 $Q_0 = 60$，输出回路的接入系数 $p_2 = 0.316$。试计算谐振时的电压增益 A_{u0} 和通频带 $2\Delta f_{0.7}$。

2 - 20　试画出如图 2 - 53 所示电路的中和电路，标出线圈的同名端，写出中和电容的表示式。

2 - 21　试说明额定输入功率、额定输出功率和额定功率增益的定义。它们与实际输入功率、实际输出功率和实际功率增益有什么区别？

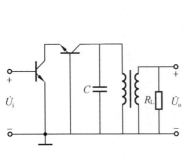

图2-52 题2-19图　　　　　　图2-53 题2-20图

2-22　接收机的带宽为3 kHz,输入阻抗为50 Ω,噪声系数60 dB,用一总衰减为4 dB的电缆连接到天线。假设各接口均匹配,为了使接收机输出信噪比为10 dB,则最小输入信号应为多大?

2-23　有一个1 kΩ的电阻在290 K和10 MHz频带内工作,试计算它两端产生的噪声电压的均方值。就热噪声效应来说,它可以等效为1 mS的无噪声电导和一个电流为多大的噪声电流源相并联。

2-24　如图2-54所示是一个有高频放大器的接收机方框图。各级参数如图中所示。试求接收机的总噪声系数。并比较有高频放大器和无高频放大器的接收机,对变频器噪声系数的要求有什么不同?

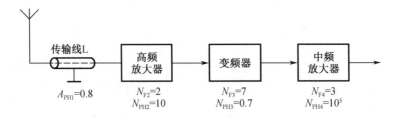

图2-54 题2-24图

2-25　某接收机的前端电路由高频放大器、晶体管混频器和中频放大器组成。已知晶体管混频器的功率传输系数 $A_{PH} = 0.2$,噪声温度 $T_i = 60$ K,中频放大器的噪声系数 $N_{FI} = 6$ dB。现用噪声系数为3 dB的高频放大器来降低接收机的总噪声系数。若要求总噪声系数为10 dB,则高频放大器的功率增益至少要多少 dB?

2-26　有一放大器,功率增益为60 dB,带宽为1 MHz,噪声系数 $N_F = 1$,问在室温290 K时,它的输出噪声电压方均值为多少? 若 $N_F = 2$,其值为多少?

2-27　计算如图2-55所示的电阻网络的噪声系数。

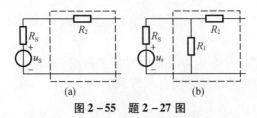

(a)　　　　　　(b)

图2-55 题2-27图

第 3 章

高频功率放大器

3.1 概 述

3.1.1 高频功率放大器的功能

无线电通信的任务是传送信息。为了有效地实现远距离传输,通常用要传送的信息对较高频率的载频信号进行调频或调幅。而调频或调幅电路的输出信号功率较小,在实际应用中又需要较大的输出功率,因此需要经过高频功率放大器进行功率放大,再通过天线辐射出去。

高频功率放大器的功能是,用小功率的高频输入信号去控制高频功率放大器,将直流电源供给的能量转换为大功率的高频能量输出。其输出信号与输入信号的频谱相同,如图 3 - 1 所示。

图 3 - 1 高频功率放大器的频谱表示

3.1.2 高频功率放大器的分类与用途

高频功率放大器可分为窄带高频功率放大器和宽带高频功率放大器两类。窄带高频功率放大器用于放大相对带宽窄的信号,例如中波段调幅广播的载波为 535 ~ 1 602 kHz,而传送信息的带宽为 9 kHz,相对带宽只有 0.6% ~ 1.7%。对应的调幅发射机中的高频功率放大器,一般都采用有窄带选频网络的窄带高频功率放大器。窄带高频功率放大器对选频回路的调谐要求高,难以做到瞬时调谐,在要求载频经常变换的发射系统中,使用窄带高频功率放大器就受到了限制。宽带高频功率放大器采用了具有宽频带特性的传输线变压器实现阻抗变换,不需要调谐,适用于频率相对变化范围大,具有某些特殊要求的通信系统。窄带高频功率放大器为了提高效率,其工作状态多选用在丙类或丁类,甚至戊类放大。宽带高频功率放大器只能选用甲类和乙类推挽放大工作状态。

高频功率放大器是无线电发送设备的重要组成部分。高频功率放大器的主要用途是作为发射机的推动级和输出级。其特点是放大信号频率高,在满足输出功率要求的条件下,效率应尽可能高。高频功率放大器的输出功率范围,根据不同的用途,从几毫瓦到几十千瓦,甚至达到兆瓦级。例如,便携式发射机为几毫瓦,无线广播电台为几十千瓦,无线导航发射机达兆瓦级等。目前,功率为几百瓦以上的高频功率放大器大多用电子管或功率合成。几百瓦以下的主要采用双极晶体管和大功率场效应管。

3.1.3 高频功率放大器的主要技术指标

高频功率放大器的主要指标是高频输出功率、效率、功率增益和谐波抑制度等。在设计功率放大器时,总是根据放大器的特点,突出其中的一些指标,兼顾另外一些指标。例如,对于发射机的输出级,其特点是希望输出功率最高,对应的效率不一定会最高;对于单边带发射机,则要求功率放大器非线性失真尽可能小,也就是谐波抑制度是设计的主要问题。显然,这类功率放大器,效率不是很高。

高频功率放大器用于发射机中,其输出功率高,因而提高效率是极为重要的。为了提高效率,高频功率放大器多选择在丙类或丁类,甚至戊类工作状态。晶体管在这样的工作状态下,输出电流波形失真很大,必须采用具有一定滤波特性的选频网络作为负载,以得到接近正弦波的输出电压波形。这类高频功率放大器称为谐振功率放大器,多用于推动级和末级做功率放大,其谐波抑制度不可能做得很高。对于谐波抑制度要求很高的高频功率放大器,通常选用甲类或甲乙类推挽工作状态,以使晶体管工作在线性放大区。显然,效率不高,且输出功率不可能太高。若要求输出功率高,可以采用功率合成的办法来提高。

3.2 丙类(C类)高频功率放大器的工作原理

3.2.1 基本电路及其特点

丙类高频功率放大器主要用于发射机中,电路形式可分为中间级和输出级。图 3-2(a)是一般中间级原理电路,其负载是下一级的输入阻抗经变压器次级折合到初级与 LC 谐振回路组成等效负载。图 3-2(b)是最简单的输出级原理电路,其负载是天线,而天线的等效阻抗可看成由天线电容 C_A 和电阻 r_A 串联组成。从原理图可以看出,无论是中间级还是输出级,其负载均可等效为并联谐振回路。因而,在分析讨论丙类高频功率放大器时,通常使用如图 3-3 所示的电路原理图。

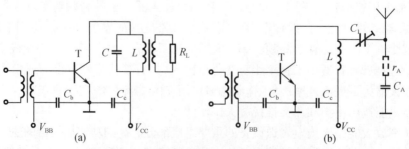

图 3-2 丙类高频功率放大器的电路原理图

从图 3-3 可以看出,丙类高频功率放大器的特点是:①为了提高效率,晶体管发射结为负偏置,由 V_{BB} 来保证,流过晶体管的电流为失真的脉冲波形;②负载为谐振回路,除了确保从电流脉冲波中取出基波分量,获得正弦电压波形外,还能实现放大器的阻抗匹配。

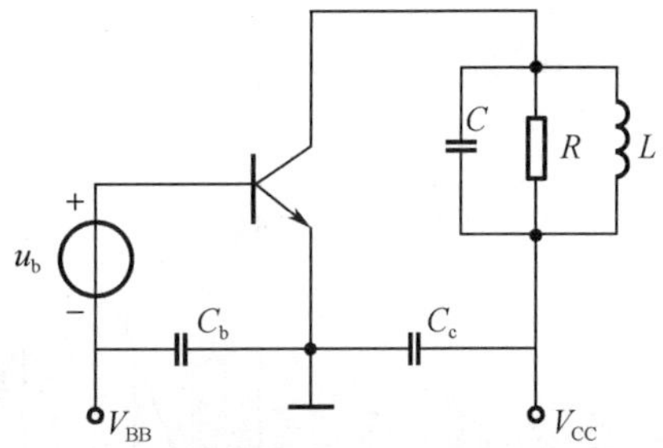

3.2.2　工作原理

图 3-3　丙类高频功率放大器的电路原理图

丙类高频功率放大器的发射结在 V_{BB} 的作用下处于负偏压状态,当无输入信号电压时,晶体管 T 处于截止状态,集电极电流 $i_C = 0$。当输入信号电压为 $u_b = U_{bm}\cos\omega t$ 时,基极与发射极之间的电压 $u_{BE} = V_{BB} + U_{bm}\cos\omega t$,由输入特性可得基极电流 i_B 为脉冲形状。i_B 可用傅里叶级数展开为

$$i_B = I_{B0} + I_{b1m}\cos\omega t + I_{b2m}\cos 2\omega t + \cdots + I_{bnm}\cos n\omega t \tag{3-1}$$

式中,I_{B0} 为基极电流的直流分量;I_{b1m} 为基极电流的基波电流振幅;I_{b2m},$\cdots$,I_{bnm} 分别为基极电流的 $2 \sim n$ 次谐波电流振幅。

同理,由正向传输特性可得集电极电流 i_C 为脉冲状,i_C 也可用傅里叶级数展开为

$$i_C = I_{C0} + I_{c1m}\cos\omega t + I_{c2m}\cos 2\omega t + \cdots + I_{cnm}\cos n\omega t \tag{3-2}$$

式中,I_{C0} 为集电极电流的直流分量;I_{c1m} 为集电极电流的基波电流振幅;I_{c2m},$\cdots$,I_{cnm} 分别为集电极电流的 $2 \sim n$ 次谐波电流振幅。

当集电极回路调谐于高频输入信号频率 ω 时,由于回路的选频作用,对集电极电流的基波分量来说,回路等效为纯电阻 R_p;对各次谐波来说,回路失谐,呈现很小的阻抗,可近似认为回路两端短路;而直流分量只能通过回路电感支路,其直流电阻很小,也可近似认为短路。这样,脉冲形状的集电极电流 i_C 流经谐振回路时,只有基波电流才产生电压降,即回路两端只有基波电压,因而输出的高频电压信号的波形没有失真。回路两端的基波电压振幅 U_{cm} 为

$$U_{cm} = I_{c1m}R_p \tag{3-3}$$

式中,R_p 为谐振回路的有载谐振电阻。

图 3-4 是丙类高频功率放大器电压和电流的波形图。其中图 3-4(a)是晶体管 T 的正向传输特性在电路输入条件一定时,得出的集电极电流的实际波形。因为正向传输特性在 u_{BE} 很小时,呈现非线性,故波形不是一个理想的尖顶余弦脉冲,而是呈钟罩形。但是,在 u_{BE} 很小的区域内 i_C 很小,在大信号输入时,通常可以忽略其影响,故可以近似认为正向传输特性为线性,其导通电压为 U_{BZ}。这样,电路在余弦信号输入电压激励的情况下,晶体管只有在 u_{BE} 大于导通电压 U_{BZ}(硅管 $0.5 \sim 0.6$ V,锗管 $0.2 \sim 0.3$ V)的时间内才有显著的集电极电流流通。因此,可认为晶体管的基极电流和集电极电流是理想的余弦脉冲。图 3-4(b)是理想条件下各级电压和电流的波形。

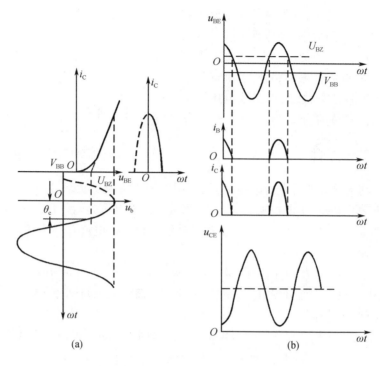

图 3-4 丙类高频功率放大器电压和电流的波形

3.3 丙类(C类)高频功率放大器的折线分析法

因为丙类高频功率放大器是工作在大信号非线性状态,晶体管的小信号等效电路的分析方法是不适用的。通常采用静态特性曲线经过理想化成为折线来进行近似分析,当然会存在一定的误差。但是,用它对高频功率放大器进行定性分析是一种较为简便的方法。

3.3.1 晶体管特性曲线的理想化及其解析式

在大信号工作条件下,理想化特性曲线的原理就是认为,在放大区集电极电流和基极电流不受集电极电压影响,而又与基极电压呈线性关系。在饱和区集电极电流与集电极电压呈线性关系,而不受基极电压的影响。下面以图 3-5 所示的 3DA21 型晶体管的静态特性曲线及其理想化为例来说明晶体管特性曲线理想化的方法。

1. 输入特性曲线的理想化

对于晶体管的输入特性来说,当集电极电压大于一定值后,集电极电压的改变对基极电流的影响是不大的,可以近似认为输入特性与集电极电压无关,可用一条输入特性曲线表示。若将该曲线直线部分延长,并与 u_{BE} 轴交于 U_{BZ} 点,如图 3-5(a) 所示的虚线,即 $U_{BZ} = 0.6\ V$。这条用虚线表示的直线就是理想化的输入特性曲线。它与横坐标轴的交点处的电压 U_{BZ} 为理想化晶体管的导通电压或称截止电压。输入特性的数学表达式为

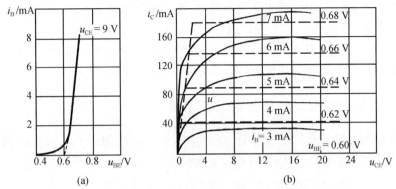

图 3 - 5　3DA21 静态特性曲线及其理想化

$$\begin{cases} i_B = 0, u_{BE} < U_{BZ} \\ i_B = g_b(u_{BE} - U_{BZ}), u_{BE} \geqslant U_{BZ} \end{cases} \tag{3-4}$$

式中,g_b 为理想化输入特性的斜率,即

$$g_b = \Delta i_B / \Delta u_{BE} \tag{3-5}$$

2. 正向传输特性曲线的理想化

理想化晶体管的电流放大系数 β 被认为是常数,因而将输入特性的 i_B 乘以 β 就可得到理想化正向传输特性。正向传输特性的斜率为

$$g_c = \Delta i_C / \Delta u_{BE} = \beta \Delta i_B / \Delta u_{BE} = \beta g_b \tag{3-6}$$

式中,g_c 称为理想化晶体管的跨导。它表示晶体管工作于放大区时,单位基极电压变化产生集电极电流变化。正向传输特性的数学表示式为

$$\begin{cases} i_C = 0, u_{BE} < U_{BZ} \\ i_C = g_c(u_{BE} - U_{BZ}), u_{BE} \geqslant U_{BZ} \end{cases} \tag{3-7}$$

3. 输出特性曲线的理想化

图 3 - 5(b)所示的输出特性曲线要分别对饱和区和放大区采取不同的简化方法。

在饱和区,根据理想化原理,集电极电流只受集电极电压的控制,而与基极电压无关。这样,理想化特性曲线应重合为一条通过原点的斜线。由于高频功率放大器在大电流条件下工作,因而在实际运用时,电流较大的线段对结果影响大,故理想化的斜线应画在电流较大的几条曲线附近的中间位置上,如图 3 - 5(b)中斜虚线所示。该斜线称为饱和临界线,其斜率用 g_{cr} 表示。它表示晶体管工作于饱和区时,单位集电极电压变化引起集电极电流的变化的关系。因此,可表示为

$$i_C = g_{cr} u_{CE} \tag{3-8}$$

式中,$g_{cr} = \Delta i_C / \Delta u_{CE}$。

在放大区,根据理想化原理,集电极电流与集电极电压无关。那么,各条特性曲线均为平行于 u_{CE} 轴的水平线。又因 $\beta = \Delta i_C / \Delta i_B$ 为常数,故各平行线对等差的 Δi_B 来说,间隔应该是均匀相等的。

因为在大功率状态下,电流较大对特性曲线影响较大,故在画理想化特性曲线时,应以高频功率放大器实际输入电流的最大值为准进行理想化。例如 $i_{Bmax} = 7$ mA,则应使理想化特性曲线近于实际 $i_B = 7$ mA 的那一条,这样近似后与实际情况比较,误差要小些。

另外,为了分析方便,根据理想化输入特性,将理想化输出特性曲线中的参变量 i_B 改为 u_{BE}。图 3-5 中 $i_B = 7$ mA,由输入特性可知,$u_{BE} = 0.68$ V 时,对应的 $i_C = 180$ mA;而 $i_B = 0$ 时,$u_{BE} = 0.60$ V,在 $0.60 \sim 0.68$ V 时,可按每间隔 0.02 V 画出水平线,即得到以 u_{BE} 为参变量的理想化特性曲线。这样的理想化特性正好满足 g_c 为常数。

3.3.2 集电极电流脉冲及各次谐波电流

在高频功率放大器所选用的晶体管、电源电压 V_{CC}、基极偏压 V_{BB}、谐振回路 LC 和输入信号振幅 U_{bm} 一定的条件下,采用理想化正向传输特性进行分析,可知集电极电流 i_C 是一理想的电流脉冲。而高频功率放大器的输出电压振幅是由电流脉冲中的基波电流振幅 I_{c1m} 与谐振电阻 R_p 的乘积决定的。要求出电流脉冲中的基波电流振幅,首先必须求出 i_C 的数学表达式,通过傅里叶级数分解求出 I_{c1m}。

1. 余弦电流脉冲的表达式

余弦电流脉冲是由脉冲高度 I_{CM} 和通角 θ_c 来决定的。只要知道这两个值,脉冲形状便可完全确定。

在已知条件下,通过理想化正向传输特性求出集电极电流脉冲,可用图 3-6 来说明。

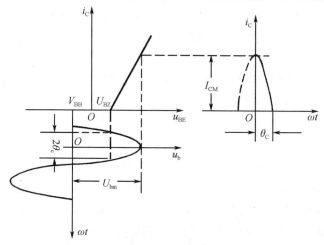

图 3-6 丙类状态下集电极电流波形

设激励信号为 $u_b = U_{bm}\cos \omega t$,则 $u_{BE} = V_{BB} + U_{bm}\cos \omega t$。而晶体管理想化正向传输特性可表示为

$$\begin{cases} i_C = 0, u_{BE} < U_{BZ} \\ i_C = g_c(u_{BE} - U_{BZ}), u_{BE} \geqslant U_{BZ} \end{cases}$$

将 u_{BE} 代入上式可得

$$i_C = g_c(V_{BB} + U_{bm}\cos \omega t - U_{BZ}) \tag{3-9}$$

由图 3-6 可知,当 $\omega t = \theta_c$ 时,$i_C = 0$,代入式(3-9)中可得

$$\cos \theta_c = \frac{U_{BZ} - U_{BB}}{U_{bm}} \tag{3-10}$$

式(3-10)表明,已知 V_{BB},U_{BZ} 和 U_{bm} 可确定高频功率放大器的半通角 θ_c,有时也称 θ_c 为通

角。通常用 $\theta_c = 180°$ 表示甲类放大，$\theta_c = 90°$ 表示乙类放大，$\theta_c < 90°$ 表示丙类放大。但是，必须注意的是高频功率放大器的实际全通角为 $2\theta_c$。将式（3 - 10）代入式（3 - 9）得

$$i_C = g_c U_{bm}(\cos \omega t - \cos \theta_c) \tag{3 - 11}$$

当 $\omega t = 0$ 时，$i_C = I_{CM}$，可得

$$I_{CM} = g_c U_{bm}(1 - \cos \theta_c) \tag{3 - 12}$$

将式（3 - 12）代入式（3 - 11）中，可得集电极余弦电流脉冲的表达式为

$$i_C = I_{CM} \frac{\cos \omega t - \cos \theta_c}{1 - \cos \theta_c} \tag{3 - 13}$$

2. 余弦电流脉冲的分解系数

周期性的电流脉冲可以用傅里叶级数分解为直流分量、基波分量及高次谐波分量，即 i_C 可写成

$$i_C = I_{C0} + I_{c1m}\cos \omega t + I_{c2m}\cos 2\omega t + \cdots + I_{cnm}\cos n\omega t$$

式中

$$I_{C0} = \frac{1}{2\pi}\int_{-\pi}^{\pi} i_C \mathrm{d}(\omega t) = \frac{1}{2\pi}\int_{-\theta_c}^{\theta_c} I_{CM} \frac{\cos \omega t - \cos \theta_c}{1 - \cos \theta_c}\mathrm{d}(\omega t)$$

$$= I_{CM}\frac{\sin \theta_c - \theta_c\cos \theta_c}{\pi(1 - \cos \theta_c)} = I_{CM}\alpha_0(\theta_c) \tag{3 - 14}$$

$$I_{c1m} = \frac{1}{\pi}\int_{-\pi}^{\pi} i_C\cos \omega t\mathrm{d}(\omega t) = \frac{1}{\pi}\int_{-\theta_c}^{\theta_c} I_{CM}\frac{\cos \omega t - \cos \theta_c}{1 - \cos \theta_c}\cos \omega t\mathrm{d}(\omega t)$$

$$= I_{CM}\frac{\theta_c - \sin \theta_c\cos \theta_c}{\pi(1 - \cos \theta_c)} = I_{CM}\alpha_1(\theta_c) \tag{3 - 15}$$

$$I_{cnm} = \frac{1}{\pi}\int_{-\pi}^{\pi} i_C\cos n\omega t\mathrm{d}(\omega t) = \frac{1}{\pi}\int_{-\theta_c}^{\theta_c} I_{CM}\frac{\cos \omega t - \cos \theta_c}{1 - \cos \theta_c}\cos n\omega t\mathrm{d}(\omega t)$$

$$= I_{CM}\left[\frac{2}{\pi}\frac{\sin n\theta_c\cos \theta_c - n\cos n\theta_c\sin \theta_c}{n(n^2 - 1)(1 - \cos \theta_c)}\right] = I_{CM}\alpha_n(\theta_c) \tag{3 - 16}$$

α 称为余弦电流脉冲分解系数。式（3 - 14）中，$\alpha_0(\theta_c)$ 为直流分量分解系数；式（3 - 15）中，$\alpha_1(\theta_c)$ 为基波分量分解系数；式（3 - 16）中，$\alpha_n(\theta_c)$ 为 n 次谐波分量分解系数。这些分解系数在使用中，通常不需要通过积分关系求出各个分量，可以由图 3 - 7 或本章附录中查得。图 3 - 7 给出了 α_0、α_1、α_2、α_3 和 $g_1 = \alpha_1/\alpha_0$ 与 θ_c 的关系曲线。本章附录给出了不同 θ_c 值所对应的 α_0、α_1、α_2 和 g_1 的数值。

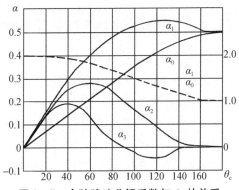

图 3 - 7　余弦脉冲分解系数与 θ_c 的关系

3.3.3　丙类高频功率放大器的功率与效率

由图 3 - 3 和图 3 - 4 可知，丙类高频功率放大器的 u_{BE} 和 u_{CE} 分别为

$$u_{BE} = V_{BB} + U_{bm}\cos \omega t \tag{3 - 17}$$

$$u_{CE} = V_{CC} - U_{cm}\cos \omega t \qquad (3-18)$$

而集电极电流 i_C 是脉冲状的周期函数,可分解为傅里叶级数。故丙类高频功率放大器的直流电源 V_{CC} 供给的输入直流功率为

$$P_= = \frac{1}{2}V_{CC}I_{C0} \qquad (3-19)$$

因为谐振回路谐振于基波频率,并呈纯电阻 R_p,对其他谐波的阻抗很小,且为容性。所以,只有基波电流与基波电压才能产生输出功率。高频一周的平均输出功率 P_o 为

$$P_o = \frac{1}{2}U_{cm}I_{c1m} = \frac{1}{2}I_{c1m}^2 R_p = \frac{1}{2}\frac{U_{cm}^2}{R_p} \qquad (3-20)$$

直流电源提供的输入直流功率与高频输出功率之差是晶体管集电极损耗功率,即

$$P_c = P_= - P_o \qquad (3-21)$$

高频功率放大器的集电极效率为

$$\eta_c = \frac{P_o}{P_=} = \frac{1}{2}\frac{U_{cm}I_{c1m}}{V_{CC}I_{C0}} = \frac{1}{2}\xi g_1(\theta_c) \qquad (3-22)$$

式中:$\xi = U_{cm}/V_{CC}$ 称为集电极电压利用系数;$g_1(\theta_c) = I_{c1m}/I_{C0} = \alpha_1(\theta_c)/\alpha_0(\theta_c)$ 称为波形系数。

根据上面各式,并参照图 3-7,可以看出:

①在电压利用系数 $\xi = 1$ 的理想条件下,甲类放大器的通角 $\theta_c = 180°$,$g_1(\theta_c) = 1$,故甲类放大器的理想效率 $\eta_c = 50\%$;乙类放大器的通角 $\theta_c = 90°$,$g_1(\theta_c) = 1.57$,故乙类放大器的理想效率 $\eta_c = 78.5\%$;丙类放大器的通角 $\theta_c < 90°$,$g_1(\theta_c) > 1.57$,故丙类放大器的理想效率 $\eta_c > 78.5\%$,而 θ_c 越小,η_c 越高。

② 谐振高频功率放大器在谐振电阻 R_p 一定的条件下,$\theta_c = 120°$ 时,输出功率最大,而 $\theta_c = 1° \sim 15°$ 时,效率最高。但是,$\theta_c = 120°$ 时,集电极理想效率只有 66%;$\theta_c = 1° \sim 15°$ 时,输出功率很小。故在实际运用中,为了兼顾高的输出功率和高的集电极效率,通常取 $\theta_c = 60° \sim 80°$ 的丙类放大工作状态。

3.3.4 丙类功率放大器的动态特性及三种工作状态

1. 动态特性的基本概念

在高频功率放大器的电路参数确定后,也就是在晶体管的参数、电源电压 V_{CC} 和 V_{BB}、输入信号振幅 U_{bm} 和输出信号振幅 U_{cm}(或谐振回路的谐振电阻 R_p)一定的条件下,集电极电流 $i_C = f(u_{BE}, u_{CE})$ 的关系式称为放大器的动态特性。

对于小信号线性放大器,因为其工作于晶体管的线性放大区,集电极电流不产生失真,是甲类放大,放大器的动态特性是一条直线。而工作于大信号丙类放大时,集电极电流会产生截止失真或截止与饱和失真,集电极电流 i_C 为脉冲状。丙类高频功率放大器的动态特性不是一条直线,而是折线。

2. 丙类功率放大器动态特性的表达式

当放大器工作于谐振状态时,高频功率放大器的外部电路关系式为

$$\begin{cases} u_{BE} = V_{BB} + U_{bm}\cos \omega t \\ u_{CE} = V_{CC} - U_{cm}\cos \omega t \end{cases}$$

由以上两式可得

$$u_{BE} = V_{BB} + U_{bm} \frac{V_{CC} - u_{CE}}{U_{cm}} \qquad (3 - 23)$$

动态特性应同时满足外部电路和内部电路关系式。而内部电路关系式是由晶体管折线化的正向传输特性所决定的。对于导通段,即

$$i_C = g_c(u_{BE} - U_{BZ})$$

将式(3-23)代入上式可得

$$
\begin{aligned}
i_C &= g_c\left(V_{BB} + U_{bm}\frac{V_{CC} - u_{CE}}{U_{cm}} - U_{BZ}\right) \\
&= -g_c\frac{U_{bm}}{U_{cm}}\left(u_{CE} - \frac{U_{bm}V_{CC} - U_{BZ}U_{cm} + V_{BB}U_{cm}}{U_{bm}}\right) \\
&= g_d(u_{CE} - U_0)
\end{aligned}
\qquad (3 - 24)
$$

显然,式(3-24)是一个斜率为 $g_d = -g_c U_{bm}/U_{cm}$,在 u_{CE} 轴上的截距为

$$
\begin{aligned}
U_0 &= \frac{U_{bm}V_{CC} - U_{BZ}U_{cm} + V_{BB}U_{cm}}{U_{bm}} = V_{CC} - U_{cm}\frac{U_{BZ} - V_{BB}}{U_{bm}} \\
&= V_{CC} - U_{cm}\cos\theta_c
\end{aligned}
$$

的直线方程。

必须注意的是,式(3-24)作为直线方程,对应于 $u_{BE} \geqslant U_{BZ}$;而当 $u_{BE} < U_{BZ}$ 时,$i_C = 0$。故高频功率放大器的动态特性是一条折线。也就是说,当 $u_{BE} \geqslant U_{BZ}$ 时,i_C 由式(3-24)决定;当 $u_{BE} < U_{BZ}$ 时,$i_C = 0$。

3. 动态特性的求法

若已知高频功率放大器晶体管的理想化输出特性和外部电压 V_{CC}、V_{BB}、U_{bm} 和 U_{cm} 的值,如何求出其动态特性和电流、电压波形呢? 通常可以采用截距法和虚拟电流法。

所谓截距法,根据式(3-24)在 $u_{BE} \geqslant U_{BZ}$ 时,$i_C = g_d(u_{CE} - U_0)$,且为直线方程,可见,当 $u_{CE} = U_0$ 时,$i_C = 0$,即在输出特性的 u_{CE} 轴上取 $u_{CE} = U_0$,对应点为动态特性的 B 点。另外,由 B 点作斜率 $g_d = -g_c U_{bm}/U_{cm}$ 的直线交 $u_{BEmax} = V_{BB} + U_{bm}$ 于 A 点,则 BA 直线为 $u_{BE} \geqslant U_{BZ}$ 段的动态特性。在 $u_{BE} < U_{BZ}$ 范围内,虽然 $i_C = 0$,但由于谐振回路的作用,回路电压不为零,故动态特性为 BC 直线。总动态特性为 $AB - BC$ 折线。图 3-8 即采用截距法作的动态特性,并给出了 i_C 与 u_{CE} 变化的对应关系。

虚拟电流法求动态特性,是在截距法的基础上扩展的一种较为简便的方法。从图 3-8 中可知,动态特性 AB 直线的延长线与 V_{CC} 线相交于 Q 点,而 Q 点在坐标平面内横坐标为 V_{CC},纵坐标为一负电流 I_Q。值得注意的是,I_Q 是虚拟的电流,实际上是不存在的。I_Q 的值可由式(3-24)求出,对应的 $u_{CE} = V_{CC}$,可得

$$
\begin{aligned}
I_Q &= g_d(u_{CE} - U_0) = g_d(V_{CC} - V_{CC} + U_{cm}\cos\theta_c) \\
&= -g_c\frac{U_{bm}}{U_{cm}}U_{cm}\frac{U_{BZ} - V_{BB}}{U_{bm}} = -g_c(U_{BZ} - V_{BB})
\end{aligned}
\qquad (3 - 25)
$$

Q 点的坐标由 V_{CC} 与 I_Q 确定,另一点 A 则由 $V_{CC} - U_{cm} = u_{CEmin}$ 与 $u_{BEmax} = V_{BB} + U_{bm}$ 来确定。连接 AQ 线交 u_{CE} 轴于 B,而 C 点由 $u_{CEmax} = V_{CC} + U_{cm}$ 确定,则可得出动态特性 $AB - BC$ 折线。图 3-9 是用虚拟电流法求动态特性的示意图。

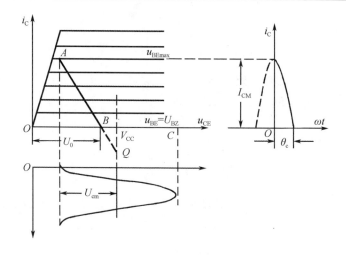

图 3-8　用截距法求动态特性

4. 丙类谐振功率放大器的三种工作状态

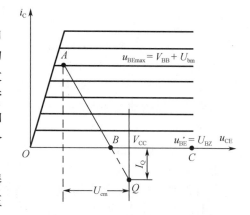

图 3-9　虚拟电流法求动态特性

功率放大器通常按晶体管集电极电流通角 θ_c 不同划分为甲类、乙类和丙类放大器。谐振功率放大器的工作状态是指处于丙类或乙类放大时,在输入信号激励的一周内,是否进入晶体管特性曲线的饱和区来划分。它分为欠压、临界和过压三种工作状态。用动态特性能较容易区分这三种工作状态。

图 3-10 给出了丙类谐振高频功率放大器的三种不同工作状态(欠压、临界和过压)的电压和电流波形。在丙类谐振高频功率放大器的参量 g_c、U_{BZ}、V_{CC}、V_{BB}、U_{bm} 一定的条件下,输出电压振幅 U_{cm} 的不同,谐振高频功率放大器的动态特性是有所差别的。当 $U_{cm} = U_{cm1}$ 时,动态特性的 A 点是由 $u_{CEmin} = V_{CC} - U_{cm1}$ 和 $u_{BEmax} = V_{BB} + U_{bm}$ 决定,相交于 A_1 点。折线 $A_1B_1 - B_1C_1$ 就代表了 $U_{cm} = U_{cm1}$ 时的动态特性。由于 A_1 点处于放大区,对应的 U_{cm1} 较小,通常将这样的工作状态称为欠压状态。此状态对应的集电极电流为尖顶脉冲。当 U_{cm} 增大到 $U_{cm} = U_{cm2}$ 时,动态特性要变化,其 A 点由 u_{CEmin} 与 u_{BEmax} 决定相交于 A_2 点。此点正好处于临界线上,折线 $A_2B_2 - B_2C_2$ 代表了 $U_{cm} = U_{cm2}$ 时的动态特性,这种工作状态称为临界状态。此状态对应的电流脉冲仍为尖顶脉冲。当 U_{cm} 增大到 $U_{cm} = U_{cm3}$ 时,动态特性将产生较大变化。由 u_{CEmin} 与 u_{BEmax} 决定的 A_3' 点在 u_{BEmax} 的延长线上,实际上这一点是不存在的。但动态特性可由 A_3' 点与 Q 点相连接的线与临界线相交于 A_3 点。而 A_3' 对应于 u_{CEmin},反映到临界线上是 M 点来对应 u_{CEmin},折线 $MA_3 - A_3B_3 - B_3C_3$ 代表了 $U_{cm} = U_{cm3}$ 时的动态特性。由于晶体管工作已进入饱和区,这样的工作状态称为过压状态。此状态对应的集电极电流是一个凹顶脉冲,它的峰点对应于 A_3,而谷点对应于 M 点。

对于欠压和临界状态,由于集电极电流为尖顶脉冲,其直流分量和基波分量可按尖顶脉冲分解系数求得。而过压状态,由于集电极电流为凹顶脉冲,它相当于一个大的尖顶脉冲减去两个小的尖顶脉冲,显然是不能采用尖顶脉冲的分解系数。

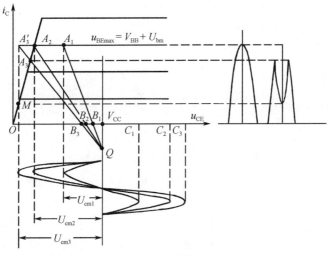

图 3 – 10 丙类功率放大器的三种工作状态

3.3.5 丙类功率放大器的负载特性

1. 负载特性的概念

负载特性是指在晶体管及 V_{CC}、V_{BB}、U_{bm} 一定时,改变回路谐振电阻 R_p,高频功率放大器的工作状态、电流、电压、功率和效率随 R_p 变化的关系。

2. 负载特性的分析

由图 3 – 10 可知,晶体管一定,是指理想化特性一定,即 g_c、U_{BZ} 不变。采用虚拟电流法可求出不同 R_p 值对应的动态特性,可清楚地分析负载特性。动态特性的斜率 g_d 与 R_p 的关系为

$$g_d = -g_c \frac{U_{bm}}{U_{cm}} = -g_c \frac{U_{bm}}{I_{c1m}R_p} = -g_c \frac{U_{bm}}{I_{CM}\alpha_1(\theta_c)R_p}$$

$$= -\frac{g_c U_{bm}}{g_c U_{bm}(1 - \cos\theta_c)\alpha_1(\theta_c)R_p}$$

$$= -\frac{1}{(1 - \cos\theta_c)\alpha_1(\theta_c)R_p} \qquad (3-26)$$

在 g_c、U_{BZ}、V_{CC}、V_{BB}、U_{bm} 一定的条件下,V_{CC} 与 $I_Q = -g_c(U_{BZ} - V_{BB})$ 不变,因此 Q 点固定不变。又由于 $\cos\theta_c = (U_{BZ} - V_{BB})/U_{bm}$ 不变,通角 θ_c 为常数,则 g_d 的绝对值与 R_p 成反比。另外,$u_{BEmax} = V_{BB} + U_{bm}$ 不变,即动态特性的 A 点在 u_{BEmax} 线上随 R_p 的增大而变化。随着 R_p 的增大,高频功率放大器的工作状态由欠压状态变到临界状态,然后进入过压状态。在欠压和临界状态,由于集电极电流为尖顶脉冲,而且 I_{CM}、θ_c 不变,则随着 R_p 的增大,I_{C0} 和 I_{c1m} 保持不变,$U_{cm} = I_{c1m}R_p$ 随着 R_p 增大而线性增大。进入过压状态后,由于集电极电流不是尖顶脉冲,其分解系数不同于尖顶脉冲的分解系数,但总的趋势是,R_p 增大,I_{CM} 减小,则 I_{C0}、I_{c1m} 随 R_p 增加而减小,$U_{cm} = I_{c1m}R_p$ 增大较为缓慢。图 3 – 11(a)所示是 I_{C0}、I_{c1m} 和 U_{cm} 随 R_p 变化的规律。

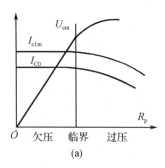 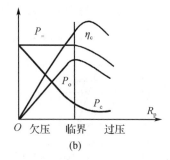

图 3 - 11　高频功率放大器的负载特性

在欠压和临界状态,由于 I_{C0}、I_{c1m} 不变,随 R_p 增大,$P_=$ 保持不变,P_o 线性增大,η_c 逐渐增大。进入过压状态,由于 I_{C0}、I_{c1m} 随 R_p 增大而减小,则随 R_p 增大,$P_=$ 减小,P_o 减小。由此看出,临界状态输出功率最大。而集电极效率在弱过压区,由于 P_o 下降较 $P_=$ 下降缓慢,η_c 略增。进入强过压区,I_{c1m} 下降较大,η_c 就会下降。图 3 - 11(b)是功率随 R_p 变化的规律。

3. 结论

①在欠压工作状态的大部分范围内,输出功率 P_o 和集电极效率 η_c 都较低,集电极损耗功率大,而且当谐振电阻 R_p 变化时,输出信号电压振幅将产生较大变化。因此,除了特殊场合以外,很少采用这种工作状态。特别值得注意的是,当 $R_p = 0$,即负载短路时,集电极损耗功率 P_c 达最大值,有可能使功率晶体管烧坏。因此,在调整谐振功率放大器的过程中,必须防止负载短路。

② 在临界工作状态,输出功率最大,且集电极效率也高,常用于发射机的功率输出级,以便获得最大输出功率。

③ 在过压工作状态,当谐振电阻变化时,输出信号电压振幅 U_{cm} 变化较小,多用于需要维持输出电压比较平稳的场合,如发射机的中间放大级。

3.3.6　各级电压变化对工作状态的影响

1. 改变集电极电源电压 V_{CC} 对工作状态的影响

在晶体管的 g_c、U_{BZ}、V_{BB}、U_{bm}、R_p 保持不变的条件下,若设某一集电极电源电压 V''_{CC} 使高频功率放大器为临界工作状态,其动态特性如图 3 - 12 的 $A_2B_2 - B_2C_2$ 折线所示。当 V_{CC} 从 V''_{CC} 增大到 V'_{CC} 时,因为 $u_{BEmax} = V_{BB} + U_{bm}$,$I_Q = -g_c(U_{BE} - V_{BB})$,$\cos \theta_c = (U_{BZ} - V_{BB})/U_{bm}$ 和 g_d 都保持不变,则对应 V'_{CC} 的动态特性是 $A_1B_1 - B_1C_1$ 折线,相当于原动态特性向右平移,可见工作状态由临界状态变成欠压状态。同理,当 V_{CC} 从 V''_{CC} 减小到 V'''_{CC} 时,由于 u_{BEmax}、I_Q、$\cos \theta_c$、R_p 保持不变,工作状态一定由临界状态进入过压状态,这样 I_{CM} 就会减小,从而引起 U_{cm} 减小。在过压状态,$g_d = -g_c U_{bm}/U_{cm}$,因为 U_{cm} 随 V_{CC} 减小而减小,g_d 的绝对值要随 V_{CC} 减小而略有增加,但是仍然是过压状态。对应 V'''_{CC} 的动态特性是 $MA_3 - A_3B_3 - B_3C_3$ 折线,相当于动态特性向左移。由上述分析可知,当集电极电源电压由大变小时,丙类高频功率放大器的工作状态由欠压状态变到临界状态,然后进入过压状态。

从图 3 - 12 可知,在欠压和临界状态,因为 I_{CM}、θ_c 不变,所以 I_{c1m}、I_{C0} 均保持不变。在过压状态,因为 I_{CM} 随 V_{CC} 减小而下降,所以 I_{c1m}、I_{C0} 随 V_{CC} 减小而减小,相应的变化关系如图

3－13 所示。由于 $P_= = V_{CC}I_{C0}$，$P_o = I_{c1m}^2 R_p/2$，$P_c = P_= - P_o$，图中也给出了 $P_=$、P_o、P_c 与 V_{CC} 的变化关系。值得注意的是，在过压区 I_{c1m}、I_{C0} 随 V_{CC} 线性变化，因为 $U_{cm} = I_{c1m}R_p$，所以 U_{cm} 与 I_{c1m} 随 V_{CC} 的变化规律相同，具有调幅特性。利用这一特性可实现集电极调幅。

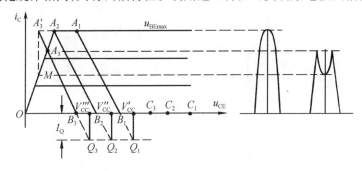

图 3－12　改变 V_{CC} 对工作状态的影响

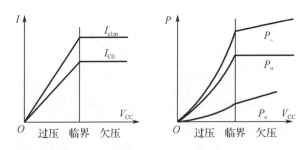

图 3－13　改变 V_{CC} 对电流和功率的影响

2. 改变 U_{bm} 对工作状态的影响

在晶体管的 g_c、U_{BZ}、V_{CC}、V_{BB}、R_p 保持不变的条件下，若某输入信号振幅 U_{bm}' 使高频功率放大器为欠压工作状态，其动态特性如图 3－14 的折线 $A_1B_1 - B_1C_1$ 所示。当 U_{bm} 由 U_{bm}' 增大到 U_{bm}'' 时，由于 V_{CC}、$I_Q = -g_c(U_{BZ} - V_{BB})$ 保持不变，即虚拟电流对应的 Q 点不变，且 $u_{BEmax} = V_{BB} + U_{bm}$ 将由 $u_{BEmax}' = V_{BB} + U_{bm}'$ 增大到 $u_{BEmax}'' = V_{BB} + U_{bm}''$。另外，$\cos\theta_c$ 将随 U_{bm} 的增大而减小，即由 $\cos\theta_c'$ 减小到 $\cos\theta_c''$。而 θ_c 由 θ_c' 增大到 θ_c''，对应的 $\alpha_1(\theta_c'') > \alpha_1(\theta_c')$。由式 (3－26) 可知 g_d 将由 $|g_d'|$ 减小到 $|g_d''|$。对应的动态特性将变为折线 $A_2B_2 - B_2C_2$。则丙类高频功率放大器的工作状态由欠压状态变成临界状态。当 U_{bm} 由 U_{bm}'' 增大到 U_{bm}''' 时，因为 V_{CC}、I_Q 保持不变，虚拟电流对应的 Q 点不变，u_{BEmax} 将由 u_{BEmax}'' 增大到 u_{BEmax}'''。显然，丙类高频功率放大器的工作状态将由临界状态进入过压状态。因为过压状态的电流脉冲为凹顶脉冲，动态特性的斜率 $g_d = -g_c U_{bm}/U_{cm}$。在过压区，随 U_{bm} 增大，U_{cm} 增大缓慢。也就是说，g_d 要略微增加。对应的动态特性将变成折线 $MA_3 - A_3B_3 - B_3C_3$。图 3－14 给出了改变 U_{bm} 对工作状态的影响。

从图 3－14 可知，在欠压状态，随 U_{bm} 增大，I_{CM} 是增大的，$\alpha_0(\theta_c)$ 和 $\alpha_1(\theta_c)$ 也是增大的，则 I_{C0} 和 I_{c1m} 随 U_{bm} 增大而增大，但不是线性关系。在过压状态，随 U_{bm} 增大，I_{CM} 也增大，则 I_{C0} 和 I_{c1m} 略增，相应的变化关系如图 3－15 所示。

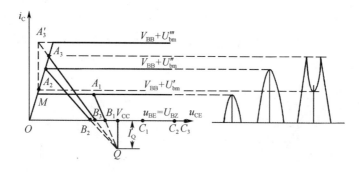

图3-14　改变U_{bm}对工作状态的影响

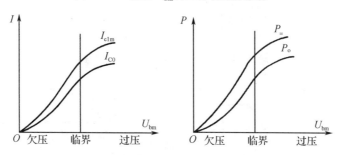

图3-15　改变U_{bm}对电流和功率的影响

3. 改变V_{BB}对工作状态的影响

在晶体管的g_c、U_{BZ}、V_{CC}、U_{bm}、R_p保持不变的条件下,对于丙类放大器,基极偏置电压V_{BB}是保证晶体管基极与发射极是负偏置的。因而V_{BB}增大的含义是指从负电压向小于U_{BZ}的正电压变化。若设某基极偏置电压V'_{BB}使高频功率放大器工作于欠压状态,其动态特性如图3-16中的折线$A_1B_1 - B_1C_1$所示。当V_{BB}从V'_{BB}增大到V''_{BB}时,由于V_{CC}不变,而$I_Q = -g_c(U_{BZ} - V_{BB})$将随$V_{BB}$增大,其绝对值减小,虚拟电流对应的$Q$点将从$Q'$变到$Q''$点。$U_{BEmax}$将从$u'_{BEmax} = V'_{BB} + U_{bm}$增大到$u''_{BEmax} = V''_{BB} + U_{bm}$。$\cos \theta_c$将从$\cos \theta'_c = (U_{BZ} - V'_{BB})/U_{bm}$减小到$\cos \theta''_c = (U_{BZ} - V''_{BB})/U_{bm}$,$\theta_c$将从$\theta'_c$增大到$\theta''_c$,则动态特性的斜率$g_d$将从$|g'_d|$减小到$|g''_d|$。其工作状态从欠压状态变化到临界状态,对应的动态特性为折线$A_2B_2 - B_2C_2$。当V_{BB}由V''_{BB}增加到V'''_{BB}时,因V_{CC}不变,而I_Q将随V_{BB}增大,其绝对值减小,虚拟电流对应的Q点将由Q''点变到Q'''点。u_{BEmax}将随V_{BB}增大,从u''_{BEmax}增大到u'''_{BEmax}。而$|g_d| = g_c U_{bm}/U_{cm}$将由于$U_{cm}$从$U''_{cm}$略增到$U'''_{cm}$使得$g_d$从$|g''_d|$略减到$|g'''_d|$。显然,高频功率放大器的工作状态将由临界状态变成过压状态,对应的动态特性为折线$MA_3 - A_3B_3 - B_3C_3$。图3-16给出了V_{BB}变化引起的工作状态变化的关系。

从图3-16可知,随着V_{BB}的增加,工作状态由欠压至临界,然后进入过压。在欠压状态,随着V_{BB}的增大,I_{CM}增大,I_{C0}和I_{c1m}随V_{BB}增大而增大,但不是线性关系。在过压状态,随着V_{BB}增大,I_{CM}略增,但凹顶脉冲的分解系数小,故I_{C0}和I_{c1m}随V_{BB}增大而略增。各变量的变化关系与图3-15相似,只是横坐标U_{bm}改为V_{BB}。值得注意的是,在欠压区I_{c1m}随V_{BB}增大而增大,具有调幅特性,可以实现基极调幅。

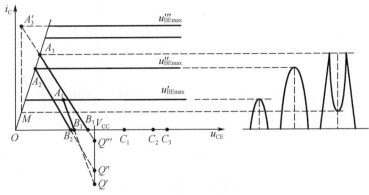

图 3 – 16　改变 V_{BB} 对工作状态的影响

3.4　丙类高频功率放大电路

丙类高频功率放大器是由输入回路、晶体管和输出回路组成的。输入、输出回路在功率放大器中的作用是,提供放大器所需的正常偏置,实现滤波(调谐于基波频率),保证阻抗匹配。可认为它是由直流馈电电路和匹配网络两部分组成的。

3.4.1　直流馈电电路

晶体管高频功率放大器的直流馈电电路分为集电极馈电电路和基极馈电电路两类。

1. 集电极馈电电路

集电极直流馈电有串联馈电和并联馈电两种形式。晶体管、负载回路和直流电源组成串联连接形式称为串联馈电;晶体管、负载回路和直流电源组成并联连接形式称为并联馈电。图 3 – 17(a)是串联馈电电路,L' 是高频扼流圈,C' 是电源滤波电容。对于信号频率,L'的感抗很大,相当于开路;C' 的容抗很小,相当于短路。对于直流电源,L' 相当于短路,C' 相当于开路。谐振回路的电感 L 对直流电源相当于短路,图 3 – 17(b)是并联馈电电路,L' 是高频扼流圈,C' 是电源滤波电容,C'' 是隔直电容。对于信号频率,L' 的感抗很大,相当于开路;C' 和 C'' 的容抗很小,相当于短路。对于直流电源,L' 的感抗为零,相当于短路;C' 和 C'' 的容抗为无限大,相当于开路。

串联馈电电路的馈电元件 L' 和 C' 均处于高频地电位,它们对地的安装分布电容不影响信号回路的谐振频率。但是,谐振回路处于直流高电位,回路元件 L 和 C 不能接地,因而它们的安装和调谐均不方便。相反,在并联馈电电路中,馈电元件 L' 和 C'' 均处于高频高电位,它们对地的安装分布电容直接影响信号回路的谐振频率。但是,谐振回路处于直流地电位,回路元件 L 和 C 可以接地,安装和调谐均很方便。

2. 基极馈电电路

基极馈电电路的组成也有串联馈电和并联馈电两种形式,如图 3 – 18 所示。与集电极馈电电路不同的是,基极的反向偏压既可以是外加的,也可以是由基极电流的直流分量 I_{B0} 或发射极电流的直流分量 I_{E0} 产生的,后者称为自给偏压。

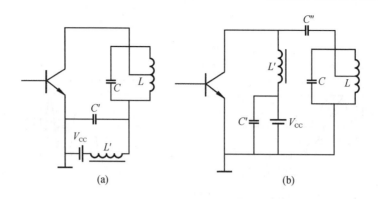

图 3-17　集电极电路的两种馈电形式

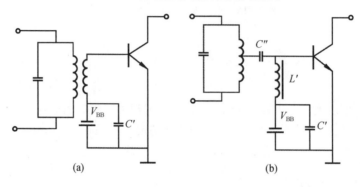

图 3-18　基极馈电的两种形式

图 3-18(a)是外加偏置的串联馈电形式,图 3-18(b)是外加偏置的并联馈电形式。

图 3-19 是谐振功率放大器的自给反向偏置电路。图 3-19(a)利用基极电流的直流分量 I_{B0} 在基极电阻 R_b 上的压降产生自给负偏压。图 3-19(b)利用发射极电流的直流分量 I_{E0} 在 R_e 上的压降产生自给负偏压。其优点是,利用发射极电流直流分量的负反馈作用,有利于工作状态的稳定。在功率放大器输出功率大于 1 W 时,常采用自给偏置电路。

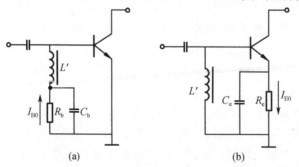

图 3-19　自给反向偏置电路

3.4.2　输入与输出匹配网络原理与计算

1. 射频放大器到负载的最大功率传输

射频放大器的输出可等效为电压源 $\dot{U}_S$ 和源阻抗 $Z_S = R_S + jX_S$ 串联。图 3-20 表示从射频放大器到负载的电压和功率传输的电路,其中 R_S 为源电阻;X_S 为源电抗;R_L 为负载电阻;X_L 为负载电抗。即负载阻抗为

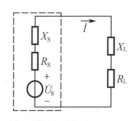

$$Z_L = R_L + jX_L$$

由于电抗 X_S 和 X_L 可以是感抗或容抗,在一个高频信号周期内的平均功耗为 0。即在功率传输中,电感或电容只是充电和放电,并没有消耗功率。信号源的功率只能被传输到负载电阻 R_L 上。信号源传输到负载电阻 R_L 上的功率为

图 3-20　从射频放大器到负载的电压和功率传输的电路

$$P_L = I^2 R_L \tag{3-27}$$

式中,I 是流过负载电阻 R_L 上的电流(有效值)。可得

$$I = \frac{U_S}{\sqrt{(R_S + R_L)^2 + (X_S + X_L)^2}}$$

$$P_L = \frac{U_S^2}{(R_S + R_L)^2 + (X_S + X_L)^2} R_L \tag{3-28}$$

根据电路理论,负载电阻 R_L 上获得无相移的最大输出功率的条件是

$$R_S = R_L; \quad X_S = -X_L$$

即满足共轭阻抗匹配条件

$$Z_S = R_S + jX_S = R_L - jX_L = Z_L^* \tag{3-29}$$

由于共轭阻抗匹配之后在整个信号源到负载回路中只包含纯电阻。在共轭阻抗匹配条件下,传输到负载的最大功率为

$$P_{Lmax} = \frac{U_S^2}{4R_L} = \frac{U_S^2}{4R_S} \tag{3-30}$$

一般来说,信号源阻抗和负载阻抗不一定正好共轭匹配,即 $Z_S \neq Z_L^*$。为了实现信号源到负载无相移最大功率传输,必须满足共轭阻抗匹配条件。因此信号源和负载之间必须插入阻抗匹配网络,如图 3-21 所示。阻抗匹配网络的输入阻抗必须等于 Z_S^*,阻抗匹配网络的输出阻抗必须等于 Z_L^*,即

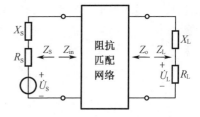

$$Z_i = Z_S^*, \quad Z_o = Z_L^* \tag{3-31}$$

图 3-21　$Z_S \neq Z_L^*$ 采用匹配网络

阻抗匹配网络分为有源匹配网络和无源匹配网络两类。有源匹配网络是由有源和无源器件组成的,例如,射极输出器、源极输出器和缓冲器等。而无源匹配网络通常采用无源元件(电容和电感)组成。如果电容和电感是理想的,匹配网络就没有功率损耗。即负载电阻 R_L 上的功率 P_L 等于阻抗匹配网络的输出功率 P_o,而 P_o 等于阻抗匹配网络的输入功率 P_i,P_i 是由信号源提供给网络的输入功率,在满足阻抗匹配时,信号源输出功率 P_S 与 P_i 相等。

2. L 型匹配网络

L 型匹配网络是最简单和最常用的匹配网络之一。依据信源电阻 R_S 与负载电阻 R_L 数值大小的关系($R_L < R_S$ 和 $R_L > R_S$),它有如下两种基本形式。

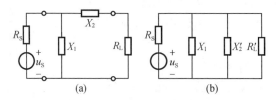

图 3-22　L 型匹配网络($R_L < R_S$)

(1)$R_L < R_S$ 的 L 型匹配网络

图 3-22 上 $R_L < R_S$ 的 L 型匹配网络,其中,X_1 和 X_2 是电抗,两者电抗性质相反,一个是感抗另一个必须是容抗。利用电抗与电阻串并联等效互换的关系可以求得匹配网络参数的表达式。

将 X_2 和 R_L 的串联支路等效为 X'_2 和 R'_2 的并联电路,然后与 X_1 再并联。X'_2 和 R'_L 的计算式分别为

$$\begin{cases} Q_2 = X_2/R_L \\ R'_L = (1 + Q_2^2)R_L \\ X'_2 = \left(1 + \dfrac{1}{Q_2^2}\right)X_2 \end{cases} \tag{3-32}$$

在 X_1 与 X'_2 和 R'_L 并联后,要完成阻抗匹配必须满足

$$\begin{cases} X_1 = X'_2 = \left(1 + \dfrac{1}{Q_2^2}\right)X_2 \\ R_S = R'_L = (1 + Q_2^2)R_L \\ Q_2 = \dfrac{R'_L}{X'_L} = \dfrac{R_S}{X_1} = Q_1 = Q \end{cases} \tag{3-33}$$

综合式(3-32)和式(3-33)可得,$R_L < R_S$ 时,已知工作频率 ω、R_L 和 R_S 的阻抗匹配网络的计算式为

$$\begin{cases} Q = \sqrt{\dfrac{R_S}{R_L} - 1} \\ X_2 = QR_L = \sqrt{R_L(R_S - R_L)} \\ X_1 = \dfrac{R_S}{Q} = R_S \sqrt{\dfrac{R_L}{R_S - R_L}} \end{cases} \tag{3-34}$$

例 3-1　如图 3-23(a)所示,已知谐振功率放大器的工作频率为 10 MHz,最佳输出电阻 $R_o = 280\ \Omega$,负载天线阻抗 $R_L = 50\ \Omega$,计算 L 型匹配网络参数值。

解　①设 X_2 为感抗,则 X_1 为容抗,如图 3-23(b)所示。

$$Q = \sqrt{\frac{R_o}{R_L} - 1} = \sqrt{\frac{280}{50} - 1} = 2.145$$

$$\omega L = X_2 = \sqrt{R_L(R_o - R_L)} = \sqrt{50(280 - 50)} = 107.238\ \Omega$$

$$L = \frac{107.238}{2\pi \times 10 \times 10^6}\ \text{H} = 1.71\ \mu\text{H}$$

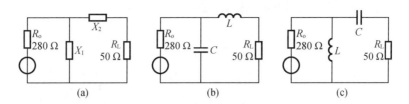

图 3 - 23　L 型匹配网络

$$\frac{1}{\omega C} = X_1 = R_o \sqrt{\frac{R_L}{R_o - R_L}} = 280 \sqrt{\frac{50}{280 - 50}} = 130.551 \ \Omega$$

$$C = \frac{1}{2\pi \times 10 \times 10^6 \times 130.551} \mathrm{F} = 121.9 \ \mathrm{pF}$$

② 设 X_2 为容抗,则 X_1 为感抗,如图 3 - 23(c)所示。

$$Q = \sqrt{\frac{R_o}{R_L} - 1} = \sqrt{\frac{280}{50} - 1} = 2.145$$

$$\frac{1}{\omega C} = X_2 = \sqrt{R_L (R_o - R_L)} = \sqrt{50(280 - 50)} = 107.238 \ \Omega$$

$$C = \frac{1}{2\pi \times 10 \times 10^6 \times 107.238} \mathrm{F} = 148.4 \ \mathrm{pF}$$

$$\omega L = X_1 = R_o \sqrt{\frac{R_L}{R_o - R_L}} = 280 \sqrt{\frac{50}{280 - 50}} = 130.551 \ \Omega$$

$$L = \frac{130.551}{2\pi \times 10 \times 10^6} \mathrm{H} = 2.08 \ \mu\mathrm{H}$$

(2)$R_L > R_S$ 的 L 型匹配网络

图 3 - 24 是 $R_L > R_S$ 的 L 型匹配网络,其中 X_1 和 X_2 是电抗,两者电抗性质相反,一个是感抗另一个必须是容抗。利用电抗与电阻串并联等效互换的关系可以求得匹配网络参数的表达式。

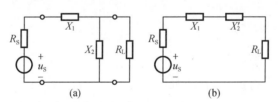

图 3 - 24　L 型匹配网络($R_L > R_S$)

将 X_2 和 R_L 的并联电路等效为 X_2' 和 R_L' 的串联支路,然后与 X_1 再串联。X_2' 和 R_L' 的计算式为

$$\begin{cases} Q_2 = \dfrac{X_2}{R_L} \\[2mm] R_L' = \dfrac{R_L}{1 + Q_2^2} \\[2mm] X_2' = \dfrac{X_2}{1 + 1/Q_2^2} \end{cases} \qquad (3 - 35)$$

在 X_1 与 X_2' 和 R_L' 串联后，要完成阻抗匹配必须满足

$$\begin{cases} X_1 = X_2' = \dfrac{X_2}{1 + 1/Q_2^2} \\[2mm] R_S = R_L' = \dfrac{R_L}{1 + Q_2^2} \\[2mm] Q_2 = \dfrac{X_2'}{R_L'} = \dfrac{X_1}{R_S} = Q_1 = Q \end{cases} \qquad (3-36)$$

综合式(3-35)和式(3-36)可得，$R_L > R_S$ 时，已知工作频率 ω、R_L 和 R_S 的阻抗匹配网络的计算式为

$$\begin{cases} Q = \sqrt{\dfrac{R_L}{R_S} - 1} \\[2mm] X_2 = \dfrac{R_L}{Q} = R_L \sqrt{\dfrac{R_S}{R_L - R_S}} \\[2mm] X_1 = QR_S = \sqrt{R_S(R_L - R_S)} \end{cases} \qquad (3-37)$$

根据式(3-37)可设 X_1 为感抗 X_2 为容抗或 X_1 为容抗 X_2 为感抗，并根据已知条件分别计算出网络参数。

(3)L 型匹配网络的通频带

L 型匹配网络只在工作频率 ω 处并联谐振，电抗抵消，实现两电阻之间的阻抗变换，因此它是一个窄带阻抗变换网络。而 L 型匹配网络支路的品质因数 Q 的表达式为

$$Q = \sqrt{\dfrac{R_{\max}}{R_{\min}} - 1} \qquad (3-38)$$

上式表明，在两个阻抗变换的电阻值确定后，Q 值是确定的，是不能任意选择的。另外，因为整个 L 型匹配网络同时接有 R_S 和 R_L，所以 L 型匹配网络的总有载品质因数 Q_L 为

$$Q_L = \dfrac{1}{2}Q \qquad (3-39)$$

则 L 型匹配网络的通频带宽为

$$2\Delta f_{0.7} \approx \dfrac{f}{Q_L} \qquad (3-40)$$

在 R_S 和 R_L 确定后，L 型匹配网络的 Q 值是不可任意选择的，这样就有可能不满足滤波性能的要求。这是 L 型匹配网络的缺点，解决措施是可采用三个电抗元件组成的 π 型或 T 型网络。

3. π 型匹配网络

(1)π 型匹配网络的通频带

图 3-25(a)是一个 π 型匹配网络，它可等效为图 3-25(b)所示电路，即将 X_S 分成两部分 $X_S = X_{S1} + X_{S2}$。这样 π 型网络就变成了两个 L 型网络，负载电阻 R_L 经 X_{P2} 和 X_{S2} 向左变换为中间假想电阻 R_{inter}，必满足 $R_{\text{inter}} < R_L$。同样信源电阻 R_S 经 X_{P1} 和 X_{S1} 向右变换为中间假想电阻 R_{inter}，必满足 $R_{\text{inter}} < R_S$。只要满足这两个中间电阻相等，此 π 型网络就能完成 R_S 和 R_L 之间的阻抗变换。也就是中间电阻 R_{inter} 的选取必须同时小于 R_S 和 R_L。根据 L 型网络的变换关系，由 X_{P2} 和 X_{S2} 组成的 L 型网络的 Q_2 为

$$Q_2 = \sqrt{\frac{R_L}{R_{inter}} - 1} \qquad\qquad (3-41)$$

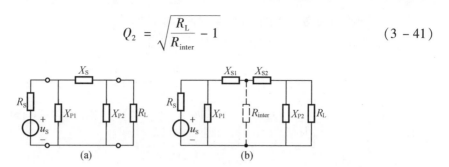

图 3 - 25 π 型匹配网络

而由 X_{P1} 和 X_{S1} 组成的 L 型网络的 Q_1 为

$$Q_1 = \sqrt{\frac{R_S}{R_{inter}} - 1} \qquad\qquad (3-42)$$

式中，Q_1 和 Q_2 要根据匹配网络的技术要求，由设计者自行设定。

整个 π 型网络的带宽是由 Q_1 和 Q_2 共同决定的，但最大的 Q 值可以用来估算网络带宽。因此，在设定 Q 值时，可以根据带宽要求设定最大的那个 Q 值。当 $R_S > R_L$ 时，则 $Q_1 > Q_2$，应选 Q_1 从 R_S 端开始进行网络参数计算。当 $R_L > R_S$ 时，则 $Q_2 > Q_1$，应选 Q_2 从 R_L 端开始进行网络参数计算。

（2）$R_S > R_L$ 的 π 型网络的电路参数计算式

由于当 $R_S > R_L$ 时，$Q_1 > Q_2$，选定 Q_1 应满足 $Q_1 > \sqrt{\dfrac{R_S}{R_L} - 1}$，由图 3 - 25(b) 可得

$$
\begin{cases}
R_{inter} = \dfrac{R_S}{1 + Q_1^2}, \; X_{P1} = \dfrac{R_S}{Q_1}, \; X_{S1} = Q_1 R_{inter} \\[2mm]
Q_2 = \sqrt{\dfrac{R_L}{R_{inter}} - 1} \\[2mm]
X_{P2} = \dfrac{R_L}{Q_2}, \; X_{S2} = Q_2 R_{inter}, \; X_S = X_{S1} + X_{S2}
\end{cases}
\qquad (3-43)
$$

（3）$R_L > R_S$ 的 π 型匹配网络的电路参数计算式

由于当 $R_L > R_S$ 时，$Q_2 > Q_1$，选定 Q_2 应满足 $Q_2 > \sqrt{\dfrac{R_L}{R_S} - 1}$，由图 3 - 25(b) 可得

$$
\begin{cases}
R_{inter} = \dfrac{R_L}{1 + Q_2^2}, \; X_{P2} = \dfrac{R_L}{Q_2}, \; X_{S2} = Q_2 R_{inter} \\[2mm]
Q_1 = \sqrt{\dfrac{R_S}{R_{inter}} - 1} \\[2mm]
X_{P1} = \dfrac{R_S}{Q_1}, \; X_{S1} = Q_1 R_{inter}, \; X_S = X_{S1} + X_{S2}
\end{cases}
\qquad (3-44)
$$

（4）π 型匹配网络的基本电路形式

π 型匹配网络的基本组成是由两个感抗和一个容抗或两个容抗和一个感抗构成。依据

三个电抗元件所处位置的不同,可分为六种基本电路形式。

① R_S 和 R_L 没有特定的限制的 π 型匹配网络

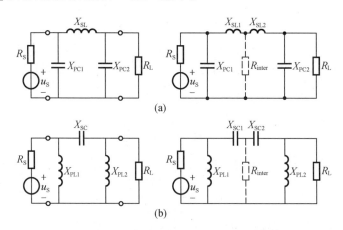

(a)

(b)

图 3-26　π 型匹配网络的典型电路

图 3-26 所示是两种最典型的形式,图 3-26(a)是由两个电容和一个电感组成的 π 型匹配网络,右边图是其等效为两个 L 型网络的电路,串联支路用相同性质的两个电抗串联等效,其特点是 Q 有条件选取,即 $Q > \sqrt{(R_大/R_小) - 1}$;对信源电阻 R_S 和负载电阻 R_L 的大小没有特定的限制,即 $R_S < R_L$ 或 $R_S > R_L$ 电路都能实现阻抗匹配。

图 3-26(b)是由两个电感和一个电容组成的 π 型匹配网络,右边图也是其等效为两个 L 型网络的电路,其特点与图 3-26(a)相同。

应用式(3-43)或式(3-44)可以很方便地分析和计算网络参数。

例 3-2　已知信源电阻 $R_S = 20\ \Omega$,负载电阻 $R_L = 120\ \Omega$,工作频率 $f = 5\ \text{MHz}$,通频带为 1.25 MHz。设计一个如图 3-27 所示的 π 型匹配网络。

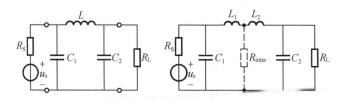

图 3-27　T 型匹配网络

解　将匹配网络的 L 分成 L_1 和 L_2 两个电感,则 π 型匹配网络由信源端的 $L_1 C_1$ 和负载端的 $L_2 C_2$ 两个 L 型网络组成。由要求的通频带可得网络的有载品质因数 $Q_L = 5/1.25 = 4$,可得两个 L 型网络的 Q_1 和 Q_2 的最大值为 $Q = 2Q_L = 8$。因为 $R_L > R_S$,大的 Q 应是负载端的 Q_2,设 $Q_2 = 8$,则根据式(3-44)可求出中间电阻为

$$R_{\text{inter}} = \frac{R_L}{1 + Q_2^2} = \frac{120}{1 + 8^2} = 1.846\ \Omega$$

负载端 L 型网络的并联电容的电抗及电容值分别为

$$X_{C2} = \frac{R_L}{Q_2} = \frac{120}{8} = 15.0\ \Omega$$

$$C_2 = \frac{1}{2\pi f X_{C2}} = \frac{1}{2\pi \times 5 \times 10^6 \times 15.0} = 2\ 122 \text{ pF}$$

负载端 L 型网络的串联电感的电抗及电感值分别为

$$X_{L2} = Q_2 R_{\text{inter}} = 8 \times 1.846 = 14.768 \ \Omega$$

$$L_2 = \frac{X_{L2}}{2\pi f} = \frac{14.768}{2\pi \times 5 \times 10^6} = 0.47 \ \mu\text{H}$$

信源端 L 型网络的 Q_1 值为

$$Q_1 = \sqrt{\frac{R_S}{R_{\text{inter}}} - 1} = \sqrt{\frac{20}{1.846} - 1} = 3.136$$

信源端 L 型网络的并联电容的电抗及电容值分别为

$$X_{C1} = \frac{R_S}{Q_1} = \frac{20}{3.136} = 6.378 \ \Omega$$

$$C_1 = \frac{1}{2\pi f X_{C1}} = \frac{1}{2\pi \times 5 \times 10^6 \times 6.378} = 4\ 991 \text{ pF}$$

信源端 L 型网络的串联电感的电抗及电感值分别为

$$X_{L1} = Q_1 R_{\text{inter}} = 3.136 \times 1.846 = 5.789 \ \Omega$$

$$L_1 = \frac{X_{L1}}{2\pi f} = \frac{5.789}{2\pi \times 5 \times 10^6} = 0.184 \ \mu\text{H}$$

π 型匹配网络的总电感为

$$L = L_1 + L_2 = 0.184 + 0.47 = 0.654 \ \mu\text{H}$$

② $R_S < R_L$ 的 π 型匹配网络

图 3-28 是信源电阻 R_S 小于负载电阻 R_L 的 π 型匹配网络。右边图是等效为两个 L 型网络的电路，串联支路用两个性质相反的电抗串联等效，支路电抗由二者差值确定。其限定条件是 $R_L > R_S$ 和 $Q_2 > \sqrt{(R_L/R_S) - 1}$，参数计算用式(3-44)。

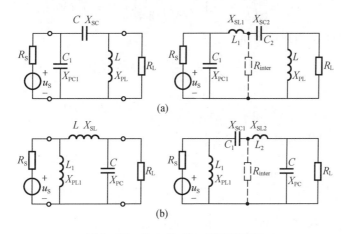

图 3-28　$R_L > R_S$ 的 π 型匹配网络

例 3-3　已知信源电阻 $R_S = 20 \ \Omega$，负载电阻 $R_L = 120 \ \Omega$，工作频率 $f = 5 \text{ MHz}$，通频带为 1.25 MHz。设计一个如图 3-29 所示的 π 型匹配网络。

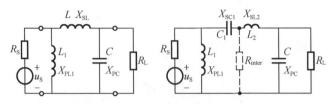

图 3 - 29　π 型匹配网络($R_L > R_S$)

解　将匹配网络的 L 分成 C_1 和 L_2 两个性质相反的电抗串联等效,则 π 型匹配网络由信源端的 $L_1 C_1$ 和负载端的 $L_2 C$ 两个 L 型网络组成。由要求的通频带可得网络的有载品质因数 $Q_L = 5/1.25 = 4$,可得两个 L 型网络的 Q_1 和 Q_2 的最大值为 $Q = 2Q_L = 8$。因为 $R_L > R_S$,大的 Q 应是负载端的 Q_2,设 $Q_2 = 8$,根据式(3 - 44),则

$$R_{inter} = \frac{R_L}{1 + Q_2^2} = \frac{120}{1 + 8^2} = 1.846 \ \Omega$$

负载端 L 型网络的并联电容的电抗 X_{PC}

$$X_{PC} = \frac{R_L}{Q_2} = \frac{120}{8} = 15.0 \ \Omega$$

$$C = \frac{1}{2\pi f X_{PC}} = \frac{1}{2\pi \times 5 \times 10^6 \times 15.0} = 2\ 122 \ pF$$

负载端 L 型网络的串联电感的电抗 X_{SL2} 为

$$X_{SL2} = Q_2 R_{inter} = 8.0 \times 1.846 = 14.768 \Omega$$

$$L_2 = \frac{X_{L2}}{2\pi f} = \frac{14.768}{2\pi \times 5 \times 10^6} = 0.47 \ \mu H$$

信源端 L 型网络的 Q_1 值

$$Q_1 = \sqrt{\frac{R_S}{R_{inter}} - 1} = \sqrt{\frac{20}{1.846} - 1} = 3.136$$

信源端 L 型网络的并联电感的电抗 X_{PL1} 为

$$X_{PL1} = \frac{R_S}{Q_1} = \frac{20}{3.136} = 6.378 \ \Omega$$

$$L_1 = \frac{X_{PL1}}{2\pi f} = \frac{6.378}{2\pi \times 5 \times 10^6} = 0.203 \ \mu H$$

信源端 L 型网络的串联电容的电抗 X_{SC1} 及电容 C_1 为

$$X_{SC1} = Q_1 R_{inter} = 3.136 \times 1.846 = 5.789 \ \Omega$$

$$C_1 = \frac{1}{2\pi f X_{SC1}} = \frac{1}{2\pi \times 5 \times 10^6 \times 5.789} = 5\ 498.8 \ pF$$

π 型匹配网络串联支路的总电抗 X_{SL} 及电感 L 为

$$X_{SL} = X_{SL2} - X_{SC1} = 14.768 - 5.789 = 8.979 \ \Omega$$

$$L = \frac{X_{SL}}{2\pi f} = \frac{8.979}{2\pi \times 5 \times 10^6} = 0.286 \ \mu H$$

③ $R_S > R_L$ 的 π 型匹配网络

图 3 – 30 是信源电阻 R_S 大于负载电阻 R_L 的 π 型匹配网络。右边图是等效为两个 L 型网络的电路，串联支路用两个性质相反的电抗串联等效，支路电抗由二者差值确定。其限定条件是 $R_S > R_L$ 和 $Q_1 > \sqrt{(R_S/R_L) - 1}$，参数计算用式（3 – 43）。

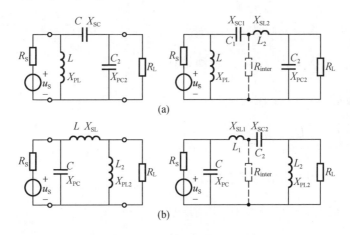

图 3 – 30　$R_S > R_L$ 的 π 型匹配网络

4. T 型匹配网络

T 型匹配网络的基本组成是由两个感抗和一个容抗或两个容抗和一个感抗构成。依据三个电抗元件所处位置的不同，可分为六种基本电路形式。

（1）T 型匹配网络的通频带

图 3 – 31（a）是一个 T 型匹配网络，它可等效为图 3 – 31（b）所示电路，即将 X_P 分成两部分，满足 $1/X_P = (1/X_{P1}) + (1/X_{P2})$。这样 T 型网络就变成了两个 L 型网络，负载电阻 R_L 经 X_{S2} 和 X_{P2} 向左变换为中间假想电阻 R_{inter}，必满足 $R_{inter} > R_L$。同样信源电阻 R_S 经 X_{S1} 和 X_{P1} 向右变换为中间假想电阻 R_{inter}，必满足 $R_{inter} > R_S$。只要满足这两个中间电阻相等，此 T 型网络就能完成 R_S 和 R_L 之间的阻抗变换。也就是，中间电阻 R_{inter} 的选取必须同时大于 R_S 和 R_L。根据 L 型网络的变换关系，由 X_{S2} 和 X_{P2} 组成的 L 型网络的 Q_2 为

$$Q_2 = \sqrt{\frac{R_{inter}}{R_L} - 1} \qquad (3 - 45)$$

而由 X_{S1} 和 X_{P1} 组成的 L 型网络的 Q_1 为

$$Q_1 = \sqrt{\frac{R_{inter}}{R_S} - 1} \qquad (3 - 46)$$

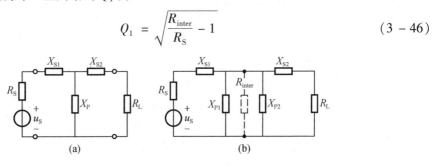

图 3 – 31　T 型匹配网络

与π型匹配网络一样,Q_1 和 Q_2 是要根据匹配网络的技术要求,由设计者自行设定。

整个T型网络的带宽是由 Q_1 和 Q_2 共同决定的,但最大的 Q 值可以用来估算网络带宽。因此,在设定 Q 值时,可以根据带宽要求设定最大的那个 Q 值。也取决于 R_S 和 R_L 的大小关系,当 $R_S > R_L$ 时,则 $Q_2 > Q_1$,应选 Q_2 从 R_L 端开始进行网络参数计算。当 $R_L > R_S$ 时,则 $Q_1 > Q_2$,应选 Q_1 从 R_S 端开始进行网络参数计算。

(2)$R_S > R_L$ 的 T 型网络的电路参数计算

由于 $R_S > R_L$ 时,$Q_2 > Q_1$,选取 Q_2 应满足 $Q_2 > \sqrt{\dfrac{R_S}{R_L} - 1}$

$$\begin{cases} R_{\text{inter}} = (1 + Q_2^2)R_L, \ X_{S2} = Q_2 R_L, \ X_{P2} = \dfrac{R_{\text{inter}}}{Q_2} \\ Q_1 = \sqrt{\dfrac{R_{\text{inter}}}{R_S} - 1}, \ X_{S1} = Q_1 R_S, \ X_{P1} = \dfrac{R_{\text{inter}}}{Q_1}, \ \dfrac{1}{X_P} = \dfrac{1}{X_{P1}} + \dfrac{1}{X_{P2}} \end{cases} \tag{3-47}$$

(3)$R_L > R_S$ 的 T 型网络的电路参数计算

由于 $R_L > R_S$ 时,$Q_1 > Q_2$,选取 Q_1 应满足 $Q_1 > \sqrt{\dfrac{R_L}{R_S} - 1}$

$$\begin{cases} R_{\text{inter}} = (1 + Q_1^2)R_S, \ X_{S1} = Q_1 R_S, \ X_{P1} = \dfrac{R_{\text{inter}}}{Q_1} \\ Q_2 = \sqrt{\dfrac{R_{\text{inter}}}{R_L} - 1}, \ X_{S2} = Q_2 R_L, \ X_{P2} = \dfrac{R_{\text{inter}}}{Q_2}, \ \dfrac{1}{X_P} = \dfrac{1}{X_{P1}} + \dfrac{1}{X_{P2}} \end{cases} \tag{3-48}$$

(4)T 型匹配网络的基本电路形式

T 型匹配网络具有阻抗匹配和选频的功能,最基本的组成是由两个感抗和一个容抗或两个容抗和一个感抗构成。T 型匹配网络共有六种基本电路形式。

① R_S 和 R_L 没有特定的限制的 T 型匹配网络

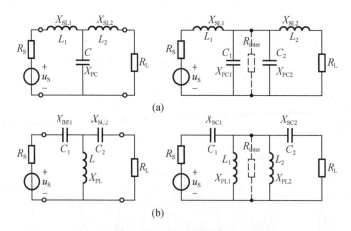

图 3-32　T 型匹配网络的典型电路

图 3-32 所示是两种最典型的电路。图 3-32(a)是由两个电感和一个电容组成的 T 型匹配网络,右边图是其等效为两个 L 型网络的电路,并联支路用相同性质的两个电抗并

联等效,其特点是 Q 有条件选取,即 $Q > \sqrt{(R_大/R_小) - 1}$;对信源电阻 R_S 和负载电阻 R_L 的大小没有特定的限制,即 $R_S < R_L$ 或 $R_S > R_L$ 电路都能实现阻抗匹配。应用式(3-48)或式(3-47)可以很方便地分析和计算网络参数。图 3-32(b)是由两个电容和一个电感组成的 T 型匹配网络,右边图也是其等效为两个 L 型网络的电路,其特点与图 3-32(a)相同。

例 3-4　已知信源电阻 $R_S = 50\ \Omega$,负载电阻 $R_L = 150\ \Omega$,工作频率 $f = 10\ \text{MHz}$,通频带为 2.4 MHz。设计一个如图 3-33 所示的 T 型匹配网络。

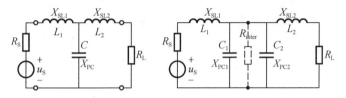

图 3-33　T 型匹配网络

解　将匹配网络并联支路 X_{PC} 用相同性质的 X_{PC1} 和 X_{PC2} 两个电抗并联等效,则 T 型匹配网络由信源端的 $L_1 C_1$ 和负载端的 $L_2 C_2$ 两个 L 型网络组成。由要求的通频带可得网络的有载品质因数 $Q_L = 10/2.4 = 4.17$,可得两个 L 型网络的 Q_1 和 Q_2 的最大值为 $Q = 2 Q_L = 8.33$。因为 $R_L > R_S$,$Q_1 > Q_2$,大的 Q 应是信源端的 Q_1,选 $Q_1 = 8.33$,满足 $Q_1 > \sqrt{(R_L/R_S) - 1} = \sqrt{2}$。根据式(3-48),从信源端开始计算,可得中间电阻为

$$R_{inter} = (1 + Q_1^2) R_S = (1 + 8.33^2) \times 50 = 3\ 519.445\ \Omega$$

信源端 L 型网络的串联电感的电抗及电感值为

$$X_{SL1} = Q_1 R_S = 8.33 \times 50 = 416.5\ \Omega$$

$$L_1 = \frac{X_{SL1}}{\omega} = \frac{416.5}{2\pi \times 10 \times 10^6}\ \text{H} = 6.629\ \mu\text{H}$$

信源端 L 型网络的并联电容的电抗及电容值为

$$X_{PC1} = \frac{R_{inter}}{Q_1} = \frac{3\ 519.445}{8.33} = 422.5\ \Omega$$

$$C_1 = \frac{1}{\omega X_{PC1}} = \frac{1}{2\pi \times 10 \times 10^6 \times 422.5}\ \text{F} = 37.67\ \text{pF}$$

负载端 L 型网络的 Q_2 值为

$$Q_2 = \sqrt{\frac{R_{inter}}{R_L} - 1} = \sqrt{\frac{3\ 519.445}{150} - 1} = 4.74$$

负载端 L 型网络的串联电感的电抗及电感值为

$$X_{SL2} = Q_2 R_L = 4.74 \times 150 = 711\ \Omega$$

$$L_2 = \frac{X_{SL2}}{\omega} = \frac{711}{2\pi \times 10 \times 10^6}\ \text{H} = 11.316\ \mu\text{H}$$

负载端 L 型网络的并联电容的电抗及电容值为

$$X_{PC2} = \frac{R_{inter}}{Q_2} = \frac{3\ 519.445}{4.74} = 742.50\ \Omega$$

$$C_2 = \frac{1}{\omega X_{\text{PC2}}} = \frac{1}{2\pi \times 10 \times 10^6 \times 742.5}\ \text{F} = 21.44\ \text{pF}$$

T 型网络的总电容值为

$$C = C_1 + C_2 = 37.67 + 21.44 = 59.11\ \text{pF}$$

例 3-5　已知匹配网络如图 3-34 所示,信源电阻 $R_S = 300\ \Omega$,负载电阻 $R_L = 50\ \Omega$,工作频率 $f = 10$ MHz,试求网络中各元件值。

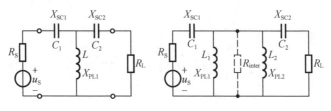

图 3-34　T 型匹配网络

解　根据 T 型网络 $R_S > R_L$ 的条件,$Q_2 > Q_1$,通频带没有具体要求,Q_2 的选取必须满足

$$Q_2 > \sqrt{\frac{R_S}{R_L} - 1} = \sqrt{\frac{300}{50} - 1} = 2.24$$

选取 $Q_2 = 7$,则根据式(3-47)得中间电阻为

$$R_{\text{inter}} = (1 + Q_2^2)R_L = (1 + 7^2) \times 50 = 2\ 500\ \Omega$$

负载端 L 型网络串联电容 C_2 的电抗及电容值

$$X_{\text{SC2}} = Q_2 R_L = 7 \times 50 = 350\ \Omega$$

$$C_2 = \frac{1}{\omega X_{\text{SC2}}} = \frac{1}{2\pi \times 10 \times 10^6 \times 350}\ \text{F} = 45.47\ \text{pF}$$

负载端 L 型网络并联电感 L_2 的电抗为

$$X_{\text{PL2}} = \frac{R_{\text{inter}}}{Q_2} = \frac{2500}{7} = 357.14\ \Omega$$

信源端 L 型网络的 Q_1 为

$$Q_1 = \sqrt{\frac{R_{\text{inter}}}{R_S} - 1} = \sqrt{\frac{2\ 500}{300} - 1} = 2.71$$

信源端 L 型网络串联电容 C_1 的电抗及电容值为

$$X_{\text{SC1}} = Q_1 R_S = 2.71 \times 300 = 813\ \Omega$$

$$C_1 = \frac{1}{\omega X_{\text{SC1}}} = \frac{1}{2\pi \times 10 \times 10^6 \times 813}\ \text{F} = 19.58\ \text{pF}$$

信源端 L 型网络并联电感 L_1 的电抗为

$$X_{\text{PL1}} = \frac{R_{\text{inter}}}{Q_1} = \frac{2\ 500}{2.71} = 922.51\ \Omega$$

T 型网络并联电感 L 的电感值的计算过程如下:

因为

$$\frac{1}{X_{\text{PL}}} = \frac{1}{X_{\text{PL1}}} + \frac{1}{X_{\text{PL2}}}$$

$$X_{PL} = \frac{X_{PL1}X_{PL2}}{X_{PL1}+X_{PL2}} = \frac{922.51 \times 357.14}{922.51+357.14} = 257.465 \ \Omega$$

$$L = \frac{X_{PL}}{2\pi f} = \frac{257.465}{2\pi \times 10 \times 10^6} = 4.10 \ \mu H$$

②$R_S < R_L$ 的 T 型匹配网络

图 3 - 35 是信源电阻 R_S 小于负载电阻 R_L 的 T 型匹配网络。右边图是等效为两个 L 型网络的电路,并联支路用两个性质相反的电抗并联等效,图 3 - 35(a)并联支路电抗等效为容抗,图 3 - 35(b)并联支路电抗应等效为感抗。其限定条件是 $R_S < R_L$ 和 $Q_1 > \sqrt{(R_L/R_S)-1}$,参数计算用式(3 - 48)。

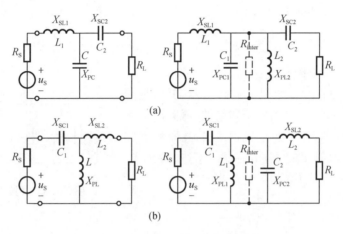

图 3 - 35 $R_S < R_L$ 的 T 型匹配网络

③$R_S > R_L$ 的 T 型匹配网络

图 3 - 36 是信源电阻 R_S 大于负载电阻 R_L 的 T 型匹配网络。右边图是等效为两个 L 型网络的电路,并联支路用两个性质相反的电抗并联等效,图 3 - 36(a)并联支路电抗等效为容抗,图 3 - 36(b)并联支路电抗应等效为感抗。其限定条件是 $R_S > R_L$ 和 $Q_2 > \sqrt{(R_S/R_L)-1}$,参数计算用式(3 - 47)。

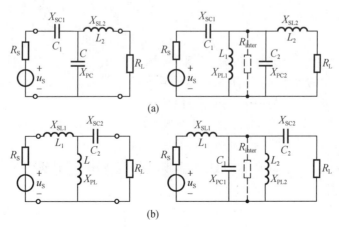

图 3 - 36 $R_S > R_L$ 的 T 型匹配网络

5. 信源阻抗和负载阻抗为复阻抗的匹配网络

在频率较高的电路中,匹配网络的信号源常含有电容分量,这个电容可以是功率放大器的输出电容或信源的输出电容,通常用 C_o 并联等效。晶体管高频功率放大器的输出电容 $C_o \approx 2C_{ob}$,而 C_{ob} 为共基接法且发射极开路时 c、b 间的结电容。对于负载阻抗(天线或晶体管的输入阻抗),天线的阻抗通常都等效为电阻和容抗的串联,而晶体管输入阻抗也是复数。

(1)信源阻抗和负载阻抗的串联和并联表示形式

信源的阻抗和负载阻抗都可以分别用并联或串联的形式表示,它们之间的等效互换关系在本书第 2 章中已分析说明。

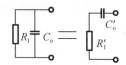

图 3−37 并联与串联的阻抗等效

图 3−37 的并联与串联表示的等效关系为

$$Q = \frac{R_1}{X_{Co}} = R_1 \omega C_o, \quad R_1' = \frac{R_1}{1+Q^2}, \quad C_o' = \left(1 + \frac{1}{Q^2}\right)C_o$$

(2)信源容抗与电阻并联

考虑电容 C_o 的存在,如图 3−38 所示,其容抗应该与 π 匹配的 X_{P1} 并联,C_o 作为匹配网络的一部分。

设电容 C_o 与 X_{P1} 并联的电抗值为 X_{P1}',根据式(3−43)或式(3−44)计算出的 X_{P1}' 值应扣除 C_o 的容抗 X_{Co} 才是实现匹配的 X_{P1} 的真实值,即

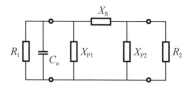

图 3−38 并接 C_o 的匹配网络

$$X_{P1}' = \frac{R_1}{Q_1}$$

当 X_{P1}' 为感抗时,$Y = \frac{1}{X_{P1}'} = \frac{1}{X_{Co}} - \frac{1}{X_{P1}}$,则

$$X_{P1} = \frac{R_1}{Q_1 + R_1/|X_{Co}|}$$

当 X_{P1}' 为容抗时,则将 X_{P1}' 计算的电容 C_1' 减去 C_o 就是实现匹配的 C_1。

可见信源阻抗用并联表示时,采用 π 型匹配网络实现匹配计算比较方便。如果采用 T 型匹配网络实现匹配,可先将并联阻抗等效为串联阻抗形式,然后对 T 型匹配网络进行匹配计算。

(3)信源容抗与电阻串联

信源的容抗与电阻串联形式的匹配,可以采用 T 型匹配网络实现 R_1 与 R_2 的阻抗匹配,如图 3−39 所示。将串联电容 C_o 的容抗 X_{Co} 与 T 型网络的输入串联支路的 X_{S1} 相串联,$X_{S1}' = X_{Co} + X_{S1}$。即 X_{Co} 包含在 X_{S1}' 中,可利用式(3−47)或式(3−48)进行网络参数计算。

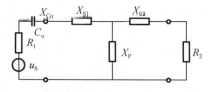

图 3−39 串联 C_o 的匹配网络

例 3−6 已知信源阻抗为 $R_1 = 400\ \Omega$ 和 $C_o = 100\ \text{pF}$ 相串联,负载电阻 $R_2 = 50\ \Omega$,工作频率 $f = 10\ \text{MHz}$,试计算图 3−40(a)所示匹配网络的元件参数值。

解 等效电路图如图 3−40(b)所示。设 $X_{L1}' = X_{Co} + X_{L1}$,$X_C$ 为 X_{C1} 和 X_{C2} 并联。因为 $R_1 > R_2$,计算出负载端开始,选取 $Q_2 = 6$,则得中间电阻为

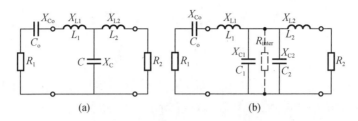

图 3-40　串联 C_o 的 T 型匹配网络

$$R_{\text{inter}} = (1 + Q_2^2)R_2 = (1 + 6^2) \times 50 = 1\,850\ \Omega$$

负载端的 L 型网络的串联电抗和电感分别为

$$X_{L2} = Q_2 R_2 = 6 \times 50 = 300\ \Omega$$

$$L_2 = \frac{X_{L2}}{2\pi f} = \frac{300}{2\pi \times 10 \times 10^6} = 4.775\ \mu\text{H}$$

负载端的 L 型网络的并联电抗 X_{C2} 和电容 C_2 分别为

$$X_{C2} = \frac{R_{\text{inter}}}{Q_2} = \frac{1\,850}{6} = 308.3\ \Omega$$

$$C_2 = \frac{1}{2\pi f X_{C2}} = \frac{1}{2\pi \times 10 \times 10^6 \times 308.3} = 51.62\ \text{pF}$$

信源端 L 型网络的串联电抗 X'_{L1} 和电感 L_1 分别为

$$Q_1 = \sqrt{\frac{R_{\text{inter}}}{R_1} - 1} = \sqrt{\frac{1\,850}{400} - 1} = 1.904$$

$$X'_{L1} = Q_1 R_1 = 1.904 \times 400 = 761.6\ \Omega$$

$$X_{L1} = X'_{L1} - X_{Co} = 761.6 - \left(-\frac{1}{2\pi \times 10 \times 10^6 \times 100 \times 10^{-12}}\right) = 920.8\ \Omega$$

$$L_1 = \frac{X_{L1}}{2\pi f} = \frac{920.8}{2\pi \times 10 \times 10^6} = 14.655\ \mu\text{H}$$

信源端 L 型网络的并联电抗 X_{C1} 和电容 C_1 分别为

$$X_{C1} = \frac{R_{\text{inter}}}{Q_1} = \frac{1\,850}{1.904} = 971.64\ \Omega$$

$$C_1 = \frac{1}{2\pi f X_{C1}} = \frac{1}{2\pi \times 10 \times 10^6 \times 971.64} = 16.38\ \text{pF}$$

T 型网络并联总电容为

$$C = C_1 + C_2 = 16.38 + 51.62 = 68.0\ \text{pF}$$

（4）负载阻抗为复数的匹配网络计算

例 3-7　已知某晶体管高频功率放大器，工作频率 $f = 30$ MHz，负载天线阻抗 $Z_L = 50 - j265.26\ \Omega$，在 $V_{CC} = 24$ V，$P_o = 2$ W 时，晶体管饱和压降 $U_{CES} = 1$ V，且 $C_{ob} = 5$ pF。试设计一个 T 型匹配网络。

解　根据题意 $V_{CC} = 24$ V，$P_o = 2$ W 且晶体管饱和压降 $U_{CES} = 1$ V，则高频功率放大器工作于临界状态时的最佳电阻为

$$R_o = R_p = \frac{U_{cm}^2}{2P_o} = \frac{(V_{CC} - U_{CES})^2}{2P_o}$$

$$= \frac{(24 - 1)^2}{2 \times 2} = 132.25 \ \Omega$$

放大器输出电容 $C_o \approx 2C_{ob} = 10 \ pF$，而负载天线 $Z_L = 50 - j265.26 \ \Omega$ 是电阻等效为 $50 \ \Omega$、电容为 $20 \ pF$ 的串联电路，如图 $3-41(a)$ 所示。

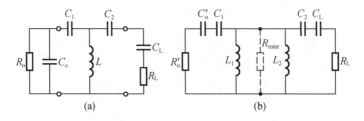

图 3-41　T 型匹配网络计算

由于选用了 T 型匹配网络，以并联形式表示的高频功率放大器输出阻抗可等效为串联表示的形式，其等效数值为

$$Q = \frac{R_o}{X_{Co}} = R_o 2\pi f C_o = 132.25 \times 2\pi \times 30 \times 10^6 \times 10 \times 10^{-12} = 0.249$$

$$R_o' = \frac{R_o}{1 + Q^2} = 124.5 \ \Omega$$

因为

$$X_{Co}' = \frac{X_{Co}}{1 + 1/Q^2}$$

则

$$C_o' = (1 + 1/Q^2)C_o = (1 + 1/0.249^2) \times 10 \ pF = 171.29 \ pF$$

设图 $3-41(b)$ T 型匹配网络等效的两个 L 型网络参数如下：

信源端的 L 型网络的 $X_{S1}' = X_{Co}' + X_{C1} ; X_{P1}' = X_{L1}$，其中 $X_{Co}' = \dfrac{1}{2\pi f C_o'}$。

负载端的 L 型网络的 $X_{S2}' = X_{C2} + X_{CL} ; X_{P2}' = X_{L2}$。

因为 $R_o' > R_L$，设 $Q_2 = 8$，则

$$R_{inter} = (1 + Q_2^2)R_L = (1 + 8^2)50 = 3\,250 \ \Omega$$

$$X_{S2}' = Q_2 R_L = 8 \times 50 = 400 \ \Omega$$

$$X_{C2} = X_{S2}' - X_{CL} = 400 - 1/(2\pi \times 30 \times 10^6 \times 20 \times 10^{-12}) = 134.74 \ \Omega$$

$$C_2 = \frac{1}{2\pi f X_{C2}} = \frac{1}{2\pi \times 30 \times 10^6 \times 134.74} = 39.37 \ pF$$

$$X_{P2}' = X_{L2} = \frac{R_{inter}}{Q_2} = \frac{3\,250}{8} = 406.25 \ \Omega$$

$$Q_1 = \sqrt{\frac{R_{inter}}{R_o'} - 1} = \sqrt{\frac{3\,250}{124.5} - 1} = 5.01$$

$$X_{S1}' = Q_1 R_o' = 5.01 \times 124.5 = 623.75 \ \Omega$$

$$X_{C1} = X'_{S1} - X'_{Co} = 623.75 - [1/(2\pi \times 30 \times 10^6 \times 171.29 \times 10^{-12})] = 592.78\ \Omega$$

$$C_1 = \frac{1}{2\pi f X_{C1}} = \frac{1}{2\pi \times 30 \times 10^6 \times 592.78} = 8.95\ \text{pF}$$

$$X'_{P1} = X_{L1} = \frac{R_{\text{inter}}}{Q_1} = \frac{3\ 250}{5.01} = 648.70\ \Omega$$

$$X_P = X_L = \frac{X'_{P1} X'_{P2}}{X'_{P1} + X'_{P2}} = \frac{648.70 \times 406.25}{648.70 + 406.25} = 249.81\ \Omega$$

$$L = \frac{X_L}{2\pi f} = \frac{249.81}{2\pi \times 30 \times 10^6} = 1.33\ \mu\text{H}$$

应该说明的是,丙类高频功率放大器工作于非线性状态,线性电路的阻抗匹配概念是不能适用的。丙类高频功率放大器的阻抗匹配的概念是,在给定的电路条件下,通过匹配网络将负载电阻转换成高频功率放大器工作状态所需最佳电阻,这就是匹配。最佳电阻 R_p 是根据需要决定的。对于输出级,要求输出功率最大,放大器应工作于临界状态,而最佳电阻 R_p 应保证放大器工作于临界状态。对于中间级,要求输出电压变化小,放大器应工作于过压状态,而最佳电阻 R_p 应保证放大器工作于过压状态。

3.4.3　实际电路举例

1. 50 MHz,25 W 丙类功率放大器

如图 3-42 所示是 50 MHz 的功率放大器。它的功率增益为 7 dB,给 50 Ω 负载可提供的输出功率为 25 W。基极输入回路由 C_1、C_2 和 L_1 组成 T 型匹配网络。集电极馈电采用串联方式,输出回路由 L_2、L_3、C_3 和 C_4 构成 π 型匹配网络。

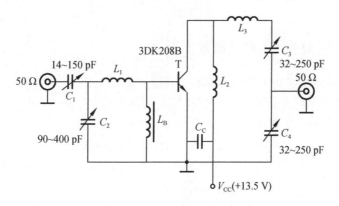

图 3-42　50 MHz 功率放大器

2. 175 MHz,VMOS 管丙类功率放大器

图 3-43 是 175 MHz 的 VMOS 管谐振功率放大器。它可向 50 Ω 负载提供 10 W 功率。功率增益为 10 dB,效率大于 60%。漏极为串联馈电。L_2、L_3、C_6、C_7、C_8 组成匹配网络。栅极为并联馈电,C_1、C_2、C_3 和 L_1 组成 T 型匹配网络。

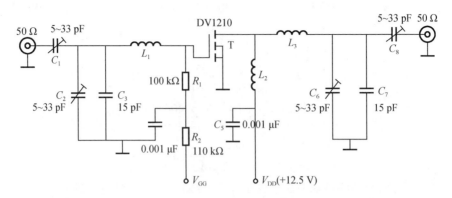

图 3 – 43　175 MHz, VMOS 功率放大器

3.5　丁类(D 类)和戊类(E 类)高频功率放大器

丙类功率放大器提高效率是依靠减小集电极电流的通角 θ_c 来实现的。θ_c 减小使集电极电流中的直流分量 I_{C0} 减小,能提高集电极效率。但是,电流通角 θ_c 的减小是有一定限度的,因为 θ_c 减小,基波 I_{c1m} 也会下降,输出功率也会降低。若要保持一定的输出功率,就需要增加输入信号的幅度,这将增加前级的负担。丁类和戊类放大器的电流通角 θ_c 固定为 90°,而晶体管处于开关工作状态。当晶体管两端处于高电压时,流过它的电流很小。当流过晶体管电流很大时,晶体管两端电压很低。这样就能降低晶体管的损耗功率,达到提高集电极效率的目的。

3.5.1　丁类(D 类)高频功率放大器

丁类高频功率放大器如图 3 – 44 所示。其输入激励电压 u_i 是一个重复角频率为 ω 的方波,或是振幅足够大的余弦波。u_i 通过高频变压器在两个次级线圈产生极性相反的推动电压 u_{b1} 和 u_{b2},它们分别使晶体管 T_1 和 T_2 处于交替饱和或截止状态。在激励电压的正半周,T_1 饱和导通,T_2 截止。V_{CC} 通过 T_1 向 L、C、R_L 组成的串联回路充电,并使 A 点的电压提高到 $u_A = V_{CC} - U_{CES}$。在激励信号的负半周,将使 T_1 截止,T_2 饱和导通。储存在 LC 的能量通过 T_2 放电,并使 A 点的电压下降到 $u_A = U_{CES}$。

图 3 – 45 给出了在 u_i 作用下的 u_A,i_{C1},i_{C2} 和 i_L 的波形。由于 u_A 是与 u_i 相同的矩形电压,称该电路为电压型 D 类高频功率放大器。

u_A 是振幅为 $V_{CC} - U_{CES}$,角频率为 ω 的矩形波。由于串联 LC 回路的串联谐振频率也为 ω,只有矩形电压 u_A 的基波分量在 R_L 上迅速建立电压。从图 3 – 45 中可知,$u_A(t)$ 是矩形波,可以用开关函数 $K(\omega t)$ 来描述,即

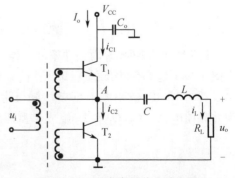

图 3 – 44　丁类高频功率放大器

$$u_A(t) = U_{CES} + (V_{CC} - 2U_{CES})K(\omega t)$$
$$= U_{CES} + (V_{CC} - 2U_{CES}) \cdot$$
$$\left(\frac{1}{2} + \frac{2}{\pi}\cos \omega t - \frac{2}{3\pi}\cos 3\omega t + \cdots \right)$$

其中 $u_A(t)$ 的基波分量为

$$u_{A1}(t) = \frac{2}{\pi}(V_{CC} - 2U_{CES})\cos \omega t$$

$u_{A1}(t)$ 作为串联 LC 回路的信号源,在回路的有载品质因数 Q 足够高时,流过负载 R_L 的电流 i_L 应为基波,则有

$$i_L = \frac{u_{A1}(t)}{R_L} = \frac{1}{R_L}\frac{2}{\pi}(V_{CC} - 2U_{CES})\cos \omega t$$

负载电流 i_L 是由晶体管 T_1 和 T_2 分别导通时集电极电流 i_{C1} 和 i_{C2} 反向合成而得,即 $i_L = i_{C1} - i_{C2}$。每个电流脉冲的振幅与负载电流 i_L 的振幅相同。

放大器的输出功率 P_o 为

$$P_o = \frac{1}{2}I_{Lm}^2 R_L = \frac{2(V_{CC} - 2U_{CES})^2}{\pi^2 R_L}$$

直流电源 V_{CC} 提供输入功率 $P_= = V_{CC}I_0$,由于 V_{CC} 只是在正半周期提供能量,I_0 为 I_{C1} 的平均值,即直流分量。

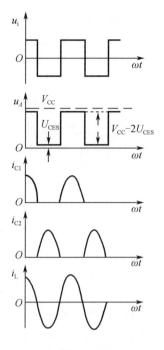

图 3 - 45　D 类高频功率放大器的波形

$$I_0 = I_{c1m}\alpha_0(90°) = \frac{1}{R_L}\frac{2}{\pi}(V_{CC} - 2U_{CES})\frac{1}{\pi} = \frac{2}{\pi^2 R_L}(V_{CC} - 2U_{CES})$$

$$P_= = V_{CC}I_0 = \frac{2V_{CC}}{\pi^2 R_L}(V_{CC} - 2U_{CES})$$

$$\eta = \frac{P_o}{P_=} = \frac{V_{CC} - 2U_{CES}}{V_{CC}}$$

可见,D 类功率放大器的效率受饱和压降 U_{CES} 的影响,U_{CES} 越小,效率越高。

实际上,在高频工作时,由于晶体管极间电容的影响,晶体管的开关转换不可能在瞬间完成,波形为非矩形。结果是使晶体管的损耗功率增大,效率降低。因此,D 类高频功率放大器应选用开关速度快,且有一定功率容量的高频开关或无电荷存储效应的 VMOS 场效应管。

3.5.2　戊类(E 类)高频功率放大器

晶体管 D 类功率放大器是由两个晶体管组成,两管交替导电,效率很高。但是,由于晶体管极间电容的影响,工作频率较高时,晶体管开关转换的瞬间两管交替导通与截止变得不理想,可能同时导通或同时截止,这样就会使效率降低。图 3 - 46 所示是 E 类高频功率放大器的电路图及等效电路图。图 3 - 46(a)中 L_1 是高频扼流圈,C_1 为外接电容,LC 为串联电路,但并不谐振于输入信号的基频,R_L 为等效负载电阻。

图 3 - 46(b)是放大器的等效电路,其中 C_0 为晶体管的输出电容、电路分布电容和外接电容 C_1 的并联值。晶体管等效为一个单刀单掷开关 S。LC 串联回路可等效为一谐振于输

入信号基频的理想谐振回路与剩余电感或电容(jX)的串联回路。可见,E类放大器是由单个晶体管和负载网络组成。当晶体管饱和导通时,集电极电压为零。由于负载网络的影响,电流 i_S 有一个上升和下降的过程。

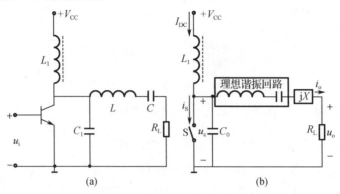

图 3-46 E类高频功率放大器电路图与等效电路

当晶体管截止时,集电极电压则完全由负载网络的瞬变响应所以决定。所以,i_S 和 u_C 不同时出现并使放大器效率趋近于 100%,负载网络参数的设计与选取极为重要,负载网络的瞬变响应应满足下列两条:

① 晶体管截止时,集电极电压必须延迟到晶体管"开关"断开后才开始上升;

② 晶体管饱和导通时,集电极电压为零且其对时间的导数也为零。

由于 LCR_L 串联回路是由谐振于基频的理想谐振回路与剩余电抗 jX 组成,其有载品质因数 Q 较高,输出电流 i_o 是基频正弦波,但产生了附加相移 φ,附加相移是由 jX 决定的。电源 V_{CC} 通过高频扼流圈 L_1,提供维持的直流输入电流 I_{DC},当晶体管导通,即S闭合时,流过开关S的电流 i_S 为直流输入电流 I_{DC} 和输出电流 i_o 之差。当晶体管截止,即S断开时,流过 C_0 的充电电流 i_C 是直流输入电流 I_{DC} 和 i_o 之差。调节合适的 φ,选择合适的有载品质因数 Q_L,即可满足E类放大器的要求。图 3-47 给出了E类放大器电流与电压的波形。

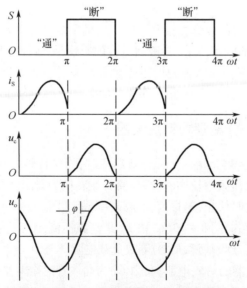

图 3-47 E类放大器电流与电压的波形

3.6　宽频带高频功率放大器

谐振式高频功率放大器的优点是效率高,但是其调谐非常烦琐,而且调谐速度慢,不能适应现代通信发展的要求。要求工作于多个频道快速换频的发射机,电子对抗系统中有快速跳频技术要求的发射机及多频道频率合成器构成的发射机等都要求采用快速调谐跟踪的放大器。显然,谐振式高频功率放大器是不能满足要求的。因此,宽频带放大技术在高频放大中的应用非常重要。宽频带高频功率放大器的频带可以覆盖整个发射机工作频率范围,所以在发射机变换工作频率时不需要进行调谐。

最常见的宽频带高频功率放大器是利用宽频带变压器作输入、输出或级间耦合电路,并实现阻抗匹配。宽频带变压器有两种形式:一种是利用普通变压器的原理,只是采用高频磁芯来扩展频带,它可以工作在短波波段;另一种是利用传输线原理与变压器原理二者结合的所谓传输线变压器,其频带可以做得很宽。

3.6.1　宽频带传输线变压器的特性及原理

传输线变压器是在传输线和变压器理论基础上发展起来的新元件。它用高频性能良好的、高导磁率的铁氧体材料作为磁芯,用相互绝缘的双导线均匀地在矩形截面的环形磁芯上绕制而成,如图 3 - 48 所示。磁环的直径根据传输的功率和所需电感的大小决定,一般为10 ~ 30 mm。磁芯材料分为锰锌和镍锌两种,频率较高时,以镍锌材料为宜。这种变压器的结构简单、轻便、价廉、频带很宽(从几百千赫至几百兆赫)。

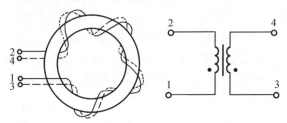

图 3 - 48　传输线变压器的结构与电路

图 3 - 49 是 1:1 传输线变压器的示意图。由图 3 - 49 可以看出,它是将两根等长的导线紧靠在一起,双线并绕在磁环上,其接线方式如图 3 - 49(a)所示。图 3 - 49(b)是传输线等效电路,信号电压由 1、3 端把能量加到传输线变压器,经过传输线的传输,在 2、4 端将能量回馈给负载。图 3 - 49(c)是普通变压器的电路形式。由于传输线变压器的 2 端和 3 端接地,所以这种变压器相当于一个倒相器。实际上传输线变压器和普通变压器传递能量的方式是不相同的。对于普通变压器来说,信号电压加于一次绕组的 1、2 端,使一次线圈有电流流过,然后通过磁力线,在二次侧 3、4 端感应出相应的交变电压,将能量由一次侧传递到二次侧负载上。而传输线方式的信号电压却加于 1、3 端,能量在两导线间的介质中传播,自输入端到达输出端的负载上。

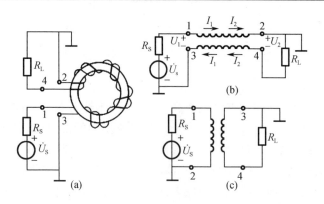

图 3-49　1:1 传输线变压器

传输线可以看成由许多电感、电容组成的耦合链,如图 3-50 所示。电感为导线每一段 Δl 的电感量,电容为两导间的分布电容。当信号源加入 1、3 端时,由于传输线间电容的存在,信号源将对电容充电,使电容储存电场能。电容通过临近电感放电,使电感储存磁场能,即电场能转变为磁场能。然后电

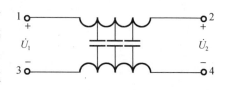

图 3-50　传输线等效电路

感又向后面的电容进行能量交换,即磁场能转换成电场能。再往后电容又与后面的电感进行能量交换,如此往复下去。输入信号就以电磁能交换的形式,自始端传输到终端,最后被负载吸收。

在传输线变压器中,线间的分布电容不是影响高频能量传输的不利因素,反而是电磁能转换必不可少的条件。此外,电磁波主要是在导线间介质中传播的,因此磁芯的损耗对信号传输的影响也就大为减小了,传输线变压器的最高工作频率就会有很大的提高,从而实现宽频带传输的目的。严格地说,传输线变压器在高频段和低频段上,传送能量的方式是不同的。在高频段时,其主要通过电磁能交替变换的传输线方式传送。在低频段时,它将同时通过传输线方式和磁耦合方式进行传送。频率越低,传输线传输能量的效率就越差,就更多地依靠磁耦合方式来进行传送。

3.6.2　传输线变压器阻抗变换电路

1. 1:1 传输线变压器

图 3-49 所示的传输线变压器称为 1:1 传输线变压器,又称为倒相变压器。根据传输线的理论,当传输线为无损耗传输线,且负载阻抗 R_L 等于传输线特性阻抗 Z_C 时,则传输线终端电压 $\dot{U}_2$ 与始端电压 $\dot{U}_1$ 的关系为

$$\dot{U}_2 = \dot{U}_1 e^{-j\alpha l}$$

式中,$\alpha = 2\pi/\lambda$ 为传输线的相移常数,单位为 rad/m;λ 为工作波长;l 为传输线的长度。如果传输线的长度取得很短,满足 $\alpha l \ll 1$,则 $e^{-j\alpha l} \approx 1$,于是 $\dot{U}_2 = \dot{U}_1$,即传输线输入端电压 $\dot{U}_1$ 与输出端电压 $\dot{U}_2$ 的幅值相等,相位近似相同。同样道理,$\dot{I}_2 = \dot{I}_1 e^{-j\alpha l}$,必有 $\dot{I}_1 = \dot{I}_2$。在 2 端与 3 端接地的条件下,则负载 R_L 上获得一个与输入端幅度相等、相位相反的电压,即

$$\dot{U}_L = -\dot{U}_1$$

由电路图 3－49(b)可以看出,实现变压器与负载匹配的条件是

$$Z_C = R_L$$

实现信号源与传输线变压器匹配的条件是

$$Z_C = R_S$$

显然,1∶1 传输线变压器的最佳匹配条件是

$$Z_C = R_S = R_L$$

负载 R_L 上获得的功率为

$$P_o = I_2^2 R_L$$

而 $I_1 = I_2$,则

$$P_o = I_1^2 R_L = \left(\frac{U_S}{R_S + Z_C}\right)^2 R_L$$

在 $R_L = Z_C = R_S$ 的条件下,在 R_L 上可获得最大功率。

在各种放大电路中,R_L 正好等于信号源内阻的情况是很少的。因此,1∶1 传输线变压器更多的是用来作为倒相器。

2.1∶4 阻抗变换传输线变压器

图 3－51 所示是 1∶4 传输线变压器。它可以起一个 1∶4 阻抗变换器的作用,即 $R_S∶R_L = 1∶4$。下面仅就理想无损耗传输线的电压、电流关系来说明最佳匹配条件和阻抗变换关系。

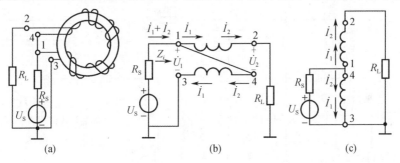

图 3－51 1∶4 传输线变压器

由于无损耗传输线在匹配条件下,$\dot{U}_1 = \dot{U}_2$ 和 $\dot{I}_1 = \dot{I}_2$,得

$$Z_i = \frac{\dot{U}_1}{\dot{I}_1 + \dot{I}_2} = \frac{\dot{U}_1}{2\dot{I}_1} = \frac{Z_C}{2}$$

另外

$$R_L = \frac{\dot{U}_1 + \dot{U}_2}{\dot{I}_2} = \frac{2\dot{U}_1}{\dot{I}_1} = 2Z_C$$

所以,在最佳匹配条件下,$R_S = Z_i = Z_C/2 = R_L/4$。这个传输线变压器相当于 1∶4 阻抗变换器。

3.4∶1 阻抗变换传输线变压器

根据 4∶1 阻抗变换的要求,可用图 3－52 所示的电路来组成。下面我们仍用理想无损耗

传输线的电压、电流关系来说明最佳匹配条件和阻抗变换关系。

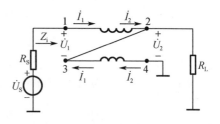

图 3−52　4:1 阻抗变换传输线变压器

由于无损耗传输线在匹配条件下，$\dot{U}_1 = \dot{U}_2$ 和 $\dot{I}_1 = \dot{I}_2$，则

$$Z_i = \frac{\dot{U}_1 + \dot{U}_2}{\dot{I}_1} = \frac{2\dot{U}_1}{\dot{I}_1} = 2Z_C$$

另外

$$R_L = \frac{\dot{U}_2}{\dot{I}_1 + \dot{I}_2} = \frac{\dot{U}_1}{2\dot{I}_1} = \frac{1}{2}Z_C$$

所以，在最佳匹配条件下

$$R_S = Z_i = 2Z_C = 4R_L$$

3.6.3　宽频带高频功率放大器

由传输线变压器与晶体管构成的宽频带高频功率放大器，利用传输线变压器在宽频带范围内传送高频能量和实现放大器与放大器的阻抗匹配或实现放大器与负载之间的阻抗匹配。宽带变压器耦合高频功率放大器的典型电路图如图 3−53 所示。

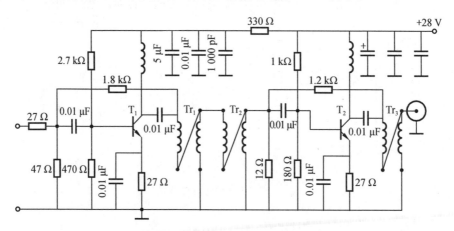

图 3−53　宽频带高频功率放大器电路图

如图 3−53 所示，Tr_1、Tr_2 和 Tr_3 是宽频带传输线变压器，Tr_1 和 Tr_2 串接组成 16:1 阻抗变换器，使 T_1 的高输出阻抗与 T_2 的低输入阻抗相匹配。电路每一级都采用了电压负反馈电路，以改善放大器的性能。电阻 1.8 kΩ 与 47 Ω 串联给 T_1 放大器提供反馈，电阻 1.2 kΩ 与 12 Ω 串联给 T_2 放大器提供反馈。为了避免放大器通过电源内阻在放大器级间产生寄生耦合，采用 RC 去耦滤波电路。滤波电容是由大小不同的三个电容并联组成，分别对不同的频率滤波。由于没有采用调谐回路，这种放大器应工作于甲类状态。对于输出级应采用乙类推挽电路，以提高效率。

这个电路的工作频率范围为 (2～30) MHz，输出功率为 60 W。根据负载为 50 Ω，经 Tr_3 的 4:1 阻抗变换，T_2 的集电极负载就为 200 Ω，由于工作于大功率状态，其输入电阻为 12 Ω 左右，且会随输入信号大小变化。为了减小输入阻抗变化对前级放大器的影响,在 T_2 的输入端并接了一个 12 Ω 的电阻,使总的输入电阻变为 6 Ω,经 16:1 阻抗变换,T_1 的集电极负载为 96 Ω。

3.7 功率合成

随着无线电通信技术的发展,要求高频功率放大器的输出功率越来越高。目前,高频大功率晶体管输出功率还比较小,单个器件输出功率的能力不能满足对发射机输出功率的要求,因而就要采用若干个功率晶体管或场效应管组合以获得较大功率的功率合成技术。事实上,功率合成技术早已应用于电子管电路中。目前功率合成技术从几十到几百千瓦,甚至达兆瓦级的都已在发射机中应用。

3.7.1 高频功率合成的一般概念

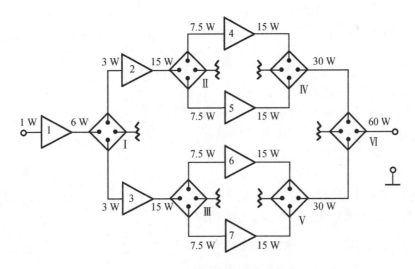

图 3 - 54 功率合成器的原理方框图

功率合成电路的原理是用 N 个相同的功率放大器,通过混合电路使其输出功率在公共负载上叠加起来,即总输出功率 $P_L = NP_1$。图 3 - 54 是一个输出功率为 60 W 的功率合成器的原理方框图,它是由功率放大器、功率分配网络和功率合成网络组成的。

如图 3 - 54 所示,功率放大器 1 输出的 6 W 功率经功率分配网络 I 分成上下两支路,又通过功率放大器再进行功率放大,上支路将 3 W 功率放大为 15 W,再由功率分配网络 II 分为两路,又经功率放大器放大为 15 W,再经功率合成网络 IV 合成为 30 W;同样,下支路也由功率合成网络 V 合成为 30 W;再经过总的功率合成网络 VI 合成为 60 W 输出。

对功率合成器的要求:

① 如果每个放大器的输出幅度相等,供给匹配负载的额定功率均为 P_1,那么 N 个放大器在负载上的总功率应为 NP_1。

② 合成器的输入端应彼此相互隔离,其中任何一个功率放大器损坏或出现故障时,对其他放大器的工作状态不发生影响。

③ 当一个或数个放大器损坏时,要求负载上的功率下降要尽可能的小。

④ 满足宽频带工作要求。在一定通带范围内,功率输出要平稳,幅度及相位变化不能太大,同时保证阻抗匹配要求。

3.7.2 功率合成与分配网络

1. 传输线变压器组成的功率合成与分配网络

图 3-55 所示为用 4:1 传输线变压器组成的功率合成网络和功率分配网络。图中有电阻 R_A、R_B、R_C、R_D,它们根据网络的不同功能可能是激励源的内阻,也可能是得到功率的负载电阻或平衡电阻。例如,在 A,B 两端加两个激励信号源 $\dot U_S$,则在 R_C 或者 R_D 上会得到合成功率。若在 C 端或者 D 端加入一个激励源,则在 R_A 和 R_B 上会得到分配的功率。通常电路应满足 $R_A = R_B = Z_C = R$,$R_C = Z_C/2 = R/2$,$R_D = 2Z_C = 2R$。

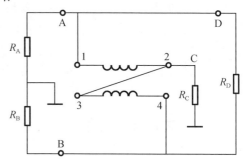

图 3-55　功率合成和分配网络

2. 反相激励功率合成网络

图 3-56 是一个反相激励功率合成网络。由图 3-56 可见,A、B 两端加以反相激励电压。通常 $R_A = R_B = Z_C = R$,$R_C = Z_C/2 = R/2$,$R_D = 2Z_C = 2R$。

根据传输线变压器两线圈中的电流大小相等,方向相反的原则在图中表示出各个电流的流向。由于电路的对称性,从 A 点流出的电流 $\dot I_A$ 与 B 点流入的电流 $\dot I_B$ 相等。由基尔霍夫定律可得

在 A 点

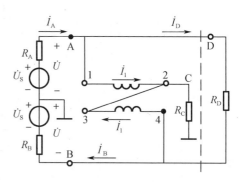

图 3-56　反相激励合成网络

$$\dot I_A = \dot I_1 + \dot I_D$$

在 B 点

$$\dot I_B = \dot I_D - \dot I_1$$

将上面两式相减,得 $2\dot I_1 = 0$,即 $\dot I_1 = 0$,$\dot I_D = \dot I_A$。R_D 上获得的功率为

$$P_D = \dot I_A(2U) = 2\dot U \dot I_A$$

而 A、B 两端每边的输出功率为

$$P_A = P_B = \dot U \dot I_A$$

因此

$$P_D = P_A + P_B = 2P_A$$

因为 $\dot{I}_1 = 0$，所以 R_C 上的功率 $P_C = 0$，即 C 点处没有功率输出。

由此可见，R_D 上获得的功率等于 A、B 两端输出功率之和，而 R_C 上没有消耗功率，每个信号源的等效负载电阻为 $R_D/2 = Z_C$。

当两个输入激励信号源之一（例如 B 端）为零时，功率合成器的状态将发生什么变化呢？在 R_D 上是否有功率输出呢？

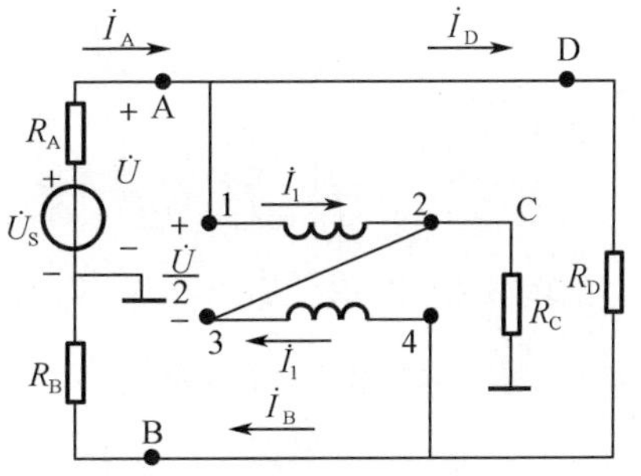

图 3 - 57 所示是只有 A 端激励的合成网络。设在 $\dot{U}_S$ 作用下，A 端对地电压为 $\dot{U}$。由于 A、B 两端的不对称性，流过 A 点的电流 $\dot{I}_A$ 和流过 B 点的电流 $\dot{I}_B$ 不再相等。其电流关系为

$$\dot{I}_A = \dot{I}_1 + \dot{I}_D$$

$$\dot{I}_B = \dot{I}_D - \dot{I}_1$$

图 3 - 57　只有 A 端激励的合成网络

从功率等效来看，R_D 两端接于变压器 1、4 两端，可将其折合到变压器的 1、2 两端，其等效电阻为

$$R'_D = \left(\frac{1}{2}\right)^2 R_D = \frac{1}{4} R_D = \frac{1}{2} Z_C = R_C$$

这样一来，信号电压 $\dot{U}$ 加在 R'_D 与 R_C 串联的电路上，且 R'_D 和 R_C 上的电压均为 $U/2$，可得

$$2\dot{I}_1 R_C = \dot{U}/2$$

根据传输线变压器的理论关系有

$$\dot{U}_{13} = \dot{U}_{24}$$

$$\dot{U}_{13} = \dot{U}_{12} = \dot{U}/2 = \dot{U}_{34}$$

可见，4 点的电位为地电位。流过 R_B 的电流 I_B 为零，则

$$\dot{I}_D = \dot{I}_1 = \dot{I}_A/2$$

因此，激励信号输入功率为 $P_A = I_A U$，$P_B = 0$，则

$$P_D = \dot{I}_D \dot{U} = \frac{\dot{I}_A}{2}\dot{U} = \frac{1}{2}P_A$$

$$P_C = 2\dot{I}_1 \frac{\dot{U}}{2} = \frac{\dot{I}_A}{2}\dot{U} = \frac{1}{2}P_A$$

可见，A 端功率均匀分配到 C 端和 D 端；B 端无输出，即 A、B 两端互相隔离。

同理，当只有 B 端激励时，它的功率也是平均分配到 C 端和 D 端，A 端无输出。

3. 同相激励功率合成网络

图 3 - 58 所示是一个同相激励功率合成网络。由图可见，A、B 两端加以同相激励电压。通常取 $R_A = R_B = Z_C = R$，$R_C = Z_C/2 = R/2$，$R_D = 2Z_C = 2R$。

根据传输线变压器两线圈中的电流大小相等，方向相反的原则，在图中表示出各个电流

的流向。由于电路的对称性,从 A 点流出的电流 $\dot{I}_A$ 与 B 点流出的电流 $\dot{I}_B$ 是相等的。可得

在 A 点

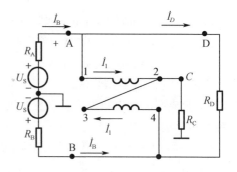

$$\dot{I}_A = \dot{I}_1 + \dot{I}_D$$

在 B 点

$$\dot{I}_B = \dot{I}_1 - \dot{I}_D$$

将上面两式相减,得 $2\dot{I}_D = 0$,即 $\dot{I}_D = 0$,$\dot{I}_A = \dot{I}_1$,$\dot{I}_B = \dot{I}_1$。R_C 上获得的功率为

图 3-58 同相激励合成网络

$$P_C = (2\dot{I}_1)^2 R_C = 2\dot{I}_1^2 R = 2\dot{I}_A^2 R$$

因为 $R_A = R_B = R$,每一功率源送给负载的功率为

$$P_A = I_A^2 R$$
$$P_B = I_B^2 R$$

因此,可得 $P_C = P_A + P_B$。

由此可见,当 A、B 两端为同相激励时,C 端 R_C 上获得的功率为 $P_A + P_B$,D 端无功率输出。

同理,当其中一个激励信号源为零时,单一输入的激励功率将在 R_C 和 R_D 上平分。非激励端则无输出,即 A,B 两点互相隔离。

4. 功率分配网络

最常见的功率分配网络是功率二分配器,这种分配网络有 R_A、R_B 两个负载。信号源可从 C 端或 D 端向网络输入功率 P,而每一负载上获得的功率为 $P/2$。图 3-59 是功率二分配器的原理图。图 3-59 中传输线变压器的阻抗变比为 4:1。在 C 端与地之间接入内阻为 R_C 的信号源,为单端输入方式。两个负载 R_A、R_B 分别接在 A 端、B 端和地之间。在 A 端和 B 端之间还接入一个电阻 R_D,这个电阻称为平衡电阻。通常取

$$R_A = R_B = R = Z_C, R_C = \frac{Z_C}{2} = \frac{R}{2}, R_D = 2Z_C = 2R$$

当传输线为理想无损耗,且匹配时,流过两线圈中的电流大小应相等。激励信号加到 C 端,且电路是对称的,$R_A = R_B = R$,则 $\dot{U}_A = \dot{U}_B$,$\dot{U}_{AB} = 0$,$\dot{I}_D = 0$。R_A 和 R_B 上获得的功率相等。

因为 $\dot{U}_{AB} = 0$,故可得传输线输入电压、输出电压均为零,则上述功率分配器可以等效为如图 3-60 所示的等效电路。

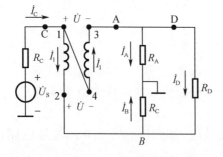

图 3-59 功率二分配器的原理图

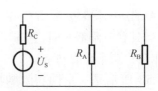

图 3-60 功率分配器等效电路

　　根据 $R_A = R_B = R, R_C = R/2$ ，可见 R_A 与 R_B 的并联值正好等于 R_C ，信号源可输出最大功率为

$$P = \left[\frac{\dot{U}_S}{R_C + R_A R_B/(R_A + R_B)} \right]^2 \cdot \frac{R_A R_B}{R_A + R_B} = \frac{\dot{U}_S^2}{2R}$$

每个负载上流过的电流和获得的功率分别为

$$\dot{I}_A = \dot{I}_B = \dot{U}_S/2R$$

$$P_A = P_B = \dot{U}_S^2/4R$$

而 R_D 上电流为零，没有获得功率。

　　在实际电路中，R_A、R_B 通常是两个放大器的输入电阻，它们从信号源获得均等的功率，然后再经放大器放大。

　　如果 R_A、R_B 两个电阻之一出了故障。例如，R_B 开路，则电路的对称性被破坏，这时传输线变压器两个线圈中的电流不再相等，A、B 两端电压 $\dot{U}_{AB}$ 不等于零。设 $\dot{U}_{AB} = 2\dot{U}'$，因为 $N_{12} = N_{34}$，则 $\dot{U}_{12} = \dot{U}_{34} = \dot{U}'$，其等效电路如图 3-61 所示。由图 3-61 可见，流过平衡电阻 R_D 的电流 $\dot{I}_D = 2\dot{U}'/R_D$。信号源 U_S 除了给 R_A 提供功率外，还要给 R_D、R_C 提供功率。R_D 得到的功率为 $(2\dot{U}')^2/R_D$。从功率等效来看，可将 R_D 等效到 3、4 两端为 R'_D。因变压器的 $N_{12} = N_{34}$，可得 $R'_D = R_D/4$。设 R_B 开路后流过 R_A 的电流为 I'_A，则

$$\dot{I}'_A = \dot{U}_S/(R_C + R'_D + R_A)$$

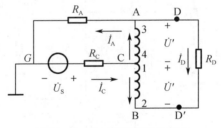

图 3-61　R_B 开路时等效电路

因为 $R_A = R, R_C = R/2, R_D = 2R, R'_D = R_D/4 = R/2$，则

$$\dot{I}'_A = \dot{U}_S/2R = \dot{I}_A$$

上述分析说明，R_B 开路不会影响流过 R_A 的电流 I_A。R_A 上获得的功率为

$$P_A = \dot{I}_A^2 R_A = \dot{U}_S^2/4R$$

因为平衡电阻 $R_D = 2R$ 的存在，能保证在 R_B 开路或发生变化时，R_A 上得到的功率不变。

　　图 3-62 所示是另一种功率二分配器，它是在 D 端接入内阻为 R_D 的信号源，以双端输入的方式给两个负载 R_A 和 R_B 分配相等的功率，其分析方法与上述分析相似。

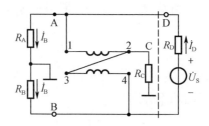

图 3-62 D 端激励的功率二分配器

3.7.3 功率合成电路

图 3-63 是一个反相功率合成器的典型电路。它是一个输出功率为 75 W,带宽为 (30~75 MHz) 的放大电路的一部分。图中传输线变压器 Tr_2 是功率分配网络,Tr_5 是功率合成网络,网络各端仍用 A、B、C、D 来标明。Tr_3、Tr_4 是 4:1 阻抗变换传输线变压器,它们的作用是完成阻抗匹配。Tr_1、Tr_6 是 1:1 传输线变压器,作用是起平衡 - 不平衡转换。

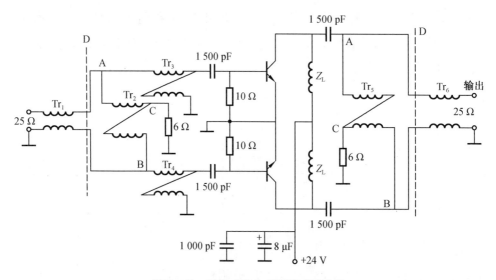

图 3-63 反相功率合成器的典型电路

由图 3-63 可知,Tr_2 是功率分配网络,在输入端由 D 端激励,A、B 两端得到反相激励功率,再经 4:1 阻抗变换传输线变压器与晶体管的输入阻抗(约 3 Ω)进行匹配。两个晶体管的输出功率是反相的。对于合成网络 Tr_5 来说,A、B 端获得反相功率,在 D 端即获得合成功率输出。在完全匹配时,输入端的分配网络和输出端的合成网络的 C 端都不会有功率损耗。但是在匹配不完善和不完全对称的情况下,C 端还是有功率损耗的。C 端连接的电阻 (6 Ω)即为吸收这不平衡功率之用,称为假负载电阻。每个晶体管基极到地的 10 Ω 电阻是用来稳定放大器,防止寄生振荡用的。

3.8　本章附录

表 3-1　余弦脉冲分解系数表

$\theta°$	$\cos\theta$	α_0	α_1	α_2	g_1	$\theta°$	$\cos\theta$	α_0	α_1	α_2	g_1
0	1.000	0.000	0.000	0.000	2.00	43	0.731	0.158	0.298	0.251	1.89
1	1.000	0.004	0.007	0.007	2.00	44	0.719	0.162	0.304	0.253	1.88
2	0.999	0.007	0.015	0.015	2.00	45	0.707	0.165	0.311	0.256	1.88
3	0.999	0.011	0.022	0.022	2.00	46	0.695	0.169	0.316	0.259	1.87
4	0.998	0.014	0.030	0.030	2.00	47	0.682	0.172	0.322	0.261	1.87
5	0.996	0.018	0.037	0.037	2.00	48	0.669	0.176	0.327	0.263	1.86
6	0.994	0.022	0.044	0.044	2.00	49	0.656	0.179	0.333	0.265	1.85
7	0.993	0.025	0.052	0.052	2.00	50	0.643	0.183	0.339	0.267	1.85
8	0.990	0.029	0.059	0.059	2.00	51	0.629	0.187	0.344	0.269	1.84
9	0.988	0.032	0.066	0.066	2.00	52	0.616	0.190	0.350	0.270	1.84
10	0.985	0.036	0.073	0.073	2.00	53	0.602	0.194	0.355	0.271	1.83
11	0.982	0.040	0.080	0.080	2.00	54	0.588	0.197	0.360	0.272	1.82
12	0.978	0.044	0.088	0.087	2.00	55	0.574	0.201	0.366	0.273	1.82
13	0.974	0.047	0.095	0.094	2.00	56	0.559	0.204	0.371	0.274	1.81
14	0.970	0.051	0.102	0.101	2.00	57	0.545	0.208	0.376	0.275	1.81
15	0.966	0.055	0.110	0.108	2.00	58	0.530	0.211	0.381	0.275	1.80
16	0.961	0.059	0.117	0.115	1.98	59	0.515	0.215	0.386	0.275	1.80
17	0.956	0.063	0.124	0.121	1.98	60	0.500	0.218	0.391	0.276	1.80
18	0.951	0.066	0.131	0.128	1.98	61	0.485	0.222	0.396	0.276	1.78
19	0.945	0.070	0.138	0.134	1.97	62	0.469	0.225	0.400	0.275	1.78
20	0.940	0.074	0.146	0.141	1.97	63	0.454	0.229	0.405	0.275	1.77
21	0.934	0.078	0.153	0.147	1.97	64	0.438	0.232	0.410	0.274	1.77
22	0.927	0.082	0.160	0.153	1.97	65	0.423	0.236	0.414	0.274	1.76
23	0.920	0.085	0.167	0.159	1.97	66	0.407	0.239	0.419	0.273	1.75
24	0.914	0.089	0.174	0.165	1.96	67	0.391	0.243	0.423	0.272	1.74
25	0.906	0.093	0.181	0.171	1.95	68	0.375	0.246	0.427	0.270	1.74
26	0.899	0.097	0.188	0.177	1.95	69	0.358	0.249	0.432	0.269	1.74
27	0.891	0.100	0.195	0.182	1.95	70	0.342	0.253	0.436	0.267	1.73
28	0.883	0.104	0.202	0.188	1.94	71	0.326	0.256	0.440	0.266	1.72
29	0.875	0.107	0.209	0.193	1.94	72	0.309	0.259	0.444	0.264	1.71
30	0.866	0.111	0.215	0.198	1.94	73	0.292	0.263	0.448	0.262	1.70
31	0.875	0.115	0.222	0.203	1.93	74	0.276	0.266	0.452	0.260	1.70
32	0.848	0.118	0.229	0.208	1.93	75	0.259	0.269	0.455	0.258	1.69
33	0.839	0.122	0.235	0.213	1.93	76	0.242	0.273	0.459	0.256	1.68
34	0.829	0.125	0.241	0.217	1.93	77	0.225	0.276	0.463	0.253	1.68
35	0.819	0.129	0.248	0.221	1.92	78	0.208	0.279	0.466	0.251	1.67
36	0.809	0.133	0.255	0.226	1.92	79	0.191	0.283	0.469	0.248	1.66
37	0.799	0.136	0.261	0.230	1.92	80	0.174	0.286	0.472	0.245	1.65
38	0.788	0.140	0.268	0.234	1.91	81	0.156	0.289	0.475	0.242	1.64
39	0.777	0.143	0.274	0.237	1.91	82	0.139	0.293	0.478	0.239	1.63
40	0.766	0.147	0.280	0.241	1.90	83	0.122	0.296	0.481	0.236	1.62
41	0.755	0.151	0.286	0.244	1.90	84	0.105	0.299	0.484	0.233	1.61
42	0.743	0.154	0.292	0.248	1.90	85	0.087	0.302	0.487	0.230	1.61

表 3-1(续 1)

$\theta°$	$\cos\theta$	α_0	α_1	α_2	g_1	$\theta°$	$\cos\theta$	α_0	α_1	α_2	g_1
86	0.070	0.305	0.490	0.226	1.61	134	-0.695	0.440	0.532	0.047	1.21
87	0.052	0.308	0.493	0.223	1.60	135	-0.707	0.443	0.532	0.044	1.20
88	0.035	0.312	0.496	0.219	1.59	136	-0.719	0.445	0.531	0.041	1.19
89	0.017	0.315	0.498	0.216	1.58	137	-0.731	0.447	0.530	0.039	1.19
90	0.000	0.319	0.500	0.212	1.57	138	-0.743	0.449	0.530	0.037	1.18
91	-0.017	0.322	0.502	0.208	1.56	139	-0.755	0.451	0.529	0.034	1.17
92	-0.035	0.325	0.504	0.205	1.55	140	-0.766	0.453	0.528	0.032	1.17
93	-0.052	0.328	0.506	0.201	1.54	141	-0.777	0.455	0.527	0.030	1.16
94	-0.070	0.331	0.508	0.197	0.53	142	-0.788	0.457	0.527	0.028	1.15
95	-0.087	0.334	0.510	0.193	1.53	143	-0.799	0.459	0.526	0.026	1.15
96	-0.105	0.337	0.512	0.189	1.52	144	-0.809	0.461	0.526	0.024	1.14
97	-0.122	0.340	0.514	0.185	1.51	145	-0.819	0.463	0.525	0.022	1.13
98	-0.139	0.343	0.516	0.181	1.50	146	-0.829	0.465	0.524	0.020	1.13
99	-0.156	0.347	0.518	0.177	1.49	147	-0.839	0.467	0.523	0.019	1.12
100	-0.174	0.350	0.520	0.172	1.49	148	-0.848	0.468	0.522	0.017	1.12
101	-0.191	0.353	0.521	0.168	1.48	149	-0.857	0.470	0.521	0.015	1.11
102	-0.208	0.355	0.522	0.164	1.47	150	-0.866	0.472	0.520	0.014	1.10
103	-0.225	0.358	0.524	0.160	1.46	151	-0.875	0.474	0.519	0.013	1.09
104	-0.242	0.361	0.525	0.156	1.45	152	-0.883	0.475	0.517	0.012	1.09
105	-0.259	0.364	0.526	0.152	1.45	153	-0.891	0.477	0.517	0.010	1.08
106	-0.276	0.366	0.527	0.147	1.44	154	-0.899	3.479	0.516	0.009	1.08
107	-0.292	0.369	0.528	0.143	1.43	155	-0.906	0.480	0.515	0.008	1.07
108	-0.309	0.373	0.529	0.139	1.42	156	-0.914	0.481	0.514	0.007	1.07
109	-0.326	0.376	0.530	0.135	1.41	157	-0.920	0.483	0.513	0.007	1.07
110	-0.342	0.379	0.531	0.131	1.40	158	-0.927	0.485	0.512	0.006	1.06
111	-0.358	0.382	0.532	0.127	1.39	159	-0.934	0.486	0.511	0.005	1.05
112	-0.375	0.384	0.532	0.123	1.38	160	-0.940	0.487	0.510	0.004	1.05
113	-0.391	0.387	0.533	0.119	1.38	161	-0.946	0.488	0.509	0.004	1.04
114	-0.407	0.390	0.534	0.115	1.37	162	-0.951	0.489	0.509	0.003	1.04
115	-0.423	0.392	0.534	0.111	1.36	163	-0.956	0.490	0.508	0.003	1.04
116	-0.438	0.395	0.535	0.117	1.35	164	-0.961	0.491	0.507	0.002	1.03
117	-0.454	0.398	0.535	0.103	1.34	165	-0.966	0.492	0.506	0.002	1.03
118	-0.469	0.401	0.535	0.099	1.33	166	-0.970	0.493	0.506	0.002	1.03
119	-0.485	0.404	0.536	0.096	1.33	167	-0.974	0.494	0.505	0.001	1.02
120	-0.500	0.406	0.536	0.092	1.32	168	-0.978	0.495	0.504	0.001	1.02
121	-0.515	0.408	0.536	0.088	1.31	169	-0.982	0.496	0.503	0.001	1.01
122	-0.530	0.411	0.536	0.084	1.30	170	-0.985	0.496	0.502	0.001	1.01
123	-0.545	0.413	0.536	0.081	1.30	171	-0.988	0.497	0.502	0.000	1.01
124	-0.559	0.416	0.536	0.078	1.29	172	-0.990	0.498	0.501	0.000	1.01
125	-0.574	0.419	0.536	0.074	1.28	173	-0.993	0.498	0.501	0.000	1.01
126	-0.588	0.422	0.536	0.071	1.27	174	-0.994	0.499	0.501	0.000	1.00
127	-0.602	0.424	0.535	0.068	1.26	175	-0.996	0.499	0.500	0.000	1.00
128	-0.616	0.426	0.535	0.064	1.25	176	-0.998	0.499	0.500	0.000	1.00
129	-0.629	0.428	0.535	0.061	1.25	177	-0.999	0.500	0.500	0.000	1.00
130	-0.643	0.431	0.534	0.058	1.24	178	-0.999	0.500	0.500	0.000	1.00
131	-0.656	0.433	0.534	0.055	1.23	179	-1.000	0.500	0.500	0.000	1.00
132	-0.669	0.436	0.533	0.052	1.22	180	-1.000	0.500	0.500	0.000	1.00
133	-0.682	0.438	0.533	0.049	1.22						

3.9　思考题与习题

3-1　为什么高频功率放大器一般要工作在乙类或丙类状态？为什么采用谐振回路作负载？为什么要调谐在工作频率？

3-2　为什么低频功率放大器不能工作在丙类状态，而高频功率放大器则可以工作在丙类状态？

3-3　丙类高频功率放大器的动态特性与低频甲类功率放大器的负载线有什么区别，为什么会产生这些区别？动态特性的含义是什么？

3-4　某一晶体管谐振功率放大器，已知 $V_{CC}=24\text{ V}$，$I_{C0}=250\text{ mA}$，$P_o=5\text{ W}$，电压利用系数 $\xi=0.95$。试求 $P_=$、η_c、R_p、I_{c1m} 和 θ_c。

3-5　晶体管谐振功率放大器工作于临界状态，$R_p=200\text{ }\Omega$，$I_{C0}=90\text{ mA}$，$V_{CC}=30\text{ V}$，$\theta_c=90°$，试求 P_o 和 η_c。

3-6　谐振功率放大器的 V_{CC}、U_{cm} 和谐振电阻 R_p 保持不变，当集电极电流的通角由 $100°$ 减少为 $60°$ 时，效率将怎样变化，变化了多少？相应的集电极电流脉冲的振幅将怎样变化，变化了多少？

3-7　某一 3DA4 高频功率晶体管的饱和临界线跨导 $g_{cr}=0.8\text{ S}$，用它做成谐振功率放大器，选定 $V_{CC}=24\text{ V}$，$\theta_c=70°$，$I_{CM}=2.2\text{ A}$，并工作于临界工作状态，试计算 R_p、$P_=$、P_o、P_c 和 η_c。

3-8　高频功率放大器的欠压、临界、过压状态是如何区分的？各有什么特点？当 V_{CC}、U_{bm}、V_{BB} 和 R_p 四个外界因素只变化其中一个因素时，功率放大器的工作状态如何变化？

3-9　某高频功率放大器，晶体管的理想化输出特性如图 3-64 所示。已知 $V_{CC}=12\text{ V}$，$V_{BB}=0.4\text{ V}$，$u_b=0.3\cos\omega t$，$u_c=10\cos\omega t$，试求：（1）作动态特性，画出 i_c 与 u_{CE} 的波形，并说明放大器工作于什么状态？（2）直流电源 V_{CC} 提供直流输入功率 $P_=$、高频输出功率 P_o、集电极损耗功率 P_C、集电极效率 η_c。

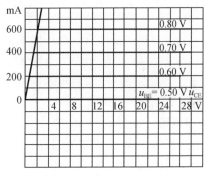

图 3-64　题 3-9 图

3-10　某高频功率放大器工作于临界状态，输出功率 $P_o=3\text{ W}$，$\theta_c=70°$，已知晶体管的 $g_{cr}=0.33\text{ S}$，$g_c=0.24\text{ S}$，$U_{BZ}=0.65\text{ V}$，$V_{CC}=24\text{ V}$。试计算出集电极电流脉冲振幅 I_{CM}、电流 I_{C0}、I_{c1m}、功率 $P_=$、效率 η_c、谐振电阻以及 V_{BB}、U_{bm} 的值。

3-11　谐振功率放大器原来工作于临界状态，它的通角 θ_c 为 $70°$，输出功率为 3 W，效率为 60%。后来由于某种原因，性能发生变化。经实测发现效率增加到 68%，而输出功率明显下降，但 V_{CC}、U_{cm}、u_{BEmax} 不变，试分析原因，并计算这时的实际输出功率和通角。

3-12　谐振功率放大器原工作于欠压状态，现在为了提高输出功率，将放大器调整到临界工作状态。试问：可分别改变哪些量来实现？当改变不同的量调到临界状态时，放大器输出功率是否都是一样大？

3-13　有一谐振功率放大器工作于临界状态，已知 $V_{CC}=30\text{ V}$，$V_{BB}=U_{BZ}=0.6\text{ V}$，

$U_{bm} = 0.35 \text{ V}, \xi = 0.96, g_{cr} = 0.4 \text{ S}$。试求 R_p、P_o、P_C、$P_=$ 和 η_c。在调试过程中,为保证管子安全工作,往往将输出功率减小一半,试问在不变动 R_p 和 V_{CC} 的条件下,能采用什么样的措施?

3-14 某谐振功率放大器,$V_{BB} = -0.2 \text{ V}, U_{BZ} = 0.6 \text{ V}, g_{cr} = 0.4 \text{ S}, V_{CC} = 24 \text{ V}$,$R_p = 50 \text{ }\Omega, U_{bm} = 1.6 \text{ V}, P_o = 1 \text{ W}$。试求集电极电流最大值 I_{CM},输出电压振幅 U_{cm},集电极效率 η_c,并判断放大器工作于什么状态?当 R_p 变为何值时,放大器工作于临界状态,这时输出功率 P_o、集电极效率 η_c 分别为何值?

3-15 丙类谐振功率放大器,已知 $V_{CC} = 18 \text{ V}$,输出功率 $P_o = 1 \text{ W}$,负载电阻 $R_L = 50 \text{ }\Omega$,集电极电压利用系数为 0.95,工作频率 $f = 50 \text{ MHz}$。采用 L 型匹配网络作为输出匹配网络,试计算网络的元件值。

3-16 图 3-65 是 L 型网络,它作为谐振功率放大器的输出回路。已知天线电阻 $r_A = 8 \text{ }\Omega$,电感线圈的 $Q_o = 100$,工作频率为 2 MHz,若放大器要求匹配阻抗 $R_p = 40 \text{ }\Omega$,试求 L、C 值。

3-17 已知匹配网络如图 3-66 所示,$R_L = 50 \text{ }\Omega, R_S = 300 \text{ }\Omega, C_o = 10 \text{ pF}, f = 10 \text{ MHz}$,试求网络中各元件值。

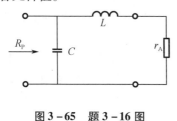

图 3-65 题 3-16 图   图 3-66 题 3-17 图

3-18 已知某晶体管高频功率放大器,工作频率为 60 MHz,$R_L = 50 \text{ }\Omega, P_o = 1 \text{ W}$,电源电压 $V_{CC} = 12 \text{ V}$,晶体管饱和压降 $V_{CES} = 0.5 \text{ V}, C_{ob} = 20 \text{ pF}$。试设计一个 π 型匹配网络。

3-19 信源的内阻 $R_S = 50 \text{ }\Omega$,负载阻抗 $Z_L = 500 - j30$,试设计一个无损耗的窄带阻抗匹配网络,工作频率 $f_o = 100 \text{ MHz}$,要求带宽 $2\Delta f_{0.7} = 10 \text{ MHz}$。

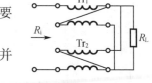

3-20 试分析图 3-67 所示的传输线变压器的阻抗比,并求出每个输出线变压器的特性阻抗。

图 3-67 题 3-20 图

3-21 试分析图 3-68 所示的传输线变压器的阻抗比。

3-22 试分析图 3-69 所示的传输线变压器的阻抗比。

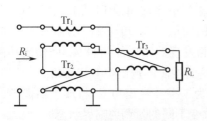

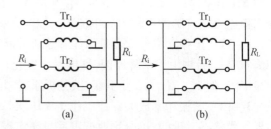

(a)   (b)

图 3-68 题 3-21 图   图 3-69 题 3-22 图

第4章

正弦波振荡器

4.1 概　述

4.1.1 振荡电路的功能

振荡电路的功能是在没有外加输入信号的条件下,电路自动将直流电源提供的能量转换为具有一定频率、一定波形和一定振幅的交变振荡信号输出。而正弦波振荡电路的功能是在没有外加输入信号的条件下,电路自动将直流电源提供的能量转换为具有一定频率、一定振幅的波形为正弦波的信号输出。即电路在没有输入信号的条件下,接通电源 V_{CC} 后,电路输出的信号 $u(t) = U_m \sin(\omega t + \varphi)$ 或 $u(t) = U_m \cos(\omega t + \varphi)$。用频谱表示如图 4-1 所示。

图 4-1　正弦波振荡器的功能

4.1.2 振荡器的分类及用途

振荡器的种类很多,按振荡器产生的波形,可分为正弦波振荡器和非正弦波振荡器;按产生振荡的原理,可分为反馈型振荡器和负阻型振荡器两大类。反馈型振荡器是由放大器和具有选频作用的正反馈网络组成。负阻型振荡器是由具有负阻特性的二端有源器件与振荡回路组成。

振荡器在通信领域中的应用范围极广。在无线电通信、广播和电视发射机中,正弦波振荡器用来产生运载信息的载波信号;在超外差接收机中,正弦波振荡器用来产生"本地振荡"信号以便与接收的高频信号进行混频;在测量仪器中,正弦波振荡器作为信号发生器、时间标准、频率标准等应用。

4.1.3 振荡电路的主要技术指标

振荡电路的主要技术指标包括振荡频率、频率稳定度、振荡幅度和振荡波形等。对于每一个振荡器来说,首要的指标是振荡频率和频率稳定度。对于不同的设备,在频率稳定度上是有不同要求的。

4.2 反馈型 *LC* 振荡原理

4.2.1 振荡的建立与起振条件

图 4 - 2 所示电路是一个调谐放大器和一个反馈网络组成的振荡原理电路。设谐振放大器的谐振角频率为 ω_0，并令其谐振电压增益 $\dot{A}$ 为 $L_1 C$ 回路两端的输出电压 $\dot{U}_c$ 和输入电压 $\dot{U}_i$ 的比值，即 $\dot{A} = \dot{U}_c / \dot{U}_i = A e^{j\varphi_A}$。其中 A 为电压增益的模，φ_A 为放大器引入的相移，表示 $\dot{U}_c$ 和 $\dot{U}_i$ 的相位差。另外，$\dot{U}_c$ 由 L_1 通过互感 M 耦合到 L_2 上的电压为 $\dot{U}_f$，令 $\dot{F} = \dot{U}_f / \dot{U}_c = F e^{j\varphi_F}$，称 $\dot{F}$ 为反馈系数，其中 F 为反馈系数的模，φ_F 为 $\dot{U}_f$ 和 $\dot{U}_c$ 的相位差。因为谐振放大器的功能是对小信号进行放大，当 S 合至 1，输入一个角频率为 ω_0 的电压信号 $\dot{U}_i$ 时，则

$$\dot{U}_c = \dot{A}\dot{U}_i \tag{4-1}$$

$$\dot{U}_f = \dot{F}\dot{U}_c = \dot{A}\dot{F}\dot{U}_i = AF\dot{U}_i e^{j(\varphi_A + \varphi_F)} \tag{4-2}$$

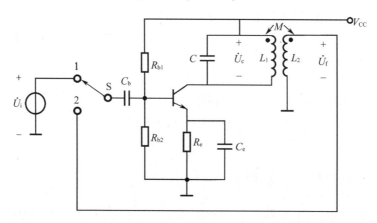

图 4 - 2 互感耦合反馈振荡线路

若满足 $AF = 1, \varphi_A + \varphi_F = 2n\pi\ (n = 0,1,2,\cdots)$ 时，可得 $\dot{U}_f = \dot{U}_i$。表明在满足上述条件时，反馈网络输出的反馈电压 $\dot{U}_f$ 和放大器输入电压 $\dot{U}_i$ 幅值相等，相位相同。再将 S 合至 2，此时放大器与反馈网络就构成了振荡器，如图 4 - 3 所示。即在没有 $\dot{U}_i$ 输入的条件下（实际上是去掉 $\dot{U}_i$ 后），放大器仍有输出电压 $\dot{U}_c$。说明放大器的净输入电压是由反馈电压 $\dot{U}_f$ 提供的，此时电路失去放大信号的功能，而成为一个振

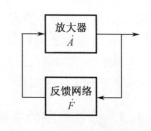

图 4 - 3 反馈型振荡器的组成

荡器。可见,振荡器维持振荡的条件是

$$AF = 1 \tag{4 - 3}$$

$$\varphi_A + \varphi_F = 2n\pi, (n = 0, 1, 2, \cdots) \tag{4 - 4}$$

作为自激振荡器,原始输入电压不可能外加。那么,振荡器的原始输入电压 $\dot{U}_i$ 是怎样产生的呢?在振荡电路接通电源的瞬间,晶体三极管的电流将从零跃变到某一数值,集电极电流的跃变在谐振回路中将激起振荡。因为回路具有选频作用,回路两端只建立振荡频率等于回路谐振频率 ω_0 的正弦电压 $\dot{U}_c$,但是这个 $\dot{U}_c$ 往往很小。$\dot{U}_c$ 通过互感耦合得到反馈电压 $\dot{U}_f$,$\dot{U}_f$ 加至晶体三极管的输入端,这就是振荡器的原始输入电压 $\dot{U}_i$。$\dot{U}_i$ 通过放大得到的 $\dot{U}_c$ 与电流跃变产生的 $\dot{U}_c$ 相等,$\dot{U}_c$ 数值很小是不可能得到振荡输出电压的。即电路仅仅满足式(4-3)和式(4-4)的条件是不能实现自激振荡的。

为了得到自激振荡的输出电压,使振荡能建立起来,电路必须满足

$$A_0F > 1 \tag{4 - 5}$$

$$\varphi_A + \varphi_F = 2n\pi \quad (n = 0, 1, 2, \cdots) \tag{4 - 6}$$

式中,A_0 为当电源接通时的电压增益。式(4-5)和式(4-6)称为振荡器的起振条件。式(4-5)是起振的振幅条件,式(4-6)是起振的相位条件。

若图 4-2 所示电路满足式(4-5)和式(4-6),则电路在接通电源的瞬间,晶体三极管的电流从零跃变到某一数值,在 LC 谐振回路上得到的电压 $\dot{U}_c$ 经互感耦合产生 $\dot{U}_f$,这个电压也就是原始输入激励信号电压 $\dot{U}_i$,这个电压虽然很小,但由于满足 $A_0F > 1$,则 $\dot{U}_i$ 经晶体三极管放大在 L_1C 回路两端得到电压 $\dot{U}_c$,通过反馈网络又得到 $\dot{U}_f$,而 $\dot{U}_f > \dot{U}_i$ 经过多次循环,与 L_1C 回路自然谐振频率相同的正弦振荡电压就建立起来。

$A_0F > 1$ 的物理意义是振荡为增幅振荡。输出信号经放大和反馈后回到输入端的信号比原输入信号要大,即振荡从弱小电压能够经过多次反馈后增大,说明自激振荡能够建立起来。$\varphi_A + \varphi_F = 2n\pi$ $(n = 0, 1, 2, \cdots)$ 的物理意义是振荡器闭环相位差为零,即为正反馈。正反馈加增幅振荡就能保证振荡建立起来。

4.2.2 振荡的平衡与平衡条件

1. 自激振荡的平衡与平衡条件

自激振荡器起振时 $A_0F > 1$ 是增幅振荡,由增幅振荡达到等幅振荡,称为振荡达到平衡。由于式(4-3)和式(4-4)是维持等幅振荡的条件,则自激振荡的平衡条件为

$$AF = 1 \tag{4 - 7}$$

$$\varphi_A + \varphi_F = 2n\pi \quad (n = 0, 1, 2, \cdots) \tag{4 - 8}$$

式(4-7)是振幅平衡条件,表明振荡为等幅振荡。式(4-8)是相位平衡条件,表明振荡满足正反馈。

自激振荡电路是怎样保证由起振时的 $A_0F > 1$ 达到振荡平衡的 $AF = 1$ 呢?因为晶体管是非线性器件,起振时输入振幅很小,放大器工作于线性区。由于 $A_0F > 1$,反馈回来的输入振幅会不断增大,谐振放大器的输出电压也不断增大,随着信号电压的不断增大,放大特性

从线性变成非线性。集电极电流 i_c 从线性不失真到产生非线性失真。i_c 为失真电流时,由于谐振回路的滤波作用,谐振放大器的输出电压是集电极电流 i_c 的基波分量 I_{c1} 和谐振电阻 R_p 的积,放大器的电压增益 $A = I_{c1m}R_P/U_{im}$。这表明进入非线性放大的电压增益 A 比线性放大时的电压增益 A_0 要有所下降,再经正反馈、放大的多次循环达到 $AF = 1$。这是由晶体管内部非线性决定的。另外,由于外部的偏置电路的作用,在 i_c 为失真电流时,发射极电流 i_E 也为失真电流,其直流分量 I_{E0} 流经 R_e 会产生附加的直流偏置电压 $I_{E0}R_e$,也使放大器的直流静态工作点向非线性区偏移,也会使电压增益下降。

2. 非线性区放大的电压增益与起振时电压增益的关系

非线性区放大的电压增益 A 与线性放大的电压增益 A_0 有什么关系呢? 由于振荡从起振后的振幅不断增大,进入非线性放大后可以认为是大信号工作状态,根据折线分析法可知,放大器的电压增益为

$$A = \frac{U_{c1}}{U_i} = \frac{I_{c1m}R_p}{U_{im}} = \frac{I_{CM}\alpha_1(\theta_c)R_p}{U_{im}}$$
$$= g_c(1 - \cos\theta_c)\alpha_1(\theta_c)R_p$$

因为起振时的 A_0 是小信号放大,通角 $\theta_c = 180°$,所以 $A_0 = g_cR_p$,即

$$A = A_0(1 - \cos\theta_c)\alpha_1(\theta_c) = A_0\nu(\theta_c) \tag{4-10}$$

可见,当振幅增大进入非线性工作状态后,通角 $\theta_c < 180°$,故 A 与 A_0 相比是要减小的。

3. 电路参数确定后,振荡器的平衡工作状态的确定

当放大器的 A_0 和反馈系数 F 确定之后,振荡器应该平衡到什么状态呢?

根据式(4-7)和式(4-10)得

$$AF = A_0F(1 - \cos\theta_c)\alpha_1(\theta_c) = A_0F\nu(\theta_c) = 1$$

可见,在已知 A_0F 值后,即可确定自激振荡器平衡后的通角 θ_c。例如,当 $A_0F = 2$ 时,$\nu(\theta_c) = 0.5$,$\theta_c = 90°$,平衡后的工作状态为乙类;当 $A_0F > 2$ 时,$\nu(\theta_c) < 0.5$,$\theta_c < 90°$,平衡后的工作状态为丙类;当 $1 < A_0F < 2$ 时,$1 > \nu(\theta_c) > 0.5$,$180° > \theta_c > 90°$,平衡后的工作状态为甲乙类。也就是说,振荡器起振后由甲类逐渐向甲乙类、乙类或丙类过渡。最后工作于什么状态完全由 A_0F 值来决定。

例 4-1 已知自激振荡器的放大器开环电压增益 $A_0 = 10$,反馈系数 F 分别为 0.5、0.2、0.15,试求各反馈系数所对应的平衡工作状态。

解 (1)$F = 0.5$ 时,$A_0F = 5$,$\nu(\theta_c) = (1 - \cos\theta_c)\alpha_1(\theta_c) = 0.2$,则 $\theta_c = 60.5°$,振荡器平衡于丙类放大状态;

(2)$F = 0.2$ 时,$A_0F = 2$,$\nu(\theta_c) = (1 - \cos\theta_c)\alpha_1(\theta_c) = 0.5$,则 $\theta_c = 90°$,振荡器平衡于乙类放大状态;

(3)$F = 0.15$ 时,$A_0F = 1.5$,$\nu(\theta_c) = (1 - \cos\theta_c)\alpha_1(\theta_c) = 0.6667$,则 $\theta_c = 105.5°$,振荡器平衡于甲乙类放大状态。

4. 平衡条件的另一种表达形式

$$\dot{U}_i \xrightarrow{\begin{array}{c}Y_{fe}\\\varphi_Y\end{array}} \dot{I}_{c1} \xrightarrow{\begin{array}{c}Z_{P1}\\\varphi_Z\end{array}} \dot{U}_{c1} \xrightarrow{\begin{array}{c}F\\\varphi_F\end{array}} \dot{U}_f$$

电压增益 $\dot{A}$ 与晶体管和谐振回路的参数有关。处于平衡状态时,输出电压 $\dot{U}_{c1} = \dot{I}_{c1}\dot{Z}_{p1}$,即 $\dot{A} = \dot{I}_{c1}\dot{Z}_{p1}/\dot{U}_i = \dot{Y}_{fe}\dot{Z}_{p1}\dot{F}$,可得平衡条件的另一表达形式 $\dot{Y}_{fe}\dot{Z}_{p1}\dot{F} = 1$,即

$$Y_{fe}Z_{p1}F = 1 \tag{4-11}$$

$$\varphi_Y + \varphi_Z + \varphi_F = 2n\pi,(n = 0,1,2,\cdots) \tag{4-12}$$

式中,$\dot{Y}_{fe} = Y_{fe}e^{j\varphi_Y}$ 称为晶体管的平均正向传输导纳,φ_Y 为集电极电流基波分量 $\dot{I}_{c1}$ 与基极输入电压 $\dot{U}_i$ 的相位差;$\dot{Z}_{p1} = Z_{p1}e^{j\varphi_Z}$ 称为谐振回路的基波阻抗,φ_Z 为 $\dot{U}_{c1}$ 与 $\dot{I}_{c1}$ 之间的相位差;$\dot{F} = Fe^{j\varphi_F}$ 称为反馈系数,φ_F 表示 $\dot{U}_f$ 与 $\dot{U}_{c1}$ 之间的相位差。

当振荡器的频率较低时,$\dot{U}_i$ 与 $\dot{I}_{c1}$、$\dot{U}_{c1}$ 与 $\dot{U}_f$ 都可认为是同相的,即 $\varphi_Y = 0$,$\varphi_F = 0$。也就是说,满足相位条件 $\varphi_Y + \varphi_Z + \varphi_F = 0$ 时,则 $\varphi_Z = 0$。振荡器的实际工作频率等于回路的固有的谐振频率 ω_0,Z_{p1} 为纯电阻 R_p,$\dot{I}_{c1}$ 与 $\dot{U}_{c1}$ 同相位。

当振荡器的频率较高时,$\dot{I}_{c1}$ 总是滞后 $\dot{U}_i$,即 $\varphi_Y < 0$。而反馈系数相角 φ_F 也因频率高使 $\varphi_F \neq 0$,即 $\varphi_Y + \varphi_F \neq 0$。若要保持相位平衡条件,只有回路工作于失谐状态产生一个相角 φ_Z。这样振荡器的实际工作频率不等于回路的固有谐振频率 ω_0,Z_{p1} 也不呈现为纯电阻。

图 4-4 所示是以角频率 ω 为横坐标,φ_Z 为纵坐标,对应某一 Q 值的振荡器的并联谐振回路的相频特性曲线。根据相位平衡条件,有

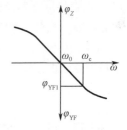

$$\varphi_Y + \varphi_Z + \varphi_F = 0$$

$$\varphi_Z = -(\varphi_Y + \varphi_F) = -\varphi_{YF}$$

为了表示出相位平衡点,将纵坐标也用与 φ_Z 等值的 $-\varphi_{YF}$ 来标度。由图 4-4 可知,在振荡频率 ω_c 处满足相位平衡条件 $\varphi_{YF1} + \varphi_Z = 0$。即 $\varphi_Y + \varphi_F \neq 0$ 时,$\omega_c \neq \omega_0$。

图 4-4 自激振荡的相位平衡

4.2.3 振荡平衡状态的稳定条件

所谓振荡的稳定平衡是指因某一外因的变化,振荡的原平衡条件遭到破坏,振荡器能在新的条件下建立新的平衡,当外因去掉后,电路能自动返回原平衡状态。平衡的稳定条件也包含振幅稳定条件和相位稳定条件。

1. 振幅平衡的稳定条件

图 4-5(a)所示是反馈型振荡器的放大器的电压增益 A 与振幅 U_{c1} 的关系。

起振时,电压增益为 A_0,随着 U_{c1} 的增大,A 逐渐减小。反馈系数 F 则仅取决于外电路参数,是与振幅 U_{c1} 大小无关的常数,将其特性也画在图中。从图 4-5(a)可知,要满足起振条件必须 $A_0 > 1/F$,即 $A_0F > 1$。从图中也能理解自激振荡的起振到平衡的过程,电路通电瞬间 $U_{c1} = 0$,$A = A_0$,且 $A_0F > 1$,满足增幅振荡,振幅 U_{c1} 不断增大,直到 $A = 1/F$ 的 Q 点,$AF = 1$,实现等幅振荡,振幅为 U_{c1Q}。这样特性的 Q 点满足振幅平衡条件 $AF = 1$,它是否是稳定平衡呢?这需要从两方面进行论证:一是外因变化使平衡条件破坏,在新条件下能建立新的平衡;二是外因去掉后能自动返回原平衡状态。设振荡器在 Q 点满足振幅平衡条件

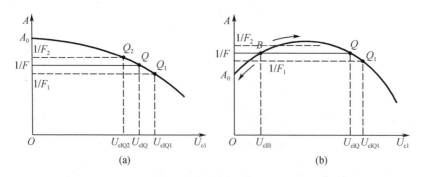

图 4-5 自激振荡的振荡特性

$AF=1$, 若因某一外因的变化使得反馈系数 F 增大为 F_1, 则变化后的 $1/F_1$ 是减小的, 如图 4-5(a) 的 $1/F_1$ 的虚线所示。这时 Q 点对应的增益 A 大于 Q_1 对应的 $1/F_1$, 满足 $AF_1 > 1$ 的增幅振荡条件, 振荡器的振幅不断增大, 当振幅从 U_{c1Q} 增大到 U_{c1Q1} 时, 达到 $A_1 = 1/F_1$ 的新的平衡点 Q_1 满足新平衡条件 $A_1F_1 = 1$, 即建立了新的平衡条件。当外因去掉后, 也就是反馈系数由 F_1 变回到 F, 这时 Q_1 点对应的电压增益 $A_1 < 1/F$, 满足 $A_1F < 1$ 的衰减振荡, 振荡器的振幅从 U_{c1Q1} 不断减小, 电压增益不断增大。当减小到 U_{c1Q} 时, 达到 $A = 1/F$, 即返回到原平衡点 Q 点满足原平衡条件 $AF=1$。同理, 若因某一外因的变化使 F 减小到 F_2 时, 平衡点从 Q 点变到 Q_2 点, 建立新的平衡 $A_2F_2 = 1$, 振荡幅度 U_{c1Q} 减小到 U_{c1Q2}。外因去掉后, 也会自动从 Q_2 返回 Q 点。因此, Q 点为稳定平衡点。Q 点是稳定平衡点的原因是 A 随 U_{c1} 变化的特性是负斜率, 即

$$\left.\frac{\partial A}{\partial U_{c1}}\right|_{U_{c1}=U_{c1Q}} < 0 \qquad (4-13)$$

并非所有的平衡点都是稳定的, 图 4-6(b) 给出了另一振荡器的振荡特性。因为晶体管的静态工作点选得较低, 近于截止的非线性区, Y_{fe} 很小, A_0 很小。显然, 在 F 较小时, 会出现两个平衡点 Q 点和 B 点。Q 点为稳定平衡点, 而 B 点不满足式(4-13), 为不稳定点。如果振荡器平衡在 B 点, 满足平衡条件, 振荡幅度 $U_{c1} = U_{c1B}$, 但是 B 点是不稳定点。当反馈系数 F 因某一外因变化增大到 F_1 时, 则 $1/F$ 减小为 $1/F_1$。对应 B 点的 A 大于变化后的 $1/F_1$, 满足 $A_1F_1 > 1$, 振荡为增幅振荡, 使振幅从 U_{c1B} 增大到 U_{c1Q1}, 达到新的平衡点 Q_1, 新的振幅平衡条件为 $A_1F_1 = 1$。当外因去掉后, 反馈系数由 F_1 返回原值 F, 对应的 Q_1 点的 A_1 小于变化后 $1/F$, 满足 $AF < 1$, 振荡为衰减振荡, 使振幅从 U_{c1Q1} 减小到 U_{c1Q}, 即从 Q_1 点到 Q 点则达到平衡 $AF=1$, 对应的振荡幅度 $U_{c1} = U_{c1Q}$, 而不会返回原平衡点 B 点。同理, 如果振荡器平衡在 B 点, 若 F 减小到 F_2, 则 $A < 1/F_2$, 振荡为衰减振荡, 振荡从振幅 U_{c1B} 减小到振幅为零而停振。所以平衡点 B 点不是稳定平衡点。另外, 这种特性由于 A_0 小于 $1/F$ 不满足自激振荡的起振条件, 通电后电路不可能自激振荡, 必须外加一个较大的激励信号, 使振幅超过 B 点, 电路才自动进入 Q 点。通常称其为硬激励。图 4-5(a) 所示无须外加激励的振荡特性称为软激励。

正常的振幅稳定平衡是由晶体管的非线性特性和外偏置电路(含分压式偏置和自给偏置)确定。满足振幅平衡稳定条件的反馈型振荡器具有稳幅作用, 即当外因引起输出电压变化时, 振荡器具有自动稳幅性能。由放大器件的非线性特性实现的稳幅称为内稳幅, 而外

偏置电路的稳定静态工作点、引入负反馈进行的稳幅称为外稳幅。

2. 相位平衡的稳定条件

图 4-6 所示是以角频率 ω 为横坐标，φ_Z 为纵坐标，对应某一 Q 值的并联谐振回路的相频特性曲线。根据相位平衡条件

$$\varphi_Z = -(\varphi_Y + \varphi_F) = -\varphi_{YF} \quad (4-14)$$

为了表示出平衡点，将纵坐标也用与 φ_Z 等值的 $-\varphi_{YF}$ 来标度。由图 4-6 可知，在振荡频率 ω_c 处满足相位平衡条件 $\varphi_{YF} + \varphi_Z = 0$。

若因外界某种因素使振荡器的相位发生变化，例如 φ_{YF1} 增大到 φ'_{YF1}，即产生了一个增量 $\Delta\varphi_{YF}$，从而破坏了原来的工作于 ω_c 时的平衡条件。由于产生正的 $\Delta\varphi_{YF}$，就意味着反馈电压 $\dot{U}_f$ 超前原有输入电

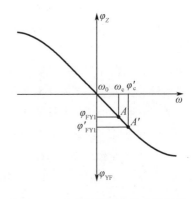

图 4-6　自激振荡的相位平衡特性

压 $\dot{U}_i$ 一个相角。相位超前就意味着周期缩短，如果振荡电压不断地放大、反馈、再放大，如此循环下去，反馈到基极电压相位将一次比一次超前，周期不断缩短，频率不断增加。由于频率的不断增加，并联谐振回路的相移 φ_Z 就会减小，即引入 $-\Delta\varphi_Z$ 的变化。当变化到 $|-\Delta\varphi_Z| = \Delta\varphi_{YF}$ 时，则相位平衡条件达到新的平衡，对应的振荡频率为 ω'_c。反之，若外因去掉后，相当于在 φ'_{YF1} 的基础上引入了一个 $-\Delta\varphi_{YF}$ 变化，调整过程与上述过程相反，则可返回原振荡频率 ω_c 的状态。

这样的调整过程是由于并联谐振回路的相频特性的斜率为负所决定的，即

$$\frac{\partial \varphi_Z}{\partial \omega} < 0 \quad (4-15)$$

故相位平衡条件的稳定条件可用式(4-15)来表示。

4.3　反馈型 *LC* 振荡电路

反馈型 *LC* 振荡电路按反馈耦合元件的类型分为互感耦合振荡电路、电容反馈振荡电路和电感反馈振荡电路。

反馈型 *LC* 振荡器的放大电路是晶体管放大电路或场效应管放大电路，其选频滤波回路是 *LC* 并联谐振回路。而放大电路可采用共射放大、共基放大或共集放大的形式。为了提高振荡器的性能，放大电路的偏置电路通常采用分压式偏置和自给偏置。例如，晶体管放大器采用分压式偏置和自给偏置使静态工作点稳定，保证了起振时电压增益 A_0 的变化很小，加上自给偏置的负反馈作用，使振荡器的自动稳幅能力增强。

4.3.1　互感耦合振荡电路

图 4-7 是最常用的反馈型振荡电路之一，因为它的正反馈信号是通过电感 L_1 和 L_2 之间的互感 M 来耦合，所以通常称为互感耦合振荡器。

因为放大器是共基极放大,为同相放大。要满足正反馈,则要求 e 端对地和 c 端对地的极性相同,其同名端如图 4 - 7 所示。若 c 端对地和 e 端对地的极性相反,则这个电路就没有产生振荡的可能。

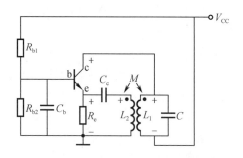

互感耦合振荡电路除了图 4 - 7 所示共基调集型外,还可接成图 4 - 8 所示的两种常用形式。这两种电路要满足相位平衡条件,L_1 和 L_2 的同名端必须如图 4 - 8 所示。

图 4 - 7　互感耦合振荡电路

这两种电路由于基极和发射极之间的输入阻抗比较低,为了不过多地影响回路的 Q 值,故在"调基""调射"电路中晶体管与调谐回路的连接采用部分接入。

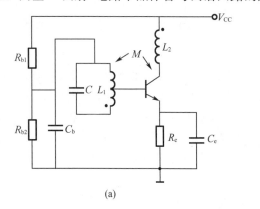

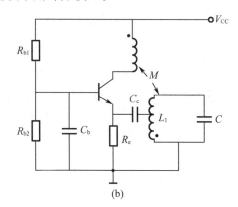

(a)　　　　　　　　　　　　　　　(b)

图 4 - 8　互感耦合振荡电路

(a)共射调基型;(b)共基调射型

判断互感耦合振荡器是否可能振荡,通常是以能否满足相位平衡条件,即是否构成正反馈为判断准则。判断方法是采用瞬时极性法。以图 4 - 7 为例,因为是共基极放大,反馈信号从发射极 e 输入。设反馈输入交流信号电压瞬时对地为高电位,由于同相放大,集电极 c 对地瞬时电压也为高电位,通过互感耦合,L_2 同名端对地也为高电位,再通过耦合电容加至发射极 e,正好与原信号电压同相位,满足正反馈,即有可能产生振荡。若同名端改变,则反馈回来的信号构成负反馈,不可能产生振荡。对于图 4 - 8 所示电路的判断,读者可以根据瞬时极性法自己练习分析判断。

互感耦合振荡器的振荡频率可近似由调谐回路的 L_1 和 C 决定。例如,图 4 - 8 所示电路的振荡频率为

$$f_0 \approx \frac{1}{2\pi \sqrt{L_1 C}} \tag{4 - 16}$$

4.3.2　电容反馈振荡电路

图 4 - 9 所示是一电容反馈振荡电路。回路电容 C_1、C_2 构成反馈电路,而晶体管的三个极分别连接于回路电容的三端,称为电容三点式振荡器,也称为考比兹(Copitts)振荡器。

图 4 - 9 中 R_{b1}、R_{b2}、R_e 为偏置电阻,C_e 为旁路电容,C_b 为耦合隔直电容,L_c 为高频扼流圈。

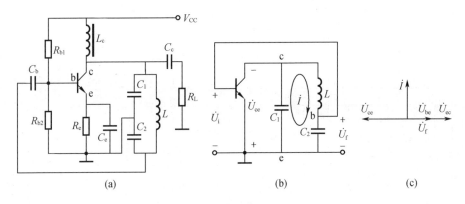

图 4 - 9 电容反馈振荡电路

1. 相位平衡条件

电容反馈振荡电路有否可能振荡也是用相位平衡条件来判断,即振荡电路的闭环是否满足正反馈。可以应用振荡电路的放大器的输入电压输出电压和回路反馈电压的相位关系来分析说明能否满足相位平衡条件。

忽略图 4 - 9(a)振荡电路谐振回路的损耗,可以画出如图 4 - 9(b)所示等效电路。由于放大器是共射反向放大,输入电压 $\dot{U}_i$ 与输出电压 $\dot{U}_{ce}$ 相位差为 180°。设谐振回路中电流为 $\dot{i}$,参考方向如图 4 - 9(b)所示。根据流过电容器的电流超前电压 90°,$\dot{I}$ 流过 C_2 和 C_1,在 C_2 上建立电压 $\dot{U}_{be}$,则 $\dot{U}_{be}$ 滞后 $\dot{I}$ 相位为 90°。而在 C_1 上建立电压 $\dot{U}_{ec}$ 也滞后 $\dot{I}$ 相位为 90°,放大器输出电压 $\dot{U}_{ce}$ 与 $\dot{U}_{ec}$ 相位差为 180°,则输出电压 $\dot{U}_{ce}$ 超前 $\dot{I}$ 相位为 90°,$\dot{U}_{ce}$ 与 $\dot{U}_{be}$ 相位差为 180°。由于反馈电压 $\dot{U}_f = \dot{U}_{be}$,则放大器反馈电压 $\dot{U}_f$ 与 $\dot{U}_{ce}$ 相位相反,与 $\dot{U}_i$ 相位相同,构成正反馈,故满足相位平衡条件如图 4 -9(c)相图所示。

2. 起振条件

起振时放大器是工作于小信号放大状态,根据振幅起振条件应满足 $A_0F > 1$。其中 A_0 为小信号放大状态时的电压增益。图 4 - 10(a)是由图 4 - 9(a)得来的交流小信号等效电路。因为外部的反馈作用远大于晶体管的内部反馈,故可以忽略晶体管的内部反馈,即 $y_{re} \approx 0$。而图 4 - 10(b)是简化后的等效电路。其中 $C_1' = C_1 + C_{oe}$,$C_2' = C_2 + C_{ie}$,而 g_0' 是电感 L 的内电导 g_0 折合到 ce 两端的电导值,即 $g_0' = p_1^2 g_0$,而 $p_1 = (C_1' + C_2')/C_2'$,小信号时的电压增益为

$$A_0 = \frac{U_c}{U_i} = \frac{|y_{fe}|}{g_\Sigma} \qquad (4 - 17)$$

式中,$g_\Sigma = g_{oe} + g_L + g_0' + p^2 g_{ie}$,$g_L = 1/R_L$,$p = C_1'/C_2'$。

电路的反馈系数 F 为(忽略各个 g 的影响)

$$F = \frac{U_f}{U_c} = \frac{C_1'}{C_2'} \qquad (4 - 18)$$

则起振条件 $A_0F = \dfrac{|y_{fe}|}{g_\Sigma} \cdot \dfrac{C_1'}{C_2'} > 1$,即

$$|y_{fe}| > \frac{C_2'}{C_1'} g_\Sigma \qquad (4 - 19)$$

式(4－19)为振幅起振条件。为了说明起振的一些关系,可将式(4－19)变换为

$$|y_{fe}| > \frac{1}{F}g_{\Sigma} = \frac{1}{F}(g_{oe} + g_L + g'_o + p^2 g_{ie})$$

$$= \frac{1}{F}(g_{oe} + g_L + g'_o) + Fg_{ie} \qquad (4-20)$$

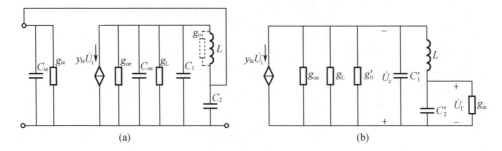

图 4－10 等效电路

式(4－20)第一项表示输出电导和负载电导对振荡的影响,F 越大,越容易振荡;第二项表示输入电导对振荡的影响,g_{ie} 和 F 越大,越不容易起振。可见,考虑到晶体管输入电导对回路的加载作用时,反馈系数 F 并不是越大越容易起振。由式(4－20)还可以看出,在晶体管参数 g_{oe}、g_{ie}、y_{fe} 一定的情况下,可以改变 g_L、F 来保证起振,F 一般选取 $0.1 \sim 0.5$。

3. 振荡频率

从图4－10(b)等效电路可知,由于 g_{ie} 的影响,反馈系数的幅角不为$180°$,反馈系数 F 为

$$\dot{F} = \frac{\dot{U}_f}{\dot{U}_c} = \frac{\dfrac{1}{g_{ie} + j\omega C'_2}}{j\omega L + \dfrac{1}{g_{ie} + j\omega C'_2}}$$

平衡时,$\dot{U}_f = \dot{U}_i$。若忽略 φ_{fe}(认为 $\varphi_{fe} \approx 0$),放大器电压增益 $\dot{A}$ 为

$$\dot{U}_c = y_{fe}\dot{U}_i \dot{Z}_{p1}$$

$$\dot{A} = \frac{\dot{U}_c}{\dot{U}_i} = \frac{y_{fe}}{(g_{oe} + g_L + g'_0 + j\omega C'_1) + \dfrac{1}{j\omega L + \dfrac{1}{g_{ie} + j\omega C'_2}}}$$

根据振荡平衡条件 $\dot{A}\dot{F} = 1$,其相位平衡条件 $\varphi_A + \varphi_F = 2n\pi(n = 0,1,2,\cdots,)$ 决定振荡频率,即 $\dot{A}\dot{F} = 1$ 中虚部为零所对应的频率 ω_c。

$$\dot{A}\dot{F} = \frac{y_{fe}}{g_{oe} + g_L + g'_0 + j\omega C'_1 + \dfrac{1}{j\omega L + \dfrac{1}{g_{ie} + j\omega C'_2}}} \cdot \frac{\dfrac{1}{g_{ie} + j\omega C'_2}}{j\omega L + \dfrac{1}{g_{ie} + j\omega C'_2}} = 1$$

经化简,令其虚部为零,得

$$\omega_c(C'_1 + C'_2) + \omega_c Lg_{ie}(g_{oe} + g_L + g'_0) - \omega_c^3 LC'_1 C'_2 = 0$$

振荡频率为

$$\omega_{\mathrm{c}} = \sqrt{\frac{1}{LC_{\Sigma}} + \frac{g_{ie}(g_{oe} + g_{L} + g_{0}')}{C_{1}' C_{2}'}} \qquad (4-21)$$

式中，$C_{\Sigma} = C_{2}'/(C_{1}' + C_{2}')$，为回路总电容。

振荡器的振荡频率在忽略 g_{ie}、g_{oe}、g_{L} 等的影响时，根据相位平衡条件可得其近似式为

$$\omega_{\mathrm{c}} \approx \omega_{0} = \frac{1}{\sqrt{LC_{\Sigma}}} \qquad (4-22)$$

如果考虑 g_{ie}、g_{oe}、g_{L} 等的影响，实际振荡频率 $\omega_{\mathrm{c}} > \omega_{0}$，只不过差值不大，通常就用 ω_{0} 近似代替计算。

4.3.3 电感反馈振荡电路

图 4-11 是电感反馈振荡电路。因为电源 V_{CC} 处于交流地电位，所以发射极对高频来说是相当于与 L_{1}、L_{2} 的抽头点相连的，反馈取自电感支路，在高频条件下晶体管的三个极分别连接于回路电感的三端，称为电感三点式振荡器，也称为哈特莱(Hartley)振荡器。图 4-11 中 R_{1}、R_{2}、R_{e} 为偏置电阻，C_{e} 为旁路电容，C_{c} 为耦合隔直电容。

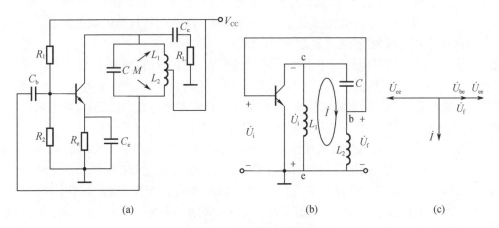

(a)   (b)   (c)

图 4-11　电感反馈振荡电路

1. 相位平衡条件

与电容三点式分析相似，忽略谐振回路的损耗，可以画出如图 4-11(b) 所示等效电路。由于放大器是共射反向放大，输入电压 $\dot{U}_{i}$ 与输出电压 $\dot{U}_{ce}$ 相位差为 180°。设谐振回路中电流为 $\dot{I}$，参考方向如图 4-11(b) 所示。根据流过电感中的电流滞后电压 90°，$\dot{I}$ 流过 L_{2} 和 L_{1}，在 L_{2} 上建立电压 $\dot{U}_{be}$，则 $\dot{U}_{be}$ 超前 $\dot{I}$ 相位为 90°。而在 L_{1} 上建立电压 $\dot{U}_{ec}$ 也超前 $\dot{I}$ 相位为 90°，放大器输出电压 $\dot{U}_{ce}$ 与 $\dot{U}_{ec}$ 相位差为 180°，则输出电压 $\dot{U}_{ce}$ 滞后 $\dot{I}$ 相位为 90°，$\dot{U}_{ce}$ 与 $\dot{U}_{be}$ 相位差为 180°。由于反馈电压 $\dot{U}_{f} = \dot{U}_{be}$，则放大器反馈电压 $\dot{U}_{f}$ 与 $\dot{U}_{ce}$ 相位相反，与 $\dot{U}_{i}$ 相位相同，构成正反馈，故满足相位平衡条件如图 4-11(c) 所示。

2. 起振条件

设在晶体管的 ce 两端接有负载 R_{L}，若反馈系数不考虑 g_{ie}、g_{oe}、C_{oe}、C_{ie} 影响时可得

$$F = \frac{L_{2} + M}{L_{1} + M}$$

由起振条件 $A_0F > 1$，同样可得出

$$|y_{fe}| > Fg_{ie} + \frac{1}{F}(g_{oe} + g_L + g'_0) \tag{4-23}$$

当线圈绕在封闭磁芯的磁环上时，线圈两部分为紧耦合，反馈系数 F 近似等于两线圈的匝数比，即 $F \approx N_2/N_1$。

3. 振荡频率

由相位平衡条件，并考虑 g_{ie} 的影响，可以用与电容三点式相同的方法令 $\dot{A}\dot{F} = 1$ 的虚部为零，得到振荡频率为

$$\omega = \frac{1}{\sqrt{LC + (g_{oe} + g_L + g'_o)g_{ie}(L_1L_2 - M^2)}} \tag{4-24}$$

式中，$L = L_1 + L_2 + 2M$。

对于工程计算来说，分母的第二项较小，可近似表示为

$$\omega \approx \frac{1}{\sqrt{LC}} \tag{4-25}$$

4. 电感三点式与电容三点式振荡电路的比较

电感三点式振荡电路与电容三点式振荡电路相比较，它们各自的优缺点如下。

(1) 两种电路都较为简单，容易起振。

(2) 电容三点式振荡电路的输出电压波形比电感三点式振荡电路的输出电压波形好。这是因为在电容三点式振荡电路中，反馈是由电容产生的，高次谐波在电容上产生的反馈电压降较小，输出电压中高频谐波电压小；而在电感三点式振荡电路中，反馈是由电感产生的，高次谐波在电感上产生的反馈电压降较大，输出电压中高频谐波电压大。

(3) 电容三点式振荡电路最高振荡频率一般比电感三点式振荡电路要高。这是因为在电感三点式振荡电路中，晶体管的极间电容是与谐振回路电感并联，在频率较高时，电感与极间电容并联，有可能其电抗性质变成容抗，这样就不能满足电感三点式振荡电路的相位平衡条件，电路不能振荡。在电容三点式振荡电路中，极间电容是与电容 C_1、C_2 并联，频率变高不会改变容抗的性质，故能满足相位平衡条件。

(4) 电容三点式振荡电路的频率稳定度要比电感三点式振荡电路的频率稳定度高。这是因为电容三点式振荡电路的 φ_{YF} 比电感三点式振荡电路的 φ_{YF} 要小。

因此，在电路应用中，电容三点式振荡电路的应用较为广泛。

4.3.4 LC 三点式振荡器相位平衡条件的判断准则

图 4-12 是三点式振荡器回路的等效图。不论电感三点式振荡电路，还是电容三点式振荡电路，其晶体管的集电极 - 发射极之间和基极 - 发射极之间回路元件的电抗性质都是相同的，而与集电极 - 基极之间回路元件的电抗性质总是相反的。这一规律是用来判断三点式振荡器是否满足相位平衡条件的基本准则。这一规律可归纳为：

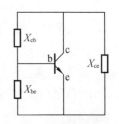

图 4-12 三点式振荡器回路等效

（1）X_{ce} 与 X_{be} 的电抗性质相同；

（2）X_{cb} 与 X_{ce}、X_{be} 的电抗性质相反；

（3）对于振荡频率，满足 $X_{ce} + X_{be} + X_{cb} = 0$。

在判断三点式振荡器有没有可能振荡时，采用这一准则来进行判断是非常容易的，也是最常用的判断三点式振荡器的方法。

例 4 - 2　图 4 - 13 所示为三回路振荡器的等效电路，每个并联振荡回路对应的谐振频率为 ω_{01}、ω_{02} 和 ω_{03}。试分析下列条件：（1）$\omega_{01} > \omega_{02} > \omega_{03}$；（2）$\omega_{01} < \omega_{02} < \omega_{03}$；（3）$\omega_{01} < \omega_{02} = \omega_{03}$；（4）$\omega_{01} = \omega_{02} < \omega_{03}$。电路是否可能振荡？是什么类型的振荡器？振荡频率与回路谐振频率的关系？

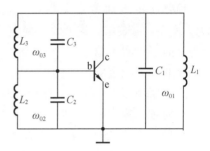

图 4 - 13　三回路振荡器等效电路

解　根据三点式振荡器相位条的判断准则以及并联谐振回路的阻抗特性，工作频率等于谐振频率时，回路等效为纯电阻；工作频率大于谐振频率时，回路等效为容抗；工作频率小于谐振频率时，回路等效感抗。

（1）$\omega_{01} > \omega_{02} > \omega_{03}$

要求 X_{ce} 和 X_{be} 电抗性质相同，且与 X_{cb} 电抗性质相反。只有满足 $\omega_{01} > \omega_{02} > \omega_c > \omega_{03}$ 时，电路可能振荡。此时 X_{ce} 和 X_{be} 为感抗，X_{cb} 为容抗，是电感三点式振荡电路。振荡频率与各谐振频率的关系是 $\omega_{01} > \omega_{02} > \omega_c > \omega_{03}$。

（2）$\omega_{01} < \omega_{02} < \omega_{03}$

要求 X_{ce} 和 X_{be} 电抗性质相同，且与 X_{cb} 电抗性质相反。只有满足 $\omega_{01} < \omega_{02} < \omega_c < \omega_{03}$ 时，电路可能振荡。此时 X_{ce} 和 X_{be} 为容抗，X_{cb} 为感抗，是电容三点式振荡电路。振荡频率与各谐振频率的关系是 $\omega_{01} < \omega_{02} < \omega_c < \omega_{03}$。

（3）$\omega_{01} < \omega_{02} = \omega_{03}$

要求 X_{ce} 和 X_{be} 电抗性质相同，且与 X_{cb} 电抗性质相反。由于 X_{be} 和 X_{cb} 电抗性质相同，不能振荡。

（4）$\omega_{01} = \omega_{02} < \omega_{03}$

要求 X_{ce} 和 X_{be} 电抗性质相同，且与 X_{cb} 电抗性质相反。只有满足 $\omega_{01} = \omega_{02} < \omega_c < \omega_{03}$ 时，电路可能振荡。此时 X_{ce} 和 X_{be} 为容抗，X_{cb} 为感抗，是电容三点式振荡电路。振荡频率与各谐振频率的关系是 $\omega_{01} = \omega_{02} < \omega_c < \omega_{03}$。

4.4　振荡器的频率稳定原理

4.4.1　频率稳定度的定义

振荡器的频率稳定度是振荡器的一个很重要的指标。频率稳定度在数量上通常用频率偏差来表示。频率偏差是指振荡器的实际工作频率和标称频率之间的偏差。它可分为绝对

偏差和相对偏差。设 f 为实际振荡频率, f_c 为指定标称频率, 绝对偏差为

$$\Delta f = |f - f_c| \qquad (4-26)$$

相对偏差为

$$\frac{\Delta f}{f_c} = \frac{|f - f_c|}{f_c} \qquad (4-27)$$

频率稳定度通常定义为在一定时间间隔内, 振荡器频率的相对偏差的最大值, 用 $\Delta f_{max}/f_c |_{时间间隔}$ 表示。这个数值越小, 频率稳定度越高。按照时间间隔长短不同, 它通常可分为下面三种频率稳定度。

长期频率稳定度: 一般指一天以上至几个月的时间间隔内的频率相对变化。这种变化通常是由振荡器中元器件老化而引起的。

短期频率稳定度: 一般指一天以内, 以小时、分或秒计算的时间间隔内的频率相对变化。产生这种频率不稳的因素有温度、电源电压等。

瞬时频率稳定度: 一般指秒或毫秒时间间隔内的频率相对变化。这种频率变化一般都具有随机性质, 并伴随着相位的随机变化。引起这类频率不稳定的主要因素是振荡器内部噪声。

目前, 一般的短波、超短波发射机的相对频率稳定度 $\Delta f/f_c$ 在 $10^{-5} \sim 10^{-4}$ 量级, 一些军用、大型发射机及精密仪器的振荡器的相对频率稳定度可达 10^{-6} 量级甚至更高。

4.4.2 振荡器频率稳定度的表达式

振荡器的振荡频率是由相位平衡条件决定的, 根据相位平衡条件

$$\varphi_Y + \varphi_Z + \varphi_F = 0$$

由图 4 - 4 可知, 不同的 φ_{YF} 对应不同的振荡频率 ω_c。当 $\varphi_{YF} = 0$ 时, 振荡频率 $\omega_c = \omega_0$; 当 $\varphi_{YF} \neq 0$ 时, $\omega_c = \omega_0 + \Delta\omega$, 而 $\Delta\omega$ 是由 φ_{YF} 和并联谐振回路的相频特性决定的。从并联谐振回路的相频特性

$$\varphi_Z = -\arctan\left(2Q\frac{\Delta\omega}{\omega_0}\right)$$

由相位平衡条件可得

$$-\arctan\left(2Q\frac{\Delta\omega}{\omega_0}\right) + \varphi_{YF} = 0$$

则

$$\tan\varphi_{YF} = 2Q\frac{\Delta\omega}{\omega_0}$$

$$\Delta\omega = \frac{\omega_0}{2Q}\tan\varphi_{YF} \qquad (4-28)$$

式(4-28)表明, 由于 φ_{YF} 的存在, 振荡器的振荡频率 ω_c 偏离谐振回路的谐振频率 ω_0 为 $\Delta\omega$, 故振荡器的工作频率为

$$\omega_c = \omega_0 + \Delta\omega = \omega_0\left(1 + \frac{1}{2Q}\tan\varphi_{YF}\right) \qquad (4-29)$$

式(4-29)表明, 振荡器的振荡频率 ω_c 是 ω_0、φ_{YF} 和 Q 的函数, 这三者的变化都将引起频率

不稳。在实际电路中,由于外因的变化引起 φ_{YF}、Q、ω_0 的变化都不大,则实际振荡频率的变化可写成

$$\Delta\omega_c = \frac{\partial\omega_c}{\partial\omega_0}\Delta\omega_0 + \frac{\partial\omega_c}{\partial\varphi_{YF}}\Delta\varphi_{YF} + \frac{\partial\omega_c}{\partial Q}\Delta Q \qquad (4-30)$$

由式(4-29)可得

$$\frac{\partial\omega_c}{\partial\omega_0} = 1 + \frac{1}{2Q}\tan\varphi_{YF}$$

$$\frac{\partial\omega_c}{\partial\varphi_{YF}} = \frac{\omega_0}{2Q}\frac{1}{\cos^2\varphi_{YF}}$$

$$\frac{\partial\omega_c}{\partial Q} = -\frac{\omega_0}{2Q^2}\tan\varphi_{YF}$$

将以上三式代入式(4-30),并考虑到 Q 较大,φ_{YF} 较小,$\frac{1}{2Q}\tan\varphi_{YF}\ll 1$,可得

$$\Delta\omega_c = \Delta\omega_0 + \frac{\omega_0}{2Q}\frac{1}{\cos^2\varphi_{YF}}\Delta\varphi_{YF} - \frac{\omega_0\tan\varphi_{YF}}{2Q^2}\Delta Q$$

$$\frac{\Delta\omega_c}{\omega_0} = \frac{\Delta\omega_0}{\omega_0} + \frac{1}{2Q\cos^2\varphi_{YF}}\Delta\varphi_{YF} - \frac{\tan\varphi_{YF}}{2Q^2}\Delta Q$$

考虑到 $\Delta\omega$ 相对 ω_0 较小,则 $\omega_c \approx \omega_0$,代入上式可得

$$\frac{\Delta\omega_c}{\omega_c} \approx \frac{\Delta\omega_c}{\Delta\omega_0} = \frac{\Delta\omega_0}{\omega_0} + \frac{1}{2Q\cos^2\varphi_{YF}}\Delta\varphi_{YF} - \frac{\tan\varphi_{YF}}{2Q^2}\Delta Q \qquad (4-31)$$

式(4-31)是 LC 振荡器频率稳定度的一般表达式。

图 4-14 对 ω_0、φ_{YF}、Q 变化对 ω_c 的影响做了定性的描述。图 4-14(a)表示 ω_0 变化对 ω_c 的影响,图 4-14(b)表示 φ_{YF} 变化对 ω_c 的影响,图 4-14(c)表示 Q 变化对 ω_c 的影响。

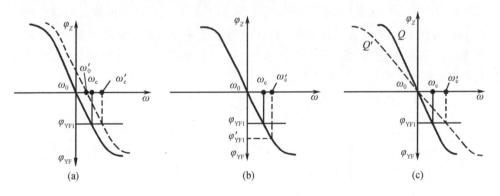

图 4-14　ω_0、φ_{YF}、Q 变化对 ω_c 的影响

4.4.3　振荡器的稳频措施

凡是影响 ω_0、φ_{YF}、Q 的外部因素都会引起 $\Delta\omega_c/\omega_c$ 变化,这些外部因素包括温度变化、电源电压的变化、振荡器负载的变动、机械振动、湿度和气压的变化以及外界电磁场的影响等。它们或者通过对回路元件 L、C 的作用,或者通过对晶体管的工作点及参数的作用,直

接或间接地引起频率不稳。因此,振荡器稳频可以采取以下措施。

1. 减小外因变化的影响

温度变化可以采用恒温措施,使温度变化尽可能缩小。电源电压变化可以采用稳压电源提高电压稳定度。负载变化可采用射随器以减小负载变化对振荡器的影响。湿度变化时可以采用将电感线圈密封或者固化。机械振动可以采用减振措施。电磁场影响可采用屏蔽措施。这些措施只能达到减小外因变化的影响。

2. 提高电路参数抗外因变化的能力

根据式(4-31)可知,$\Delta\omega_0$ 和 ΔQ 越小,频率稳定度越高。$\Delta\omega_0$ 取决于 ΔL 和 ΔC_Σ。因而,可选用正温度系数的电感和负温度系数的回路电容进行温度补偿。另外,减小晶体管极间电容的不稳定量对 C_Σ 的影响,也就是将晶体管的极间电容通过电路的部分接入方式减小 ΔC_Σ。这一点是高稳定度振荡器提高频率稳定度的主要方式。选用高 Q 的电感和参数稳定的电容,能减小外因变化而引起的 ΔQ。

3. 选用 φ_{YF} 小的电路形式

根据式(4-31)可知,φ_{YF} 越小,频率稳定度越高。因为电容三点式的反馈支路是电容,其 φ_{YF} 比采用电感反馈的电感三点式要小,在高稳定度的振荡器中是选用电容三点式电路形式的。

4.5 高稳定度的 LC 振荡器

4.5.1 电容反馈振荡电路(Copitts)的频率稳定性分析

从图4-15所示的电容三点式振荡电路的等效电路可知,晶体管的输出电容 C_{oe} 和输入电容 C_{ie} 分别与回路电容 C_1、C_2 相并联。这些电容的变化直接影响到振荡频率。因为 C_{oe}、C_{ie} 与工作状态和外界条件有关,当外因引起 C_{oe}、C_{ie} 变化 ΔC_o 和 ΔC_i 时,将会引起回路总电容发生变化从而引起振荡频率的变化。

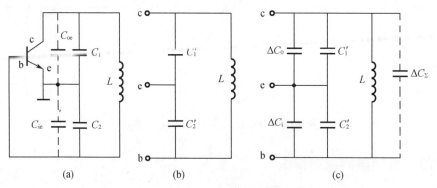

$$(a) \qquad\qquad (b) \qquad\qquad (c)$$

图4-15 电容三点式等效电路

设 C_{oe}、C_{ie} 没变化时,回路总电容 $C_\Sigma = C_1'C_2'/(C_1'+C_2')$ 对应的振荡频率为

$$f = \frac{1}{2\pi \sqrt{LC_\Sigma}}$$

式中, $C_1' = C_1 + C_{oe}$, $C_2' = C_2 + C_{ie}$。

当 C_{oe} 变化 ΔC_o, C_{ie} 变化 ΔC_i 时, 总电容的增量为

$$\Delta C_\Sigma = p_1^2 \Delta C_o + p_2^2 \Delta C_i \tag{4-32}$$

式中

$$p_1 = \frac{C_\Sigma}{C_1'} = \frac{C_2'}{C_1' + C_2'} \tag{4-33}$$

$$p_2 = \frac{C_\Sigma}{C_2'} = \frac{C_1'}{C_1' + C_2'} \tag{4-34}$$

可得总电容增量相对于总电容的变化量为

$$\frac{\Delta C_\Sigma}{C_\Sigma} = \frac{p_1^2}{C_\Sigma}\Delta C_o + \frac{p_2^2}{C_\Sigma}\Delta C_i \tag{4-35}$$

从式(4-35)可以看出, 要提高频率稳定度必须减小 $\Delta C_\Sigma / C_\Sigma$, 在 L、C_Σ、ΔC_o 和 ΔC_i 一定的条件下, 应同时减小 p_1 和 p_2。对于一般电容三点式振荡器来说, 由式(4-33)和式(4-34)可知, 增大 C_1 或减小 C_2 可使 p_1 减少, 而同时引起 p_2 增大。反之, p_2 减小则 p_1 增大, 不可能同时减小 p_1 和 p_2。

可见, 一般电容三点式振荡器, 即考比兹(Copitts)振荡电路的频率稳定度不可能太高。要提高频率稳定度从电路形式上应使电路的 p_1 和 p_2 同时减小。下面介绍的高稳定度振荡器就是根据这一特点设计的。

4.5.2 克拉泼(Clapp)振荡电路

图 4-16 是克拉泼振荡电路及其等效电路, 其特点是在振荡回路中加一个与电感串接的小电容 C_3, 并且满足 $C_3 \ll C_1'$, $C_3 \ll C_2'$, 因此回路总电容为

$$C_\Sigma = \frac{C_1' C_2' C_3'}{C_1' C_2' + C_2' C_3 + C_1' C_3} \approx C_3$$

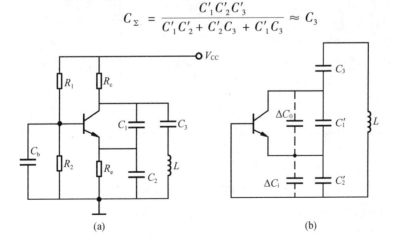

图 4-16　克拉泼振荡电路及其等效电路

为什么克拉泼振荡电路比电容三点式振荡电路的频率稳定度高, 这可以从不稳定电容

ΔC_o 和 ΔC_i 对总电容 ΔC_Σ 的影响程度得出结论。

由图 4-16(b) 知，ΔC_o 和 ΔC_i 等效到 L 两端的总的电容增量为

$$\Delta C_\Sigma = p_1^2 \Delta C_o + p_2^2 \Delta C_i$$

式中，p_1 为 ΔC_o 折合到电感 L 两端的接入系数；p_2 为 ΔC_i 折合到电感 L 两端的接入系数。

不稳定电容相对总电容的变化量为

$$\frac{\Delta C_\Sigma}{C_\Sigma} = \frac{p_1^2}{C_\Sigma} \Delta C_o + \frac{p_2^2}{C_\Sigma} \Delta C_i$$

式中，$p_1 = C_\Sigma / C_1' \approx C_3 / C_1'$，$p_2 = C_\Sigma / C_2' \approx C_3 / C_2'$。因为 C_3 比 C_1 和 C_2 都小很多，故 p_1 和 p_2 可以同时减小。因此，克拉泼振荡电路比电容三点式振荡电路的频率稳定度要高。

从提高频率稳定度来看，克拉泼电路由于引进了 C_3，且保证 $C_3 \ll C_1$，$C_3 \ll C_2$，使得不稳定电容的变化对回路总电容的影响减小，且 C_1 和 C_2 可以增大，这是克拉泼电路的优点。但是，由于 C_3 的接入，电感损耗电导 g_0 折合到 ce 两端的 g_0' 增大，对起振是不利的。这就是说用对起振条件要求变得更严换取频率稳定度提高。

克拉泼电路的主要用作是固定频率振荡器。虽然改变 C_3 可以调节振荡频率，但也会引起 p_1 和 p_2 变化，对电路是不利的。电路振荡频率的估算可近似用 $f_0 = \dfrac{1}{2\pi \sqrt{LC_\Sigma}}$ 计算。

4.5.3　西勒(Siler)振荡电路

图 4-17 是另一种改进型的电容反馈振荡器，称为西勒振荡器。它可以被看作克拉泼电路的改进电路。它的主要特点，就是与电感 L 支路再并联一个可变电容 C_4。这种电路保持了克拉泼电路中晶体管与回路耦合弱的特点，频率稳定度高。因为用 C_4 改变振荡频率，且接入系数 p_1 和 p_2 不受 C_4 的影响，所以在整个波段中振荡振幅比较平稳。这两点使西勒电路能在较宽范围内调节频率，在实际运用中较多采用这种电路。

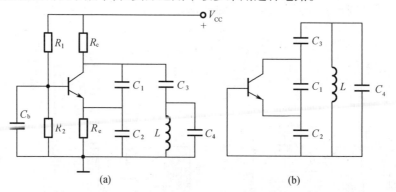

图 4-17　西勒振荡电路及等效电路

西勒振荡电路的振荡频率可近似认为是

$$f = \frac{1}{2\pi \sqrt{LC_\Sigma}}$$

式中

$$C_\Sigma = \frac{C_1' C_2' C_3}{C_1' C_2' + C_2' C_3 + C_3 C_1'} + C_4$$

4.6 晶体振荡电路

克拉泼电路和西勒电路的频率稳定度较高是因为接入小电容 C_3。但 C_3 的减小是有限的,且回路电感的 Q 值不可能做得很高,其频率稳定度只能达 10^{-4} 量级。对于稳定度要求更高的振荡器必然要进一步将 C_3 减小到更小,同时要将电感的 Q 值提高到很高。石英晶体振荡器是采用石英谐振器作为振荡回路的元件的电路。因为石英谐振器具有极高的 Q 值和良好的稳定性,它具有很高的频率稳定度,一般在 $10^{-11} \sim 10^{-5}$ 量级。

4.6.1 石英晶体的等效电路

石英晶体的特点是具有压电效应。所谓压电效应,就是当晶片受某一方向施加的机械力(如压力和张力)时,就会在晶片的两个面上产生异号电荷,这称为正压电效应;当在这两个面上施加电压时,晶体又会发生形变,称为逆压电效应。这两种效应是同时产生的。因此若在晶片两端加上交变电压,晶体就会发生周期振动,同时由于电荷的周期变化,又会有交流电流流过晶体。不同型号的晶体,具有不同的机械自然谐振频率。当外加电信号频率等于晶体固有的机械谐振频率时,晶体的振动幅度最强,感应的电压也最大,表现出电谐振。

图 4 – 18(a)所示是晶体的电路图符号。4 – 18(b)所示是晶体较完整的等效电路,可以看出晶体的振动模式存在着多谐性。也就是说,除了基频振动外,还会产生奇次谐波的泛音振动。对于一个晶体,既可以用于基频振动,也可用于泛音振动。前者称基频晶体,后者称泛音晶体。泛音晶体大部分应用三次至七次的泛音振动,很少用七次以上的泛音振动。基频晶体的频率一般限制在 20 MHz 以下。

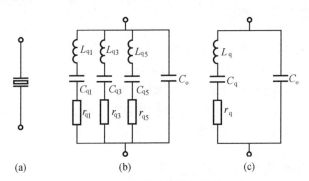

图 4 – 18　晶体的基频与全等效电路

图 4 – 18(c)是晶体基频等效电路,图中 L_q、C_q、r_q 分别表示基频晶体的动态电感、动态电容和动态电阻。电容 C_o 称为晶体的静态电容。晶体的动态电感一般可从几十毫亨到几亨甚至几百亨;动态电容很小,一般 10^{-3} pF 量级;动态电阻很小,一般几欧至几百欧;品质因数 $10^5 \sim 10^6$ 量级;静态电容 C_o 为 $(2 \sim 5)$ pF。

根据电抗定理,基频晶体等效电路必然有两个谐振频率,一个是串联谐振频率 ω_q,另一个是并联谐振频率 ω_p,它们的表达式分别为

$$\omega_q = \frac{1}{\sqrt{L_q C_q}} \tag{4-36}$$

$$\omega_p = \frac{1}{\sqrt{L_q \dfrac{C_q C_o}{C_q + C_o}}} \tag{4-37}$$

因为 $C_o \gg C_q$,利用二项式展开,并忽略高次项,可得

$$\omega_p = \omega_q \sqrt{1 + \frac{C_q}{C_o}} \approx \omega_q \left(1 + \frac{C_q}{2C_o}\right) \tag{4-38}$$

由式(4-38)可见,ω_p 比 ω_q 稍大,其差值 $\omega_p - \omega_q = \omega_q C_q / 2C_o$ 很小。

4.6.2 石英谐振器的阻抗特性

由图4-18(b)等效电路可得,石英谐振器等效电路的总阻抗为

$$Z_e = \frac{r_q + j\left(\omega L_q - \dfrac{1}{\omega C_q}\right)}{r_q + j\left(\omega L_q - \dfrac{1}{\omega C_q} - \dfrac{1}{\omega C_o}\right)} \cdot \frac{1}{j\omega C_o} = R_e + jX_e \tag{4-39}$$

当 r_q 可以忽略时,式(4-39)可近似为

$$Z_e = -j\frac{1}{\omega C_o} \cdot \frac{\omega L_q - \dfrac{1}{\omega C_q}}{\omega L_q - \dfrac{1}{\omega C_q} - \dfrac{1}{\omega C_o}}$$

$$= -j\frac{1}{\omega C_o} \cdot \frac{1 - \dfrac{\omega_q^2}{\omega^2}}{1 - \dfrac{\omega_p^2}{\omega^2}} = jX_e \tag{4-40}$$

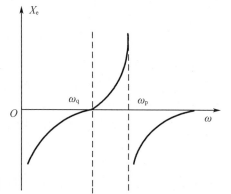

图4-19 晶体的阻抗频率特性曲线

根据式(4-40),可以画出晶体的阻抗频率特性曲线,如图4-19所示。由图4-19可以看出,当 $\omega < \omega_q$ 和 $\omega > \omega_p$ 时,$X_e < 0$,负电抗的物理意义是在该频率范围内晶体等效为电容;当 $\omega_q < \omega < \omega_p$ 时,$X_e > 0$,晶体等效为电感;当 $\omega = \omega_q$ 时,$X_e = 0$,晶体为串联谐振,相当于短路;当 $\omega = \omega_p$ 时,$X_e \to \infty$,晶体为并联谐振。

4.6.3 晶体振荡电路与泛音晶体振荡电路

晶体振荡电路可分为两大类:一种是晶体工作在它的串联谐振频率上,作为高 Q 的串联谐振元件串接于正反馈支路中,称为串联型晶体振荡器;另一种是晶体工作在串联和并联谐振频率之间,作为高 Q 的等效电感元件接在振荡电路中,称为并联型晶体振荡器。

1. 并联型晶体振荡器

并联型晶体振荡器的工作原理和一般三点式 LC 振荡器相同,只将其中的一个电感元

件用晶体等效,通常将晶体接在晶体三极管的 c - b 或 b - e 之间,如图 4 - 20 所示,分别称为皮尔斯晶体振荡器和密勒晶体振荡器。

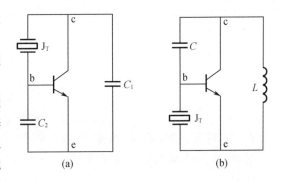

图 4 - 21(a)是典型的并联型晶体振荡线路。C_b 是高频旁路电容,晶体管的基极对高频接地,晶体接在集电极与基极之间。C_1 和 C_2 为回路的另外两个电抗元件,组成反馈支路。此电路中的晶体是否等效为电感呢? 只有当振荡器工作频率 ω

图 4 - 20　并联型晶体振荡器的两种基本类型

在晶体串联谐振频率与并联谐振频率之间时,晶体才呈现感性。由如图 4 - 21(b)所示振荡回路的等效电路分析计算振荡回路的谐振频率,可以得到正确结果。

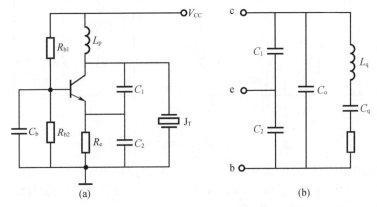

图 4 - 21　并联谐振型晶体振荡电路

电路的振荡角频率 $\omega_0 = \dfrac{1}{\sqrt{L_q C_\Sigma}}$,若令 $C_L = C_1 C_2 / (C_1 + C_2)$ 称为负载电容,则

$$C_\Sigma = \frac{(C_o + C_L) C_q}{C_o + C_L + C_q}$$

故

$$\omega_0 = \frac{1}{\sqrt{L_q \dfrac{(C_o + C_L) C_q}{C_o + C_L + C_q}}} = \omega_q \sqrt{1 + \frac{C_q}{C_o + C_L}}$$

因为 $\dfrac{C_q}{C_o + C_L} \ll 1$,将上式展开为二项式,得振荡角频率为

$$\omega_0 \approx \omega_q \left[1 + \frac{C_q}{2(C_o + C_L)} \right] \tag{4 - 41}$$

式(4 - 41)和式(4 - 38)表明电路振荡频率在晶体的串联谐振频率与并联谐振频率之间,且与负载电容 C_L 有关,证明此电路的晶体可以等效为电感。

振荡频率的稳定性主要取决于晶体串联谐振频率的稳定性,外电路元件对晶体振荡回路的耦合极弱,因此晶体振荡器回路有很高的标准性。由图 4 - 21(b)可知,晶体管不稳定

的极间电容对振荡回路的接入系数为

$$p_1 = \frac{C_2}{C_1 + C_2} \cdot \frac{C_q}{C_q + C_o + C_L} \qquad (4-42)$$

$$p_2 = \frac{C_1}{C_1 + C_2} \cdot \frac{C_q}{C_q + C_o + C_L} \qquad (4-43)$$

$$\Delta C_\Sigma = p_1^2 \Delta C_o + p_2^2 \Delta C_i \qquad (4-44)$$

由上面三式可知，耦合极弱，不稳定电容影响极小，故频率稳定度高。

图 4-22(a) 是典型的 c-b 型电路，晶体等效为电感，其交流等效电路如图 4-22(b) 所示。

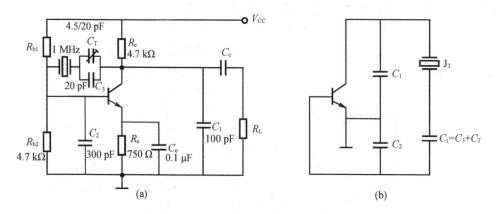

图 4-22 实用的皮尔斯晶体振荡电路

由图 4-22 可知，它与克拉泼电路的形式完全类似，图中 C_t 表示 C_3 与 C_T 之和，它的作用是通过 C_T 微调晶体振荡器的振荡频率，同时也进一步减弱振荡管与晶体的耦合。

由图 4-22(b) 可知，晶体的负载电容为

$$C_L = \frac{C_1 C_2 C_t}{C_1 C_2 + C_2 C_t + C_t C_1}$$

振荡频率为

$$f_0 = f_q \left[1 + \frac{C_q}{2(C_o + C_L)} \right]$$

2. 串联型晶体振荡器

串联型晶体振荡器的特点是，晶体工作在串联谐振频率上并作为短路元件串接在三点式振荡电路的反馈支路中。图 4-23(a) 为实用的 5 MHz 串联型晶体振荡电路。电路的谐振回路的谐振频率应该等于晶体的串联谐振频率。在此频率相当于短路，振荡电路满足相位平衡条件。其稳频原理是利用当振荡频率偏离串联谐振频率时，晶体不再等效为短路而是等效为电容（频率偏低）或等效为电感（频率偏高），这样在反馈支路中就要引入一个附加相移，从而将偏离频率调整到串联谐振频率上，确保有较高的频率稳定度。

图 4-24 是 20 MHz 的串联型晶体振荡电路。振荡回路是电容 $(C_1 + C_T)$ 与 C_2 串联后，再与电感 L 并联组成。谐振频率 ω_0 等于晶体的串联谐振频率 ω_q，即

$$f_0 = \frac{1}{2\pi \sqrt{L C_\Sigma}} = \frac{1}{2\pi \sqrt{L \dfrac{(C_1 + C_T) C_2}{C_1 + C_T + C_2}}} = f_q = 20 \text{ MHz}$$

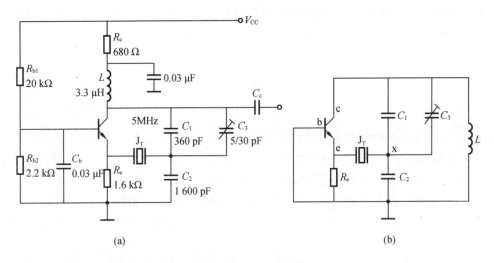

(a)

(b)

图 4-23 串联型晶体振荡电路

值得注意的是,为什么要在晶体两端并联电感 L_n? 原因是晶体两端存在静态电容 C_o 对串联型晶体振荡器的频率稳定是有影响的,通常在振荡频率较高的电路中增加一个与晶体并联的电感 L_n,使其与 C_o 组成并联谐振回路,谐振频率为 f_q,以抵消 C_o 的作用,保证晶体工作在串联谐振频率上。接上 L_n后,石英晶体阻抗的相频特性在串联谐

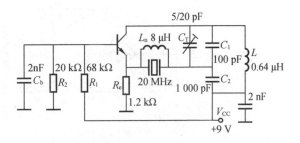

图 4-24 实用的串联型晶体振荡电路

振频率附近的斜率比不接时更陡,其稳频能力有很大提高。20 MHz 晶体的静态电容 C_o 为 $7 \sim 10$ pF。并联电感 L_n 的计算式为

$$L_n = \frac{1}{(2\pi f_q)^2 C_o}$$

3. 泛音晶体振荡器

在工作频率较高的晶体振荡器中,多采用泛音晶体振荡器。泛音晶体振荡器与基频晶体振荡器在电路上有很大的不同。在泛音晶体振荡器中,一方面要确保振荡器的谐振回路准确地调谐在所需的奇次泛音频率上,另一方面必须有效地抑制可能在基频或低次泛音上产生的振荡。为了达到这一目的,在三点式振荡电路中,常用并联谐振回路来代替反馈支路中的某一元件,以保证只在要求的奇次泛音上满足相位平衡条件,在基频和低次泛音上则不满足相位平衡条件。例如,要求振荡频率为五次泛音,则电路的谐振回路的谐振频率为五次泛音频率,而采用一并联谐振回路取代电容三点式振荡器的反馈支路中的 C_1,并联回路的谐振频率选在低于五次泛音频率,高于三次泛音频率上。这样五次泛音频率并联回路等效为电容,满足相位平衡条件。而三次泛音频率和基频等效为电感,不满足相位平衡条件,不能振荡。

例 4-3 图 4-25 所示是泛音晶体振荡电路,晶体的基频为 1 MHz,电路参数如图中所

示。试画出它的高频等效电路,并分析说明是哪种振荡电路,4.7 μH 电感在电路中起什么作用?

解 (1)高频等效电路如图 4 – 26 所示。

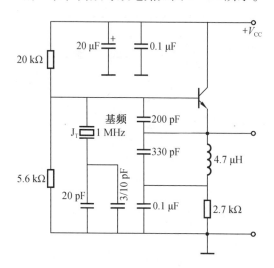

图 4 – 25　泛音晶体振荡电路　　　　　　　　图 4 – 26　高频等效电路

(2) 4.7 μH 电感与 330 pF 电容并联组成电抗电路,其谐振频率为

$$f_0 = \frac{1}{2\pi \sqrt{4.7 \times 10^{-6} \times 330 \times 10^{-12}}} = 4.04 \text{ MHz}$$

此电抗电路在工作频率大于 4.04 MHz 时,等效为容抗;工作频率小于 4.04 MHz 时,等效为感抗。根据三点式振荡器相位平衡条件的判断准则,X_{be} 和 X_{ec} 电抗性质相同,即都为容抗。因为振荡器的振荡频率必须大于 4.04 MHz 才能满足相位平衡条件。因为 be 间是 200 pF 电容,即 X_{be} 为容抗,则要求 X_{ec} 也为容抗。因而振荡器的振荡频率必须大于 4.04 MHz 时,X_{ec} 为容抗,才能满足相位平衡条件。而晶体的基频为 1 MHz 时,只有五次及以上奇次谐波能满足要求,所以振荡电路为五次泛音并联型晶体振荡器。4.7 μH 电感的作用是保证在五次泛音频率 X_{ec} 为容抗满足相位平衡条件,而在基频和三次泛音 X_{ec} 为感抗不满足相位平衡条件,不能振荡。

4.7　负阻振荡器

负阻振荡器是利用负阻器件与 *LC* 谐振回路共同构成的一种正弦波振荡器,主要工作在 100 MHz 以上的超高频段。最早应用的负阻振荡器是隧道二极管振荡器。以后陆续出现了许多新型的微波半导体负阻器件,其振荡频率范围已扩展到几十吉赫兹以上。因为负阻振荡器主要用于超高频及微波波段,振荡回路多为分布参量的腔体、带状线,这属于微波电子线路研究的范围。本节只介绍负阻的概念和负阻振荡器的基本工作原理,不对其具体实用电路进行分析。

4.7.1 负阻的概念

负阻器件是指它的增量电阻为负值的器件。以隧道二极管为例,它的伏安特性如图 4-27 所示。若将静态工作点设置在负阻区(AB 段),并加上微弱正弦电压 $u = U_m \sin \omega t$,即管子两端电压为

$$u_D = U_Q + u = U_Q + U_m \sin \omega t \qquad (4-45)$$

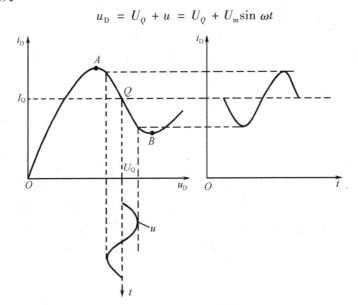

图 4-27 隧道二极管特性

则通过管子的电流为

$$i_D = I_Q + i = I_Q - I_m \sin \omega t \qquad (4-46)$$

式中的"负号"表明,由于负阻特性,使交流电流与所加交流电压呈现反相。

因此,器件所消耗的平均功率为

$$P = \frac{1}{2\pi}\int_0^{2\pi} u_D i_D \, d(\omega t) = U_Q I_Q - \frac{1}{2}U_m I_m \qquad (4-47)$$

由式(4-47)可以看出,器件所消耗的功率由两部分组成:第一部分是器件的工作点选在 Q 点时所消耗的直流功率 $U_Q I_Q$,这部分功率是由直流电源提供的;第二部分 $-U_m I_m/2$ 为交流功率,负号表明器件消耗的是负交流功率,即器件是向外输出交流功率。这说明负阻器件的负阻区具有将直流功率的一部分转换为交流功率的作用。因此,可以利用负阻区的这一作用构成负阻振荡器。

根据负阻器件伏安特性的不同,可以把负阻器件分为两大类,即电压控制型负阻器件和电流控制型负阻器件。电压控制型负阻器件的伏安特性如图 4-28 所示。其特点是,电流 i 是电压 u 的单值函数,对于任一电压值 u,只有一个对应的电流值 i。在负阻区(AB 段),电压增大,电流减小,能将直流电能转换成交流电能。隧道二极管属于电压控制型负阻器件。电流控制型负阻器件的伏安特性可以认为是将电压控制型负阻器件的伏安特性的横坐标 u 改为 i,纵坐标 i 改为 u。其特点是,电压 u 是电流 i 的单值函数,对于任一电流值 i,只有一

个对应的电压值。在负阻区,电流增大,电压减小,能将直流电能转换为交流电能。单结型晶体管属于电流控制型负阻器件。

4.7.2 负阻振荡原理

1. 负阻振荡器的组成条件

(1)负阻振荡器一般由负阻器件和LC选频网络两部分组成。

(2)建立合适的静态工作点,使负阻器件工作于负阻特性区域内。对于电压控制型负阻器件应该用低内阻的直流电压源(恒压源)来供电,而电源的内阻应远小于负阻器件的直流等效电阻。对于电流控制型负阻器件应该用高内阻的直流电流源(恒流源)来供电,而且电源内阻应比负阻器件的等效直流电阻要大。

(3)负阻器件应和LC振荡回路正确连接。电压控制型负阻器件应与并联谐振回路相连接,电流控制型负阻器件应与串联谐振回路相连接。

(4)电压控制型负阻振荡器,负阻器件与谐振回路以并联方式连接。设回路谐振电阻为R_p,负阻器件的负阻为$-r_d$。显然,$r_d < R_p$时为增幅振荡。$r_d = R_p$时为等幅振荡,$r_d > R_p$时为衰减振荡。其起振条件是$r_d < R_p$,平衡条件是$r_d = R_p$。而电流控制型负阻振荡器,负阻器件与谐振回路串联形式连接。设串联谐振回路总损耗电阻为r,负阻器件的负阻为$-r_d$。显然,$r_d > r$时为增幅振荡,$r_d = r$时为等幅振荡,$r_d < r$时为衰减振荡。其起振条件是$r_d > r$,平衡条件是$r_d = r$。

2. 负阻振荡电路

图4–28是电压控制型负阻振荡器。负阻器件为隧道二极管。R_1为直流降压电阻,R_2的阻值很小,用以降低直流电源V的等效内阻。电容C_1对交流呈现短路。这样一来,隧道二极管就获得了低内阻的直流电源供电,对交流来说,它与LC振荡回路是并联的。LC谐振回路的谐振电阻为R_p。隧道二极管的等效电路是电容C_d

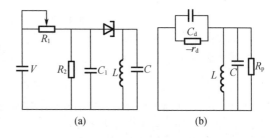

图4–28 电压控制型负阻振荡器

与$-r_d$的并联电路。图4–28(b)是负阻振荡器的等效电路。

从等效电路中可以看出,振荡频率为

$$\omega_0 = \frac{1}{\sqrt{L(C_d + C)}}$$

显然,电路的起振条件是$r_d < R_p$,平衡条件为$r_d = R_p$。

从图4–27可知,在静态工作点Q处,伏安特性负斜率较大,即器件有较小的负电阻值。随着信号幅度的加大,负电阻的绝对值也在加大,特别是在负阻区两端的弯曲部分,负阻增加得很快。也就是说,电路满足起振条件$r_d < R_p$后,振荡幅度越来越大,负电阻的绝对值增大到$r_d = R_p$时,电路达到等幅振荡。

4.8 集成压控振荡器

4.8.1 压控振荡电路

一般来说振荡电路振荡频率的改变需要调节振荡回路的元件数值,例如,LC 振荡器需要采用手动的方式改变振荡回路的 L 或 C 值来实现。但是在许多设备中,希望能实现自动调节振荡器的振荡频率。压控振荡器就能适应自动调节频率的需要。所谓压控振荡器是振荡器的振荡频率随外加控制电压变化而变化,通常用 VCO 表示。

构成压控振荡的方法一般可分为两类。一类是改变 LC 振荡器的振荡回路元件 L 或 C 的值实现频率控制。目前,应用最多的是改变变容二极管的反向电压值实现频率控制。这种振荡电路大多是正弦波振荡电路,其具体电路见第 6 章中介绍的变容二极管直接调频电路。另一类是改变高频多谐振荡器中的电容充放电的电流实现频率控制。这种振荡电路输出方波。随着集成电路技术的不断发展,有许多集成压控振荡器的成品可供选用,它们不仅性能好,而且将外接电路减到很少,使用非常方便。因而压控振荡器基本上可以选用单片集成振荡电路来构成。输出为正弦波的 LC 振荡器大多用变容二极管实现回路调频。而输出为方波的集成压控振荡器可以全部集成不需外加元件,直接用控制电压实现控制。

4.8.2 MC1648 集成压控振荡电路

图 4 - 29 是集成振荡电路 MC1648 的内部电路图。该振荡器由差分对管振荡电路、偏置电路和放大电路三部分组成。差分对管振荡电路是由 T_6、T_7、T_8 管组成,其中 T_6 的基极和 T_7 的集电极相连,而 T_7 的集电极与基极之间外接并联 LC 谐振回路,调谐于振荡频率。从交流通路来看,该振荡电路实际上是由 T_6 组成共集和 T_7 组成共基级联放大的正反馈振荡电路。振荡信号从 T_7 集电极送给 T_4 基极,经 T_4 共射放大送给 T_3 和 T_2 组成的单端输入和单端输出的差动放大级进行放大,然后经 T_1 组成射随器输出。振荡电路的偏置电路由 T_9、T_{10} 和 T_{11} 组成。

从图 4 - 30 所示交流通路来看,振荡电路实际上是由 T_6 组成共集和 T_7 组成共基级联放大的正反馈振荡电路。负载电阻 R_L 是 T_4 组成共射放大的输入电阻,V_{BB} 是 T_{10} 管构成电流源为 T_7 基极提供的直流偏置电压,它还通过振荡回路的电感 L 给 T_7 管的集电极、T_6 管的基极和 T_4 管的基极提供直流偏置电压,保证差分放大的两管 T_7、T_6 的基极直流电位相等。由于采用差分放大,且 T_7 的集电极与 T_6 的基极相连,满足正反馈的相位平衡条件。选取合适的恒流源的 I_0 就能满足振幅起振条件。根据具有恒流源的差分放大的差模传输特性可知,静态时两管静态电流均为 $I_0/2$,随着输入信号的增大,使一个管子电流增大,则另一管子的电流减小。两管工作电流的范围是最小值为 0,即是管子截止,而最大值为 I_0。要防止振荡管进入饱和区,振荡器的回路电压要限制在 200 mV 以内。

为了提高振荡的稳幅性能,振荡信号经 T_4 射极送到 T_5 放大后加到二极管 D_1 上,控制 T_8 管的恒流值 I_0,脚 5 外接电容 C_B 为滤波电容,用来滤除高频分量。当振荡电压振幅因某一原因增大时，T_5 管的集电极平均电位下降，经 D_1 使 I_0 减小，从而使振荡幅度降低。反之，若振荡信号振幅减小，T_5 管的集电极平均电位增高，I_0 增大，从而使振荡幅度增大。这是一个自动调整环节。

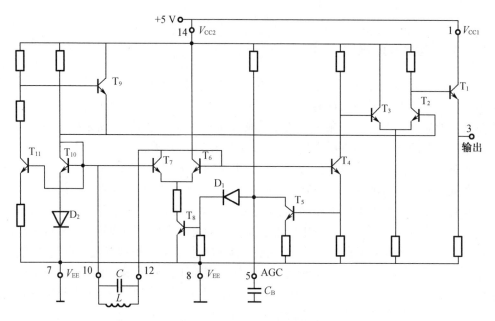

图 4 - 29　MC1648 集成振荡电路

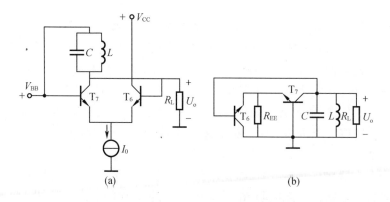

图 4 - 30　差分对管振荡电路

MC1648 的振荡频率可达 200 MHz，可以产生正弦波振荡，也可以产生方波振幅。在单电源供电时，在脚 5 外接电容 C_B，脚 12 和脚 10 之间接入 LC 并联谐振回路，则输出为正弦波。而要求输出方波时，应在脚 5 上外加正电压，使差分对管振荡电路的 I_0 增大，振荡电路的输出振荡电压增大，经 T_4、T_3、T_2 放大后，将它变换为方波电压输出。

MC1648 集成振荡电路实现振荡功能的主要部分是差分对振荡电路和放大输出电路，通常可用如图 4 - 31 中虚线方框所示等效模块电路表示。图 4 - 31 是由 MC1648 集成振荡电路组成的正弦波振荡电路，其振荡效率由振荡回路电容 C 调整。

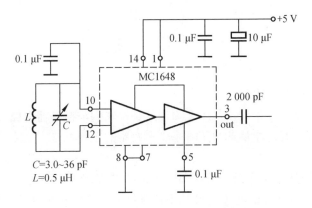

图 4 – 31　MC1648 正弦波振荡电路图

图 4 – 32 是由 MC1648 集成振荡电路组成的矩形波振荡电路,其振荡频率可由振荡回路电容 C 调整。

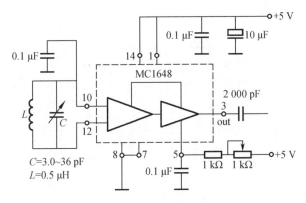

图 4 – 32　MC1648 矩形波振荡电路

MC1648 集成振荡电路也能够实现压控振荡的功能,只要将振荡回路中的电容 C 用变容二极管代替就可实现压控振荡。图 4 – 33 是回路接变容二极管加入控制电压的电路图,当 $L = 0.13$ μH,$Q > 100$,变容变二极 D 选用 MV1401,控制电压 2 ~ 8 V,振荡器振荡频率为 8 ~ 50 MHz。

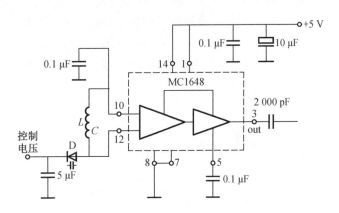

图 4 – 33　MC1648 构成压控振荡的电路

4.9 思考题与习题

4-1 什么是振荡器的起振条件、平衡条件和稳定条件? 各有什么物理意义? 它们与振荡器电路参数有何关系?

4-2 反馈型 *LC* 振荡器从起振到平衡,放大器的工作状态是怎样变化的? 它与电路的哪些参数有关?

4-3 反馈型振荡器满足起振条件和平衡条件,是否必然满足稳定条件,为什么?

4-4 从反馈型振荡器的起振条件和平衡条件分析说明振荡器的输出电压信号的振幅和频率分别由什么决定?

4-5 反馈型 *LC* 振荡器的输出电压振幅稳定的原理与方法是什么?

4-6 为了满足下列电路起振的相位条件,给图 4-34 中互感耦合线圈标注正确的同名端,并说明各电路的名称。

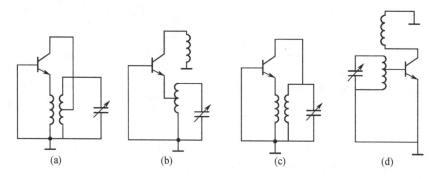

(a) (b) (c) (d)

图 4-34 题 4-6 图

4-7 什么是三点式振荡器,其电路构成的特点是什么?

4-8 三点式振荡器相位平衡条件的判断准则是什么,其含义是什么?

4-9 如图 4-35 所示,试从振荡器的相位条件出发,判断下列高频等效电路中,哪些可能振荡,哪些不可能振荡? 能振荡的线路属于哪种电路?

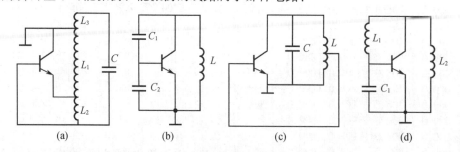

(a) (b) (c) (d)

图 4-35 题 4-9 图

4-10 如图 4-36 所示为三回路振荡器的等效电路,设有以下四种情况:

(1) $L_1 C_1 > L_2 C_2 > L_3 C_3$;

（2）$L_1C_1 < L_2C_2 < L_3C_3$；

（3）$L_1C_1 = L_2C_2 > L_3C_3$；

（4）$L_1C_1 < L_2C_2 = L_3C_3$。

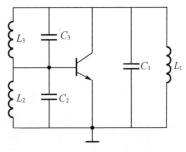

试分析上述四种情况哪种可能振荡？振荡频率f_0与回路谐振频率有何关系？

4-11　LC 回路的谐振频率$f_0 = 10$ MHz，晶体管在 10 MHz 时的相移 $\varphi_Y = -20°$，反馈电路的相移 $\varphi_F = 3°$。试求回路 $Q_L = 10$ 及 $Q_L = 20$ 时电路的振荡频率f_c，并分析 Q_L 的高低对电路性能有什么影响？

图 4-36　题 4-10 图

4-12　如图 4-37 所示振荡电路，设晶体管输入电容 $C_i \ll C_2$，输出电容 $C_o \ll C_1$，可忽略 C_i 和 C_o 的影响。试问：

（1）该电路是什么形式的振荡电路，画出其高频等效电路图。

（2）若振荡频率$f_0 = 1$ MHz，L 为何值？

（3）计算反馈系数 F，若把 F 值减小到 $F' = F/2$，应如何修改电路元件参数。

（4）R_c 的作用是什么？若将 R_c 改变为高频扼流圈，电路是否仍能正常工作，为什么？

（5）电路中的耦合电容 C_3 和 C_4 能否省去一个？能全部省去吗，为什么？

（6）若输出线圈的匝数比 $N_1/N_2 \gg 1$，从 2-2′端用频率计测得振荡频率为 1 MHz，而从 1 端到地之间测得振荡频率却小于 1 MHz，这是为什么？哪个结果正确？

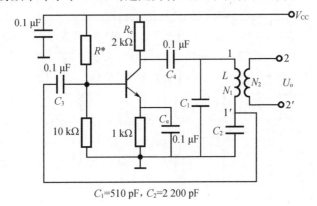

$C_1 = 510$ pF，$C_2 = 2\ 200$ pF

图 4-37　是 4-12 图

4-13　图 4-38 是一个克拉泼振荡电路。电路中 $R_{b1} = 15$ kΩ，$R_{b2} = 7.5$ kΩ，$R_c = 2.7$ kΩ，$R_e = 2$ kΩ，$C_1 = 510$ pF，$C_2 = 1\ 000$ pF，$C_3 = 30$ pF，$L = 2.5$ μH，$Q_0 = 100$，晶体管在工作点的参数为 $g_{ie} = 2\ 860$ μS，$C_{ie} = 18$ pF，$g_{oe} = 200$ μS，$C_{oe} = 7$ pF，$|y_{fe}| = 45$ mS。试求：

（1）电路的振荡频率f_0。

（2）电路的反馈系数 F。

（3）分析讨论此电路能否满足起振条件 $A_0F > 1$？

4-14　试画克拉泼（Clapp）振荡电路图，并说明为什么克拉泼振荡电路的频率稳定度比一般电容三点式（Copitts）振荡电路要高？

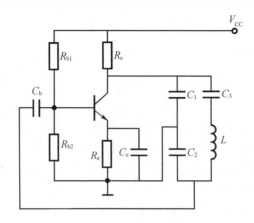

图 4-38 题 4-13 图

4-15 若晶体管的不稳定电容为 $\Delta C_{ce} = 0.2\ \text{pF}$，$\Delta C_{be} = 1\ \text{pF}$，$\Delta C_{cb} = 0.2\ \text{pF}$，求考毕兹电路和克拉泼电路在中心频率处的频率稳定度 $\left|\dfrac{\Delta f_c}{f_c}\right|$，其中 $C_1 = 300\ \text{pF}$，$C_2 = 900\ \text{pF}$，$C_3 = 20\ \text{pF}$，设振荡器的振荡频率 $f_c = 10\ \text{MHz}$。

4-16 图 4-39 所示为 LC 振荡器：(1)试说明振荡电路各元件的作用；(2)若当电感 $L = 1.5\ \mu\text{H}$ 要使振荡频率为 49.5 MHz，则 C_4 应调到何值？

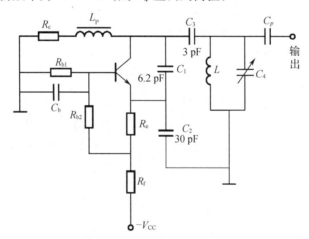

图 4-39 题 4-16 图

4-17 试画一个串联型晶体振荡电路图，并说明晶体在电路中等效为什么元件？振荡频率等于什么？

4-18 试画一个并联型晶体振荡电路图，并说明晶体在电路中等效为什么元件？振荡频率等于什么？

4-19 试分析说明为什么并联型晶体振荡器的频率稳定度比克拉泼振荡电路要高？

4-20 若晶体的参数为 $L_q = 19.5\ \text{H}$，$C_q = 0.000\ 21\ \text{pF}$，$C_0 = 5\ \text{pF}$，$r_q = 110\ \Omega$，试求：

(1)串联谐振频率 f_q；

(2)并联谐振频率 f_p 与 f_q 相差多少？

(3)求晶体的品质因数 Q_q 和等效并联谐振电阻 R_q？

4 - 21 图 4 - 40 是实用晶体振荡线路,试画出它们的高频等效电路图,并指出它们是哪一种振荡器。图 4 - 40(a)的 4.7 μH 电感在线路中起什么作用?

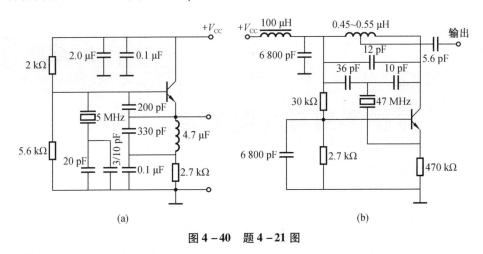

(a) (b)

图 4 - 40 题 4 - 21 图

第 5 章

振幅调制与解调电路

5.1 概 述

5.1.1 调制的定义及分类

调制是通信系统中的重要环节。通信系统的主要目的是实现远距离的不失真的传送信息。所需传送的信息是通过变换器转换成电信号,此电信号是占有一定频谱宽度的低频信号,通常称为基带信号。直接将基带信号进行传输,要实现多路远距离传输是困难的。通常是将基带信号加载到高频信号上去,用高频信号作为运载工具,这样就能较好地实现多路有选择性地远距离通信。

调制的定义是用需传送的信息电压 $u_\Omega(t)$ 作为调制信号去控制高频载波振荡信号的某一参量(振幅、频率或相位),使其随调制信号 $u_\Omega(t)$ 呈线性关系变化。这样的变换过程称为调制。

调制按载波的类型可分为正弦波调制和脉冲调制;按调制信号的形式可分为模拟调制和数字调制两大类。模拟调制是用需传送的连续变化的信息电压 $u_\Omega(t)$ 作为调制信号去控制高频载波振荡信号的某一参量(振幅、频率或相位),使其随 $u_\Omega(t)$ 线性关系变化。数字调制是先将连续变化的调制信号 $u_\Omega(t)$ 经过抽样、量化、编码之后,再用与 $u_\Omega(t)$ 相对应的码组去控制高频载波振荡信号的某一参量,使其随码组的变化规律而变化。而对于载波为正弦波的调制来说,无论是模拟调制还是数字调制,都可分为振幅调制、频率调制和相位调制三类。从通信质量看,数字调制通信系统优于模拟调制通信系统。但就调制的基本原理来说,特别是在载波调制形式上,模拟调制可以被认为是数字调制的理论基础。

解调是调制的相反过程,是从高频已调信号中取出调制信号。本章主要讨论连续波模拟振幅调制与解调电路的基本原理及实现电路的基本方法,也介绍了数字调制与解调的基本原理。

5.1.2 普通调幅波(AM波)的数学表示式及频谱

振幅调制的定义是用需传送的信息(调制信号)$u_\Omega(t)$ 去控制高频载波振荡电压的振幅,使其随调制信号 $u_\Omega(t)$ 呈线性关系变化。也就是说,若载波信号电压为 $u_c(t) = U_{cm}\cos\omega_c t$,调制信号

为 $u_\Omega(t)$，根据定义普通调幅波的振幅 $U'_m(t)$ 为

$$U'_m(t) = U_{cm} + k_a u_\Omega(t) \tag{5-1}$$

式中，k_a 为由调幅电路决定的比例系数。则普通调幅波的数学表示式为

$$u(t) = U'_m(t)\cos \omega_c t = [U_{cm} + k_a u_\Omega(t)]\cos \omega_c t \tag{5-2}$$

需说明的是，普通调幅波也称为标准调幅波，可用 AM 表示。

设调制信号电压 $u_\Omega(t)$ 为

$$u_\Omega(t) = U_{\Omega m}\cos \Omega t = U_{\Omega m}\cos 2\pi F t \tag{5-3}$$

式中，Ω 和 F 分别为调制信号的角频率（单位为 rad/s）和频率（单位为 Hz）。通常满足 $\omega_C \gg \Omega$。根据调幅波的定义

$$U'_m(t) = U_{cm} + k_a U_{\Omega m}\cos \Omega t$$

$$u(t) = U'_m(t)\cos \omega_c t$$

$$= U_{cm}(1 + m_a\cos \Omega t)\cos \omega_c t \tag{5-4}$$

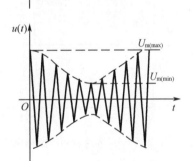

式(5-4)就是单频调制时普通调幅波的表达式。式中，$U'_m(t)$ 称为包络函数；$m_a = k_a U_{\Omega m}/U_{cm}$，其中 k_a 为比例系数，m_a 称为调幅指数（调幅度）。

普通调幅波的波形如图 5-1 所示，从图中可以看到，已调波的包络形状与调制信号一样，称之为不失真调制。从调幅波的波形上可以看出包络的最大值 U_{mmax} 和最小值 U_{mmin} 分别为

$$U_{mmax} = U_{cm}(1 + m_a)$$

$$U_{mmin} = U_{cm}(1 - m_a)$$

故可得

$$m_a = \frac{U_{mmax} - U_{mmin}}{U_{mmax} + U_{mmin}} \tag{5-5}$$

图 5-1　普通调幅波的波形

由式(5-5)可以看出，不失真调制时 $m_a \leqslant 1$。如 $m_a > 1$，则已调波包络形状与调制信号不一样，产生严重失真，这种情况称为过量调幅，必须尽力避免，其波形如图 5-2 所示。

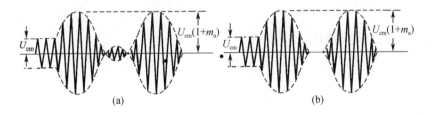

图 5-2　过量调幅波形

图 5-2(a)和图 5-2(b)是实际电路中常见的两种过调幅输出波形，图 5-2(a)是由于 $m_a > 1$，在调制信号电压的最低值附近，输出调幅波会变为负值，图 5-2(b)是由于电路管子截止，出现的过调幅波形。

为了说明调制的特征,常用频域表示法,即采用频谱图。对于式(5-4)可以利用三角公式将其展开为

$$u(t) = U_{cm}\cos \omega_c t + \frac{1}{2}m_a U_{cm}\cos(\omega_c + \Omega)t + \frac{1}{2}m_a U_{cm}\cos(\omega_c - \Omega)t \qquad (5-6)$$

这表明单音信号调制的调幅波由三个频率分量组成,即载波分量 ω_c、上边频分量 $\omega_c + \Omega$ 和下边频分量 $\omega_c - \Omega$,其频谱如图5-3所示。显然,载波分量并不包含信息,调制信号的信息只包含在上、下边频分量内,边频的振幅反映了调制信号幅度的大小,边频的频率虽属于高频的范畴,但反映了调制信号频率与载波的关系。实际上,调制信号含有多个频率比较复杂的信号。如调幅广播所传送的语言信号频率为 50 Hz ~ 3.5 kHz,经调制各个频率产生各自的上边频和下边频,叠加后形成了所谓的上边频带和下边频带,如图5-4所示。因为上下边频幅度相等且成对出现,所以上下边频带的频谱分布相对载波是对称的。其数学表达式可写为

$$u(t) = U_{cm}\cos \omega_c t + \frac{U_{cm}}{2}\sum_{i=1}^{n} m_i \left[\cos(\omega_c + \Omega_i)t + \cos(\omega_c - \Omega_i)t \right] \qquad (5-7)$$

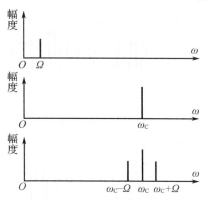

图5-3 单音调制的调幅波频谱

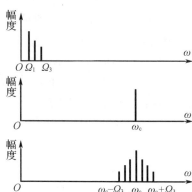

图5-4 多音调制的调幅波频谱

因为多音调制时各个低频分量的幅度并不相等,因而调幅指数 m_i 也不相同,所以就整个调幅波来说,常引用平均调幅指数的概念。大量实验表明,未经加工处理的语音信号的平均调制系数为 0.2 ~ 0.3。

由调幅波的频谱关系可以看出,调制过程实质上是一种频谱搬移过程。经过调制后,调制信号的频谱由低频被搬移到载频附近,成为上下边频带。

5.1.3 普通调幅波的功率关系

为了分清普通调幅波各频率分量的功率关系,通常将调幅波电压加在电阻 R 两端,电阻 R 上消耗的各频率分量对应的功率如下。

(1)载波功率

$$P_{oT} = \frac{1}{2}\frac{U_{cm}^2}{R} \qquad (5-8)$$

(2)每个边频功率

$$P_{\omega_c + \Omega} = P_{\omega_c - \Omega} = \frac{1}{2}\left(\frac{m_a U_{cm}}{2}\right)^2 \frac{1}{R} \qquad (5-9)$$

（3）调制一周内的平均总功率

$$P_{\mathrm{oav}} = P_{\mathrm{oT}} + P_{\omega_{\mathrm{c}}+\Omega} + P_{\omega_{\mathrm{c}}-\Omega} = \left(1 + \frac{m_{\mathrm{a}}^2}{2}\right) P_{\mathrm{oT}} \qquad (5-10)$$

式（5-10）表明，普通调幅波的输出功率随着 m_{a} 增大而增大，当 $m_{\mathrm{a}} = 1$ 时，$P_{\mathrm{oT}} = \frac{2}{3} P_{\mathrm{oav}}$，$P_{\omega_{\mathrm{c}}+\Omega} + P_{\omega_{\mathrm{c}}-\Omega} = \frac{1}{3} P_{\mathrm{oav}}$，这说明当 $m_{\mathrm{a}} = 1$ 时，含信息的上下边频功率之和只占总输出功率的 1/3，而不含信息的载波功率却占了总输出功率的 2/3。从能量观点看，这是一种很大的浪费。而实际调幅波的平均调幅指数为 0.3，其能量的浪费就更大。这是普通调幅波本身固有的缺点。目前，这种调制只应用于中短波无线电广播系统中，因为接收机的解调电路非常简单、造价低廉。

5.1.4 抑制载波的双边带调幅波（DSB）和单边带调幅波（SSB）

因为载波本身并不包含信息，且占有较大的功率，为了减小不必要的功率浪费，可以去掉载波，只发射上下边频，称为抑制载波的双边带调幅波，用 DSB 表示。这种信号的数学表达式为

$$u(t) = u_{\Omega}(t) \cdot u_{\mathrm{c}}(t) = U_{\Omega\mathrm{m}}\cos\Omega t \cdot U_{\mathrm{cm}}\cos\omega_{\mathrm{c}}t$$
$$= \frac{1}{2}U_{\Omega\mathrm{m}}U_{\mathrm{cm}}[\cos(\omega_{\mathrm{c}}+\Omega)t + \cos(\omega_{\mathrm{c}}-\Omega)t] \qquad (5-11)$$

双边带调幅信号的振幅包络函数为 $U_{\Omega\mathrm{m}}U_{\mathrm{cm}}\cos\Omega t$，普通调幅波信号的振幅包络函数为 $U_{\mathrm{cm}}(1 + m_{\mathrm{a}}\cos\Omega t)$。在 $m_{\mathrm{a}} \leqslant 1$ 的条件下，双边带的振幅包络函数 $U_{\Omega\mathrm{m}}U_{\mathrm{cm}}\cos\Omega t$ 可正可负，而普通调幅波的振幅包络函数不会出现负值。因此单频调制的双边带调幅信号的波形如图 5-5 所示。双边带信号的包络仍然是随调制信号变化的，但它的包络已不能完全准确地反映低频调制信号的变化规律。双边带信号在调制信号的负半周，已调波高频与原载频反相；调制信号的正半周，已调波高频与原载频同相。也就是说，双边带信号的高频相位在调制电压零交点处要突变 180°。另外，双边带调幅波和普通调幅波所占有的频谱宽度是相同的，都为 $2F_{\max}$。

因为双边带信号不包含载波，它的全部功率都为边带占有，所以发送的全部功率都载有信息，功率有效利用率高于 AM 制。因为两个边带的任何一个边带已经包含调制信号的全部信息，所以可以进一步把其中的一个边带抑制掉，而只发射一个边带，这就是单边带调幅波，用 SSB 表示。其数学表达式为

$$u(t) = \frac{1}{2}U_{\Omega\mathrm{m}}U_{\mathrm{cm}}\cos(\omega_{\mathrm{c}}+\Omega)t \quad (5-12)$$

或

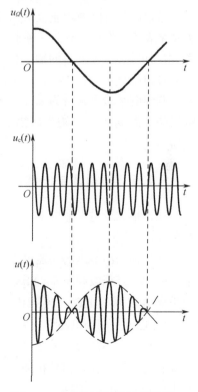

图 5-5 单频调制的双边带调幅信号的波形

$$u(t) = \frac{1}{2}U_{\Omega m}U_{cm}\cos(\omega_c - \Omega)t \qquad (5-13)$$

从以上两式可以看出,单边带调幅波的频谱宽度只为双边带的一半,其频带利用率高,在通信系统中是一种常用的调制方式。对于单频调制的单边带信号,它仍是等幅波,但它与原载波电压是不同的,它含有传送信息的特征。

5.1.5 振幅调制电路的功能

振幅调制电路的功能是将输入的调制信号和载波信号通过电路变换成高频调幅信号输出。当输入调制信号 $u_\Omega(t) = U_{\Omega m}\cos\Omega t$,载波信号 $u_c(t) = U_{cm}\cos\omega_c t$ 时,普通调幅波调幅电路的输出电压为

$$u(t) = U_{cm}(1 + m_a\cos\Omega t)\cos\omega_c t$$

双边带调幅波调幅电路的输出电压为

$$u(t) = U_m\cos\Omega t\cos\omega_c t$$

而单边带调幅波调幅电路的输出电压为

$$u(t) = U'_m\cos(\omega_c + \Omega)t$$

或

$$u(t) = U'_m\cos(\omega_c - \Omega)t。$$

振幅调制电路的功能也可用输入、输出信号的频谱关系来表示。图 5-6 是三种调幅电路的频率变换关系,由图可知,三种电路的输入信号都是调制信号和载波信号,其频率为 Ω 和 ω_c;而输出信号则不同,普通调幅波调幅电路输出频谱为 ω_c,$\omega_c \pm \Omega$,双边带调幅电路输出频谱为 $\omega_c \pm \Omega$,单边带调幅电路输出频谱为 $\omega_c + \Omega$ 或 $\omega_c - \Omega$。

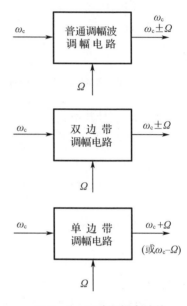

图 5-6 三种调幅电路的频率变换关系

5.1.6 振幅调制电路的分类及基本组成

在调幅无线电发射机中,按实现调幅级电平的高低振幅调制电路可分为低电平调幅电路和高电平调幅电路。

从振幅调制电路的功能可以看出,振幅调制电路的输入是载波信号和调制信号,即输入信号的频率是载波频率 ω_c 和调制频率 Ω,而普通调幅波调幅电路输出频谱为 ω_c、$\omega_c \pm \Omega$,双边带调幅波调幅电路输出频谱为 $\omega_c \pm \Omega$。其共同特点是通过电路要产生新的频率分量 $\omega_c \pm \Omega$,也就是调幅电路必须要有非线性器件,而且非线性特性必须含有载波信号和调制信号的乘积项。集成模拟乘法器能实现载波信号和调制信号两电压相乘。具有平方律特性的二极管是利用两输入信号相加即 $u_c(t) + u_\Omega(t)$,经二极管特性的平方项 $[u_c(t) + u_\Omega(t)]^2$ 产生 $u_c(t)$ 和 $u_\Omega(t)$ 的乘积项实现调幅。一般来说振幅调制电路是由输入回路,非线性器件和带通滤波器三部分组成。输入回路的作用是将载波信号和调制信号直接耦合或相加后直接加到非线性器件上。非线性器件(乘法器、二极管、三极管)的作用是实现产生新的频率。

带通滤波器的作用是取出调幅波的频率成分,抑制不需要的频率成分。

低电平调幅是先在低功率电平级进行振幅调制,然后再经过高频功率放大器放大到所需要的发射功率。由于低电平调幅电路的输入功率和输出功率较小,在分析低电平调幅电路时,输出功率和效率不是主要指标,重点讨论输出信号波形的频谱,分析不同的电路结构是怎样保证提高调制的线性,减少不需要的频率分量的产生和提高滤波性能。

高电平调幅是直接产生满足发射机输出功率要求的已调波。它是利用丙类高频功率放大器在改变 V_{CC} 或 V_{BB} 时具有调幅特性这一特点来实现的。它的优点是整机效率高。设计时必须兼顾输出功率、效率和调制线性的要求。通常高电平调幅只能产生普通调幅波。

5.1.7 调幅信号解调电路的功能

调幅信号解调电路的功能是从调幅信号中不失真地解调出原调制信号。通常将完成这种解调作用的电路称为振幅检波器。当输入信号是高频等幅波时,检波器输出为直流电压,如图 5 – 7(a)所示;当输入信号是正弦调制的调幅信号时,检波器输出电压为正弦波,如图 5 – 7(b)所示,当输入信号是脉冲调制的调幅信号时,检波器输出电压为脉冲波,如图 5 – 7(c)所示。

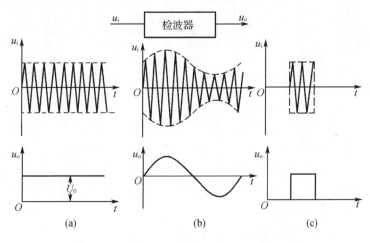

图 5 – 7 调幅信号解调电路的输入与输出波形

从信号的频谱来看,解调电路的功能是将已调波的边频或边带信号频谱搬移到原调制信号的频谱处。对于图 5 – 7(b)所示信号,输入信号频谱为 ω_c、$\omega_c \pm \Omega$,而通过解调电路后输出信号的频率为 Ω。这样的频谱搬移过程正好与振幅调制的频谱搬移过程相反。

5.1.8 调幅信号解调电路的分类与基本组成

根据输入调幅信号的不同特点,解调电路可分为包络检波和同步检波两大类。包络检波是指检波器的输出电压直接反映输入高频调幅波包络变化规律的一种检波方式,它适合于普通调幅波的解调。同步检波主要用于双边带调幅波和单边带调幅波的解调。因为双边带与单边带调幅波的频谱中缺少一个载波频率分量,必须用在解调电路的输入端另加一个本地载频信号的同步检波器实现解调。

调幅解调电路是线性频谱搬移电路,其电路组成是输入回路、非线性器件和低通滤波器三部分。由于调幅解调的频谱搬移过程与振幅调制的频谱搬移过程相反,其输出端的选频滤波器是低通滤波,而调幅电路是带通滤波器。

5.2 低电平调幅电路

5.2.1 模拟乘法器调幅电路

模拟乘法器是一种完成两个模拟信号(电压或电流)相乘作用的电子器件。它具有两个输入端对(即 x 和 y 输入端对)和一个输出端对,是三端对非线性有源器件。其电路符号如图5–8所示。它的传输特性方程为

$$u_o(t) = Ku_x(t)u_y(t)$$

式中,K 为乘法器的增益系数,单位为 $1/\mathrm{V}$。

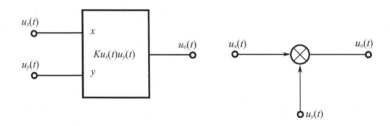

图5–8 模拟乘法器符号

模拟乘法器的电路类型多种多样,应用于频率变换的专用模拟乘法器也有多种型号,例如 MC1496、MC1596、XCC、BG314、AD630 等。实用的乘法器大多不具有理想的相乘特性,在应用中要根据具体电路采取相应措施以确保频率变换的需要。

1. 双差分对管振幅调制电路

图5–9 是常用的双差分对管模拟乘法器原理电路。它由两个单差分对管电路 T_1、T_2、T_5 和 T_3、T_4、T_6 组合而成。图5–9 中 u_1 加在两个单差分对管的输入端,u_2 加到 T_5 和 T_6 的输入端。

根据晶体三极管的特性知,T_5 和 T_6 组成的差分对管的电流电压关系为

$$i_5 = I_S e^{\frac{q}{kT}u_{BE5}}, i_6 = I_S e^{\frac{q}{kT}u_{BE6}}$$

在每个晶体管的 $\beta \gg 1$ 条件下,恒流源 I_0 为

$$I_0 = i_5 + i_6 = i_5(1 + i_6/i_5)$$
$$= i_5(1 + e^{-\frac{q}{kT}u_2})$$

则

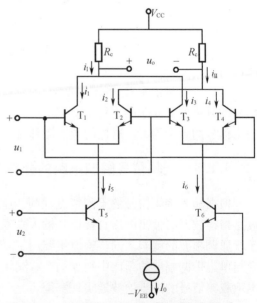

图5–9 双差分对管模拟乘法器原理电路

$$i_5 = I_0 \Big/ \Big(1 + \mathrm{e}^{-\frac{qu_2}{kT}}\Big) = \frac{I_0}{2}\Big(1 + \mathrm{th}\,\frac{qu_2}{2kT}\Big) \tag{5-14}$$

$$i_6 = I_0 \Big/ \Big(1 + \mathrm{e}^{\frac{qu_2}{kT}}\Big) = \frac{I_0}{2}\Big(1 - \mathrm{th}\,\frac{qu_2}{2kT}\Big) \tag{5-15}$$

$$i_5 - i_6 = I_0 \mathrm{th}\,\frac{qu_2}{2kT} \tag{5-16}$$

式中, q 为电子电荷; k 为玻耳兹曼常数; T 为热力学温度; I_0 为恒流源; u_2 为差模输入电压。

对于 T_1、T_2 和 T_3、T_4 组成的差分对,根据式(5-15)和式(5-16)可得

$$i_1 = \frac{i_5}{2}\Big(1 + \mathrm{th}\,\frac{qu_1}{2kT}\Big) \tag{5-17}$$

$$i_2 = \frac{i_5}{2}\Big(1 - \mathrm{th}\,\frac{qu_1}{2kT}\Big) \tag{5-18}$$

$$i_3 = \frac{i_6}{2}\Big(1 - \mathrm{th}\,\frac{qu_1}{2kT}\Big) \tag{5-19}$$

$$i_4 = \frac{i_6}{2}\Big(1 + \mathrm{th}\,\frac{qu_1}{2kT}\Big) \tag{5-20}$$

当双端输出时,输出电压 u_0 正比于 $i_\mathrm{I} - i_\mathrm{II}$,其中, $i_\mathrm{I} = i_1 + i_3$, $i_\mathrm{II} = i_2 + i_4$。输出电流 i 可写为

$$i = i_\mathrm{I} - i_\mathrm{II} = (i_1 + i_3) - (i_2 + i_4) = (i_1 - i_2) - (i_4 - i_3)$$
$$= (i_5 - i_6)\,\mathrm{th}\Big(\frac{qu_1}{2kT}\Big) \tag{5-21}$$

代入式(5-16)可得

$$i = I_0 \mathrm{th}\Big(\frac{qu_1}{2kT}\Big)\mathrm{th}\Big(\frac{qu_2}{2kT}\Big) \tag{5-22}$$

根据双曲线正切函数的性质,当 u_1 和 u_2 都小于 26 mV 时,式(5-22)可近似为

$$i = I_0 \Big(\frac{qu_1}{2kT}\Big)\Big(\frac{qu_2}{2kT}\Big) = K_\mathrm{M} u_1 u_2 \tag{5-23}$$

式(5-23)表示两个输入信号振幅都小于 26 mV 时,才能实现理想相乘。若将 u_1 用载波电压 $u_\mathrm{c}(t) = U_\mathrm{cm}\cos\,\omega_\mathrm{c}t$, u_2 用调制电压 $u_\Omega(t) = U_{\Omega\mathrm{m}}\cos\,\Omega t$ 代替,则可实现双边带调幅。在实际电路中为使输出电压频谱纯净,仍需接一个中心频率为 ω_c 的带通滤波器。

2. 扩大动态范围的双差分对管振幅调制电路

为了扩大 u_2 的动态范围,可以在 T_5 与 T_6 的发射极之间接入负反馈电阻 R_y,并将恒流源 I_0 分为两个 $I_0/2$ 的恒流源,这是集成模拟乘法器中常采用的一种恒流源形式。图 5-10 是接入负反馈电阻的差分对电路,设流过 R_y 的电流为 I_y,其方向如图所示。

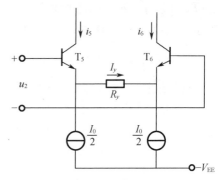

图 5-10　引入负反馈的差分对电路

$$I_y = i_{E5} - I_0/2 = i_{E5} - (i_{E5} + i_{E6})/2 = (i_{E5} - i_{E6})/2$$

输入电压 u_2 为

$$u_2 = u_{BE5} + I_y R_y - u_{BE6} = u_{BE5} - u_{BE6} + (i_{E5} - i_{E6}) R_y/2$$

因为 $i_{E5} = I_S e^{\frac{q u_{BE5}}{kT}}, i_{E6} = I_S e^{\frac{q u_{BE6}}{kT}}$,则

$$u_{BE5} - u_{BE6} = \frac{kT}{q} \ln \frac{i_{E5}}{i_{E6}}$$

所以

$$u_2 = \frac{kT}{q} \ln \frac{i_{E5}}{i_{E6}} + \frac{1}{2} (i_{E5} - i_{E6}) R_y \tag{5-24}$$

当 R_y 足够大,满足深度负反馈条件,即

$$\frac{1}{2} (i_{E5} - i_{E6}) R_y \gg \frac{kT}{q} \ln \frac{i_{E5}}{i_{E6}} \tag{5-25}$$

则式(5-24)可写为

$$u_2 \approx \frac{1}{2} (i_{E5} - i_{E6}) R_y \approx \frac{1}{2} (i_5 - i_6) R_y \tag{5-26}$$

即

$$i_5 - i_6 = 2u_2/R_y \tag{5-27}$$

将式(5-27)代入式(5-21)得

$$i = \frac{2}{R_y} u_2 \text{th} \frac{q}{2kT} u_1 \tag{5-28}$$

式(5-28)说明,当加入反馈电阻 R_y 后,双差分对模拟乘法器输出电流与 u_1 和 u_2 的关系。

值得注意的是,因为 $i_{E5} + i_{E6} = I_0$,且 i_{E5}、i_{E6} 均为正值,故 u_2 的最大动态范围为

$$-\frac{I_0}{2} \leqslant \frac{u_2}{R_y} \leqslant \frac{I_0}{2} \tag{5-29}$$

3. MC1596 平衡调幅电路

图5-11 是用模拟乘法器 MC1596 构成的双边带调幅电路。偏置电阻 R_B 使 $I_0 = 2$ mA; R_1 和 R_2 电阻分压给7端和8端提供直流偏压,8端为交流地电位;51 Ω 电阻与传输电缆特性阻抗匹配;两只 10 kΩ 电阻与 R_W 构成的电路,用来对载波信号调零。

设载波信号 $u_c(t) = U_{cm} \cos \omega_c t, U_{cm} \gg \frac{2kT}{q}$,是大信号输入。根据双曲线正切函数的特性,在上述条件下具有开关函数的形式

$$\text{th} \frac{q u_c}{2kT} = \begin{cases} +1, & -\frac{\pi}{2} < \omega_c t \leqslant \frac{\pi}{2} \\ -1, & \frac{\pi}{2} < \omega_c t \leqslant \frac{3\pi}{2} \end{cases} \tag{5-30}$$

式(5-30)的傅里叶级数展开为

$$\text{th} \frac{q u_c}{2kT} = \frac{4}{\pi} \cos \omega_c t - \frac{4}{3\pi} \cos 3\omega_c t + \frac{4}{5\pi} \cos 5\omega_c t - \cdots \tag{5-31}$$

因为在2与3端加了反馈电阻 $R_y = 1$ kΩ,对于输入调制信号 $u_\Omega = U_{\Omega m} \cos \Omega t$ 可扩大线

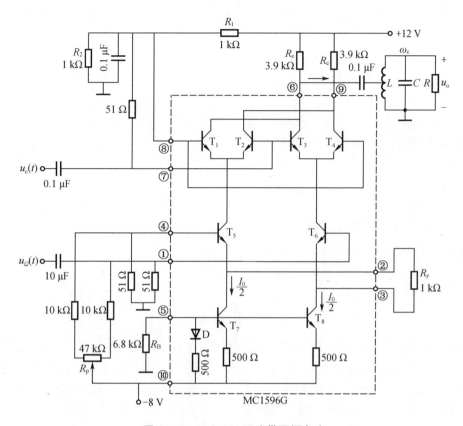

图 5 - 11 MC1596 双边带调幅电路

性范围,输出的电流 $i = i_{\mathrm{I}} - i_{\mathrm{II}}$ 可用式(5 - 28)表示为

$$i = \frac{2}{R_y} u_\Omega \mathrm{th} \frac{q}{2kT} u_c = \frac{2}{R_y} U_{\Omega m} \cos \Omega t \left(\frac{4}{\pi} \cos \omega_c t - \frac{4}{3\pi} \cos 3\omega_c t + \frac{4}{5\pi} \cos 5\omega_c t - \cdots \right)$$

$$(5 - 32)$$

若在输出端加入一个中心频率为 ω_c,带宽为 2Ω 的带通滤波器,则取出的差值电流为

$$\Delta i = \frac{8}{\pi R_y} U_{\Omega m} \cos \Omega t \cdot \cos \omega_c t \qquad (5 - 33)$$

显然,经滤波取出的电流分量为双边带信号。

从图 5 - 11 可以看出,电路采用了单端输出方式。设带通滤波器的谐振电阻为 R_{L},电感中间抽头点对地等效电阻为 R'_{L}。集电极等效电阻 $R_c /\!/ R'_{\mathrm{L}}$ 对电流取样,可得单端输出时的 u_{oM} 表示为

$$u_{oM} = \frac{1}{2} \Delta i (R_c /\!/ R'_{\mathrm{L}}) = \frac{(R_c /\!/ R'_{\mathrm{L}})}{R_y} \cdot \frac{4}{\pi} U_{\Omega m} \cos \Omega t \cdot \cos \omega_c t \qquad (5 - 34)$$

若带通滤波器带内电压传输系数为 A_{BP},则经带通滤波器后输出电压

$$u_o = A_{\mathrm{BP}} \frac{R_c /\!/ R'_{\mathrm{L}}}{R_y} \frac{4}{\pi} U_{\Omega m} \cos \Omega t \cdot \cos \omega_c t \qquad (5 - 35)$$

这是一个抑制载波的双边带调幅波。

图 5 - 11 中 R_{W} 是载波调零电位器,其作用是调节 MC1596 的 4 和 1 端的直流电位差为

零,确保输出为抑制载波的双边带调幅波。如果4和1的直流电位差不为零,则有载波分量输出,相当于是普通调幅波。

4. AD835 乘法器调幅电路

AD835 是一个四象限的电压输出模拟乘法器,其原理框图如图 5-12 所示。它是由 X 和 Y 的输入差模电压-电流变换器、跨导线性四象限乘法器、加法器和单位增益放大器组成。

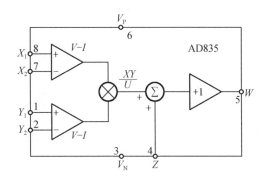

图 5-12 AD835 乘法器原理框图

两差模输入电压 $X = X_1 - X_2$ 和 $Y = Y_1 - Y_2$ 经差模电压-电流线性变换器,变换成差模电流送给流控跨导线性四象限乘法器,乘法器单端输出电压为 XY/U。此电压经加法器与输入电压 Z 相加,再经单位增益放大器,单端输出电压为

$$W = \frac{XY}{U} + Z \qquad (5-36)$$

从式(5-36)可看出,乘法器的增益系数 $K_M = 1/U$,而 AD835 的 $U = 1.05$ V。也就是说乘法器的增益系数不为1,但近似为1。在很多应用中,对乘法器的增益系数要求不严格,不用采取外电路调整,可以按式(5-36)应用。但是在有的应用中,对乘法器的增益系数要求为1,需要在外电路进行调整。图 5-13 是 AD835 乘法器的外接电路图,供电电源电压为 ±5 V,分别通过铁氧体磁珠 FB 和 4.7 μF(钽电容)、0.01 μF(陶瓷电容)组成的去耦滤波电路加到 6 脚 V_P 端和 3 脚 V_N 端;7 脚 X_2 接地,8 脚 X_1 单端输入电压 X;2 脚 Y_2 接地,1 脚 Y_1 单端输入电压 Y;5 脚输出电压端 W 与新建输入点 Z' 之间接电阻 $R_1 = (1-k)R$ 和 $R_2 = kR$ 串联分压反馈到 Z 输入端。

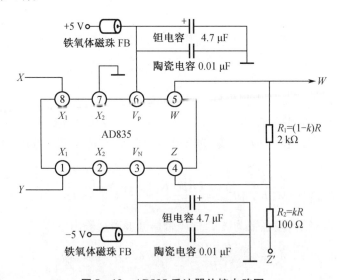

图 5-13 AD835 乘法器外接电路图

根据电路和式(5 - 36)可知

$$Z = (W - Z')k + Z' = kW + (1 - k)Z'$$

$$W = \frac{XY}{U} + Z = \frac{XY}{U} + kW + (1 - k)Z'$$

$$W = \frac{XY}{(1 - k)U} + Z' \tag{5-37}$$

当电路中 $U = 1.05\ \mathrm{V}, R_1 = 2\ \mathrm{k\Omega}, R_2 = 100\ \Omega$ 时,式(5 - 37)中的 $(1 - k)U = 1\ \mathrm{V}$,则可得

$$W = \frac{XY}{1\ \mathrm{V}} + Z' = K_\mathrm{M}XY + Z' \tag{5-38}$$

式中,乘法器的增益系数 $K_\mathrm{M} = 1/V$。

AD835 是单芯片 250 MHz 四象限电压输出乘法器。乘法器噪声低,输入阻抗高 (100 kΩ 和 2 pF 并联),输出阻抗低。能实现 X、Y 的线性相乘,只需极少的外部器件,适用于各种信号处理应用。X、Y、Z 端正常的输入电压应为 ±1 V,最高不超过 20%。图 5 - 14 是 AD835 双边带调幅电路。调制电压加到 X_1 端,$X = U_{\Omega m}\cos\Omega t$(V);载波电压加到 Y_1 端, $Y = U_{cm}\cos\omega_c t$(V);$Z' = 0\ \mathrm{V}$,输出端电压 $W = U_{cm}U_{\Omega m}\cos\Omega t\cos\omega_c t$(V)。

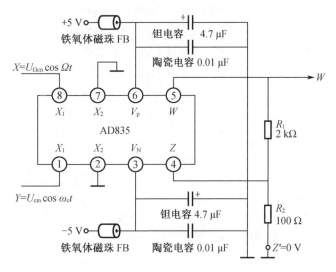

图 5 - 14　AD835 双边带调幅电路

图 5 - 15 是 AD835 AM 调幅电路。调制电压加到 X_1 端,$X = U_{\Omega m}\cos\Omega t$;载波电压加到 Y_1 端,Z' 点连接到 Y_1 端,$Z' = Y = U_{cm}\cos\omega_c t$;根据式(5 - 38)输出端电压为

$$W = K_\mathrm{M}U_{cm}U_{\Omega m}\cos\Omega t\cos\omega_c t + U_{cm}\cos\omega_c t$$

$$= U_{cm}(1 + K_\mathrm{M}U_{\Omega m}\cos\Omega t)\cos\omega_c t$$

5.2.2　单二极管开关状态调幅电路

所谓开关状态是指二极管在两个不同频率电压作用下进行频率变换时,其中一个电压振幅足够大,另一个电压振幅较小,二极管的导通或截止将完全受大振幅电压的控制,可近似认为二极管处于一种理想的开关状态。表明这种状态下的二极管是理想的非线性器件。

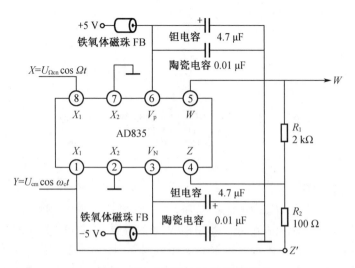

图 5 – 15   AD835AM 调幅电路

设二极管 D 在两个大小不同的信号作用下,如图 5 – 16 所示。$u_\Omega(t)$ 是一个小信号,$u_c(t)$ 是一个振幅足够大的信号。二极管 D 主要受到信号 $u_c(t)$ 的控制,工作在开关状态。设

$$u_\Omega(t) = U_{\Omega m}\cos \Omega t \tag{5 – 39}$$

$$u_c(t) = U_{cm}\cos \omega_c t \tag{5 – 37}$$

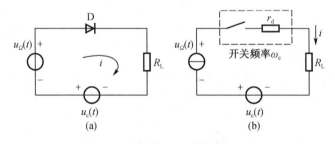

图 5 – 16   二极管开关状态原理电路

在 $u_c(t)$ 的正半周,二极管导通,通过负载 R_L 的电流为

$$i = \frac{1}{r_d + R_L}\big[u_\Omega(t) + u_c(t)\big]$$

式中,r_d 为二极管的导通电阻。在 $u_c(t)$ 的负半周,二极管截止,通过负载的电流为零。

因此,电流 i 可用下式表示

$$i = \begin{cases} \dfrac{1}{r_d + R_L}\big[u_\Omega(t) + u_c(t)\big], & u_c(t) > 0 \\[2mm] 0, & u_c(t) < 0 \end{cases} \tag{5 – 41}$$

若将二极管的开关作用以开关函数式来表示,可得

$$K(\omega_c t) = \begin{cases} 1, & u_c(t) > 0 \\ 0, & u_c(t) < 0 \end{cases} \tag{5 – 42}$$

则电流可表示为

$$i = \frac{1}{r_\mathrm{d} + R_\mathrm{L}} K(\omega_\mathrm{c} t)\big[u_\Omega(t) + u_\mathrm{c}(t) \big] \tag{5-43}$$

因为 $u_\mathrm{c}(t)$ 是周期性信号,所以开关函数 $K(\omega_\mathrm{c} t)$ 也是周期性函数,其周期与 $u_\mathrm{c}(t)$ 的周期相同。图 5-17 表示控制信号 $u_\mathrm{c}(t)$ 作用下开关函数 $K(\omega_\mathrm{c} t)$ 的波形。它是振幅为 1 的矩形脉冲序列,其角频率为 ω_c。

因为 $K(\omega_\mathrm{c} t)$ 是角频率为 ω_c 的周期性函数,故可将其展开为傅里叶级数,用 $K(\omega_\mathrm{c} t)$ 表示,即

$$K(\omega_\mathrm{c} t) = \frac{1}{2} + \frac{2}{\pi}\cos \omega_\mathrm{c} t -$$
$$\frac{2}{3\pi}\cos 3\omega_\mathrm{c} t + \frac{2}{5\pi}\cos 5\omega_\mathrm{c} t - \cdots \tag{5-44}$$

显然,开关函数 $K(\omega_\mathrm{c} t)$ 的傅里叶展开式中只含直流分量、ω_c 和 ω_c 的奇次谐波分量。

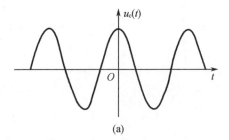

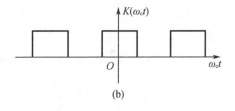

图 5-17　开关控制信号及开关函数

将式(5-44)代入式(5-43)中可得

$$i = \frac{1}{r_\mathrm{d} + R_\mathrm{L}} \Big(\frac{1}{2} + \frac{2}{\pi}\cos \omega_\mathrm{c} t - \frac{2}{3\pi}\cos 3\omega_\mathrm{c} t + \frac{2}{5\pi}\cos 5\omega_\mathrm{c} t - \cdots \Big) \times$$
$$(U_{\Omega \mathrm{m}}\cos \Omega t + U_{\mathrm{cm}}\cos \omega_\mathrm{c} t)$$

从以上分析可以看出,电流 i 中包含以下频谱成分:

① u_Ω 和 u_c 的频率成分 Ω 和 ω_c;

② u_Ω 和 u_c 的和频及差频 $\omega_\mathrm{c} + \Omega$,$\omega_\mathrm{c} - \Omega$;

③ u_Ω 的频率和 u_c 的各奇次谐波频率的和频和差频,即 $(2n-1)\omega_\mathrm{c} \pm \Omega$;

④ u_c 的偶次谐波频率;

⑤ 直流成分。

如果选用中心频率为 ω_c,通频带宽度略大于 2Ω 的带通滤波器作为负载,负载上得到的输出电压将只包含 ω_c、$\omega_\mathrm{c} \pm \Omega$ 三个频率成分。这正是一个普通调幅波。因此,上述电路是单二极管开关状态调幅电路,只能实现普通调幅波的调幅。

从二极管开关状态调幅电路分析中可以看出,由于使二极管工作于开关状态,在输出电流中减少了一些不需要的频率分量。但是,输出电流中仍含有较多的不需要的频率分量。在实际应用中,很少采用单二极管开关工作状态调幅电路。

5.2.3　二极管平衡调幅电路

二极管平衡调幅电路如图 5-18 所示。设图中的变压器为理想变压器,其中 Tr_2 的一次、二次绕组匝数比为 1:2,Tr_3 的一次、二次绕组匝数比为 2:1。在 Tr_2 一次侧输入调制电压 $u_\Omega(t) = U_{\Omega \mathrm{m}}\cos \Omega t$。在 Tr_1 输入载波电压 $u_\mathrm{c}(t) = U_{\mathrm{cm}}\cos \omega_\mathrm{c} t$。在 U_{cm} 足够大的条件下,二极管 D_1 和 D_2 均工作于受 $u_\mathrm{c}(t)$ 控制的开关状态,其导通电阻为 r_d。

设流过二极管 D_1 的电流为 i_1,流过二极管 D_2 的电流为 i_2,它们的流向如图 5-18 所

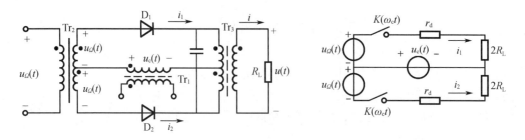

图 5 – 18 二极管平衡调幅电路

示。根据变压器 Tr_3 的一次、二次绕组匝比为 2:1,且一次侧为中心抽头的特定条件,二次侧负载 R_L 折到一次侧的等效电阻为 $4R_L$,对应到有中心抽头的每一部分,则为 $2R_L$。在开关工作状态,$u_c(t)$ 为大信号,对 D_1 来说,$u_c(t)$ 的正半周导通,负半周截止。对 D_2 来说,$u_c(t)$ 的正半周导通,负半周截止。它们的开关函数都是 $K(\omega_c t)$。因此,电流 i_1 和 i_2 分别为

$$i_1 = \frac{1}{r_d + 2R_L} K(\omega_c t)\left[u_c(t) + u_\Omega(t) \right] \tag{5 – 45}$$

$$i_2 = \frac{1}{r_d + 2R_L} K(\omega_c t)\left[u_c(t) - u_\Omega(t) \right] \tag{5 – 46}$$

根据变压器 Tr_3 的同名端及假设的二次侧电流 i 的流向,由于 i_1 和 i_2 流过 Tr_3 一次侧的方向相反,所以电流 i 为

$$i = i_1 - i_2 = \frac{2u_\Omega(t)}{r_d + 2R_L} K(\omega_c t)$$

$$= \frac{2U_{\Omega m}\cos \Omega t}{r_d + 2R_L}\left(\frac{1}{2} + \frac{2}{\pi}\cos \omega_c t - \frac{2}{3\pi}\cos 3\omega_c t + \cdots \right)$$

$$= \frac{U_{\Omega m}}{r_d + 2R_L}\left[\cos \Omega t + \frac{2}{\pi}\cos(\omega_c + \Omega)t + \frac{2}{\pi}\cos(\omega_c - \Omega)t - \frac{2}{3\pi}\cos(3\omega_c + \Omega)t - \frac{2}{3\pi}\cos(3\omega_c - \Omega)t + \cdots \right] \tag{5 – 47}$$

可见,由于采用开关状态和平衡抵消的措施,i 中仅包含 $\Omega, \omega_c \pm \Omega, 3\omega_c \pm \Omega$ 等频率分量,很多不需要的频率分量在 i 中已不存在。两个对称二极管调幅电路的平衡抵消了直流分量、载波分量 ω_c 以及载波频率 ω_c 的偶次谐波分量。通过中心频率为 ω_c,带宽为 2Ω 的带通滤波器滤波,只有 $\omega_c \pm \Omega$ 频率成分的电流流过负载 R_L,在 R_L 上建立双边带调幅波的电压。

5.2.4 二极管环形调幅电路

图 5 – 19(a)所示为环形调制器。它与平衡调制器的差别是多接了两只二极管 D_3 和 D_4,它们的极性分别与 D_1 和 D_2 的极性相反,这样,当 D_1 和 D_2 导通时,D_3 和 D_4 是截止的;反之,当 D_1 和 D_2 截止时,D_3 和 D_4 是导通的。因此,接入 D_3 和 D_4 不会影响 D_1 和 D_2 的工作。于是,环形调制器可看成是由图 5 – 19(b)和图 5 – 19(c)所示的两个平衡调制器组成的。其中,图 5 – 19(b)电路中的晶体二极管 D_1 和 D_2 仅在 $u_c(t)$ 的正半周导通,其开关函数为 $K(\omega_c t)$,流过输出负载电阻 R_L 的电流为

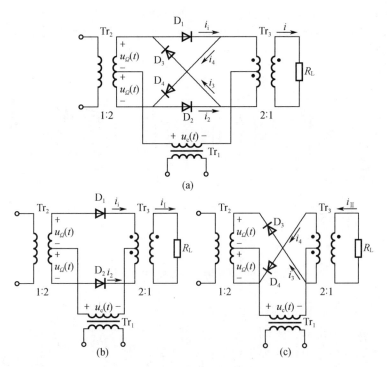

图 5 - 19　环形调幅电路

$$i_{\mathrm{I}} = i_1 - i_2 = \frac{2u_\Omega(t)}{2R_{\mathrm{L}} + r_{\mathrm{d}}} K(\omega_{\mathrm{c}} t) \qquad (5-48)$$

图 5 - 19(c)电路中的晶体二极管仅在 $u_{\mathrm{c}}(t)$ 的负半周内导通,其开关函数为 $K(\omega_{\mathrm{c}} t - \pi)$,流过输出负载 R_{L} 的电流为(其电流方向如图所示)

$$i_{\mathrm{II}} = i_4 - i_3 = \frac{2u_\Omega(t)}{2R_{\mathrm{L}} + r_{\mathrm{d}}} K(\omega_{\mathrm{c}} t - \pi) \qquad (5-49)$$

式中

$$K(\omega_{\mathrm{c}} t - \pi) = \frac{1}{2} - \frac{2}{\pi}\cos \omega_{\mathrm{c}} t + \frac{2}{3\pi}\cos 3\omega_{\mathrm{c}} t - \frac{2}{5\pi}\cos 5\omega_{\mathrm{c}} t + \cdots$$

因此,流过 R_{L} 的总电流为

$$\begin{aligned}
i = i_{\mathrm{I}} - i_{\mathrm{II}} &= \frac{2u_\Omega(t)}{2R_{\mathrm{L}} + r_{\mathrm{d}}} [K_1(\omega_{\mathrm{c}} t) - K_1(\omega_{\mathrm{c}} t - \pi)] \\
&= \frac{2U_{\Omega\mathrm{m}}\cos \Omega t}{2R_{\mathrm{L}} + r_{\mathrm{d}}} \left(\frac{4}{\pi}\cos \omega_{\mathrm{c}} t - \frac{4}{3\pi}\cos 3\omega_{\mathrm{c}} t + \cdots \right) \qquad (5-50)
\end{aligned}$$

由式(5 - 50)可见,与平衡调制器比较,进一步抵消了 Ω 分量,而且各分量的振幅加倍,通过带通滤波器可取出频率为 $\omega_{\mathrm{c}} \pm \Omega$ 的电流在 R_{L} 上建立的双边带调幅电压。

图 5 - 20 是二极管双平衡调幅电路与二极管环形调幅电路图。在对应器件和元件相同的条件下,这两个电路的功能完全相同,也就是电路的输入信号与输出信号完全相同,只是二极管的画法上有点不同。图 5 - 20(a)中 4 个二极管交叉连接于 a、b、c 和 d 点,其中 a、c 点连接变压器 Tr_2 的二次侧,b、d 点连接变压器 Tr_3 的一次侧,而输入载波信号通过变压器

Tr_1 的二次侧分别送到 Tr_2 二次侧中点和 Tr_3 一次侧的中点。图 5 - 20(b)中 4 个二极管串接成环形,a、b、c 和 d 点与各变压器的连接与图 5 - 20(a)相同,环形调幅电路就是双平衡调幅电路。

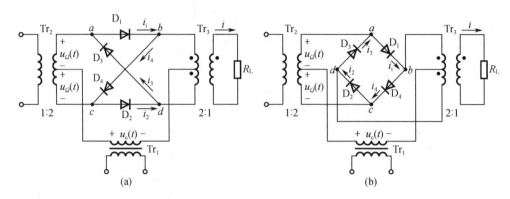

图 5 - 20　双平衡调幅与环形调幅电路

　　图 5 - 20(b)是二极管环形调幅电路,从变压器 Tr_3 的二次侧输出双边带调幅电流 i,在负载 R_L 上得到双边带电压。如果将加在 Tr_1 的载波信号电压 $u_c(t)$ 与加的调制信号电压 $u_\Omega(t)$ 的位置互换,如图 5 - 21 所示。变压器 Tr_3 的二次侧是否仍会得到双边带信号呢?

　　由于输入信号位置的变化,变压器 Tr_2 应变换成高频宽带变压器,Tr_3 仍为高频宽

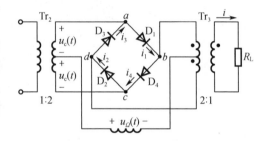

图 5 - 21　环形调幅电路

带变压器,而 Tr_1 是传送低频调制信号,应是低频宽带变压器。Tr_2 的二次侧为中心抽头,一次与二次匝比为 1:2,Tr_3 的一次侧为中心抽头,一次与二次匝比为 2:1。

　　设输入载波电压 $u_c(t) = U_{cm}\cos \omega_c t$,且 U_{cm} 足够大,使二极管处于开关工作状态。输入调制电压为 $u_\Omega(t) = U_{\Omega m}\cos \Omega t$,是小信号。在 $u_c(t)$ 的正半周,D_1、D_4 导通,D_2、D_3 截止,其开关函数为 $K(\omega_c t)$。在 $u_c(t)$ 的负半周,D_2、D_3 导通,D_1、D_4 截止,其开关函数为 $K(\omega_c t - \pi)$。

　　在 $u_c(t)$ 的正半周,等效电路如图 5 - 22 所示。开关函数为 $K(\omega_c t)$。流入 Tr_3 一次侧同名端的电流为 $i_1 - i_4$,由等效电路可得

$$i_1 = \frac{1}{2R_L + r_d}K(\omega_c t)\left[u_c(t) + u_\Omega(t)\right]$$

$$i_4 = \frac{1}{2R_L + r_d}K(\omega_c t)\left[u_c(t) - u_\Omega(t)\right]$$

$$i_I = i_1 - i_4 = \frac{2u_\Omega(t)}{2R_L + r_d}K(\omega_c t)$$

　　在 $u_c(t)$ 的负半周,等效电路如图 5 - 23 所示。开关函数为 $K(\omega_c t - \pi)$。流出 Tr_3 一次侧同名端的电流为 $i_2 - i_3$,由等效电路

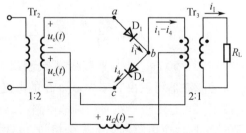

图 5 - 22　$u_c(t)$ 的正半周等效电路

可得

$$i_2 = \frac{1}{2R_L + r_d} K(\omega_c t - \pi) [- u_c(t) + u_\Omega(t)]$$

$$i_3 = \frac{1}{2R_L + r_d} K(\omega_c t - \pi) [- u_c(t) - u_\Omega(t)]$$

$$i_{II} = i_2 - i_3 = \frac{2u_\Omega(t)}{2R_L + r_d} K(\omega_c t - \pi)$$

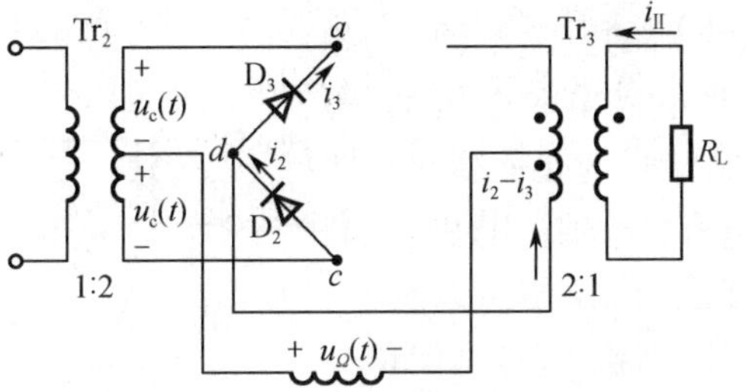

图 5 – 23 $u_c(t)$ 的负半周等效电路

流过 Tr_3 二次侧的电流 $i = i_I - i_{II} = (i_1 - i_4) - (i_2 - i_3)$，则

$$i = \frac{2u_\Omega(t)}{2R_L + r_d} [K(\omega_c t) - K(\omega_c t - \pi)]$$

$$= \frac{2U_{\Omega m}\cos \Omega t}{2R_L + r_d} \left(\frac{4}{\pi}\cos \omega_c t - \frac{4}{3\pi}\cos 3\omega_c t + \cdots \right)$$

可见，输出电流 i 中含有 $\omega_c \pm \Omega, 3\omega_c \pm \Omega, 5\omega_c \pm \Omega, \cdots$。经带通滤波器输出双边带调幅波。

图 5 – 24 是 ADE – 1 微型电路，它是专用于混频的器件，两个宽频带变压器的工作频率为 0.5 ~ 500 MHz，体积小，贴片封装。这种器件完全能用于双边带调幅，载波频率在 ADE – 1 的工作频率范围内都可实现双边带调幅。调幅时载波信号电压单端加在 LO 端（6 脚），调制信号电压单端加在 IF 端（2 脚），1 脚、4 脚和 5 脚接地，RF 是单端输出端，需接带通滤波器，取出双边带调幅波。其工作原理与图 5 – 21 环形调幅电路相同。

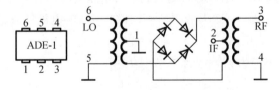

图 5 – 24 ADE – 1 微型电路

5.3 高电平调幅电路

5.3.1 集电极调幅电路

图 5-25 是集电极调幅原理电路图。低频调制信号 $u_\Omega(t)$ 与丙类放大器的直流电源 V_{CT} 相串联,因此放大器的有效集电极电源电压 V_{CC} 等于两个电压之和,它随调制信号变化而变化。图中的电容 C' 是高频旁路电容,它的作用是避免高频电流通过调制变压器 Tr_3 的二次绕组以及 V_{CT} 电源,因此它对高频相当于短路,而对调制信号频率应相当于开路。

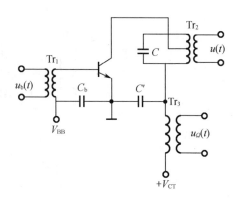

图 5-25 集电极调幅原理电路

对于丙类高频功率放大器,当基极偏置回路 V_{BB}、激励高频信号电压振幅 U_{bm} 和集电极回路阻抗 R_p 不变,只改变集电极有效电源电压时,集电极电流脉冲在欠压区可以认为是不变的。而在过压区,集电极电流脉冲幅度将随集电极有效电源电压 V_{CC} 变化而变化。因此,集电极调幅必须工作于过压区。

集电极调幅是高电平调幅,它只能产生普通调幅波。要求电路输出功率高、效率高,那么它的功率和效率关系怎样确定呢?

1. 过压区线性调制时的电流电压变化关系

设基极激励信号电压为 $u_b = U_{bm}\cos \omega_c t$,则基极瞬时电压为 $u_{BE} = V_{BB} + U_{bm}\cos \omega_c t$,又设集电极调制信号电压为 $u_\Omega(t) = U_{\Omega m}\cos \Omega t$,则集电极有效电源电压为

$$V_{CC} = V_{CT} + U_{\Omega m}\cos \Omega t = V_{CT}(1 + m_a\cos \Omega t)$$

式中,调幅指数 $m_a = U_{\Omega m}/V_{CT}$。

由此可见,要想得到 100% 的调幅,则调制信号电压的峰值应等于直流电压 V_{CT}。

在线性调幅时,由集电极有效电源 V_{CC} 所供给的集电极电流的直流分量 I_{C0} 和集电极电流的基波分量 I_{c1m} 与 V_{CC} 成正比,如图 5-26 所示。

当 $V_{CC} = V_{CT} + U_{\Omega m}\cos \Omega t = V_{CT}(1 + m_a\cos \Omega t)$ 时,则

$$I_{C0} = I_{C0T}(1 + m_a\cos \Omega t) \tag{5-51}$$

$$I_{c1m} = I_{c1T}(1 + m_a\cos \Omega t) \tag{5-52}$$

2. 调制的功率与效率

(1)在载波状态时,$u_\Omega(t) = 0$,此时 $V_{CC} = V_{CT}$,$I_{C0} = I_{C0T}$,$I_{c1m} = I_{c1T}$。其对应的功率和效率如下。

直流电源 V_{CT} 输入功率为

$$P_{=T} = V_{CT}I_{C0T}$$

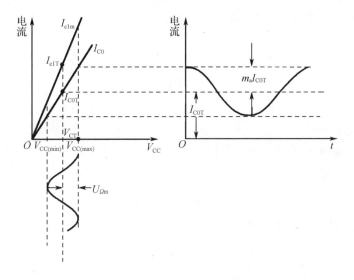

图 5 - 26　理想化静态调幅特性

载波输出功率为

$$P_{oT} = \frac{1}{2} I_{c1T}^2 R_p$$

集电极损耗功率为

$$P_{CT} = P_{=T} - P_{oT}$$

集电极效率为

$$\eta_{CT} = P_{oT}/P_{=T}$$

(2) 当处于调幅波峰(最大点)时,电流和电压都达到最大值,即

$$V_{CCmax} = V_{CT}(1 + m_a)$$
$$I_{C0max} = I_{C0T}(1 + m_a)$$
$$I_{c1mmax} = I_{c1T}(1 + m_a)$$

则对应的各项功率和效率如下。

有效电源输入功率为

$$P_{=max} = V_{CCmax} I_{C0max} = V_{CT}(1 + m_a) \cdot I_{C0T}(1 + m_a) = P_{=T}(1 + m_a)^2$$

高频输出功率为

$$P_{omax} = \frac{1}{2} I_{c1mmax}^2 R_p = \frac{1}{2} I_{c1T}^2 (1 + m_a)^2 R_p = P_{oT}(1 + m_a)^2$$

集电极损耗功率为

$$P_{Cmax} = P_{=max} - P_{omax} = (P_{=T} - P_{oT})(1 + m_a)^2 = P_{CT}(1 + m_a)^2$$

集电极效率为

$$\eta_{max} = \frac{P_{omax}}{P_{=max}} = \frac{P_{oT}}{P_{=T}} = \eta_{CT}(常数)$$

以上各式说明,在调制波峰处所有的功率都是载波状态相应功率的 $(1 + m_a)^2$ 倍,集电极效率不变。

（3）在调制信号（音频）一周内的功率与效率的平均值

调制过程中的电压和电流为

$$V_{CC} = V_{CT}(1 + m_a\cos\varOmega t), I_{C0} = I_{C0T}(1 + m_a\cos\varOmega t), I_{c1m} = I_{c1T}(1 + m_a\cos\varOmega t)$$

集电极有效电源电压 V_{CC} 供给被调放大器的总平均功率为

$$P_{=av} = \frac{1}{2\pi}\int_{-\pi}^{\pi}V_{CC}I_{C0}\mathrm{d}(\varOmega t) = \frac{1}{2\pi}\int_{-\pi}^{\pi}V_{CT}(1 + m_a\cos\varOmega t)I_{C0T}(1 + m_a\cos\varOmega t)\mathrm{d}(\varOmega t)$$

$$= V_{CT}I_{C0T} + \frac{m_a^2}{2}V_{CT}I_{C0T} = P_{=T}\left(1 + \frac{m_a^2}{2}\right) \tag{5-53}$$

式中，集电极直流电源 V_{CT} 所供给的平均功率为

$$P_= = P_{=T} = V_{CT}I_{C0T} \tag{5-54}$$

调制信号源 $u_\varOmega(t)$ 所供给的平均功率为

$$P_\varOmega = P_{=av} - P_{=T} = \frac{m_a^2}{2}V_{CT}I_{C0T} = \frac{m_a^2}{2}P_{=T} \tag{5-55}$$

在调制一个周期内的平均输出功率为

$$P_{oav} = \frac{1}{2\pi}\int_{-\pi}^{\pi}\frac{1}{2}I_{c1m}^2R_p\mathrm{d}(\varOmega t) = \frac{1}{2\pi}\int_{-\pi}^{\pi}\frac{1}{2}I_{c1T}^2(1 + m_a\cos\varOmega t)^2R_p\mathrm{d}(\varOmega t)$$

$$= \frac{1}{2}I_{c1T}^2R_p\left(1 + \frac{m_a^2}{2}\right) = P_{oT}\left(1 + \frac{m_a^2}{2}\right) \tag{5-56}$$

在调制信号一个周期内平均集电极损耗功率为

$$P_{cav} = P_{=av} - P_{oav} = (P_{=T} - P_{oT})\left(1 + \frac{m_a^2}{2}\right) = P_{CT}\left(1 + \frac{m_a^2}{2}\right) \tag{5-57}$$

在调制一周内的平均集电极效率则为

$$\eta_{cav} = \frac{P_{oav}}{P_{=av}} = \frac{P_{oT}\left(1 + \dfrac{m_a^2}{2}\right)}{P_{=T}\left(1 + \dfrac{m_a^2}{2}\right)} = \eta_{CT} = 常数 \tag{5-58}$$

综上所述，可得出如下几点结论：

① 在调制信号一周内的平均功率都是载波状态对应功率的 $\left(1 + \dfrac{m_a^2}{2}\right)$ 倍。

② 总输入功率分别由 V_{CT} 和 $u_\varOmega(t)$ 所供给，V_{CT} 供给用以产生载波功率的直流功率 $P_{=T}$，$u_\varOmega(t)$ 则供给用以产生边带功率的平均输入功率 $P_\varOmega$。

③ 集电极平均损耗功率等于载波点的损耗功率的 $\left(1 + \dfrac{m_a^2}{2}\right)$ 倍，应根据这一平均损耗功率来选择晶体管，以使 $P_{CM} > P_{cav}$。

④ 在调制过程中，效率不变，这样可保证集电极调幅电路处于高效率工作状态。

⑤ 因为调制信号源 $u_\varOmega(t)$ 需提供输入功率，故调制信号源 $u_\varOmega(t)$ 必须是功率源。大功率集电极调幅就需要大功率的调制信号源，这是集电极调幅的主要缺点。

5.3.2 基极调幅电路

图 5-27 是基极调幅电路，图中 C_1，C_3 为高频旁路电容；C_2 为低频旁路电容；Tr_1 为高

频变压器;Tr_2 为低频变压器;LC 回路谐振于载波频率 ω_c,通频带为 $2\Omega_{max}$。

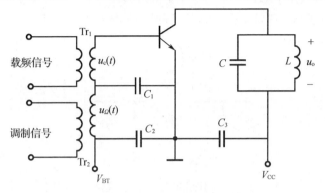

图 5 - 27　基极调幅电路

　　基极调幅电路的基本原理是,利用丙类功率放大器在电源电压 V_{CC}、输入信号振幅 U_{bm}、谐振电阻 R_p 不变的条件下,在欠压区改变 V_{BB},而 $V_{BB} = V_{BT} + u_\Omega(t)$,其输出电流随 V_{BB} 变化这一特点来实现调幅。在实际电路中,由于集电极电流中的 I_{C0} 和 I_{c1m} 随 V_{BB} 的变化线性范围较小。因而,调制的范围将会受到一定的限制。

　　基极调幅电路的特点是:必须工作于欠压区;载波功率和边频功率都由直流电源 V_{CC} 提供;调制过程中效率是变化的,只能用于输出功率小、对失真要求不严的发射机中。

5.4　单边带信号的产生

5.4.1　单边带通信的优点

　　单边带调幅波占有频谱宽度只有双边带调幅波的一半,占有频带窄,频带利用率高。它还能节省功率,功率利用率高。在与普通调幅波总功率相等的情况下,接收端的信噪比明显提高,因而通信距离可大大增大。

　　在短波传播过程中,不同频率的电波会产生不同的衰减和相移,引起接收信号的失真和不稳定,这就是选择性衰落。单边带只有一个边带分量,这种选择性衰落现象影响较小,相对于普通调幅要小得多。

　　但是单边带调幅也有缺点,对接收机要求高,即必须采用同步检波的方式实现解调。这必然带来设备复杂、成本高的缺点。

5.4.2　单边带信号的产生方法

　　单边带信号的产生方法是,在产生抑制载波的双边带信号的基础上,再去掉一个边带,只让一个边带发射出去,常用的方法有滤波法和移相法。

　　1. 滤波法

　　滤波法实现的方框图如图 5 - 28 所示。这种方法从原理上讲很简单,由平衡调幅电路加边带滤波器组成。但对边带滤波器的性能要求很高,因为双边带信号中,上下边频的频率间隔为$2F_{min}$(一般约为几十赫),所以为了达到滤波效果好,滤除一个边带而保留另一个边带,就要求边带滤波器具有很陡峭的衰减特性(接近于矩形)。又因为$f_c \gg F_{min}$,边带滤波器的相对带宽很小,制作很困难。

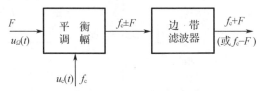

图 5-28　滤波法方框图

在实际应用中可适当降低第一次调制的载波频率,这样可以增大边带滤波器的相对带宽,使滤波器便于制作。然后再经过多次平衡调幅和滤波逐步把载频提高到要求的数值,如图 5-29 所示。图中$f_1 + f_2 + f_3 = f_c$,显然设备比较复杂,但性能比较可靠。

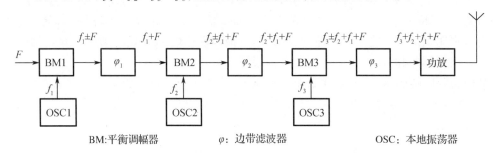

BM:平衡调幅器　　　　φ:边带滤波器　　　　OSC:本地振荡器

图 5-29　实现滤波法的一种方案

2. 相移法

另一种产生单边带信号的方法是,利用移相器使不需要的边带互相抵消,保留所需边带,称为移相法。设输入调制信号为$u_\Omega(t) = U_{\Omega m} \cos \Omega t$,输入载波信号为$u_c(t) = U_{cm} \cos \omega_c t$时,输出单边带调幅信号为

$$u = K U_{cm} U_{\Omega m} \cos(\omega_c + \Omega)t$$
$$= K U_{cm} U_{\Omega m} \cos \Omega t \cos \omega_c t - K U_{cm} U_{\Omega m} \sin \Omega t \sin \omega_c t$$

由上式可见,输出单边带调幅信号可看成是两个双边带信号相减。其中一个是由输入调制信号与输入载波信号相乘获得的双边带信号,而另一个是输入调制信号和输入载波信号分别经移相90°后相乘获得的双边带信号。于是可用图 5-30 所示的方框图来实现。移相法获得单边带信号,不依靠滤波器来抑制另一个边带,所以这种方法原则上能把相距很近的两个边带分开,而不需要多次重复调制和复杂的滤波器。这是相移法的突出优点。但这种方法要求调制信号的移相网络和载波的相移网络在整个频带范围内,都要准确地相移90°,这一点实际上是很难做到的。目前,在短波单边带通信系统中,广泛采用的是滤波法产生单边带调幅信号的方案。

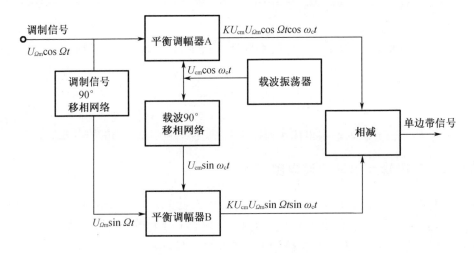

图 5 − 30　相移法单边带调制器方框图

5.5　包络检波电路

5.5.1　检波电路的主要技术指标

1. 电压传输系数 K_d

检波电路的电压传输系数是指检波电路的输出电压和输入高频电压振幅之比。

当输入为高频等幅波,即 $u_i(t) = U_{im}\cos \omega_i t$ 时,K_d 定义为输出直流电压与输入高频电压振幅 U_{im} 的比值,即

$$K_d = \frac{U_0}{U_{im}} \qquad\qquad (5-59)$$

当输入为高频调幅波,即 $u_i(t) = U_{im}(1 + m_a\cos \Omega t)\cos \omega_i t$ 时,K_d 定义为输出的 Ω 分量振幅 $U_{\Omega m}$ 与输入高频调幅波包络变化的振幅 $m_a U_{im}$ 的比值,即

$$K_d = \frac{U_{\Omega m}}{m_a U_{im}} \qquad\qquad (5-60)$$

2. 等效输入电阻 R_{id}

通常检波器与前级高频放大器的输出端连接,检波器的等效输入电阻将作为放大器的负载影响放大器的电压增益和通频带。实际上,检波器的输入阻抗是复数,可看成由电阻和电容并联组成。通常输入电容与高频谐振回路构成谐振,所以可以只考虑输入电阻 R_{id} 的影响。

因为检波器是非线性电路,R_{id} 的定义与线性放大器是不相同的。R_{id} 的定义为输入等幅高频电压的振幅 U_{im} 与输入高频电流脉冲的基波分量振幅的比值,即

$$R_{id} = \frac{U_{im}}{I_{1m}} \qquad\qquad (5-61)$$

希望 R_{id} 尽可能大些,以减小对前级回路的影响。

3. 非线性失真系数 K_f

非线性失真的大小,一般用非线性失真系数 K_f 表示。当输入为单频调制的调幅波时,K_f 定义为

$$K_f = \frac{\sqrt{U_{2\Omega}^2 + U_{3\Omega}^2 + \cdots}}{U_\Omega} \tag{5-62}$$

式中,U_Ω,$U_{2\Omega}$,$U_{3\Omega}$,$\cdots$ 分别为输出电压中调制信号基波和各次谐波分量的有效值。

5.5.2 二极管大信号检波电路

大信号包络检波是高频输入信号的振幅大于 0.5 V,利用二极管两端加正向电压时导通,通过二极管对电容 C 充电,加反向电压时截止,电容 C 上电压对电阻 R 放电这一特性实现检波的。因为信号振幅较大,且二极管工作于导通和截止两种状态,所以其分析方法可采用折线分析法。

1. 大信号检波的工作原理

图 5-31 所示是大信号检波原理电路。它是由输入回路、二极管 D 和 RC 低通滤波器组成的。

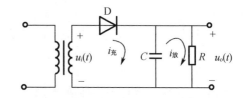

图 5-31 大信号检波原理电路

当输入信号 $u_i(t)$ 为高频等幅波时,电路接通后,由于低通滤波器的电容 C 上初始电压为 0,信号正半周时二极管处于正向导通,输入高频电压通过二极管对电容 C 充电,充电时间常数 $r_d C$ 较小,充电很快。随着 C 被充电,输出电压 $u_o(t)$ 增长,作用在二极管上的电压为 $u_i(t)$ 与 $u_o(t)$ 之差。当 $t = t_1$ 时,$u_i(t)$ 与 $u_o(t)$ 相等,二极管截止,电流为 0。随着 t 的继续增加,$u_i(t)$ 的瞬时值减小,$u_o(t)$ 大于 $u_i(t)$,二极管仍处于截止状态,电容器 C 上电压 $u_o(t)$ 经电阻 R 放电,放电时间常数为 RC。因为放电时间常数 RC 远大于充电时间常数 $r_d C$,所以放电较慢。当到达 $t = t_2$ 时,$u_i(t)$ 与 $u_o(t)$ 又相等,然后随着 t 的继续增加,$u_i(t)$ 的瞬时值增大,$u_i(t)$ 大于 $u_o(t)$,二极管导通,$u_i(t)$ 通过二极管 D 对电容 C 再充电。当到达 $t = t_3$ 时刻,$u_i(t)$ 与 $u_o(t)$ 再次相等。随着 t 的增加,$u_i(t)$ 的瞬时值减小,$u_o(t)$ 大于 $u_i(t)$,二极管又处于截止,电容器 C 上电压 $u_o(t)$ 又经电阻 R 放电。如此反复,直到在一个周期内电容充电电荷量与放电电荷量相等,充放电达到动态平衡进入稳定工作状态。这时检波器的输出电压 $u_o(t)$ 按高频信号的角频率作锯齿状等幅波动,如图 5-32 所示。在实际运用中,对于稳态来说,因为正向导通时间很短,放电时间常数又远大于高频电压周期,所以输出电压 $u_o(t)$ 的起伏很小。

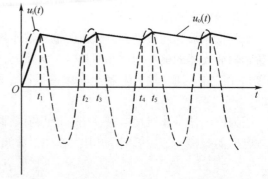

图 5-32 输入等幅波时检波器的工作过程

当输入为调幅波信号时,充放电波形如图 5 – 33 所示。其过程与等幅波输入情况相似。输出电压 $u_o(t)$ 的变化规律正好与输入信号的包络相同。

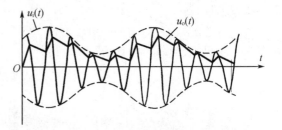

2. 大信号检波器的分析

对于大信号检波,二极管的伏安特性可近似用折线表示,其数学表示式为

图 5 – 33　输入调幅波时检波器的输出波形

$$i_D = \begin{cases} g_d(u_D - U_{BZ}), & u_D \geqslant U_{BZ} \\ 0, & u_D < U_{BZ} \end{cases} \tag{5 – 63}$$

式中,g_d 为二极管导通时的电阻 r_d 的倒数,即 $g_d = 1/r_d$;U_{BZ} 为二极管的截止电压,通常锗二极管为 0.2 V 左右,硅二极管为 0.5 V 左右。

由电路图 5 – 34 可知,二极管两端所加电压 $u_D = u_i - u_o$,若 $u_i = U_{im} \cos \omega_i t$,则

$$u_D = -u_o + U_{im} \cos \omega_i t \tag{5 – 64}$$

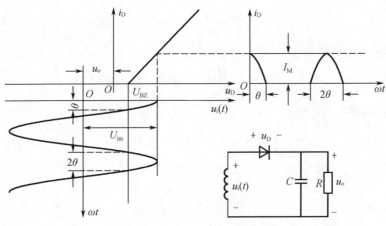

图 5 – 34　大信号检波原理图

对应的二极管电流 i_D 为一重复频率为 ω_i 的周期余弦脉冲,其通角为 θ,振幅最大值为 I_M。同高频功率放大器折线分析法一样,可以将其分解为直流、基波和各次谐波分量,即

$$i_D = I_0 + I_{1m} \cos \omega_i t + I_{2m} \cos 2\omega_i t + \cdots + I_{nm} \cos n\omega_i t \tag{5 – 65}$$

式中,$I_0 = \alpha_0(\theta) I_M$ 为直流分量,$I_{1m} = \alpha_1(\theta) I_M$ 为基波分量振幅,$I_{nm} = \alpha_n(\theta) I_M$ 为 n 次谐波分量振幅。而

$$\alpha_0(\theta) = \frac{1}{\pi} \frac{\sin \theta - \theta \cos \theta}{1 - \cos \theta}$$

$$\alpha_1(\theta) = \frac{1}{\pi} \frac{\theta - \sin \theta \cos \theta}{1 - \cos \theta}$$

$$\alpha_n(\theta) = \frac{2}{\pi} \frac{\sin n\theta \cos \theta - n \cos n\theta \sin \theta}{n(n^2 - 1)(1 - \cos \theta)}, (n > 1)$$

由上式可知,各电流分量由电流脉冲最大值 I_M 和通角 θ 决定,输出电压 $u_o = I_o R$。

当 $u_D > U_{BZ}$ 时

$$i_D = g_d(-u_o + U_{im}\cos \omega_i t - U_{BZ}) \qquad (5-66)$$

由图 5 − 34 可知,当 $\omega_i t = \theta$ 时,$i_D = 0$,可得

$$g_d(-u_o + U_{im}\cos \theta - U_{BZ}) = 0$$

因此

$$\cos \theta = \frac{u_o + U_{BZ}}{U_{im}} \qquad (5-67)$$

当 $\omega_i t = 0$ 时,$i_D = I_M$,可得

$$\begin{aligned}
I_M &= g_d(-u_0 + U_{im} - U_{BZ}) \\
&= g_d U_{im}\left(1 - \frac{U_{BZ} + u_o}{U_{im}}\right) \\
&= g_d U_{im}(1 - \cos \theta) \qquad (5-68)
\end{aligned}$$

则

$$I_0 = \alpha_0(\theta)I_M = \frac{1}{\pi r_d}U_{im}(\sin \theta - \theta\cos \theta) \qquad (5-69)$$

$$I_{1m} = \alpha_1(\theta)I_M = \frac{1}{\pi r_d}U_{im}(\theta - \sin \theta\cos \theta) \qquad (5-70)$$

经低通滤波器的输出电压为

$$u_o = I_0 R = \frac{R}{\pi r_d}U_{im}(\sin \theta - \theta\cos \theta) \qquad (5-71)$$

将式(5 − 71)除以 $\cos \theta$ 得

$$\frac{u_o}{u_o + U_{BZ}}U_{im} = \frac{R}{\pi r_d}U_{im}(\tan \theta - \theta)$$

在 $U_{BZ} = 0$ 或 $u_o \gg U_{BZ}$ 的条件下,上式可写为

$$\tan \theta - \theta \approx \frac{\pi r_d}{R} \qquad (5-72)$$

在 θ 很小的条件下($\theta < \frac{\pi}{6}$ rad),$\tan \theta$ 可展开成级数,即

$$\tan \theta = \theta + \frac{1}{3}\theta^3 + \frac{2}{15}\theta^5 + \cdots \qquad (5-73)$$

忽略高次项,将式(5 − 73)代入式(5 − 72)中,可得

$$\theta \approx \sqrt[3]{\frac{3\pi r_d}{R}} \quad (\text{rad}) \qquad (5-74)$$

由式(5 − 74)可知,在 $U_{BZ} = 0$,$\theta < \frac{\pi}{6}$ rad 的条件下,通角 θ 仅与检波器的电路参数 r_d 和 R 有关,而与输入高频信号的振幅 U_{im} 无关。也就是说,在检波器电路确定之后,无论输入高频等幅波还是调幅波,其通角 θ 均保持不变。

在此应说明的是,检波二极管的导通电阻 r_d 通常比负载电阻 R 要小很多,$\theta < \frac{\pi}{6}$ rad 的条件是容易满足的。而 $U_{BZ} = 0$ 的条件,可以采用给检波电路加固定偏压的方法来获得。图 5 − 35 给出了加固定偏压的检波电路的形式。

由式(5-67)可得,输入电压为高频等幅波时的检波输出电压为

$$u_o = U_{im}\cos\theta - U_{BZ} \approx U_{im}\cos\theta$$

$$(5-75)$$

对于输入信号为

$$u_i = U_{im}(1 + m_a\cos\Omega t)\cos\omega_i t$$

的调幅波,由于 $\omega_i \gg \Omega$,在高频电压一周内,由 Ω 引起的振幅变化可以认为是不变的。则检波输出电压为

$$u_o = U_{im}(1 + m_a\cos\Omega t)\cos\theta$$

$$(5-76)$$

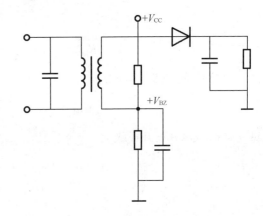

图 5-35　加固定偏压的检波电路

式(5-76)中含有由载波检波得到的直流成分 $U_{im}\cos\theta$ 和边频分量检波而得到的 Ω 成分 $m_a U_{im}\cos\theta\cos\Omega t$。为了取出原调制信号,可以选用图 5-36 所示的检波电路,即在低通滤波器后增加隔直电容 C_c 来实现。电路输出电压

$$u_A = u_o = U_{im}(1 + m_a\cos\Omega t)\cos\theta$$

而

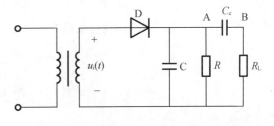

图 5-36　检波电路

$$u_B = m_a U_{im}\cos\theta\cos\Omega t$$

3. 大信号检波器的技术指标

(1)电压传输系数

若输入电压为 $u_i = U_{im}\cos\omega_i t$ 的等幅波,则检波器的输出电压 $u_o = U_{im}\cos\theta$。根据输入为等幅波时电压传输系数的定义,则

$$K_d = \frac{U_{im}\cos\theta}{U_{im}} = \cos\theta \qquad (5-77)$$

若输入电压为 $u_i = U_{im}(1 + m_a\cos\Omega t)\cos\omega_i t$ 的调幅波,检波器的输出电压

$$u_o = U_{im}(1 + m_a\cos\Omega t)\cos\theta$$

根据调幅波的电压传输系数的定义,可得

$$K_d = \frac{m_a U_{im}\cos\theta}{m_a U_{im}} = \cos\theta \qquad (5-78)$$

(2)等效输入电阻 R_{id}

根据定义,等效输入电阻为输入高频电压振幅与流过检波二极管的高频电流的基波振幅之比,即

$$R_{id} = \frac{U_{im}}{I_{1m}} \qquad (5-79)$$

由电流余弦脉冲分解公式,可得电流脉冲中的基波分量振幅为

$$I_{1m} = I_M\alpha_1(\theta) = g_d U_{im}(1 - \cos\theta) \cdot \frac{\theta - \sin\theta\cos\theta}{\pi(1 - \cos\theta)} = \frac{U_{im}}{\pi r_d}(\theta - \sin\theta\cos\theta)$$

所以

$$R_{id} = \frac{U_{im}}{I_{1m}} = \frac{\pi r_d}{\theta - \sin\theta\cos\theta} \qquad (5-80)$$

将式(5-72)代入式(5-80)得

$$R_{id} = \frac{\tan\theta - \theta}{\theta - \sin\theta\cos\theta} \cdot R \qquad (5-81)$$

将 $\tan\theta$、$\sin\theta$、$\cos\theta$ 展开成级数

$$\tan\theta = \theta + \frac{1}{3}\theta^3 + \frac{2}{15}\theta^5 + \cdots$$

$$\cos\theta = 1 - \frac{1}{2!}\theta^2 + \frac{1}{4!}\theta^4 - \cdots$$

$$\sin\theta = \theta - \frac{1}{3!}\theta^3 + \frac{1}{5!}\theta^5 - \cdots$$

并代入式(5-81),通常 θ 很小,可忽略高次项,可得

$$R_{id} \approx \frac{\left(\theta + \frac{1}{3}\theta^3\right) - \theta}{\theta - \left(\theta - \frac{1}{3!}\theta^3\right)\left(1 - \frac{1}{2!}\theta^2\right)}R \approx \frac{\frac{1}{3}\theta^3}{\frac{1}{3!}\theta^3 + \frac{1}{2!}\theta^3}R \approx \frac{1}{2}R \qquad (5-82)$$

(3)失真

检波器在实现对调幅信号进行解调时,为了取出原调制频率 Ω,通常要用隔直电容 C_c 作为耦合电容与下级输入电阻 R_L 相连接,在 R_L 上即可取出所需的调制信号。图 5-36 所示为一个考虑了耦合电容 C_c 后的检波电路。检波器的失真可分频率失真、非线性失真、惯性失真和负峰切割失真。

① 频率失真

当输入信号是调制频率为 $\Omega_{min} \sim \Omega_{max}$ 的调幅波时,检波器输出端 A 点的电压频率包含直流、$\Omega_{min} \sim \Omega_{max}$,而输出 B 点的电压频谱为 $\Omega_{min} \sim \Omega_{max}$。低通滤波器 RC 具有一定的频率特性,电容 C 的主要作用是滤除调幅波中的载波频率分量,为此应满足

$$\frac{1}{\omega_i C} \ll R \qquad (5-83)$$

但是,当 C 取得过大时,对于检波后输出电压的上限频率 Ω_{max} 来说,C 的容抗将产生旁路作用。不同的 Ω 将产生不同的旁路作用。这样便引起了频率失真。为了不产生频率失真,应使电容 C 的容抗对上限频率 Ω_{max} 不产生旁路作用,为此应满足

$$\frac{1}{\Omega_{max} C} \gg R \qquad (5-84)$$

耦合电容 C_c 的容抗将影响检波器下限频率 Ω_{min} 的输出电压,即在 $\Omega_{min} \sim \Omega_{max}$ 内,电容 C_c 上电压降大小不同,在输出端 B 点的电压会因此而产生频率失真。为了不引起频率失真,应使 C_c 对于下限频率 Ω_{min} 的电压降很小,必须满足

$$\frac{1}{\Omega_{min} C_c} \ll R_L \qquad (5-85)$$

② 非线性失真

由于检波器的输出电压是二极管的反向偏压,具有负反馈作用。输出电压大,负反馈强,输

出电压减小,负反馈减弱。这个反向偏压的调整作用,将使非线性失真减小。检波负载电阻越大,反向偏压越大,非线性失真就越小。一般来说,二极管大信号检波器的非线性失真很小。

③ 惰性失真

检波器的低通滤波器 RC 的数值大小对检波器的特性有较大影响。负载电阻 R 越大,检波器的电压传输系数 K_d 越大,等效输入电阻 R_{id} 越大,非线性失真越小。但是随着负载电阻 R 的增大,RC 的时间常数将增大,就有可能产生惰性失真。

大信号检波器是利用二极管单向导电性和电容 C 的充电放电来实现的。在正常情况下,在高频电压一周内,二极管导通一次。导通时,电容 C 经二极管内阻 r_d 被充电。截止时,电容 C 通过负载电阻 R 放电。充放电过程所产生的锯齿波,其平均值与高频信号电压的包络一致。

从图 5-37 可知,$0 \sim t_1, t_2 \sim t_3, t_4 \sim t_5$ 为二极管导通对电容 C 充电时间。因为充电时间常数 $r_d C$ 较小,充电快。$t_1 \sim t_2, t_3 \sim t_4, t_5 \sim t_6$ 为二极管截止,电容 C 通过 R 的放电时间。当 RC 太大时,放电很慢,电容上电压在 $t_5 \sim t_6$ 时间内均高于输入电压,二极管一直截止。这样,输出电压的变化规律就不能反映输入电压的变化规律,从而产生失真。在输入信号电压振幅重新超过输出电压时,二极管才重新导通,这种失真是由于电容 C 放电速度太慢引起的,所以称为惰性失真。

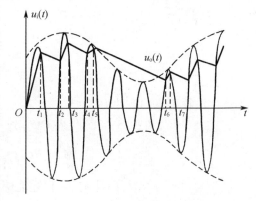

图 5-37 惰性失真

怎样才能确保不产生惰性失真呢? 显然,当电容器上电压变化的速度比调幅波振幅变化的速度快时,则不会产生惰性失真,即

$$\left| \frac{\mathrm{d}u_c}{\mathrm{d}t} \right| \geqslant \left| \frac{\mathrm{d}U'_{im}}{\mathrm{d}t} \right|$$

设输入高频调幅波为 $u_i = U_{im}(1 + m_a \cos \Omega t) \cos \omega_i t$,其振幅为 $U'_{im} = U_{im}(1 + m_a \cos \Omega t)$,则振幅变化速度为

$$\frac{\mathrm{d}U'_{im}}{\mathrm{d}t} = -m_a \Omega U_{im} \sin \Omega t \tag{5-86}$$

电容器 C 通过电阻 R 放电,放电时通过 C 的电流为

$$i_c = C \frac{\mathrm{d}u_c}{\mathrm{d}t}$$

流过 R 的电流为

$$i_R = \frac{u_c}{R}$$

因为 $i_c = i_R$,即

$$C \frac{\mathrm{d}u_c}{\mathrm{d}t} = \frac{u_c}{R}$$

所以

$$\frac{\mathrm{d}u_c}{\mathrm{d}t} = \frac{u_c}{RC} \tag{5-87}$$

设大信号检波器的电压传输系数 $K_d \approx 1$，则

$$u_c = U_{im}(1 + m_a \cos \Omega t) \cdot K_d \approx U_{im}(1 + m_a \cos \Omega t)$$

将上式代入式(5-87)可得

$$\frac{\mathrm{d}u_c}{\mathrm{d}t} = \frac{U_{im}}{RC}(1 + m_a \cos \Omega t) \tag{5-88}$$

不产生惰性失真的条件为

$$\left| \frac{\mathrm{d}u_c}{\mathrm{d}t} \right| \geqslant \left| \frac{\mathrm{d}U'_{im}}{\mathrm{d}t} \right|$$

令

$$A = \frac{\left| \dfrac{\mathrm{d}U'_{im}}{\mathrm{d}t} \right|}{\left| \dfrac{\mathrm{d}u_c}{\mathrm{d}t} \right|}$$

则不产生惰性失真的条件为 $A \leqslant 1$。

将式(5-86)和式(5-88)代入上式得

$$A = RC\Omega \left| \frac{m_a \sin \Omega t}{1 + m_a \cos \Omega t} \right|$$

因为 A 是 t 的函数，只有 $A_{max} \leqslant 1$，才能保证不产生惰性失真。将 A 值对 t 求导数，并令 $\mathrm{d}A/\mathrm{d}t = 0$，可以求得

$$A_{max} = RC\Omega \frac{m_a}{\sqrt{1 - m_a^2}} \tag{5-89}$$

式中，Ω 为调幅信号中的调制信号的角频率。

不产生惰性失真的条件为

$$RC\Omega \frac{m_a}{\sqrt{1 - m_a^2}} \leqslant 1 \tag{5-90}$$

若调幅波为多频调制，其调制信号的角频率为 $\Omega_{min} \sim \Omega_{max}$，则不产生惰性失真的条件为

$$RC\Omega_{max} \frac{m_a}{\sqrt{1 - m_a^2}} \leqslant 1 \tag{5-91}$$

或

$$RC\Omega_{max} \leqslant \frac{\sqrt{1 - m_a^2}}{m_a} \tag{5-92}$$

④ 负峰切割失真

为了将调制信号 Ω 传送到下级负载 R_L 上，采用了隔直耦合电容 C_c 来实现，其电路如图 5-36 所示。当输入电压为调幅波 $u_i = U_{im}(1 + m_a \cos \Omega t) \cos \omega_i t$ 时，检波器输出 $u_A = U_{im}(1 + m_a \cos \Omega t) \cos \theta$，而 $u_B = m_a U_{im} \cos \theta \cos \Omega t$，在电容 C_c 上建立的电压为直流 $U_{im} \cos \theta$。因为 C_c 的电容量大，C_c 两端电压可认为在 Ω 一周内保持不变。这个电压通过 R 和 R_L 的分压，将会在电阻 R 上建立分压 U_R。电压 U_R 对二极管 D 来说是反向偏压的。当输入调幅电

压信号在振幅最小值附近的电压值小于 U_R 时，二极管 D 截止，将会产生输出电压波形的底部被切割，图 5 - 38 是其波形图。通常称其为负峰切割失真。

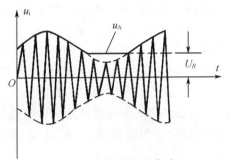

图 5 - 38　负峰切割失真波形

由上述讨论可见，不产生负峰切割失真的条件是输入调幅波的振幅的最小值必须大于或等于 U_R。假设 $K_d = \cos\theta = 1$，即

$$U_{im}(1 - m_a) \geqslant U_R = \frac{R}{R + R_L} U_{im}$$

可得

$$m_a \leqslant \frac{R_L}{R + R_L} = \frac{R_\Omega}{R} \tag{5 - 93}$$

式中，$R_\Omega = R_L R / (R + R_L)$。

由式(5 - 93)可见，当 m_a 一定时，R_Ω 越近于 R，负峰切割失真越不易产生，而提高 R_Ω 需要提高 R_L。在实际应用中，为了提高 R_L，可在检波器和下级放大器之间插入一级射极跟随器，另外还可以如图 5 - 39 所示，将直流负载电阻 R 分成两部分再与下级连接。

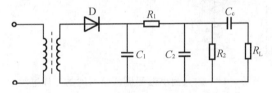

图 5 - 39　减小交直流负载差别的检波电路

电路中直流负载电阻与交流负载电阻分别为

$$R = R_1 + R_2$$

$$R_\Omega = R_1 + \frac{R_2 R_L}{R_2 + R_L}$$

显然，当 R 一定时，R_1 越大则交、直流负载电阻差别就越小，负峰切割失真也就越不易产生。但是由于 R_1、R_2 的分压作用，使有用的输出电压也减小了。因此应兼顾二者，通常取

$$R_1 = (0.1 \sim 0.2) R_2$$

为了提高检波器的高频滤波能力，进一步滤去高频分量，在电路中的 R_2 上并接了电容 C_2。滤波电路的时间常数为

$$RC = (R_1 + R_2) C_1 + R_2 C_2$$

通常取 $C_1 = C_2$。

5.5.3　二极管小信号检波电路

小信号检波是高频输入信号的振幅小于 0.2 V，利用二极管伏安特性弯曲部分进行频率变换，然后通过低通滤波器实现检波，通常称其为平方律检波。

1. 小信号检波的工作原理

图 5 - 40 所示是二极管小信号检波器的原理电路。因为是小信号输入，需外加偏压 V_Q

使其静态工作点位于二极管特性曲线的弯曲部分的 Q 点。当加的输入信号为调幅信号时,二极管中的电流变化规律如图 5-41 所示。在图 5-41 中,输入为对称的调幅信号,由于二极管伏安特性的非线性,二极管的电流变化则为失真的非对称调幅电流 i_D。波形失真表明产生了新的频率,而其中包含有调制信号频率 Ω 的成分 I_Ω。经过滤波器后,就可以得到所需的原调制信号。

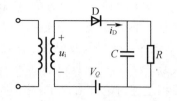

图 5-40   二极管小信号检波电路

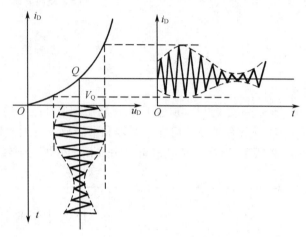

图 5-41   输入为小信号调幅信号时的工作过程

2. 小信号检波器的分析

二极管的伏安特性在工作点 Q 附近,可用泰勒级数展开,即

$$i_D = b_0 + b_1(u_D - V_Q) + b_2(u_D - V_Q)^2 + b_3(u_D - V_Q)^3 + \cdots \tag{5-94}$$

因为二极管小信号检波器输出电压很小,忽略输出电压的反作用,可得

$$u_D = u_i + V_Q$$

则

$$i_D = b_0 + b_1 u_i + b_2 u_i^2 + b_3 u_i^3 + \cdots$$

当 u_i 较小时,可忽略其高次项,可得

$$i_D = b_0 + b_1 u_i + b_2 u_i^2 \tag{5-95}$$

式中,$b_0 = I_Q$ 为二极管偏置电流;b_1 和 b_2 为工作点处泰勒级数的展开式系数(常数)。

当输入为等幅波 $u_i = U_{im}\cos \omega_i t$ 时,得

$$i_D = I_Q + b_1 U_{im}\cos \omega_i t + b_2 U_{im}^2 \cos^2 \omega_i t$$

$$= I_Q + b_1 U_{im}\cos \omega_i t + \frac{1}{2}b_2 U_{im}^2 (1 + \cos 2\omega_i t) \tag{5-96}$$

经低通滤波器取出 $I_Q + \frac{1}{2}b_2 U_{im}^2$。其中 $\frac{1}{2}b_2 U_{im}^2$ 为直流电流增量,它代表二极管检波作用的结果。输出电压增量为 $\frac{1}{2}b_2 U_{im}^2 R$。

当输入信号为调幅波 $u_i = U_{im}(1 + m_a \cos \Omega t) \cos \omega_i t$ 时，因为 $\omega_i \gg \Omega$，可认为在 ω_i 一周内 $U_{im}(1 + m_a \cos \Omega t) = U'_{im}$ 是不变的。这样检波器的输出电压增量为

$$\frac{1}{2} b_2 R U'^2_{im} = \frac{1}{2} b_2 R U^2_{im}(1 + m_a \cos \Omega t)^2$$

$$= \frac{1}{2} b_2 R U^2_{im} + \frac{1}{4} b_2 R m_a^2 U^2_{im} + b_2 R m_a U^2_{im} \cos \Omega t + \frac{1}{4} b_2 R m_a^2 U^2_{im} \cos 2\Omega t$$

此电压增量经 C_c 隔直耦合在 R_L 上得到的电压为

$$b_2 R m_a U^2_{im} \cos \Omega t + \frac{1}{4} b_2 R m_a^2 U^2_{im} \cos 2\Omega t$$

可见输出电压中除 Ω 分量外，还有 2Ω 的频率成分，也就是产生了非线性失真。

3. 小信号检波器的主要技术指标

输入为等幅波时，小信号检波器的电压传输系数为

$$K_d = \frac{\frac{1}{2} b_2 U^2_{im} R}{U_{im}} = \frac{1}{2} b_2 U_{im} R \tag{5 - 97}$$

而输入为调幅波时，小信号检波器的电压传输系数为

$$K_d = \frac{b_2 m_a U^2_{im} R}{m_a U_{im}} = b_2 U_{im} R \tag{5 - 98}$$

式(5 - 98)说明，小信号检波器的电压传输系数 K_d 不是常数，而是与输入高频电压的振幅成正比。当输入高频电压振幅 U_{im} 很小时，电压传输系数 K_d 也很小，即检波效率很低，这是小信号检波器的缺点。

对于小信号检波器而言，因为负载上的电压降一般很小，而且二极管一直处于导通状态，所以检波器的等效输入电阻可近似地认为等于二极管的导通电阻 r_d。

小信号检波器的非线性失真系数为

$$K_f = \frac{\sqrt{U^2_{2\Omega m} + U^2_{3\Omega m} + \cdots}}{U_{\Omega m}} = \frac{\frac{1}{4} b_2 m_a^2 U^2_{im}}{b_2 m_a U^2_{im}} = \frac{1}{4} m_a$$

可见，调制系数 m_a 越大，则 K_f 越大，失真越严重。非线性失真大是小信号检波器的又一个缺点。

因为小信号检波器的输出电压与输入信号振幅的平方成正比，所以常用来作为测量信号功率的方法之一。

5.6　同步检波器

同步检波器主要用于对抑制载波的双边带调幅波和单边带调幅波进行解调，也可以用来解调普通调幅波。

同步检波器是由相乘器和低通滤波器两部分组成的。它与包络检波器的区别在于检波器的输入除了有需要进行解调的调幅信号电压 u_i 外，还必须外加一个频率和相位与输入信号载频完全相同的本地载频信号电压 u_0，经过相乘和滤波后得到原调制信号。图 5 - 42 是同步检波器的原理方框图。

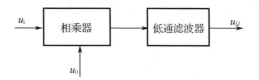

图 5 - 42 同步检波器的原理方框图

5.6.1 同步检波器的工作原理

设输入信号是双边带调幅信号电压

$$u_i = U_{im}\cos \Omega t\cos \omega_i t$$

本地载频信号电压为

$$u_0 = U_{0m}\cos \omega_i t$$

即本地载频信号与输入信号的载频同频同相位。经相乘器相乘,输出电流为

$$
\begin{aligned}
Ku_i u_0 &= KU_{im}U_{0m}\cos \Omega t\cos \omega_i t\cos \omega_i t \\
&= \frac{1}{2}KU_{im}U_{0m}\cos \Omega t + \frac{1}{4}KU_{im}U_{0m}\cos[(2\omega_i + \Omega)t] \\
&\quad + \frac{1}{4}KU_{im}U_{0m}\cos[(2\omega_i - \Omega)t]
\end{aligned}
\tag{5-99}
$$

经低通滤波器滤除 $2\omega_i \pm \Omega$ 频率分量,就可得到频率为 Ω 的低频电压信号,即

$$u_\Omega = \frac{1}{2}KU_{im}RU_{0m}\cos \Omega t \tag{5-100}$$

对单边带信号来说,解调过程与双边带相似。设输入信号为单音频调制的上边带信号电压为

$$u_i = U_{im}\cos(\omega_i + \Omega)t$$

本地载波频信号电压为

$$u_0 = U_{0m}\cos \omega_i t$$

经相乘器相乘,输出电流为

$$
\begin{aligned}
Ku_i u_0 &= KU_{im}U_{0m}\cos(\omega_i + \Omega)t\cos \omega_i t \\
&= \frac{1}{2}KU_{im}U_{0m}\cos \Omega t + \frac{1}{2}KU_{im}U_{0m}\cos(2\omega_i + \Omega)t
\end{aligned}
\tag{5-101}
$$

经低通滤波器,滤除 $2\omega_i + \Omega$ 的频率分量后,取出频率为 Ω 的低频电压信号为

$$u_\Omega = \frac{1}{2}KU_{im}U_{0m}R\cos \Omega t \tag{5-102}$$

对于普通调幅波,同样也可以采用同步检波器来实现解调。

图 5 - 43 所示,是采用模拟乘法器 MC1596 组成的集成同步检波器。被解调信号可以是任何一种调幅信号,从集成电路的 1 脚输入,本地载频信号从 8 脚输入。解调出的原调制信号从 9 脚输出,经外接 π 型低通滤波器,即可解调出所需的信号。

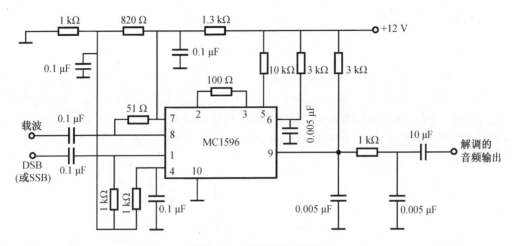

图 5－43　集成同步检波器

5.6.2　本地载频信号的产生方法及不同步的影响

对于双边带或单边带调幅信号来说,无法直接从双边带或单边带调幅信号中提取参考信号。为了产生同频同相的本地同步载频信号,往往在发射机发射双边带或单边带调幅信号的同时,附带发射一个载频信号,其功率远低于双边带或单边带调幅信号的功率,通常称为导频信号。接收机在接收双边带或单边带调幅信号的同时也接收导频信号,由晶体滤波器从输入信号中取出该导频信号,经放大后作为本地载频信号。如果发射机不发射导频信号,那么在接收端可采用与发射机相同的高稳定度的石英晶体振荡器或频率合成器来产生本地载频信号。

本地载频信号与输入信号的载频不能保持同步,对检波性能会产生什么样的影响呢?

设本地载频信号与输入信号载频的不同步量为 $\Delta\omega$,相位不同步量为 φ,即

$$u_0 = U_{0m}\cos[(\omega_i + \Delta\omega)t + \varphi]$$

若用模拟乘法器构成同步检波电路解调双边带调幅信号,则

$$Ku_i u_0 = KU_{im}U_{0m}\cos\Omega t\cos\omega_i t\cos[(\omega_i + \Delta\omega)t + \varphi]$$

$$= \frac{1}{2}KU_{im}U_{0m}\cos\Omega t\cos(\Delta\omega t + \varphi) + \frac{1}{2}KU_{im}U_{0m}\cos\Omega t\cos[(2\omega_i + \Delta\omega)t + \varphi]$$

经低通滤波器取出 u_Ω,即

$$u_\Omega = \frac{1}{2}KU_{im}U_{0m}R\cos(\Delta\omega t + \varphi)\cos\Omega t$$

$$= \frac{1}{4}KU_{im}U_{0m}R\cos[(\Omega + \Delta\omega)t + \varphi] + \frac{1}{4}KU_{im}U_{0m}R\cos[(\Omega - \Delta\omega)t - \varphi]$$

可见,当频率、相位不同步时,检出的低频信号将产生频率失真和相位失真。

若用模拟乘法器构成的乘积检波电路解调单边带调幅信号,则

$$Ku_i u_0 = KU_{im}\cos(\omega_i + \Omega)t \cdot U_{0m}\cos[(\omega_i + \Delta\omega)t + \varphi]$$

$$= \frac{1}{2}KU_{im}U_{0m}\cos[(\Omega - \Delta\omega)t - \varphi] + \frac{1}{2}KU_{im}U_{0m}\cos[(2\omega_i + \Omega + \Delta\omega)t + \varphi]$$

经低通滤波器取出 u_{Ω},则

$$u_{\Omega} = \frac{1}{2}KU_{\text{im}}U_{0\text{m}}R\cos[(\Omega - \Delta\omega)t - \varphi]$$

可见,当频率、相位不同步时,检出的低频信号将产生频率失真和相位失真。在进行语言通信时,人耳对相位失真不敏感,但频率失真听上去会感到严重声音失真。实验证明,当频率偏移值为 20 Hz 时,开始觉察声音不自然;而当频率偏移值为 200 Hz 时,语言可懂度就会下降。在进行图像通信时,频率和相位的偏移都会影响图像质量。

5.7　数字信号调幅与解调

当调制信号为数字信号对载波进行幅度调制时,称为数字信号调幅,也称为幅度键控(ASK)。二进制数字振幅键控通常称为2ASK。

数字调幅信号的解调与模拟调幅信号的解调相似。2ASK 信号的解调由振幅检波器完成,具体方法主要有两种:包络解调法和相干解调法。

5.7.1　数字信号调幅的基本原理

设二进制数字为数字序列 a_n,即

$$a_n = \begin{cases} 1,概率为 P \\ 0,概率为 1 - P \end{cases} \tag{5-103}$$

将 a_n 通过基带信号形成器转换成单极性基带矩形序列 $S(t)$,即

$$S(t) = \sum_n a_n g(t - nT_S) \tag{5-104}$$

式中,$g(t)$ 为持续时间为 T_S 的矩形脉冲。

如果用模拟乘法器 $u = K_M u_1 u_2$ 将 $S(t)$ 与载波信号 $u_c(t) = U_m\cos\omega_c t$ 相乘可得数字调幅波 $u(t)$ 为

$$u(t) = K_M[\sum_n a_n g(t - nT_S)]U_m\cos\omega_c t$$

实现数字信号调幅的原理框图如图 5-44 所示,其输出 2ASK 信号如图 5-45 所示。

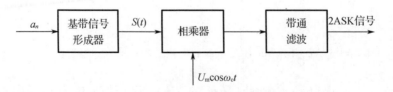

图 5-44　数字信号调幅原理框图

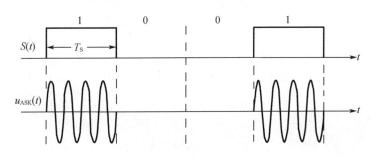

图 5 – 45　2ASK 波形图

5.7.2　数字信号调幅的实现方法

1. 乘法器实现法

利用相乘原理实现 2ASK，与模拟信号调幅相似，可以利用模拟乘法器来实现。图 5 – 46 所示利用环形调幅电路来实现 2ASK。其中输入载波信号加到 1、2 端，而基带数字信号加到 5、6 端。因为基带数字信号的性质决定 5 端电压始终大于或等于 6 端的电压，二极管 D_3 和 D_4 始终截止，实际上可不用，只有 D_1 和 D_2 的导通受基带数字信号控制。当输入信号为"1"时，D_1 和 D_2 导通，在 3 和 4 端有载波信号输出。当输入信号为"0"时，D_1、D_2 截止，在 3 和 4 端无输出。2ASK 信号如图 5 – 45 所示。

2. 键控法

用一个电键来控制载波振荡的输出可以获得 2ASK 信号，图 5 – 47 所示是这种方法的原理框图。

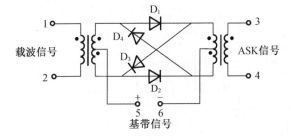

图 5 – 46　环形调幅电路

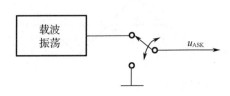

图 5 – 47　键控法产生 2ASK 信号原理框图

5.7.3　数字调幅信号的解调方法

1. 包络解调法

图 5 – 48 所示是包络解调的原理框图。带通滤波器恰好使 2ASK 信号完整地通过，经包络检波后，输出其包络。低通滤波器的作用是滤除高频杂波，使基带包络信号通过。为了提高数字解调的性能，在低通滤波器后增加了抽样判决器，它包括抽样、判决及码元形成，有时又称译码器。包络检波器输出基带包络经抽样、判决后将码元再生，即可恢复数字序列 a_n。

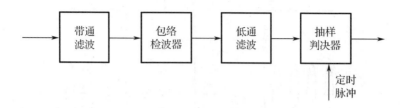

图 5 - 48　2ASK 信号包络解调

2. 相干解调法

相干解调就是同步解调。与模拟调幅信号同步检波一样,利用乘法器实现同步检波,再通过抽样判决器恢复数字序列 a_n。图 5 - 49 所示是 2ASK 信号相干解调的原理框图。

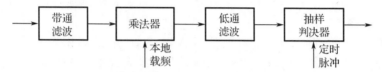

图 5 - 49　2ASK 信号相干解调

5.8　思考题与习题

5 - 1　已知载波电压为 $u_c(t) = U_{cm}\cos \omega_c t$,调制信号如图 5 - 50 所示,$f_c \gg 1/T_\Omega$,分别画出 $m = 0.5$ 及 $m = 1$ 两种情况下所对应的 AM 波的波形。

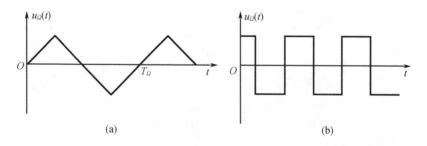

(a) 　　　　　　　　　　　　(b)

图 5 - 50　题 5 - 1 图

5 - 2　设某一广播电台的信号电压 $u(t) = 20(1 + 0.3\cos 6\,280t)\cos 6.33 \times 10^6 t(\text{mV})$,问此电台的频率是多少? 调制信号频率是多少?

5 - 3　为什么调制必须利用电子器件的非线性特性才能实现? 它和小信号放大在本质上有什么不同?

5 - 4　有一调幅波,载波功率为 100 W,试求当 $m_a = 1$ 与 $m_a = 0.3$ 时的总功率、边频功率和每一边频的功率。

5 - 5　某发射机输出级在负载 $R_L = 100\ \Omega$ 上的输出信号 $u(t) = 4(1 + 0.5\cos \Omega t)\cos \omega_c t(\text{V})$,试求总的输出功率、载波功率和边频功率。

5 - 6　试指出下列电压是什么已调波,写出已调波的电压表达式,并指出它们在单位电阻上消耗的平均功率及相应的频谱宽度。

（1）$u(t) = 2\cos(4\pi \times 10^6 t) + 0.1\cos(3\,996\pi \times 10^3 t) + 0.1\cos(4\,004\pi \times 10^3 t)$（V）

（2）$u(t) = 4\cos(2\pi \times 10^6 t) + 1.6\cos[2\pi(10^6 + 10^3)t] + 0.4\cos[2\pi(10^6 + 10^4)t] + 1.6\cos[2\pi(10^6 - 10^3)t] + 0.4\cos[2\pi(10^6 - 10^4)t]$（V）

5-7　集电极调幅是高电平调幅,集电极调幅电路是利用丙类高频功率放大器实现的,为了实现线性调制,高频功率放大器应工作于什么状态？电路输出是什么调幅波？调制信号源是电压源还是功率源？

5-8　能实现普通调幅波的调幅电路有哪些电路？能实现双边带调幅波的调幅电路有哪些电路？

5-9　一集电极调幅电路,它的载波输出功率为 50 W,调幅指数 $m_a = 0.5$,平均集电极效率 $\eta_{cav} = 60\%$,试求：

（1）集电极平均直流输入功率；

（2）集电极平均输出功率；

（3）调制信号源提供的输入功率；

（4）载波状态时的集电极效率；

（5）集电极最大损耗功率。

5-10　已知某集电极调幅电路,集电极直流电源电压 $V_{CT} = 9$ V,未加调制时的高频载波电压振幅为 $U_{cm} = 6$ V,当加入调制电压,实现 $m_a = 1$ 调制时,试求高频输出电压的最大值和此时的集电极瞬时电压。

5-11　有一集电极调幅电路,未调制载波状态为 $V_{CT} = 30$ V,$U_{cm} = 28$ V,$P_{CT} = 3$ W,$\eta_{CT} = 80\%$,试求 $m_a = 0.5$ 调幅时,

（1）集电极直流输入功率；

（2）调制信号源提供输入功率；

（3）平均总输入功率；

（4）载波输出功率和边频功率；

（5）集电极平均损耗功率；

（6）最大与最小的集电极瞬时电压。

5-12　某集电极调幅电路,已知载频 $f_c = 1\,000$ kHz,电源电压 $V_{CT} = 24$ V,电源电压利用系数 $\xi = 0.8$,集电极平均效率为 50%,集电极回路的谐振阻抗 $R_p = 500$ Ω,调制信号频率 $F = 1$ kHz,调幅指数 $m_a = 0.6$,调制信号 $u_\Omega(t) = U_{\Omega m}\cos\Omega t$,试求：

（1）画出原理电路图；

（2）写出输出电压的表达式；

（3）求未调制时输出的载波功率以及已调波的平均输出功率；

（4）求调制信号源供给的功率；

（5）求集电极最大瞬时电压和最小瞬时电压。

5-13　一个调幅发射机的载波输出功率为 5 W,$m_a = 0.5$,平均效率为 50%。试求：

（1）电路为集电极调幅时,直流电源提供的输入功率和输出边频功率；

（2）电路为基极调幅时,直流电源提供的输入功率和输出边频功率。

5-14　某集电极调制电路,其静态调制特性如图 5-51 所示,设振幅最大值时 $\eta_{cmax} = 80\%$,试求：

（1）$m_a = 1$ 时总平均输出功率；

（2）调制信号源供给的输入功率；

（3）直流电源的输入功率；

（4）集电极平均损耗功率；

（5）负载电阻及集电极电压利用系数。

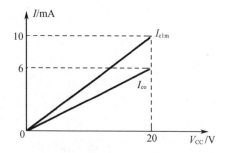

图 5 – 51　题 5 – 14 图

5 – 15　二极管调幅电路中采用开关工作调幅、平衡调幅和环形调幅的目的是什么？

5 – 16　单二极管调幅电路如图 5 – 52 所示，输入的载波信号 $u_c(t) = U_{cm} \cos \omega_c t$ 和调制信号 $u_\Omega(t) = U_{\Omega m} \cos \Omega t$ 都为小信号，在偏置电压 V_Q 作用下，二极管偏置电流为 I_Q，在工作点附近二极管特性为

$$i_D = I_Q + b_1(u_D - V_Q) + b_2(u_D - V_Q)^2 + b_3(u_D - V_Q)^3 + \cdots$$

试分析：（1）流过负载电阻的电流包含有哪些频率成分，应采用什么样的滤波器才能取出调幅波。

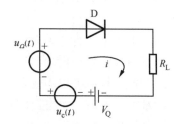

图 5 – 52　题 5 – 16 图

（2）与单二极管开关状态调幅电路相比较，分析说明开关状态调幅特点是什么？

5 – 17　二极管平衡调制器电路如图 5 – 53 所示。如果 $u_c(t)$ 及 $u_\Omega(t)$ 的注入位置如图示，其中 $u_c(t) = U_{cm} \cos \omega_c t$，$u_\Omega(t) = U_{\Omega m} \cos \Omega t$，$U_{cm} \gg U_{\Omega m}$，$u(t)$ 的表达式（输出调谐回路中心频率为 ω_c，且谐振电阻为 R_p）。

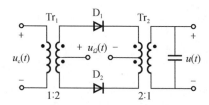

图 5 – 53　题 5 – 17 图

5 – 18　某调幅电路如图 5 – 54 所示，图中 D_1、D_2 的伏安特性相同，均为自原点出发斜率为 g_d 的直线，设调制电压 $u_\Omega(t) = U_{\Omega m} \cos \Omega t$，载波电压 $u_c(t) = U_{cm} \cos \omega_c t$，并且 $\omega_c \gg \Omega$，$U_{cm} \gg U_{\Omega m}$。

（1）试问这两个电路是否都能实现振幅调制作用？

（2）在能实现振幅调制的电路中，试分析其输出电流的频谱。

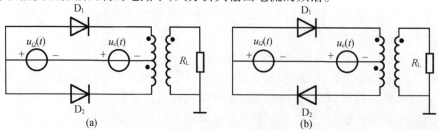

图 5 – 54　题 5 – 18 图

5-19　在图 5-55 所示电路中,调制信号电压 $u_\Omega(t) = U_{\Omega m}\cos\Omega t$,载波电压 $u_c(t) = U_{cm}\cos\omega_c t$,并且 $\omega_c \gg \Omega$,$U_{cm} \gg U_{\Omega m}$,二极管特性相同,均从原点出发,斜率为 g_d 的直线,试问图中电路能否实现双边带调制,为什么?

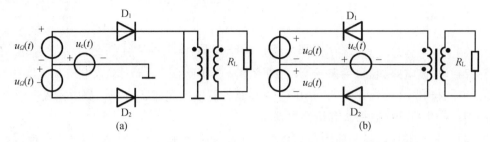

图 5-55　题 5-19 图

5-20　二极管环形调制器如图 5-56 所示,设四个二极管的伏安特性完全一致,均自原点出点、斜率为 g_d 的直线。调制信号 $u_\Omega(t) = U_{\Omega m}\cos\Omega t$,载波电压 $u_c(t)$ 为图所示的对称方波,重复周期为 $T_c = 2\pi/\omega_c$,并且有 $U_{cm} > U_{\Omega m}$,试求输出电流的频谱分量。

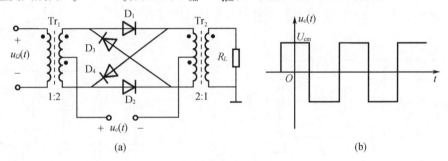

图 5-56　题 5-20 图

5-21　ADE-1 微型电路如图 5-57 所示。高频宽频带变压器 Tr_1 的初、次级匝比为 1:2,Tr_2 的初、次级匝比为 2:1。输入载波电压为 $u_c(t) = U_{cm}\cos\omega_c t$(大信号),输入调制电压为 $u_\Omega(t) = U_{\Omega m}\cos\Omega t$,试分析此电路能否实现双边带调幅? 需采用什么样的滤波器? 求负载电阻 R_L 上的电压 $u_o(t)$。

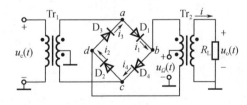

图 5-57　题 5-21 图

5-22　试分析比较说明单二极管小信号调幅、单二极管开关状态调幅、双二极管小信号平衡调幅、双二极管开关状态平衡调幅和四个二极管开关状态环形调幅的优缺点?

5-23　振幅检波器必须由哪几个部分组成? 各部分作用如何? 下列各电路能否检波? 图 5-58 中 RC 为正常值,二极管为折线特性。

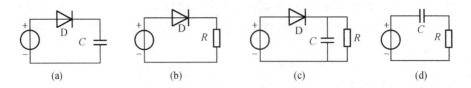

图 5 – 58　题 5 – 23 图

5 – 24　检波电路如图 5 – 59 所示,二极管的 $r_d = 100\ \Omega$,$U_{BZ} = 0$,输入电压 $u_i = 1.2[1 + 0.5\cos(10\pi \times 10^3 t)]\cos(2\pi \times 465 \times 10^3 t)$(V),试计算输出电压 u_A 和 u_B,等效输入电阻 R_{id},并判断能否产生负峰切割失真和惰性失真。

5 – 25　二极管检波电路如图 5 – 60 所示。已知输入电压 $u_i(t) = 2[1 + 0.6\cos(2\pi \times 10^3 t)]\cos(2\pi \times 10^6 t)$(V),检波器负载电阻 $R = 5\ \text{k}\Omega$,二极管导通电阻 $r_d = 80\ \Omega$,$U_{BZ} = 0$,试求:

(1)检波器电压传输系数 K_d;

(2)检波器输出电压 u_A;

(3)保证输出波形不产生惰性失真时的最大负载电容 C。

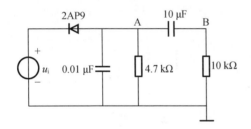

图 5 – 59　题 5 – 24 图

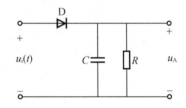

图 5 – 60　题 5 – 25 图

5 – 26　二极管检波器如图 5 – 61 所示。已知 $R = 5\ \text{k}\Omega$,$R_L = 10\ \text{k}\Omega$,$C = 0.01\ \mu\text{F}$,$C_c = 20\ \mu\text{F}$,输入调幅波的载波为 465 kHz,最高调制频率为 5 kHz,调幅波振幅的最大值为 20 V,最小值为 5 V,二极管导通电阻 $r_d = 60\ \Omega$,$U_{BZ} = 0$,试求:

(1)u_A、u_B;

(2)能否产生惰性失真和负峰切割失真?

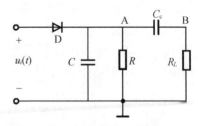

图 5 – 61　题 5 – 26 图

5 – 27　二极管检波电路如图 5 – 61 所示。$R_L = 5\ \text{k}\Omega$,其他电路参数与题 5 – 26 相同,输入信号电压为 $u_i(t) = 1.2\cos(2\pi \times 465 \times 10^3 t) + 0.36\cos(2\pi \times 462 \times 10^3 t) + 0.36\cos(2\pi \times 468 \times 10^3 t)$(V),试求:

(1)调幅波的调幅指数 m_a,调制信号频率 F,并写出调幅波的数学表达式;

(2)试问会不会产生惰性失真或负峰切割失真?

(3)$u_A = ?$　$u_B = ?$

(4)画出 A 与 B 两点的瞬时电压波形图。

5 – 28　二极管检波电路如图 5 – 61 所示。$u_i(t)$ 为调幅信号电压,其调制信号频率 $F =$

$100 \sim 10\,000$ Hz, $C = 0.01\ \mu\mathrm{F}$, $R_\mathrm{L} = 10\ \mathrm{k}\Omega$, $R = 5\ \mathrm{k}\Omega$, $C_\mathrm{c} = 20\ \mu\mathrm{F}$, $r_\mathrm{d} = 60\ \Omega$, $U_{\mathrm{BZ}} = 0$。试问:

(1)不产生惰性失真, m_a 最大值应为多少?

(2)不产生负峰切割失真, m_a 最大值应为多少?

(3)不产生惰性失真和负峰切割失真, m_a 应为多少?

5 – 29　二极管包络检波电路如图 5 – 62 所示。已知: $f_\mathrm{c} = 465\ \mathrm{kHz}$, 单频调制指数 $m_\mathrm{a} = 0.3$, $R_2 = 5.1\ \mathrm{k}\Omega$, 为不产生负峰切割失真, R_2 的滑动点应放在什么位置?

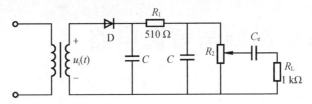

图 5 – 62　题 5 – 29 图

5 – 30　同步检波电路如图 5 – 63 所示, 乘法器的乘积因子为 K, 本地载频信号电压 $u_0 = \cos(\omega_\mathrm{c} t + \varphi)$。若输入信号电压 u_i 为

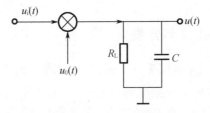

图 5 – 63　题 5 – 30 图

(1)双边带调幅波

$$u_\mathrm{i} = (\cos \Omega_1 t + \cos \Omega_2 t)\cos \omega_\mathrm{c} t$$

(2)单边带调幅波

$$u_\mathrm{i} = \cos(\omega_\mathrm{C} + \Omega_1)t + \cos(\omega_\mathrm{C} + \Omega_2)t$$

试分别写出两种情况下输出电压 $u(t)$ 的表达式, 并说明有否失真。假设, $Z_\mathrm{L}(\omega_\mathrm{C}) \approx 0$, $Z_\mathrm{L}(\Omega) \approx R_\mathrm{L}$。

5 – 31　设乘积同步检波器中 $u_\mathrm{i}(t) = U_{\mathrm{im}}\cos \Omega t \cos \omega_\mathrm{i} t$, 而 $u_0 = U_{\mathrm{om}}\cos(\omega_\mathrm{i} + \Delta\omega)t$, 并且 $\Delta\omega < \Omega$, 试画出检波器输出电压频谱, 在这种情况下能否实现不失真解调?

5 – 32　设乘积同步检波器中, $u_\mathrm{i} = U_{\mathrm{im}}\cos(\omega_\mathrm{i} + \Omega)t$, 即 u_i 为单边带信号, 而 $u_0 = U_{\mathrm{0m}}\cos(\omega_\mathrm{i} t + \varphi)$, 试问当 φ 为常数时能否实现不失真解调?

5 – 33　试用相乘器、相加器、滤波器组成下列信号的框图:

(1)AM 信号; (2)DSB 信号; (3)SSB 信号; (4)2ASK 信号。

5 – 34　试分析说明二极管大信号检波器、二极管小信号检波器和同步检波器的特点。

第 6 章

角度调制与解调电路

6.1　概　　述

6.1.1　角度调制的定义与分类

角度调制的定义是,高频振荡的振幅不变,而其总瞬时相角随调制信号 $u_\Omega(t)$ 按一定关系变化。角度调制分为相位调制和频率调制。

相位调制的定义是,高频振荡的振幅不变,而其瞬时相位随调制信号 $u_\Omega(t)$ 线性关系变化。这样的已调波称为调相波,常用 PM 表示。

频率调制的定义是,高频振荡的振幅不变,而其瞬时频率随调制信号 $u_\Omega(t)$ 线性关系变化。这样的已调波称为调频波,常用 FM 表示。

6.1.2　角度调制的优点与用途

与振幅调制相比,角度调制具有抗干扰能力强和较高的载波功率利用系数等优点,但占有更宽的传送频带。调频主要应用于调频广播、广播电视、通信及遥测遥控等;调相主要用于数字通信系统中的移相键控。

6.1.3　调角波的基本特性

1. 调角波的数学表达式、瞬时频率和瞬时相位

高频振荡信号的一般表达式为

$$u(t) = U_m\cos\theta(t) \tag{6-1}$$

式中,U_m 为高频振荡的振幅;$\theta(t)$ 为高频振荡的总瞬时相角。

在未调制状态,即调制信号 $u_\Omega(t) = 0$。高频振荡信号是载波信号,称为载波状态。设高频载波信号的角频率为 ω_c,初始相位为 0,其数学表达式为

$$u_c(t) = U_{cm}\cos\omega_c t$$

（1）调相波

根据调相波的定义,高频振荡的振幅 U_m 不变,而瞬时相位随调制信号 $u_\Omega(t)$ 呈线性关系变化,即

$$U_m = U_{cm}$$
$$\theta(t) = \omega_c t + k_p u_\Omega(t) \tag{6-2}$$

式中,k_p 为比例常数,单位是弧度/伏(rad/V)。因此调相波的一般表达式为

$$u(t) = U_{cm}\cos[\omega_c t + k_p u_\Omega(t)] \tag{6-3}$$

调相波的瞬时角频率为

$$\omega(t) = \frac{\mathrm{d}\theta(t)}{\mathrm{d}t} = \omega_c + k_p \frac{\mathrm{d}u_\Omega(t)}{\mathrm{d}t} \tag{6-4}$$

（2）调频波

根据调频波定义,高频振荡的振幅 U_m 不变,而瞬时角频率随调制信号 $u_\Omega(t)$ 线性关系变化,即

$$U_m = U_{cm}$$
$$\omega(t) = \omega_c + k_f u_\Omega(t) \tag{6-5}$$

式中,k_f 为比例常数,单位是弧度/(秒·伏)[rad/(s·V)]。

因为,调频波的瞬时相位为

$$\theta(t) = \int_0^t \omega(t)\mathrm{d}t = \omega_c t + k_f \int_0^t u_\Omega(t)\mathrm{d}t \tag{6-6}$$

则调频波的一般表达式为

$$u(t) = U_{cm}\cos\left[\omega_c t + k_f \int_0^t u_\Omega(t)\mathrm{d}t\right] \tag{6-7}$$

2. 调角波的最大相移(调制指数)

无论是调相波还是调频波,它们的总瞬时相角和瞬时角频率都同时受调制信号 $u_\Omega(t)$ 调变。调相波与调频波的差别是,调相波的瞬时相位的变化与调制信号呈线性关系,调频波的瞬时角频率与调制信号呈线性关系。它们之间的比较可用表6-1来说明。

表6-1　调相波与调频波的比较

	调相波	调频波
数学表示式	$U_m\cos[\omega_c t + k_p u_\Omega(t)]$	$U_m\cos\left[\omega_c t + k_f \int_0^t u_\Omega(t)\mathrm{d}t\right]$
瞬时相位	$\omega_c t + k_p u_\Omega(t)$	$\omega_c t + k_f \int_0^t u_\Omega(t)\mathrm{d}t$
瞬时角频率	$\omega_c + k_p \dfrac{\mathrm{d}u_\Omega(t)}{\mathrm{d}t}$	$\omega_c + k_f u_\Omega(t)$
最大相移	$k_p\,\lvert u_\Omega(t)\rvert_{max}$	$k_f\left\lvert\int_0^t u_\Omega(t)\mathrm{d}t\right\rvert_{max}$
最大频移	$k_p\left\lvert\dfrac{\mathrm{d}u_\Omega(t)}{\mathrm{d}t}\right\rvert_{max}$	$k_f\,\lvert u_\Omega(t)\rvert_{max}$

调角波的最大相移称为调角波调制指数。

调相波的调相指数为

$$m_{\mathrm{p}} = k_{\mathrm{p}} \left| u_{\Omega}(t) \right|_{\max}$$

调频波的调频指数为

$$m_{\mathrm{f}} = k_{\mathrm{f}} \left| \int_0^t u_{\Omega}(t) \, \mathrm{d}t \right|_{\max}$$

调幅波的数学表达式与调幅指数 m_{a} 有关,可以用载波振幅 U_{cm}、载波频率 ω_{c}、调制信号频率 Ω 和调幅指数 m_{a} 表示。同理,调角波的数学表达式也可以用载波振幅 U_{cm}、载波频率 ω_{c}、调制信号频率 Ω 和相应的调制指数 m 表示。

无论语言、图像或其他不同类型的信号,都可以看作是由各种不同频率的正弦振荡信号叠加而成的。因此,为分析说明方便,可以用单频信号 $u_{\Omega}(t) = U_{\Omega\mathrm{m}}\cos \Omega t$ 作为调制信号来讨论调角波。

设调制信号为 $u_{\Omega}(t) = U_{\Omega\mathrm{m}}\cos \Omega t$,载波信号为 $u_{\mathrm{c}}(t) = U_{\mathrm{cm}}\cos \omega_{\mathrm{c}}t$。

(1)调相波的数学表达式为

$$u(t) = U_{\mathrm{cm}}\cos(\omega_{\mathrm{c}}t + k_{\mathrm{p}}U_{\Omega\mathrm{m}}\cos \Omega t) = U_{\mathrm{cm}}\cos(\omega_{\mathrm{c}}t + m_{\mathrm{p}}\cos \Omega t) \tag{6-8}$$

式中,m_{p} 为调相波的调制指数,其值为

$$m_{\mathrm{p}} = k_{\mathrm{p}}U_{\Omega\mathrm{m}} \tag{6-9}$$

(2)调频波的数学表达式为

$$u(t) = U_{\mathrm{cm}}\cos \left(\omega_{\mathrm{c}}t + k_{\mathrm{f}}\int_0^t U_{\Omega\mathrm{m}}\cos \Omega t \mathrm{d}t \right)$$

$$= U_{\mathrm{cm}}\cos \left(\omega_{\mathrm{c}}t + \frac{k_{\mathrm{f}}U_{\Omega\mathrm{m}}}{\Omega}\sin \Omega t \right) = U_{\mathrm{cm}}\cos(\omega_{\mathrm{c}}t + m_{\mathrm{f}}\sin \Omega t) \tag{6-10}$$

式中,m_{f} 为调频波的调制指数,其值为

$$m_{\mathrm{f}} = \frac{k_{\mathrm{f}}U_{\Omega\mathrm{m}}}{\Omega} \tag{6-11}$$

3. 调角波的最大频移

(1)调相波的最大频移 $\Delta\omega_{\mathrm{pm}}$ 为

$$\Delta\omega_{\mathrm{pm}} = k_{\mathrm{p}}\left| \frac{\mathrm{d}u_{\Omega}(t)}{\mathrm{d}t} \right|_{\max} = k_{\mathrm{p}}\Omega U_{\Omega\mathrm{m}} \tag{6-12}$$

(2)调频波的最大频移 $\Delta\omega_{\mathrm{fm}}$ 为

$$\Delta\omega_{\mathrm{fm}} = k_{\mathrm{f}}\left| u_{\Omega}(t) \right|_{\max} = k_{\mathrm{f}}U_{\Omega\mathrm{m}} \tag{6-13}$$

4. 最大频移 $\Delta\omega_{\mathrm{m}}$、最大相移 m 和调制信号频率 Ω 之间的关系

调相波和调频波的最大频移 $\Delta\omega_{\mathrm{m}}$ 均等于调制指数 m 与调制频率 Ω 的乘积,即

$$\Delta\omega_{\mathrm{m}} = m\Omega$$

$$\Delta f_{\mathrm{m}} = mF \tag{6-14}$$

式中

$$\Delta f_{\mathrm{m}} = \frac{\Delta\omega_{\mathrm{m}}}{2\pi}, F = \frac{\Omega}{2\pi}$$

这里必须注意的是,单频调制时,调频波和调相波均包含截然不同的三个频率参数。一是载波角频率 ω_{c},它表示调制信号为零时的信号角频率,即调角波的中心角频率;二是最大

角频移 $\Delta\omega_{\mathrm{m}}$，它表示调制信号变化时，瞬时角频率偏离中心角频率的最大值；三是调制信号角频率 Ω，它表示调角波的瞬时角频率从最大值 $\omega_{\mathrm{c}}+\Delta\omega_{\mathrm{m}}$ 到最小值 $\omega_{\mathrm{c}}-\Delta\omega_{\mathrm{m}}$ 之间往返变化的角频率。因为频率的变化总是伴随着相位的变化，所以 Ω 也表示瞬时相位在其最大值和最小值之间变化的角频率。

5. 调角波的波形

图 6-1 和图 6-2 给出了单频调制信号 $u_{\Omega}(t)=U_{\Omega\mathrm{m}}\cos\Omega t$ 和载波信号 $u_{\mathrm{c}}(t)=U_{\mathrm{cm}}\cos\omega_{\mathrm{c}}t$ 的调频波和调相波的波形图。图 6-1(a) 为调制信号波形，根据调频波的定义，其瞬时频率偏移 $\Delta\omega(t)=k_{\mathrm{f}}u_{\Omega}(t)$ 与调制信号成正比，其波形如图 6-1(b) 所示。而根据调相波的定义，其瞬时相位偏移 $\Delta\theta(t)=k_{\mathrm{p}}u_{\Omega}(t)$ 与调制信号成正比，其波形如图 6-2(b) 所示。调频波的瞬时相位偏移为 $\Delta\theta(t)=\int_{0}^{t}k_{\mathrm{f}}u_{\Omega}(t)\mathrm{d}t=m_{\mathrm{f}}\sin\Omega t$，其波形如图 6-1(c) 所示。而调相波的瞬时频率偏移为 $\Delta\omega(t)=k_{P}\dfrac{\mathrm{d}u_{\Omega}(t)}{\mathrm{d}t}=-\Delta\omega_{\mathrm{m}}\sin\Omega t$，其波形如图 6-2(c) 所示。调频波的波形的瞬时频率变化是在载频 ω_{c} 的基础上按图 6-1(b) 的 $\Delta\omega(t)$ 变化，如图 6-1(d) 所示。而调相波的波形的瞬时频率变化是在载频 ω_{c} 的基础上按图 6-2(c) 中的 $\Delta\omega(t)$ 变化，如图 6-2(d) 所示。

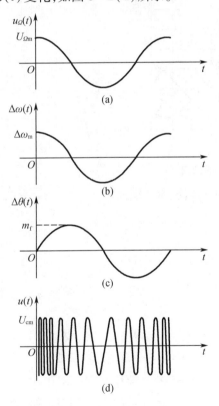

图 6-1　单频调制时的调频波

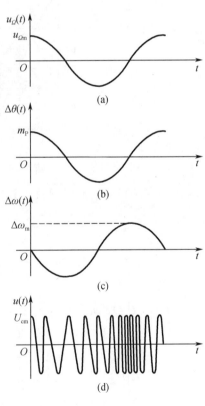

图 6-2　单频调制时的调相波

6. 调角波的频谱及频谱宽度

为了决定调角信号传输系统的带宽，必须对调角波的频谱进行分析。单频调制时，调频波和调相波的表达式是相似的,因此,它们具有相同的频谱。下面仅讨论调频波的频谱。对于调相波,分析结果也完全适用,只不过调频波调制指数用 m_f,调相波调制指数用 m_p。

（1）调频波的频谱

设调制信号 $u_\Omega(t) = U_{\Omega m}\cos\Omega t$,载波信号 $u_c(t) = U_{cm}\cos\omega_c t$,则调频波的表达式为

$$u(t) = U_{cm}\cos(\omega_c t + m_f\sin\Omega t)$$

将上式进行三角变换,得

$$u(t) = U_{cm}\cos\omega_c t\cos(m_f\sin\Omega t) - U_{cm}\sin\omega_c t\sin(m_f\sin\Omega t) \tag{6-15}$$

式中,$\cos(m_f\sin\Omega t)$ 和 $\sin(m_f\sin\Omega t)$ 均可直接展开成傅里叶级数,即

$$\cos(m_f\sin\Omega t) = J_0(m_f) + 2\sum_{n=1}^{\infty}J_{2n}(m_f)\cos 2n\Omega t \tag{6-16}$$

$$\sin(m_f\sin\Omega t) = 2\sum_{n=0}^{\infty}J_{2n+1}(m_f)\sin(2n+1)\Omega t \tag{6-17}$$

其中 n 均取正整数。$J_n(m_f)$ 是以 m_f 为参数的 n 阶第一类贝塞尔函数,其数值可查表 6-2 或查曲线,曲线如图 6-3 所示。

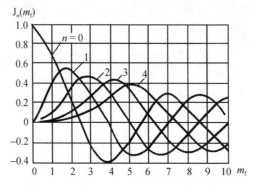

图 6-3　第一类贝塞尔函数曲线

将式(6-16)和式(6-17)代入式(6-15)中,并利用三角变换式

$$\cos\alpha\cos\beta = \frac{1}{2}[\cos(\alpha+\beta) + \cos(\alpha-\beta)]$$

$$\sin\alpha\sin\beta = -\frac{1}{2}[\cos(\alpha+\beta) - \cos(\alpha-\beta)]$$

得

$$
\begin{aligned}
u(t) = \ &U_{cm}J_0(m_f)\cos\omega_c t &&\text{载频}\\
&+ U_{cm}J_1(m_f)\cos(\omega_c+\Omega)t - U_{cm}J_1(m_f)\cos(\omega_c-\Omega)t &&\text{第一对边频}\\
&+ U_{cm}J_2(m_f)\cos(\omega_c+2\Omega)t + U_{cm}J_2(m_f)\cos(\omega_c-2\Omega)t &&\text{第二对边频}\\
&+ U_{cm}J_3(m_f)\cos(\omega_c+3\Omega)t - U_{cm}J_3(m_f)\cos(\omega_c-3\Omega)t &&\text{第三对边频}\\
&+ U_{cm}J_4(m_f)\cos(\omega_c+4\Omega)t + U_{cm}J_4(m_f)\cos(\omega_c-4\Omega)t &&\text{第四对边频}\\
&+ \cdots
\end{aligned}
$$

$$\tag{6-18}$$

从式(6-18)和图 6-3 可以看出,由单音频调制的调频波,其频谱具有以下特点:

① 调频波的频谱不是调制信号频谱的简单搬移,而是由载波分量和无数对边频分量所

组成。

② 奇数项的上、下边频分量振幅相等,极性相反;偶数项的上、下边频分量振幅相等,极性相同。

③ 载波分量和各边频分量的振幅均与 m_f 有关。m_f 越大,有效边频分量越多。这与调幅波是不同的,单频调制下,调幅波的边频数目与调制指数 m_a 无关。

④ 对于某些 m_f 值,载波或某边频振幅为零。

（2）调角波的频谱宽度

因为调角波的频谱中含有无限多对边频分量,从理论上看它的频谱宽度应该是无限大的。但是在实际应用中,常将频谱宽度看成是有限的,这是因为当 m（m_f 或 m_p）一定时,随着边频对数 n 的增加,$J_n(m)$ 的数值虽有起伏,但总的趋势是减小的。特别当 $n > m$ 时,$J_n(m)$ 的数值很小。并且,其值随着 n 的增加而迅速下降。因此,在忽略振幅很小的边频分量时,调角波实际占有的有效频谱宽度就是有限的。

工程上的近似,通常规定,凡是振幅小于未调制载波振幅 10%（或 1%,根据不同要求而定）的边频分量均可忽略不计,保留下来的频谱分量就确定了调角波的频谱宽度。

在高质量通信系统中,常以忽略小于 1% 未调制载波振幅的边频分量来决定频谱宽度。其确定方法是可查表 6-2。若满足关系式

$$|J_n(m)| \geqslant 0.01, \quad |J_{n+1}(m)| < 0.01 \tag{6-19}$$

则频谱宽度为

$$B = 2nF \tag{6-20}$$

式中,F 为调制频率。

表 6-2　n 阶第一类贝塞尔函数值

m_f	J_0	J_1	J_2	J_3	J_4	J_5	J_6	J_7	J_8	J_9	J_{10}	J_{11}	J_{12}
0.25	0.98	0.12	—	—	—	—	—	—	—	—	—	—	—
0.5	0.94	0.24	0.03	—	—	—	—	—	—	—	—	—	—
0.9	0.81	0.40	0.09	0.01	—	—	—	—	—	—	—	—	—
1.0	0.77	0.44	0.11	0.02	—	—	—	—	—	—	—	—	—
1.5	0.51	0.56	0.23	0.06	0.01	—	—	—	—	—	—	—	—
1.8	0.34	0.58	0.31	0.10	0.02	—	—	—	—	—	—	—	—
2.0	0.22 −	0.58	0.35	0.13	0.03	—	—	—	—	—	—	—	—
2.4	0.00	0.52	0.43	0.20	0.06	0.02	—	—	—	—	—	—	—
2.5	−0.05	0.50	0.45	0.22	0.07	0.02	0.01	—	—	—	—	—	—
2.8	−0.21	0.40	0.48	0.32	0.11	0.03	0.01	—	—	—	—	—	—
3.0	−0.26	0.34	0.49	0.38	0.13	0.04	0.01	—	—	—	—	—	—
3.8	−0.40	−0.09	0.38	0.41	0.25	0.11	0.04	0.01	—	—	—	—	—
4.0	−0.40	−0.07	0.36	0.43	0.28	0.13	0.05	0.02	—	—	—	—	—
5.0	−0.18	−0.33	0.05	0.36	0.39	0.26	0.13	0.05	0.02	—	—	—	—
6.0	0.15	−0.28	−0.24	0.11	0.36	0.36	0.25	0.13	0.06	0.02	—	—	—
7.0	0.30	0.00	−0.30	−0.17	0.16	0.35	0.34	0.23	0.13	0.06	0.02	—	—
8.0	0.17	0.23	−0.11	0.29	−0.10	0.19	0.34	0.32	0.22	0.13	0.06	0.02	—

注：表中未列出数据的“—”均 <0.01%。

在中等质量通信系统中,以忽略小于 10% 未调制载波振幅的边频分量来决定频谱宽度。当 $n > m+1$ 时,$J_n(m)$ 恒小于 0.1。因此频谱宽度为

$$B_{CR} = 2(m+1)F \qquad (6-21)$$

在具体计算中,为方便起见,调角波的有效频谱宽度常用式(6-21)计算。若 m 值不为整数,则 B_{CR} 就不是 F 的偶数倍。计算时 m 的数值应取原数值的整数值近似。贝塞尔函数值可用下列无穷级数近似计算,即

$$J_n(m_f) = \left(\frac{m_f}{2}\right)^n \left[\frac{1}{n!} - \frac{(m_f/2)^2}{1!(n+1)!} + \frac{(m_f/2)^4}{2!(n+2)!} - \frac{(m_f/2)^6}{3!(n+3)!} + \cdots\right] \quad (6-22)$$

通过近似计算,$m_f \geqslant 1.9$ 时,$J_3(1.9) > 0.1$;$m_f \geqslant 2.8$ 时,$J_4(2.8) > 0.1$。也就是说 m_f 在 1.9 与 2 之间可用 2 计算 B_{CR},而 m_f 在 2.8 与 3 之间才能用 3 计算 B_{CR}。

在实际计算中,调角波的有效频谱宽度(忽略小于 10% 未调制载波振幅的边频分量)常用式(6-21)计算。若 m 值不为整数,则 B_{CR} 就不是 F 的偶数倍。计算 B_{CR} 时,m 的数值应怎样近似取舍呢? 通过式(6-22)计算在 $m_f \geqslant 1.8$ 时,$J_3(1.8) \geqslant 0.1$,而 $m_f \leqslant 1.7$ 时,$J_3(1.7) < 0.1$;$m_f \geqslant 2.8$ 时,$J_4(2.8) > 0.1$,而 $m_f \leqslant 2.7$ 时,$J_4(2.7) < 0.1$。也就是在计算 B_{CR} 时,$m_f > 1$ 的各数值的小数部分的近似取舍是 $\geqslant 0.8$ 进 1,而 < 0.8 舍去。

通常计算有效频谱宽度采用式(6-21)。但在一些特定条件下,计算式还可以简化,当调制指数 $m \gg 1$ 时,$B_{CR} \approx 2mF$;当调制指数 $m \ll 1$ 时,$B_{CR} \approx 2F$。

值得注意的是,上述计算公式对调角波来说是通式。但调频波频谱宽度和调相波频谱宽度是有差别的。对于调频波,由于

$$m_f = \frac{k_f U_{\Omega m}}{\Omega} = \frac{\Delta \omega_m}{\Omega} = \frac{\Delta f_m}{F}$$

有效频谱宽度 $B_{CR} = 2(m_f+1)F = 2(\Delta f_m + F)$。调制信号的振幅不变时,最大频偏 $\Delta f_m = k_f U_{\Omega m}/2\pi$ 不变。当调制信号频率 F 变化时,调频波的有效频谱宽度 B_{CR} 变化不大。

对于调相波,因为 $m_p = k_p U_{\Omega m}$,在 $U_{\Omega m}$ 不变时,m_p 为常数,与调制频率无关,其频率宽度为 $B_{CR} = 2(m_p+1)F$。可见,调相波的频谱宽度随调制频率 F 增加而成正比增大。

在实际应用中,调制信号不是单频而是多频的复杂信号。实践表明,复杂信号调制时,大多数调频信号占有的有效频谱宽度仍可用单频调制时的公式计算,但调制信号频率 F 用调制信号中的最高频率 F_{max} 代替,Δf_m 用最大频偏 $(\Delta f_m)_{max}$ 代替。例如,在调频广播系统中,按国家标准规定 $(\Delta f_m)_{max} = 75$ kHz,调制信号 F 为 50 Hz ~ 15 kHz,计算可得

$$B_{CR} = 2\left(\frac{\Delta f_{max}}{F_{max}} + 1\right)F_{max} = 180 \text{ kHz}$$

6.1.4 角度调制电路的功能

相位调制电路的功能是将输入的调制信号和载波信号通过电路变换成高频调相波。若输入调制信号为 $u_\Omega(t) = U_{\Omega m}\cos\Omega t$ 时,且高频载波信号 $u_c(t) = U_{cm}\cos\omega_c t$,其输出调相波的数学表达式为 $u(t) = U_{cm}\cos(\omega_c t + m_p\cos\Omega t)$。调相波的频谱宽度取决于 m_p 的大小。调相电路功能也可以用输入信号与输出信号的频谱表示,如图 6-4 所示。

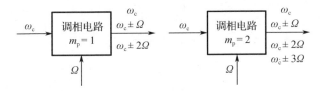

图 6 - 4　调相电路功能的频谱表示

　　频率调制电路的功能是将输入的调制信号和载波信号通过电路变换成高频调频波。若调制信号为 $u_\Omega(t) = U_{\Omega m}\cos\Omega t$，且高频载波信号 $u_c(t) = U_{cm}\cos\omega_c t$，其输出调频波的数学表示式为 $u(t) = U_{cm}\cos(\omega_c t + m_f\sin\Omega t)$。调频波的频谱宽度取决于 m_f 的大小，$B_{CR} = 2(m_f + 1)\Omega$。调频电路的功能也可以用频谱表示，如图 6 - 5 所示。

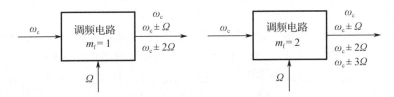

图 6 - 5　调频电路功能的频谱表示

6.1.5　调角信号解调电路的功能

　　调相波解调电路的功能是从调相波中取出原调制信号，也称为鉴相器。当输入调相波电压为 $u_i(t) = U_{cm}\cos(\omega_c t + 2\cos\Omega t)$ 时，其输出电压 $u_o(t) = U_m\cos\Omega t$。因为 $m_p = 2$，输入调相波的频谱为 ω_c、$\omega_c \pm \Omega$、$\omega_c \pm 2\Omega$、$\omega_c \pm 3\Omega$，经鉴相器解调输出频谱为 Ω。其输入输出频谱变换关系如图 6 - 6(a) 所示。

　　调频波解调电路的功能是从调频波中取出原调制信号，也称鉴频器。当输入调频波电压为 $u_i(t) = U_{cm}\cos(\omega_c t + 2\sin\Omega t)$ 时，其输出电压 $u_o(t) = U_m\cos\Omega t$。因为 $m_f = 2$，输入调频波的频谱为 ω_c、$\omega_c \pm \Omega$、$\omega_c \pm 2\Omega$、$\omega_c \pm 3\Omega$，经鉴频器解调输出频谱为 Ω。其输入输出频谱变换关系如图 6 - 6(b) 所示。

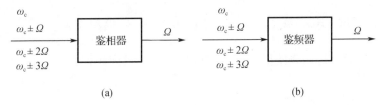

图 6 - 6　调角信号的解调电路的功能

6.2 频率调制电路

6.2.1 调频电路的分类与要求

1. 调频电路的分类

因为频率调制不是频谱线性搬移过程,调频电路就不能采用乘法器和线性滤波器来构成,而必须根据调频波的特点,提出具体实现的方法。实现调频的方法可分为直接调频和间接调频两大类。

(1)直接调频

直接调频的基本原理是利用调制信号直接控制振荡器的振荡频率,使其不失真地反映调制信号变化规律。一般来说,要用调制信号去控制载波振荡器的振荡频率,也就是用调制信号去控制决定载波振荡器振荡频率的可变元件的电抗值,从而使载波振荡器的瞬时频率按调制信号变化规律线性地改变,这样就能够实现直接调频。

图 6 - 7 是利用可变电抗直接调频的示意图。可变电抗元件可以采用变容二极管或电抗管电路。目前,最常用的是变容二极管。

若载波是由多谐振荡器产生的方波,则可用调制电压去控制决定振荡频率的积分电容的充放电电流,从而控制振荡频率。

直接调频的优点是易于得到比较大的频偏,但其中心频率稳定度不易做得很高。

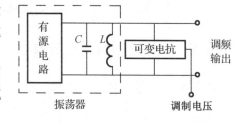

图 6 - 7 可变电抗调频示意图

(2)间接调频

在调制信号为 $u_\Omega(t)$ 时,调频波的数学表达式为

$$u_{FM}(t) = U_{cm}\cos\left(\omega_c t + k_f\int_0^t u_\Omega(t)\,dt\right)$$

可见调频波的相位偏移为 $k_f\int_0^t u_\Omega(t)\,dt$,即与调制信号 $u_\Omega(t)$ 的积分成正比。

若将调制信号先通过积分器得 $\int_0^t u_\Omega(t)\,dt$,然后再通过调相器进行调相,即可得到调制信号为 $\int_0^t u_\Omega(t)\,dt$ 的调相波,即

$$u(t) = U_{cm}\cos\left(\omega_c t + k_p\int_0^t u_\Omega(t)\,dt\right)$$

实际上 $u(t)$ 是调制信号为 $u_\Omega(t)$ 的调频波,因此,调频可以通过调相间接实现。通常将这样的调频方式称为间接调频,其原理方框图如图 6 - 8 所示。这样的调频方式可以采用频率稳定度很高的振荡器(例如石英晶体振荡器)作为载波振荡器,然后在它的后级进行调相,得到的调频波的中心频率稳定度很高。

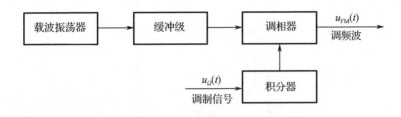

图6-8 间接调频原理方框图

2. 调频电路的要求

对于调频电路的性能指标,一般有以下几方面的要求:

① 具有线性的调制特性,即已调波的瞬时频率与调制信号呈线性关系变化。

② 具有较高的调制灵敏度,即单位调制电压所产生的振荡频率偏移要大。

③ 最大频率偏移 Δf_m 与调制信号频率无关。

④ 未调制的载波频率(即已调波的中心频率)应具有一定的频率稳定度。

⑤ 无寄生调幅或寄生调幅尽可能小。

6.2.2 变容二极管直接调频电路

1. 变容二极管的特性

变容二极管是根据 PN 结的结电容随反向电压改变而变化的原理设计的一种二极管。它的极间结构、伏安特性与一般检波二极管没有多大差别。不同的是,在加反向偏压时,变容二管呈现一个较大的结电容。这个结电容的大小能灵敏地随反向偏压而变化。正是利用了变容二极管这一特性,变容二极管被接到振荡器的振荡回路中,作为可控电容元件,则回路的电容量会明显地随调制电压而变化,从而改变振荡频率,达到调频的目的。

变容二极管的反向电压与其结电容呈非线性关系。其结电容 C_j 与反向偏置电压 u_r 之间有如下关系:

$$C_j = \frac{C_{j0}}{\left(1 + \dfrac{u_r}{U_D}\right)^\gamma} \qquad (6-23)$$

式中,U_D 为 PN 结的势垒电压,C_{j0} 为 $u_r = 0$ 时的结电容;γ 为电容变化系数。

2. 基本原理

图6-9 是一个变容二极管调频的原理电路,图中虚线左边是一个 LC 正弦波振荡器,右边是变容二极管和它的偏置电路。其中 C_c 是耦合电容,L_p 为高频扼流圈,它对高频信号可视为开路。变容二极管是振荡回路的一个组成部分,加在变容二极管上的反向电压为

$$u_r = V_{CC} - V_B + u_\Omega(t) = V_Q + u_\Omega(t) \qquad (6-24)$$

式中,$V_Q = V_{CC} - V_B$ 是加在变容二极管上的直流偏置电压;$u_\Omega(t)$ 为调制信号电压。

图6-10(a)是变容二极管的结电容与反向电压 u_r 的关系曲线,由电路可知,加在变容二极管上的反向电压为直流偏压 V_Q 和调制电压 $u_\Omega(t)$ 之和,若设调制电压为单频余弦信号,即 $u_\Omega(t) = U_{\Omega m}\cos\Omega t$,则反向电压为

$$u_r(t) = V_Q + U_{\Omega m}\cos\Omega t \qquad (6-25)$$

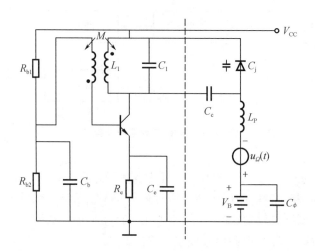

图 6 – 9　变容二极管调频的原理电路

　　如图 6 – 10(b) 所示,在 $u_{\mathrm{r}}(t)$ 的控制下,结电容将随时间发生变化。如图 6 – 10(c) 所示,结电容是振荡器的振荡回路的一部分,结电容随调制信号变化,回路总电容也随调制信号变化,故振荡频率也将随调制信号而变化。只要适当选取变容二极管的特性及工作状态,可以使振荡频率的变化与调制信号近似呈线性关系,从而实现调频。

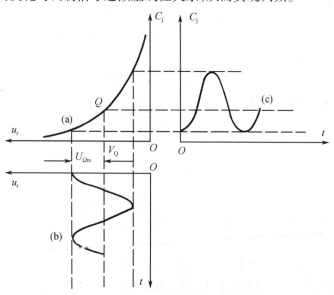

图 6 – 10　结电容随调制电压变化的关系

3. 电路分析

　　设调制信号为 $u_{\Omega}(t) = U_{\Omega\mathrm{m}}\cos\Omega t$,加在二极管上的反向直流偏压为 V_{Q},V_{Q} 的取值应保证在未加调制信号时振荡器的振荡频率等于要求的载波频率,同时还应保证在调制信号 $u_{\Omega}(t)$ 的变化范围内保持变容二极管在反向电压下工作。加在变容二极管上的控制电压为

$$u_{\mathrm{r}}(t) = V_{\mathrm{Q}} + U_{\Omega\mathrm{m}}\cos\Omega t$$

相应的变容二极管结电容变化规律为

$$C_j = \frac{C_{jo}}{\left(1 + \dfrac{u_r}{U_D}\right)^\gamma}$$

当调制信号电压 $u_\Omega(t) = 0$ 时，即为载波状态。此时 $u_r(t) = V_Q$，对应的变容二极管结电容 C_{jQ} 为

$$C_{jQ} = \frac{C_{jo}}{\left(1 + \dfrac{V_Q}{U_D}\right)^\gamma} \tag{6-26}$$

当调制信号电压 $u_\Omega(t) = U_{\Omega m}\cos\Omega t$ 时，对应的变容二极管的结电容与载波状态时变容二极管的结电容的关系为

$$C_j = \frac{C_{jo}}{\left(1 + \dfrac{V_Q + U_{\Omega m}\cos\Omega t}{U_D}\right)^\gamma}$$

$$= \frac{C_{jo}}{\left[\dfrac{U_D + V_Q}{U_D}\left(1 + \dfrac{U_{\Omega m}\cos\Omega t}{U_D + V_Q}\right)\right]^\gamma}$$

将上式代入式（6-26），并令 $m = U_{\Omega m}/(U_D + V_Q)$ 为电容调制度，则可得

$$C_j = \frac{C_{jQ}}{(1 + m\cos\Omega t)^\gamma} \tag{6-27}$$

式（6-27）表示的是变容二极管的结电容与调制电压的关系。而变容二极管调频器的瞬时频率与调制电压的关系由振荡回路决定。由图6-9可得出振荡器的振荡回路的等效电路，如图6-11(a)所示。

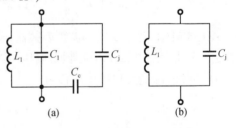

图 6-11　振荡回路等效电路

（1）变容二极管作为振荡回路的总电容

设 C_1 未接入，C_c 较大，即回路的总电容仅是变容二极管的结电容，其等效回路如图6-11(b)所示。并认为加在变容二极管上的高频电压很小，可忽略其对变容二极管电容量变化的影响，则瞬时振荡角频率为

$$\omega(t) = \frac{1}{\sqrt{L_1 C_j}} \tag{6-28}$$

因为未加调制信号时的载波频率 $\omega_c = \dfrac{1}{\sqrt{L_1 C_{jQ}}}$，所以

$$\omega(t) = \frac{1}{\sqrt{L_1 C_{jQ}\dfrac{1}{(1 + m\cos\Omega t)^\gamma}}} = \omega_c(1 + m\cos\Omega t)^{\frac{\gamma}{2}}$$

$$= \omega_c\left(1 + \frac{U_{\Omega m}}{U_D + V_Q}\cos\Omega t\right)^{\frac{\gamma}{2}} = \omega_c\left(1 + \frac{u_\Omega(t)}{U_D + V_Q}\right)^{\frac{\gamma}{2}} \tag{6-29}$$

根据调频的要求，当变容二极管的结电容作为回路总电容时，实现线性调频的条件是变容二

极管的电容变化系数 $\gamma = 2$。

若变容二极管的电容变化系数 γ 不等于 2，会产生什么样的结果呢？下面以单频调制为例来进行分析说明。

设　$u_\Omega(t) = U_{\Omega m} \cos \Omega t$，则

$$\omega(t) = \omega_c (1 + m\cos \Omega t)^{\frac{\gamma}{2}}$$

对于 $(1 + m\cos \Omega t)^{\frac{\gamma}{2}}$，可以在 $m\cos \Omega t = 0$ 处展开成泰勒级数，得

$$(1 + m\cos \Omega t)^{\frac{\gamma}{2}} = 1 + \frac{\gamma}{2} m\cos \Omega t + \frac{\frac{\gamma}{2}\left(\frac{\gamma}{2} - 1\right)}{2!} m^2 \cos^2 \Omega t$$

$$+ \frac{\frac{\gamma}{2}\left(\frac{\gamma}{2} - 1\right)\left(\frac{\gamma}{2} - 2\right)}{3!} (m\cos \Omega t)^3 + \cdots \qquad (6-30)$$

通常 $m < 1$，上列级数是收敛的。因此，可以忽略三次方项及以上的各项，则

$$\omega(t) = \omega_c \left[1 + \frac{\gamma}{2} m\cos \Omega t + \frac{\frac{\gamma}{2}\left(\frac{\gamma}{2} - 1\right)}{2!} m^2 \cos^2 \Omega t \right]$$

$$= \omega_c \left(1 + \frac{\gamma}{2} m\cos \Omega t + \frac{\gamma^2}{8} m^2 \cos^2 \Omega t - \frac{\gamma}{4} m^2 \cos^2 \Omega t \right)$$

$$= \omega_c \left[1 + \frac{\gamma}{8}\left(\frac{\gamma}{2} - 1\right) m^2 + \frac{\gamma}{2} m\cos \Omega t + \frac{\gamma}{8}\left(\frac{\gamma}{2} - 1\right) m^2 \cos 2\Omega t \right]$$

从上式可知，对于变容二极管调频器，若使用的变容二极管的变容系数 $\gamma \neq 2$，则输出调频波会产生非线性失真和中心频率偏移，其结果如下。

① 调频波的最大角频率偏移为

$$\Delta\omega = \frac{\gamma}{2} m\omega_c \qquad (6-31)$$

② 调频波会产生二次谐波失真，其二次谐波失真的最大角频率偏移为

$$\Delta\omega_2 = \frac{\gamma}{8}\left(\frac{\gamma}{2} - 1\right) m^2 \omega_c \qquad (6-32)$$

调频波的二次谐波失真系数为

$$k_{f2} = \left| \frac{\Delta\omega_2}{\Delta\omega} \right| = \left| \frac{m}{4}\left(\frac{\gamma}{2} - 1\right) \right| \qquad (6-33)$$

③ 调频波会产生中心频率偏移，其偏离值为

$$\Delta\omega_c = \frac{\gamma}{8}\left(\frac{\gamma}{2} - 1\right) m^2 \omega_c \qquad (6-34)$$

中心角频率的相对偏离值为

$$\frac{\Delta\omega_c}{\omega_c} = \frac{\gamma}{8}\left(\frac{\gamma}{2} - 1\right) m^2 \qquad (6-35)$$

综上所述，若要调频的频偏大就需增大 m，这样中心频率偏移量和非线性失真量也会增大。

在某些应用中,要求的相对频偏较小,而所需要的 m 也就较小,因此,这时即使 γ 不等于2,二次谐波失真和中心频率偏移也不大。例如,在调频广播发射机中,中心频率 $f_c = 88 \sim 108\ \text{MHz}$,要求的最大频偏 $\Delta f = 75\ \text{kHz}$,若所用变容二极管的 $\gamma = 1$,则由式(6 – 31)可求得 $m = 1.4 \times 10^{-3} \sim 1.6 \times 10^{-3}$,这时对应的 k_{f2} 和 $\Delta f_c/f_c$ 都很小。由此可见,在相对频偏较小的情况下,对变容二极管 γ 值的要求并不严格。然而在微波调频制多路通信系统中,通常需要产生相对频偏比较大的调频信号。这时由于 m 值较大,当 $\gamma \neq 2$ 时,就会产生较大的非线性失真和中心频率偏移。这种情况下,则应采用 γ 接近于2的变容二极管。

(2)变容二极管部分接入振荡回路

变容二极管的结电容作为回路总电容的调频电路的中心频率稳定度较差,这是因为中心频率 f_c 取决于变容二极管结电容的稳定性。当温度变化或反向偏压 V_Q 不稳时会引起结电容的变化,它又会引起中心频率较大变化。为了减小中心频率不稳,提高中心频率稳定度,通常采用部分接入的办法来改善性能。

变容二极管部分接入振荡回路的等效电路如图6 – 11(a)所示。变容二极管和 C_c 串联,再和 C_1 并联构成振荡回路总电容 C_Σ,即

$$C_\Sigma = C_1 + \frac{C_c C_j}{C_c + C_j} \tag{6 – 36}$$

加调制信号 $u_\Omega(t) = U_{\Omega m}\cos \Omega t$ 后,总回路电容 C_Σ 为

$$
\begin{aligned}
C_\Sigma &= C_1 + \frac{\dfrac{C_c C_{jQ}}{(1 + m\cos \Omega t)^\gamma}}{C_c + \dfrac{C_{jQ}}{(1 + m\cos \Omega t)^\gamma}} \\
&= C_1 + \frac{C_c C_{jQ}}{C_c(1 + m\cos \Omega t)^\gamma + C_{jQ}}
\end{aligned} \tag{6 – 37}
$$

相应的调频特性方程为

$$\omega = \frac{1}{\sqrt{L_1 C_\Sigma}} = \frac{1}{\sqrt{L_1\left[C_1 + \dfrac{C_c C_{jQ}}{C_c(1 + m\cos \Omega t)^\gamma + C_{jQ}}\right]}} \tag{6 – 38}$$

从式(6 – 38)可知,调频特性取决于回路的总电容 C_Σ,而 C_Σ 可以看成一个等效的变容二极管,C_Σ 随调制电压 $u_\Omega(t)$ 的变化规律不仅决定于变容二极管的结电容 C_j 随调制电压 $u_\Omega(t)$ 的变化规律,而且还与 C_1 和 C_c 的大小有关。因为变容二极管部分接入振荡回路,其中心频率稳定度比全部接入振荡回路要高,但其最大频偏要减小。

4. 实际电路举例

(1)某通信机的变容二极管直接调频电路

图6 – 12是某通信机中的变容二极管调频振荡电路。它是一个电容三点式振荡器,变容二极管经电容 C_5 接入谐振回路,调整电感 L 的电感量和变容二极管的偏置电压 V_B,可使振荡器的中心频率在 $50 \sim 100\ \text{MHz}$ 内变化。调制电压 $u_\Omega(t)$ 通过高频扼流圈 L_{P2} 加到变容二极管的负极上实现调频。L_{P1}、L_{P2}、L_{P3} 和 L_{P4} 均为高频扼流圈。

在这个电路中采用了两个变容二极管,并且两个变容二极管同极性对接,常称为背靠背连接。其主要目的是,减小高频振荡电压对变容二极管总电容的影响。在前面的分析中曾

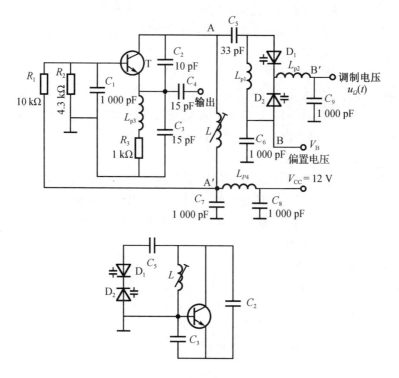

图 6 - 12　变容二极管调频振荡电路

假设变容二极管两端高频振荡电压很小,忽略其对变容二极管电容的影响,而实际上这个影响是存在的。为了减小这个影响,采用两个变容二极管背靠背串接的方式,由两个变容二极管代替一个变容二极管。对于高频振荡电压来说,每一个变容二极管的电压只有原来高频振荡电压的一半,这样就能减小高频振荡电压对变容二极管总电容的影响。而对于调制电压 $u_\Omega(t)$ 来说,由于是低频信号,高频扼流圈 L_{P1} 和 L_{P2} 相当于短路,加在两个变容二极管上的调制电压是相同的。

（2）MC1648 集成压控振荡器直接调频

图 6 - 13 是由 MC1648 集成压控振荡器外接变容二极管与电感组成的并联谐振回路构成的变容二极管直接调频电路。其中两个变容二极管的接法也是采用背靠背串联连接的形式,其特点与图 6 - 12 电路是相同的。

变容二极管调频电路的优点是,电路简单,工作频率高,易于获得较大的频偏,而且在频偏较小的情况下,非线性失真可以很

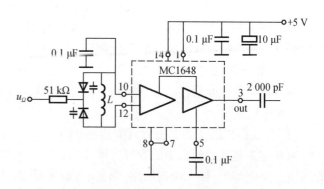

图 6 - 13　MC1648 集成振荡器直接调频电路

小。因为变容二极管是电压控制器件,所需调制信号的功率很小。这种电路的缺点是偏置

电压漂移,温度变化等会改变变容二极管的结电容,即调频振荡器的中心频率稳定度不高,而在频偏较大时,非线性失真较大。

6.2.3　晶体振荡器直接调频

在某些对中心频率稳定度要求很高的场合,可以采用直接对石英晶体振荡器进行调频。例如,在 88 ~ 108 MHz 波段的调频电台,为了减小邻近电台的相互干扰,通常规定各电台调频信号中心频率的绝对稳定度不劣于 ±2 kHz,也就是说,在整个波段,其相对频率稳定度不劣于 10^{-5} 数量级。因而采用简单的直接调频振荡器难于实现高稳定度的要求。目前,稳定中心频率的办法有:

① 对石英晶体振荡器进行直接调频;
② 采用自动频率微调电路;
③ 利用锁相环路稳频。

晶体振荡器直接调频电路通常是将变容二极管接入并联型晶体振荡器的回路中实现调频。变容二极管接入振荡回路有两种形式。一种是与石英晶体相串联,另一种是与石英晶体相并联。无论哪一种形式,变容二极管的结电容的变化均会引起晶体振荡器的振荡频率变化。变容二极管与石英晶体串联的连接方式应用得比较广泛,其作用是改变振荡支路中的电抗,以实现调频。

图 6 - 14 是一个晶体振荡器直接调频电路,其中变容二极管与晶体串联连接,C_4、C_5、C_6、C_7 对高频短路,L_P 为高频扼流圈。从高频等效电路来看,它是一个典型的电容三点式振荡电路。晶体振荡器的振荡频率只能在串联谐振频率 f_q 与并联谐振频率 f_p 之间变化。因为晶体的并联谐振频率与串联谐振频率相差很小,其调频的频偏不可能大。晶体的并联谐振频率与串联谐振频率之差为

$$f_p - f_q \approx \frac{1}{2} \frac{C_q}{C_0} f_q$$

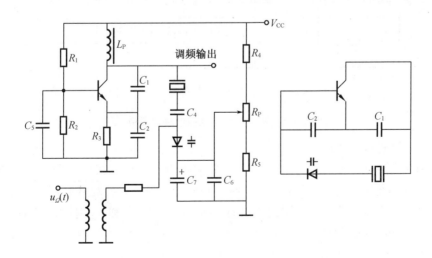

图 6 - 14　石英晶体振荡器直接调频电路

所以调频波的最大频偏为

$$\Delta f_{\mathrm{m}} < \frac{1}{4}\frac{C_{\mathrm{q}}}{C_{0}}f_{\mathrm{q}} \tag{6-39}$$

最大相对频偏为

$$\frac{\Delta f_{\mathrm{m}}}{f_{\mathrm{q}}} < \frac{1}{4}\frac{C_{\mathrm{q}}}{C_{0}} \tag{6-40}$$

C_{q}/C_{0} 的值一般为 $10^{-4} \sim 10^{-3}$ 数量级,因此最大相对频偏很难超过 10^{-3}。

对晶体振荡器进行直接调频时,因为振荡回路中引入了变容二极管,所以调频振荡器的频率稳定度相对于不调频的晶体振荡器是有所下降的。

6.3　相位调制电路

6.3.1　调相电路的分类与要求

实现调相的方法通常有三类:第一类是可变相移法调相;第二类是可变时延法调相;第三类是矢量合成法调相。

对调相电路的要求是具有线性调制特性,未调制的载波频率的频率稳定度要高,有较高的调制灵敏度(即 k_{p} 要大),寄生调幅要尽可能小。

6.3.2　可变相移法调相电路

1. 基本原理

将载波振荡信号电压通过一个受调制信号电压控制的相移网络,即可以实现调相,其原理模型如图 6-15 所示。可控相移网络受调制信号电压控制,在 ω_{c} 上产生相移 $\varphi(\omega_{\mathrm{c}})$,且呈线性关系,即 $\varphi(\omega_{\mathrm{c}}) = k_{\mathrm{p}}u_{\Omega}(t)$,则输出电压为 $u_{\mathrm{o}} = U_{\mathrm{m}}\cos[\omega_{\mathrm{c}}t + \varphi(\omega_{\mathrm{c}})]$。

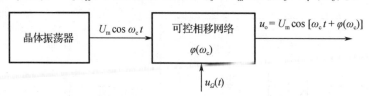

图 6-15　可变相移法调相电路实现模型

2. 变容二极管调相电路

可控相移网络有多种实现电路,变容二极管调相电路的应用最广。图 6-16 所示是单回路变容二极管调相电路。它是利用由电感 L 和变容二极管组成的谐振回路的谐振频率随变容二极管结电容变化而变化来实现调相的。图 6-16 中 C_{1} 和 C_{2} 对载波频率 ω_{c} 相当于短路,是耦合电容。它们的另一作用是起隔直作用,保证直流电源能给变容二极管提供直流偏压。C_{3} 的作用是保证变容二极管上能加上反向直流偏压,而对于 ω_{c} 相当于短路。R_{1}、R_{2} 是谐振回路对输入和输出端的隔离电阻;R_{4} 直流电源与调制信号源之间的隔离电阻。

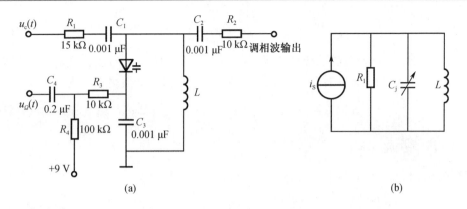

图 6－16 单回路变容二极管调相电路

3. 调相过程

当调制电压 $u_\Omega(t) = 0$ 时,9 V 的直流电压加在变容二极管的负极,提供反向直流偏压 $V_Q = 9$ V。在这种条件下,变容二极管的结电容 C_{jQ} 与 L 组成谐振回路,其谐振频率正好与输入载波信号的频率 ω_c 相等。谐振回路的相频特性如图 6－17 中的曲线②所示。谐振回路对 ω_c 来说无附加相移,输出电压与输入载波相位相同。当 $u_\Omega(t) > 0$ 时,变容二极管的负极电压增大,即反向偏压增大,则变容二极管的结电容减小,L 与 C_j 组成谐振回路的谐振频率增大,其相频特性如图 6－17 中的

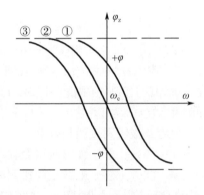

图 6－17 谐振频率变化产生附加相移

曲线①所示。这时谐振回路对 ω_c 来说有一个正的附加相移 φ,输出电压的相位为 $(\omega_c t + \varphi)$。当 $u_\Omega(t) < 0$ 时,变容二极管的反向偏压减小,则变容二极管的结电容增大,L 和 C_j 组成谐振回路的频率降低,其相频特性如图 6－17 中的曲线③所示。这时谐振回路对 ω_c 来说有一个负的附加相移 $-\varphi$,输出电压的相位为 $(\omega_c t - \varphi)$。因为附加相移 φ 是由 $u_\Omega(t)$ 控制变容二极管而产生的。这样输出电压的相位就随 $u_\Omega(t)$ 变化而变化,从而实现了调相。

4. 电路分析

设载波信号为 $u_c(t) = U_{cm}\cos\omega_c t$,调制信号为 $u_\Omega(t) = U_{\Omega m}\cos\Omega t$。当调制信号为零时,谐振回路的谐振角频率与输入载波信号频率 ω_c 相等。谐振回路的高频等效电路如图 6－16(b)所示。电流源 $i_S = \dfrac{U_{cm}}{R_1}\cos\omega_c t = I_{cm}\cos\omega_c t$。输出电压即回路电压 $u(t)$ 可由等效电路得出

$$u(t) = I_{cm}Z(\omega_c)\cos(\omega_c t + \varphi) \tag{6-41}$$

式中,$Z(\omega_c)$ 和 φ 分别是谐振回路在 $\omega = \omega_c$ 上呈现的阻抗幅值和相移。在失谐不很大的条件下,φ 可表示为

$$\varphi = -\arctan 2Q\frac{\omega_c - \omega(t)}{\omega(t)} \tag{6-42}$$

当 $\varphi < \dfrac{\pi}{6}$ 时,可近似认为 $\tan\varphi \approx \varphi$,故可得

$$\varphi \approx - 2Q \frac{\omega_c - \omega(t)}{\omega(t)} \tag{6-43}$$

式中 $\omega(t)$ 可由图 6-16(b) 等效谐振回路,在加上调制信号 $u_\Omega(t)$ 后,由变容二极管作为回路总电容实现直接调频来计算。在 m 较小的条件下,回路的谐振角频率为

$$\omega(t) = \omega_c \left(1 + \frac{\gamma}{2} m\cos \Omega t\right) = \omega_c + \Delta\omega(t) \tag{6-44}$$

式中, $\Delta\omega(t) = \frac{\gamma}{2} m\omega_c \cos \Omega t$。

将式(6-44)代入式(6-43),并且有 $\Delta\omega(t) \ll \omega_c$,得

$$\varphi \approx - 2Q \frac{\omega_c - [\omega_c + \Delta\omega(t)]}{\omega_c + \Delta\omega(t)} \approx 2Q \frac{\Delta\omega(t)}{\omega_c} = Q\gamma m\cos \Omega t = m_p \cos \Omega t \tag{6-45}$$

式中, $m_p = Q\gamma m$,输出电压为

$$u(t) = I_{cm} Z(\omega_c)\cos(\omega_c t + m_p \cos \Omega t) \tag{6-46}$$

可以看出:①要实现线性调相,除了变容二极管的电容调制度 m 较小外, m_p 应限制在 $\pi/6$ rad 以下,也就是最大相移为 $\pi/6$ rad;②因为谐振回路的 $Z(\omega_c)$ 也受调制信号 u_Ω 的控制,所以等幅的频率为 ω_c 的载波信号通过谐振频率受调制信号调变的谐振回路,其输出电压将是一个幅度受调制信号控制的调相波,若 $\Delta\omega(t)$ 很小,其幅度调制会很小;③在实际应用中,通常需要较大的调相指数 m_p,为了增大 m_p,可以采用多级单回路构成的变容二极管调相电路。

5. 变容二极管间接调频电路

图 6-18 是一个三级单回路变容二极管间接调频电路。从电路形式上看,这个电路是调相电路。实际上整个电路是间接调频电路。关键是调制信号加到变容二极管上是经过了 R_1(470 kΩ)和 C(3 个 0.02 μF 并联)的积分电路,然后再调相。因为电路在调制信号频率 50 Hz ~ 20 kHz 范围内 $\Omega RC \gg 1$,满足积分电路条件。而图 6-16(a)电路不满足 $\Omega RC \gg 1$ 的条件,是调相电路。三级单回路的每一个回路均由一个变容二极管来实现调相。三个变容二极管的电容量变化均受同一调制信号控制。为了保证三个回路产生相等的相移,每个回路的 Q 值都可用可变电阻(22 kΩ)调节。级间采用小电容(1 pF)作为耦合电容,因其耦合弱,可认为级与级之间的相互影响较小,总相移是三级相移之和。这种电路能在 90° 范围内得到线性调制。这类电路由于简单、调整方便,故得到了广泛的应用。

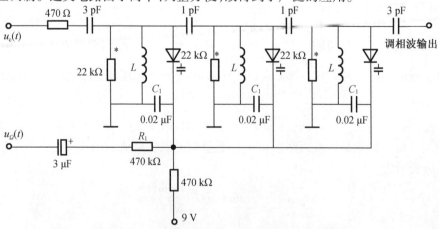

图 6-18   三级单回路变容二极管间接调频电路

6.3.3 可变时延法调相电路

1. 基本原理

将载波振荡电压通过一个受调制信号电压控制的时延网络,如图 6 – 19 所示。时延网络的输出电压为

$$u_o(t) = U_m \cos[\omega_c(t - \tau)] \tag{6 – 47}$$

式中,$\tau = ku_\Omega(t) = kU_{\Omega m} \cos \Omega t$,则 $u_o(t)$ 就是调相波,即

$$u_o(t) = U_m \cos[\omega_c t - \omega_c ku_\Omega(t)] = U_m \cos(\omega_c t - m_p \cos \Omega t) \tag{6 – 48}$$

式中,$m_p = \omega_c kU_{\Omega m}$。

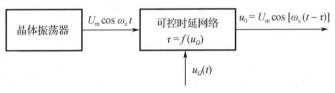

图 6 – 19 可变时延调相电路方框图

2. 脉冲调相电路

脉冲调相电路是一种对脉冲波进行可控时延的调相电路,其组成方框原理图如图 6 – 20 所示。在调制信号电压 $u_\Omega(t) = 0$ 时,对应各点的波形如图 6 – 21 所示。主振器是由晶体振荡器产生的载波振荡信号,如图 6 – 21(a)所示,经脉冲成形电路(放大、限幅、微分)取出正的等幅等宽的窄脉冲序列,如图 6 – 21(b)所示,然后去触发锯齿波发生器,产生重复周期为 $T_c = 2\pi/\omega_c$ 的锯齿波,如图 6 – 21(c)所示。将该锯齿波与调制信号 $u_\Omega(t)$、直流电压 V_B 叠加后加到门限检测电路。当 $u_\Omega(t) = 0$ 时,选取 V_B 的值使锯齿波中点电压等于门限检测电路的门限电压,如图 6 – 21(d)所示。此时门限检测电路输出宽度为 $T_c/2$ 的等间隔方波,如图 6 – 21(e)所示。而脉冲发生器的输出为时间滞后 $T_c/2$ 的等幅等宽的窄脉冲序列,如图 6 – 21(f)所示。通过带通滤波器取出其中的基波,如图 6 – 21(g)所示。此正弦波与输入的载波有一固定 180°的相移。

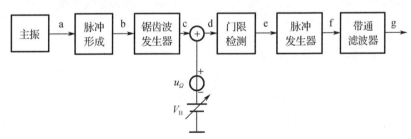

图 6 – 20 脉冲调相电路方框图

当加入调制信号后,因门限电压和 V_B 不变,故脉冲产生器的输出脉冲相对于 $u_\Omega(t) = 0$ 时的输出脉冲产生可变延时 τ,如图 6 – 22 所示。从图中可以看出,当锯齿波是理想线性变化时,可变延时为

$$\tau = -kU_{\Omega m} \cos \Omega t = -\tau_m \cos \Omega t$$

式中，$\tau_{\mathrm{m}} = kU_{\Omega \mathrm{m}}$ 为最大延时，k 是锯齿电压的变化率的倒数。负号表示 $u_{\Omega}(t)$ 为正值时，τ 为负值，表示超前；$u_{\Omega}(t)$ 为负值时，τ 为正值，表示滞后。因为输出脉冲的延时受调制信号控制，所以用带通滤波器取出的基波分量相位也受调制信号控制，即输出为调相波。

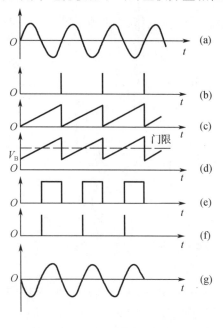

图 6 - 21　$u_{\Omega}(t) = 0$ 时各点波形图　　　　图 6 - 22　$u_{\Omega}(t) \neq 0$ 时的可变延时波形

为了实现不失真调相，τ_{m} 不能大于 $T_{\mathrm{c}}/2$，考虑到锯齿波的回扫时间，最大延时为

$$\tau_{\mathrm{m}} \leqslant 0.4 T_{\mathrm{c}}$$

所以调相波的最大相移 m_{p} 可达

$$m_{\mathrm{p}} = \omega_{\mathrm{c}} \tau_{\mathrm{m}} \leqslant \frac{2\pi}{T_{\mathrm{c}}} 0.4 T_{\mathrm{c}} = 0.8\pi \tag{6 - 49}$$

脉冲调相电路可得到较大的相移，而且调制线性较好，只是电路复杂些。因此，用脉冲调相实现间接调频所获得的调频波的线性较好，在调频广播发射机和电视伴音发射机中得到广泛的应用。

6.3.4　矢量合成法调相电路

设调制信号为 $u_{\Omega}(t)$，则相应的调相波的数学表达式为

$$u_{\mathrm{PM}}(t) = U_{\mathrm{m}}\cos[\omega_{\mathrm{c}} t + k_{\mathrm{p}} u_{\Omega}(t)]$$

将上式展开，得

$$u_{\mathrm{PM}}(t) = U_{\mathrm{m}}\cos \omega_{\mathrm{c}} t \cos[k_{\mathrm{p}} u_{\Omega}(t)] - U_{\mathrm{m}}\sin \omega_{\mathrm{c}} t \sin[k_{\mathrm{p}} u_{\Omega}(t)] \tag{6 - 50}$$

若最大相移很小，若满足

$$|\Delta\theta(t)|_{\max} = k_{\mathrm{p}} |u_{\Omega}(t)|_{\max} \leqslant \frac{\pi}{12} \text{ rad}$$

则有

$$\cos[k_{\mathrm{p}} u_{\Omega}(t)] \approx 1$$

$$\sin[\,k_{\mathrm{p}}u_{\Omega}(t)\,] \approx k_{\mathrm{p}}u_{\Omega}(t)$$

式(6－50)可近似为

$$u_{\mathrm{PM}}(t) = U_{\mathrm{m}}\cos \omega_{\mathrm{c}}t - U_{\mathrm{m}}k_{\mathrm{p}}u_{\Omega}(t)\sin \omega_{\mathrm{c}}t \qquad (6-51)$$

可见,调相波可以由两个信号进行矢量合成而成。前一项是载波振荡信号 $U_{\mathrm{m}}\cos \omega_{\mathrm{c}}t$;第二项 $-U_{\mathrm{m}}k_{\mathrm{p}}u_{\Omega}(t)\sin \omega_{\mathrm{c}}t$ 是载波被抑制的双边带调幅波,它与载波信号的高频相位相差 $\pi/2$。

图 6－23 所示的方框图就是根据以上的原理实现调相的。

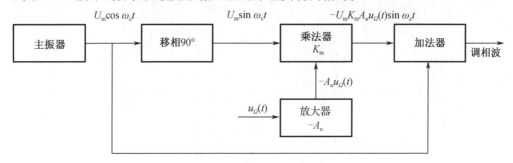

图 6－23　矢量合成实现调相

6.3.5　间接调频扩展最大频偏的方法

最大频偏是频率调制电路的主要技术指标,在实际调频系统中,对中心频率稳定度和最大频偏都有具体的要求。对于最大频偏的要求,单一的直接调频或间接调频电路是不能达到的,因此如何扩展最大频偏是设计调频系统的关键问题。

对于间接调频电路,无论采用哪种调相电路,主振器都是晶体振荡器,中心频率稳定度高。但它们能够实现的最大线性相移是受调相特性非线性限制的,例如单级单回路变容二极管调相电路的最大线性相移 $m_{\mathrm{P}} = \pi/6$ rad,在调制最低频率 $F_{\min} = 100$ Hz 时,最大频偏为 $\Delta f_{\mathrm{m}} = m_{\mathrm{P}} \times F_{\min} = 52$ Hz;脉冲调相电路的最大线性相移 $m_{\mathrm{P}} = 0.8\pi$ rad,在调制最低频率 $F_{\min} = 100$ Hz 时,最大频偏为 $\Delta f_{\mathrm{m}} = 251$ Hz;矢量合成调相电路的最大线性相移 $m_{\mathrm{P}} = \pi/12$ rad,在调制最低频率 $F_{\min} = 100$ Hz 时,最大频偏为 $\Delta f_{\mathrm{m}} = 26$ Hz。也就是说,调相电路的最大频偏是由最大线性相移决定的,它们都很小。扩展最大频偏的方法是采用倍频器。

例如调频信号 $u(t) = U_{\mathrm{cm}}\cos(\omega_{\mathrm{c}}t + m_{\mathrm{f}}\sin \Omega t)$,瞬时频率为

$$\omega(t) = \frac{\mathrm{d}(\omega_{\mathrm{c}}t + m_{\mathrm{f}}\sin \Omega t)}{\mathrm{d}t} = \omega_{\mathrm{c}} + k_{\mathrm{f}}U_{\Omega\mathrm{m}}\cos \Omega t = \omega_{\mathrm{c}} + \Delta\omega_{\mathrm{m}}\cos \Omega t$$

经 n 倍频后瞬时频率为

$$n\omega(t) = n\omega_{\mathrm{c}} + n\Delta\omega_{\mathrm{m}}\cos \Omega t$$

可见,调频波通过 n 次倍频后,最大频偏增大 n 倍,同时载波频率也增大 n 倍。显然最大频偏达到要求时,载波频率不一定符合要求。载波频率的调整可以增加混频器,利用本振频率与输入信号频率的相加或相减的作用调节载波频率达到要求值。图 6－24 是调频广播发射机组成原理图。调频信号的产生是采用间接调频,晶体振荡器产生的 $f_1 = 200$ kHz 的余弦振荡信号和调制信号(语音信号)经过积分电路后分别输入给调相电路,调相电路输出载频为 $f_1 = 200$ kHz,最大频偏为 $\Delta f_1 = 24.41$ Hz 的调频信号。经 64 次倍频电路后,输出载频

为 $f_2 = 12\ 800\ \text{kHz}$,最大频偏为 $\Delta f_2 = 1\ 562.24\ \text{Hz}$ 的调频信号送给混频器,通过混频器与频率为 $f_L = 10\ 925\ \text{kHz}$ 的本振信号混频(相减),输出载波频率为 $f_3 = 1\ 875\ \text{kHz}$,最大频偏为 $\Delta f_3 = 1\ 562.24\ \text{Hz}$ 的调频信号。再经 48 次倍频得到载波频率为 $f_c = 90\ \text{MHz}$,最大频偏为 $\Delta f_m = 75\ \text{kHz}$ 的调频信号。最后经功率放大并通过天线辐射出去。

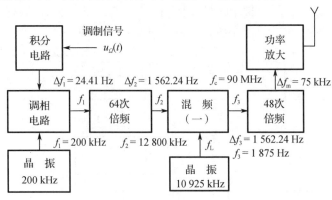

图 6 - 24 调频广播发射机组成原理图

对于直接调频电路,其相对最大频偏 $\Delta f_m / f_c$ 受调频特性的非线性限制,也就是在相对频偏保持不变条件下,提高载频 f_c 可以提高最大频偏 Δf_m。如果能够制成很高频率的直接调频电路以保证最大频偏的要求,过高的载频可以通过混频器完成载频向下搬移。这种方法比倍频和混频联合应用的方法简单,但必须有能在很高频率进行直接调频的调频电路。一般来说,直接调频和间接调频都可以用倍频器和混频器来实现扩展最大频偏。

6.4 集成调频发射机

6.4.1 MC2831 集成调频发射机

MC2831 是低功率单片调频发射系统,工作频率可高达 100 MHz 以上,典型应用为 49.7 MHz。图 6 - 25 是 MC2831 内部组成及外接应用电路。

根据芯片内部结构,芯片各脚的名称和作用如下.

① 脚:可变电抗输出端。

② 脚:去耦端,外接一电容到地。

③ 脚:调制信号输入端,由片内微音放大器送来,此信号可控制可变电抗的大小,实现对高频振荡器的频率调制,产生调频波。

④ 脚:电源输入端(3 ~ 8 V)。

⑤ 脚:微音放大器输入端,即音频输入端。

⑥ 脚:微音放大器输出端,将放大后的音频信号输出。

⑦ 脚:单音开关接点,外接常闭型按钮开关 S_1。当 S_1 闭合时,片内单音振荡器的振荡信号不能通过⑧脚输出。S_1 断开后,单音振荡信号可通过⑧脚输出,送到③脚,去控制可变电抗,实现对高频信号的单音调频。

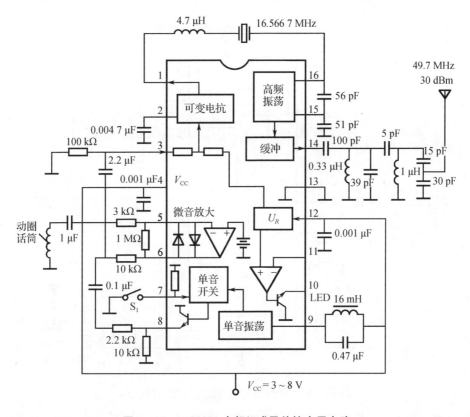

图 6-25 MC2831 内部组成及外接应用电路

⑧脚:单音输出端。

⑨脚:单音振荡器外接振荡回路端。

⑩脚:LED 端,外接二极管显示器。

⑪脚:电源检测端。

⑫脚:电源输入端。

⑬脚:接地端。

⑭脚:高频输出端,由片内调频振荡器经缓冲器送来,外接调谐匹配网络至发射天线。在频率为 49.7 MHz,输出阻抗为 50 Ω 时,谐波衰减大于 25 dB。

⑮⑯脚:高频振荡器接入端。可变电抗由①脚外接小电感及石英晶体加到⑯脚,这些元件与外接的 56 pF,51 pF 电容组成高频振荡器,产生调频波输出。

这种电路的最大不足之处在于发射功率太低,应用范围受到很大限制。

6.4.2 MC2833 集成调频发射机

MC2833 也是低功率单片调频发射系统,其工作频率也可达 100 MHz 以上。图 6-26 是 MC2833 内部组成及外接应用电路。

将 MC2833 与 MC2831 的内部组成相比较,可以看出高频振荡、可变电抗、缓冲、微音放大和内部参考电源 V_R 等部分二者是相同的。不同之处是,MC2833 无单音振荡及单音开关电路,而增加了二级放大器,这样可以提高电路的发射功率。在典型应用电路中,缓冲级经

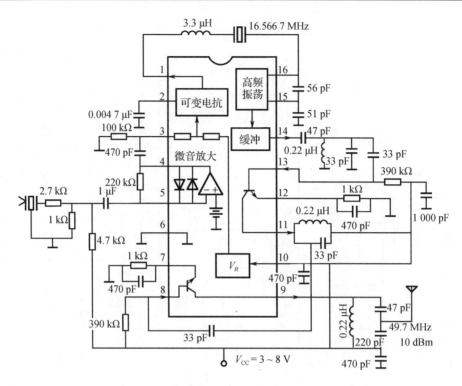

图 6 – 26 MC2833 内部组成及外接应用电路

⑭脚输出的调频信号经片外的三倍频调谐电路,由⑬脚送回到片内,经片内第一级放大器放大,谐振频率为高频振荡器载频的三倍频,由⑪脚输出经 33 pF 电容耦合到⑧脚,经片内第二级放大器放大从⑨脚输出,通过选频与匹配网络经天线将功率辐射出去。

由于通过两级放大,MC2833 的发射功率比 MC2831 要大得多。在工作频率为49.7 MHz、负载为 50 Ω、谐波衰减不低于 50 dB 时,输出功率可达 10 mW。

MC2831 和 MC2833 通常用于无线电话和调频通信设备中,具有使用方便、工作可靠、性能良好等优点。

6.5   调相信号解调电路(鉴相器)

6.5.1   调相信号解调电路的分类与要求

鉴相电路通常可分为模拟电路和数字电路两大类。而在集成电路系统中,常用的电路有乘积型鉴相和门电路鉴相。鉴相器除了用于解调调相波外,还可构成移相鉴频电路,特别是在锁相环路中作为主要组成部分得到了广泛的应用。

鉴相器的主要指标是:

① 鉴相特性曲线,即鉴相器输出电压与输入信号的瞬时相位偏移 $\Delta\varphi$ 的关系,通常要求是线性关系;

② 鉴相跨导,鉴相器输出电压与输入信号的瞬时相位偏移 $\Delta\varphi$ 的关系的比例系数;

③ 鉴相线性范围,通常应大于调相波最大相移的二倍;

④ 非线性失真,应尽可能小。

6.5.2　乘积型鉴相器

这种鉴相电路采用模拟乘法器作为非线性器件进行频率变换,然后通过低通滤波器取出原调制信号。其方框原理图如图 6 – 27 所示,图中 u_1 是需解调的调相波,u_2 是由 u_1 变化来的或是系统本身产生的与 u_1 有确定关系的参考信号。设 u_1,u_2 为正交关系,即

$$u_1 = U_{1m}\cos[\omega_c t + \varphi_1(t)] \tag{6 – 52}$$

$$u_2 = U_{2m}\sin[\omega_c t + \varphi_2(t)] \tag{6 – 53}$$

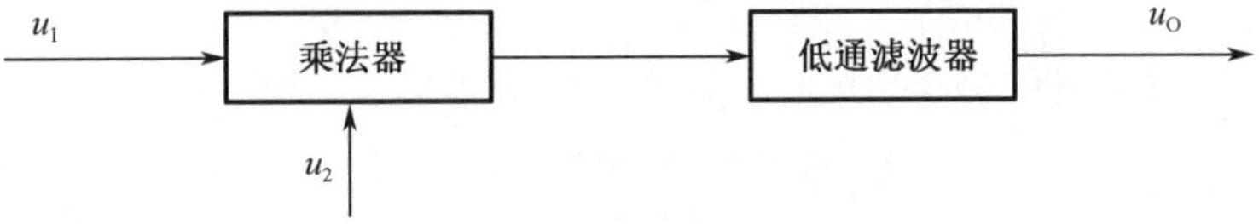

图 6 – 27　乘积型鉴相方框图

因为 u_2 是参考信号,$\varphi_2(t)$ 通常为 0 或常数。为了分析的简单,取 $\varphi_2(t)=0$。

根据 U_{1m} 和 U_{2m} 的大小不同,鉴相电路有三种工作情况:u_1 和 u_2 均为小信号;u_1 和 u_2 均为大信号;u_1 为小信号,u_2 为大信号。

1. u_1 和 u_2 均为小信号

当 u_1 和 u_2 均小于 26 mV 时,根据模拟乘法器特性,其输出电流为

$$
\begin{aligned}
i &= I_0 \frac{q}{2kT}u_1 \frac{q}{2kT}u_2 \\
&= K_M u_1 u_2 = K_M U_{1m} U_{2m}\cos[\omega_c t + \varphi_1(t)]\sin\omega_c t \\
&= \frac{1}{2}K_M U_{1m} U_{2m}\sin[-\varphi_1(t)] + \frac{1}{2}K_M U_{1m} U_{2m}\sin[2\omega_c t + \varphi_1(t)]
\end{aligned}
$$

式中第二项高频成分经低通滤波器滤除,在负载 R_L 上可得输出电压为

$$u_o = -\frac{1}{2}K_M U_{1m} U_{2m} R_L \sin\varphi_1(t) \tag{6 – 54}$$

式中,$\varphi_1(t)$ 是 u_1 与 u_2 两信号的瞬时相位差,通常可用 $\varphi_e(t)$ 表示。由式(6 – 54)可画出 u_o 与 φ_e 的关系曲线,如图 6 – 28 所示,称其为鉴相器的鉴相特性曲线。这是一个周期性的正弦曲线。

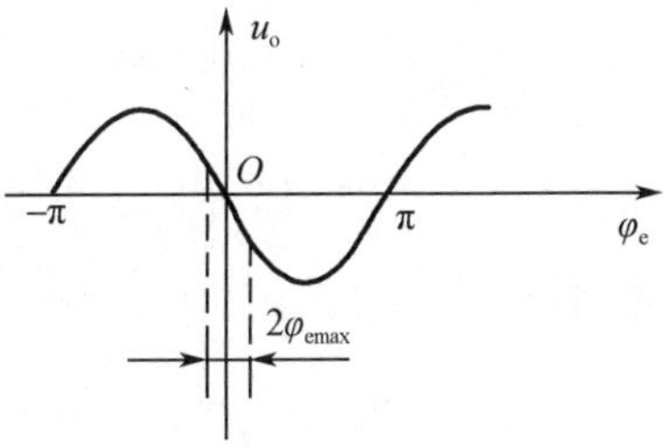

从鉴相特性曲线可以看出鉴相器的两个主要指标:

(1)鉴相跨导,其定义为

$$S_\varphi = \left.\frac{du_o}{d\varphi_e}\right|_{\varphi_e=0} \tag{6 – 55}$$

图 6 – 28　小信号正交乘积鉴相特性曲线

式中,S_φ 的单位为 V/rad,通常希望 S_φ 大一些。对于 u_1,u_2 均为小信号且 $|\varphi_e| < \dfrac{\pi}{6}$ rad 时的鉴相跨导为

$$S_\varphi = -\frac{1}{2}K_M U_{1m} U_{2m} R_L \qquad (6-56)$$

（2）线性鉴相范围，它表示不失真解调所允许输入信号的最大相位变化范围，用 φ_{emax} 表示。对于正弦形鉴相特性来说，可认为 $|\varphi_e| \leqslant \frac{\pi}{6}$ rad 时，$\sin \varphi_e \approx \varphi_e$，鉴相特性近于直线，即

$$\varphi_{emax} = \pm\frac{\pi}{6} \text{ rad} \qquad (6-57)$$

应该说明的是，正弦形鉴相特性对使用者来说比较方便和直观。因为 $\varphi_e = 0$ 时，$u_o = 0$；而当 φ_e 在零点附近做正负变化时，u_o 也相应地在零值附近作正负变化。若 u_1，u_2 之间无固定相位差 $\pi/2$，则鉴相特性将是余弦形，在实际应用中，有时会感到不方便。

2. u_1 为小信号，u_2 为大信号

当 u_2 的振幅大于 100 mV 时，此时可认为是大信号状态。设

$$u_1 = U_{1m}\cos[\omega_c t + \varphi_1(t)] \qquad (6-58)$$
$$u_2 = U_{2m}\sin \omega_c t \qquad (6-59)$$

在 u_1 为小信号，u_2 为大信号条件下，乘法器的输出电流 i 可表示为

$$i = I_0 \frac{q}{2kT} u_1 \text{th} \frac{q}{2kT} u_2 = K'_M u_1 \text{th} \frac{q}{2kT} u_2 \qquad (6-60)$$

因为 u_2 是大信号，双曲正切函数具有开关函数的形式，即

$$\text{th}\frac{qu_2}{2kT} = \begin{cases} 1, & (0 \leqslant \omega_c t \leqslant \pi) \\ -1, & (\pi \leqslant \omega_c t \leqslant 2\pi) \end{cases}$$

对上式按傅里叶级数展开为

$$\text{th}\frac{qu_2}{2kT} = \frac{4}{\pi}\sin \omega_c t + \frac{4}{3\pi}\sin 3\omega_c t + \frac{4}{5\pi}\sin 5\omega_c t + \cdots \qquad (6-61)$$

相乘后的输出电流为

$$\begin{aligned} i &= K'_M u_1 \text{th}\frac{q}{2kT}u_2 \\ &= K'_M U_{1m}\cos[\omega_c t + \varphi_1(t)]\left(\frac{4}{\pi}\sin \omega_c t + \frac{4}{3\pi}\sin 3\omega_c t + \cdots\right) \\ &= \frac{2}{\pi}K'_M U_{1m}\sin[-\varphi_1(t)] + \frac{2}{\pi}K'_M U_{1m}\sin[2\omega_c t + \varphi_1(t)] \\ &\quad + \frac{2}{3\pi}K'_M U_{1m}\sin[2\omega_c t - \varphi_1(t)] + \frac{2}{3\pi}K'_M U_{1m}\sin[4\omega_c t + \varphi_1(t)] + \cdots \qquad (6-62) \end{aligned}$$

经低通滤波器取出输出电流的低频分量，在负载 R_L 上得到的输出电压为

$$u_o = \frac{2}{\pi}K'_M U_{1m} R_L \sin[-\varphi_1(t)] = -\frac{2}{\pi}K'_M R_L U_{1m}\sin \varphi_1(t) \qquad (6-63)$$

由式（6-63）可知，乘积型鉴相器的一个输入为大信号时，鉴相特性曲线仍是正弦形，只是鉴相跨导为

$$S_\varphi = -\frac{2}{\pi}K'_M R_L U_{1m} \qquad (6-64)$$

线性鉴相范围仍为 $\varphi_{emax} = \pm\frac{\pi}{6}$ rad。

3. u_1 和 u_2 均为大信号

设两个输入信号分别为

$$u_1 = U_{1m}\cos[\omega_c t + \varphi_1(t)]$$

$$u_2 = U_{2m}\sin \omega_c t$$

在 u_1 和 u_2 均为大信号的条件下,乘法器的输出电流 i 可表示为

$$i = I_0 \text{th}\frac{q}{2kT}u_1 \text{th}\frac{q}{2kT}u_2 \tag{6-65}$$

因为 u_1 是大信号,双曲正切函数也具有开关函数的形式,即

$$\text{th}\frac{qu_1}{2kT} = \begin{cases} 1, & \left(-\dfrac{\pi}{2} < \omega_c t + \varphi_1(t) < \dfrac{\pi}{2}\right) \\ -1, & \left(\dfrac{\pi}{2} < \omega_c t + \varphi_1(t) < \dfrac{3}{2}\pi\right) \end{cases}$$

对上式按傅里叶级数展开为

$$\text{th}\frac{qu_1}{2kT} = \frac{4}{\pi}\cos[\omega_c t + \varphi_1(t)] - \frac{4}{3\pi}\cos 3[\omega_c t + \varphi_1(t)]$$

$$+ \frac{4}{5\pi}\cos 5[\omega_c t + \varphi_1(t)] - \cdots \tag{6-66}$$

对于大信号 u_2,其表达式与式(6-61)相同,则

$$i = I_0 \text{th}\frac{q}{2kT}u_1 \text{th}\frac{q}{2kT}u_2$$

$$= I_0\left\{\frac{4}{\pi}\cos[\omega_c t + \varphi_1(t)] - \frac{4}{3\pi}\cos 3[\omega_c t + \varphi_1(t)] + \cdots\right\}\left(\frac{4}{\pi}\sin \omega_c t + \frac{4}{3\pi}\sin 3\omega_c t + \cdots\right)$$

$$= I_0 \frac{8}{\pi^2}\sin[-\varphi_1(t)] + I_0 \frac{8}{\pi^2}\sin[2\omega_c t + \varphi_1(t)]$$

$$+ I_0 \frac{8}{3\pi^2}\sin[2\omega_c t + 3\varphi_1(t)] - I_0 \frac{8}{3\pi^2}\sin[4\omega_c t + 3\varphi_1(t)]$$

$$+ I_0 \frac{8}{3\pi^2}\sin[2\omega_c t - \varphi_1(t)] + I_0 \frac{8}{3\pi^2}\sin[4\omega_c t + \varphi_1(t)]$$

$$- I_0 \frac{8}{(3\pi)^2}\sin[-3\varphi_1(t)] - I_0 \frac{8}{(3\pi)^2}\sin[6\omega_c t + 3\varphi_1(t)]$$

$$+ \cdots$$

经低通滤波器取出低频分量,在负载 R_L 上建立的电压为

$$u_o = -I_0 R_L\left[\frac{8}{\pi^2}\sin \varphi_1(t) - \frac{8}{(3\pi)^2}\sin 3\varphi_1(t) + \cdots\right]$$

$$= -I_0 R_L\left[\frac{8}{\pi^2}\sum_{n=1}^{\infty}\frac{(-1)^{n-1}}{(2n-1)^2}\sin(2n-1)\varphi_1(t)\right] \tag{6-67}$$

由式(6-67)可知 u_o 与 $\varphi_1(t)$ 的关系如图 6-29 所示。

对应于 $-\pi/2 \leqslant \varphi_1(t) \leqslant \pi/2$ 区间,输出电压为

$$u_o = -I_0 R_L \frac{2}{\pi}\varphi_1(t) \tag{6-68}$$

对应于 $\pi/2 \leqslant \varphi_1(t) \leqslant 3\pi/2$ 区间,输出电压为

$$u_o = -I_0 R_L \left[2 - \frac{2}{\pi} \varphi_1(t) \right] \qquad (6-69)$$

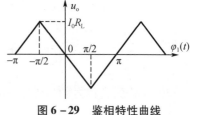

图 6-29 鉴相特性曲线

综合式(6-68)与式(6-69)可见,两个输入信号均为大信号时,其鉴相特性为三角波形。在 $-\pi/2 \leqslant \varphi_1(t) \leqslant \pi/2$ 区间,鉴相特性是线性的。线性鉴相范围为

$$\varphi_{\text{emax}} = \pm \pi/2 \qquad (6-70)$$

而鉴相跨导为

$$S_\varphi = -\frac{2}{\pi} I_0 R_L \qquad (6-71)$$

以上分析表明,乘积型鉴相器应尽量采用大信号工作状态,这样可获得较宽的线性鉴相范围。

6.5.3 门电路鉴相器

门电路鉴相器的电路简单、线性鉴相范围大、易于集成化,得到较为广泛的应用。常用的有或门鉴相器和异或门鉴相器。

图 6-30(a)是一个异或门鉴相器的原理图。它是由异或门电路和低通滤波器组成的。若输入给鉴相器的两个信号 $u_1(t)$ 和 $u_2(t)$ 均为周期为 T_i 的方波信号,$u_1(t)$ 与 $u_2(t)$ 之间的延时为 τ_e,它反映两信号之间的相位差 $\varphi_e = 2\pi\tau_e/T_i$。因为异或门电路的两个输入电平不同时,输出为"1"电平,而其他情况均为"0"电平,所以异或门输出信号 $u_d'(t)$ 的波形和经低通滤波器得到的平均分量与 φ_e 的关系均示于图 6-30(b)中。从图中可以看出,异或门鉴相器的输出 $u_d(\varphi_e)$ 与 φ_e 的关系为三角形曲线,并可表示为

$$u_d(\varphi_e) = \begin{cases} U_{dm} \dfrac{\varphi_e}{\pi}, & 0 \leqslant \varphi_e \leqslant \pi \\ U_{dm}\left(2 - \dfrac{\varphi_e}{\pi}\right), & (\pi \leqslant \varphi_e \leqslant 2\pi) \end{cases} \qquad (6-72)$$

其鉴相跨导为

$$S_\varphi = \pm U_{dm}/\pi \qquad (6-73)$$

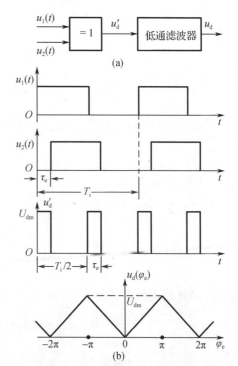

图 6-30 异或门鉴相器原理图及波形图

6.6　调频信号解调电路（鉴频器）

6.6.1　调频信号解调电路的分类与要求

调频信号是等幅波，其瞬时角频率随调制信号 $u_\Omega(t)$ 呈线性关系变化。由前面章节已知，调幅波的解调是采用包络检波器；调相波的解调是采用鉴相器；调频等宽脉冲序列可以通过低通滤波器取出原调制信号。将输入调频信号进行特定波形变换实现调频信号解调电路可分为以下三类。

1. 调频 – 调幅调频变换型

这种类型的鉴频器的原理为：先通过线性网络把等幅调频波变换成振幅与调频波瞬时频率成正比的调幅调频波，然后再经包络检波器输出反映振幅变化的解调电压。由于调频 – 调幅调频变换网络通常是采用谐振回路幅频特性的失谐段的斜边实现频率 – 幅度变换，称这种类型的鉴频器为斜率鉴频器（图 6 – 31）。例如，单失谐回路鉴频器和双失谐回路鉴频器等。

2. 调频 – 调相调频变换型

这种类型鉴频器的原理为：等幅调频波 $u_{FM}(t)$ 通过线性网络变换成有附加相移的调相调频波 $u'(t)$，调相调频波的附加相位移的变化与调频波瞬时频率的变化呈线性关系，然后调相调频波与原调频波通过鉴相器完成鉴相功能，输出解调信号，称这种类型的鉴频器为相位鉴频器（图 6 – 32）。

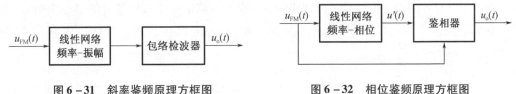

图 6 – 31　斜率鉴频原理方框图　　　　图 6 – 32　相位鉴频原理方框图

设输入调频信号电压 $u_{FM}(t) = U_m \cos(\omega_c t + m_f \sin \Omega t)$ 经线性网络的频率 – 相位变换，输出调相调频波 $u'(t)$ 为

$$u'(t) = KU_m \cos\left[\omega_c t + m_f \sin \Omega t - \frac{\pi}{2} + \varphi(\omega)\right]$$

$$= KU_m \sin\left[\omega_c t + m_f \sin \Omega t + \varphi(\omega)\right]$$

式中 K 为线性网络的传输系数；附加相移中的 $\pi/2$ 是为了得到 $u_{FM}(t)$ 的正交信号，以适用于鉴相器特性的需要；附加相位移中的 $\varphi(\omega)$ 是与输入调频波 $u_{FM}(t)$ 的瞬时频率变化呈线性关系，鉴相器的输出电压反映了 $\varphi(\omega)$ 的变化，也反映了输入调频波 $u_{FM}(t)$ 的瞬时频率变化。

因为线性网络是完成频率 – 相位变换，然后经鉴相器输出解调信号，故称此类鉴频为相位鉴频器。需要注意的是，鉴相器的使用器件不同，分析方法也不相同。例如采用模拟乘法器作为鉴相器时，$u_{FM}(t)$ 和 $u'(t)$ 是相乘后经低通滤波器输出解调信号电压，称为相移乘法鉴频器,也可称为正交鉴频器。但是,采用二极管鉴相器时,$u_{\mathrm{FM}}(t)$和$u'(t)$是相加后经包络检波器输出解调信号电压。原因是$u_{\mathrm{FM}}(t)$调频波和$u'(t)$调相调频波两个矢量电压相加,产生调幅－调频波经包络检波器输出解调信号电压。由于线性网络是频率相位变换,称为相位鉴频器。

3. 非线性变换型

这种类型鉴频器的原理为:将等幅调频信号通过具有适当特性的非线性网络,变换成重复频率与调频信号瞬时频率相等的单极性等幅脉冲序列,然后通过低通滤波器取出脉冲序列的平均值,这就恢复出与瞬时频率变化成正比的信号,称为脉冲均值型鉴频器(图6－33)。

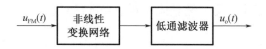

图6－33　脉冲均值型鉴频原理方框图

鉴频器的主要指标是:

① 鉴频特性曲线,即鉴频器输出电压与输入信号的瞬时频率偏移Δf的关系,通常要求是线性关系;

② 鉴频跨导,鉴频器输出电压与输入信号的瞬时频率偏移的关系的比例系数;

③ 鉴频线性范围,通常应大于调频波最大频移的二倍;

④ 非线性失真,应尽可能小。

6.6.2　双失谐回路鉴频器

图6－34是双失谐回路鉴频器的原理图。它是由三个调谐回路组成的调频－调幅调频变换电路和上下对称的两个振幅检波器组成的。一次侧回路谐振于调频信号的中心频率ω_{c},其通带较宽。二次侧两个回路的谐振频率分别为$\omega_{\mathrm{o}1}$,$\omega_{\mathrm{o}2}$,并使$\omega_{\mathrm{o}1}$和$\omega_{\mathrm{o}2}$与ω_{c}呈对称失谐,即
$$\omega_{\mathrm{c}} - \omega_{\mathrm{o}1} = \omega_{\mathrm{o}2} - \omega_{\mathrm{c}}。$$

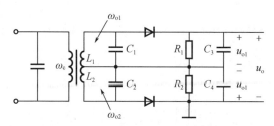

图6－34　双失谐回路鉴频器的原理图

图6－35左边是双失谐回路鉴频器的幅频特性,其中实线表示二次侧第一个回路的幅频特性,虚线表示二次侧第二个回路的幅频特性,这两个幅频特性对于ω_{c}是对称的。当输入调频信号的频率为ω_{c}时,二次侧两个回路输出电压幅度相等,经检波后输出电压$u_{\mathrm{o}} = u_{\mathrm{o}1} - u_{\mathrm{o}2}$,故$u_{\mathrm{o}} = 0$。当输入调频信号的频率由$\omega_{\mathrm{c}}$向增大的方向偏离时,$L_2 C_2$回路输出电压大,而$L_1 C_1$回路输出电压小,经检波后$u_{\mathrm{o}1} < u_{\mathrm{o}2}$,则$u_{\mathrm{o}} = u_{\mathrm{o}1} - u_{\mathrm{o}2} < 0$。当输入调频波信号的频率由$\omega_{\mathrm{c}}$向减小方向偏离时,$L_1 C_1$回路输出电压大,$L_2 C_2$回路输出电压小,经检波后$u_{\mathrm{o}1} > u_{\mathrm{o}2}$,则$u_{\mathrm{o}} = u_{\mathrm{o}1} - u_{\mathrm{o}2} > 0$。其总鉴频特性如图6－35的右下角所示。

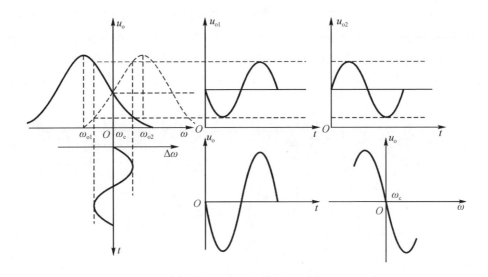

图 6 - 35　双失谐回路鉴频器的特性

图 6 - 36 是某微波通信机采用的双失谐回路鉴频器的实际电路,它的谐振频率是 35 MHz 和 40 MHz。调频信号经两个共基放大器分别加到上、下两个回路上,而两个回路的连接点与检波电容一起接地,这与前面电路不同。由于接地点改变,输出电压 u_o 改从检波器电阻中间取出,它是由检波电流 I_1 和 I_2 决定的。因为检波二极管 D_1 和 D_2 的方向是相反的,所以 u_o 决定于两个检波电流之差。

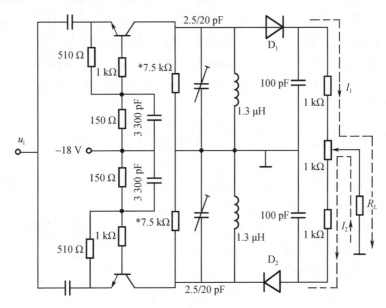

图 6 - 36　双失谐回路鉴频器的实际电路

6.6.3　相位鉴频器

1. 相位鉴频器的工作原理

图 6 - 37 所示电路是互感耦合相位鉴频器的原理电路。电路的特点是有两个谐振回路

L_1C_1 和 L_2C_2 都调谐于输入调频波的中心频率 ω_c；信号传输有两种耦合方式，一是互感 M 的耦合，即等幅调频波 $\dot{U}_1$ 通过互感 M 在二次侧 ab 两端产生调相–调频波 $\dot{U}_{ab}$，另一是通过电容 C_c 将 $\dot{U}_1$ 耦合到高频扼流圈 L_p 上，因为 C_4、C_c 对高频可认为短路，这样就可以认为 $\dot{U}_1$ 全加在 L_p 上；有两个对称的二极管振幅检波器，解调电压取两个检波输出电压之差。

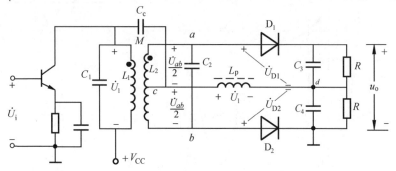

图 6–37　相位鉴频器原理电路

输入调频波 $\dot{U}_i$ 经限幅放大器放大，在一次回路 L_1C_1 两端得到等幅调频波 $\dot{U}_1$。$\dot{U}_1$ 经互感 M 耦合的双调谐回路，在二次侧 ab 两端产生调相–调频波 $\dot{U}_{ab}$，而 $\dot{U}_1$ 经电容 C_c 耦合在高频扼流圈 L_p 两端建立等幅调频电压 $\dot{U}_1$。由于 c 点为 L_2 的中心抽头点，则两个二极管振幅检波器的输入电压为

$$\dot{U}_{D1} = \dot{U}_1 + \dot{U}_{ab}/2 \qquad (6-74)$$

$$\dot{U}_{D2} = \dot{U}_1 - \dot{U}_{ab}/2 \qquad (6-75)$$

由于 $\dot{U}_1$ 是等幅调频波，$\dot{U}_{ab}$ 是调相–调频波，二者的加减是矢量合成，合成后的 $\dot{U}_{D1}$ 和 $\dot{U}_{D2}$ 是调幅–调频波，其振幅的变化与 $\dot{U}_{ab}$ 的附加相位的变化成正比。

振幅检波器是由二极管 D_1、D_2 和低通滤波器 RC_3、RC_4 组成。其输入电压为 U_{D1} 和 U_{D2}。振幅检波器的输出只与输入信号振幅有关，而与输入信号的相位无关。鉴频器的输出是取两振幅检波输出电压之差，即

$$u_o = K_d U_{D1} - K_d U_{D2} \qquad (6-76)$$

式中，U_{D1} 和 U_{D2} 是 $\dot{U}_{D1}$ 和 $\dot{U}_{D2}$ 的振幅。两个检波器特性相同，电压传输系数均为 K_d。

2. 相位鉴频器鉴频特性的定性分析

为了分析的简化，先假设相位鉴频器的一次回路的品质因数较高，一次、二次回路的互感耦合比较弱。这样在估算 L_1C_1 回路电流时，就不必考虑 L_1 本身的损耗电阻和从 L_2C_2 回路引入到 L_1C_1 回路的损耗电阻。于是可以近似地得到图 6–38 所示的等效电路。由图 6–38 可知，L_1C_1 回路电流 $\dot{I}_1$ 为

$$\dot{I}_1 = \frac{\dot{U}_1}{j\omega L_1} \qquad (6-77)$$

L_1C_1 回路电流 $\dot{I}_1$ 在 L_2C_2 回路中感应电动势 E_S 在 $\dot{I}_2$ 的方向和同名端如图 6–38 所示的条件下得

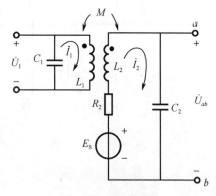

图 6–38　等效电路

$$\dot{E}_S = j\omega M \dot{I}_1 \qquad (6-78)$$

将式(6-78)代入式(6-77)得

$$\dot{E}_S = \frac{M}{L_1}\dot{U}_1 \qquad (6-79)$$

L_2C_2 回路电压 $\dot{U}_{ab}$ 可由等效电路求出,即

$$\dot{U}_{ab} = \dot{I}_2\frac{1}{j\omega C_2} = \frac{\dot{E}_S}{R_2 + j(\omega L_2 - \frac{1}{\omega C_2})} \cdot \frac{1}{j\omega C_2}$$

$$= \frac{\frac{M}{L_1}\dot{U}_1}{(R_2 + jX_2)j\omega C_2} = -j\frac{M}{L_1} \cdot \frac{\frac{1}{\omega C_2}}{(R_2 + jX_2)}\dot{U}_1 \qquad (6-80)$$

式中,$X_2 = \omega L_2 - \dfrac{1}{\omega C_2}$,是 L_2C_2 回路总电抗,其值随频率不同可能为正,也可能为负,还可能为零。

当输入信号频率 $\omega = \omega_c$ 时,$X_2 = 0$。于是

$$\dot{U}_{ab} = -j\frac{M}{L_1}\frac{\frac{1}{\omega C_2}}{R_2}\dot{U}_1 = \frac{M}{L_1}\frac{\frac{1}{\omega C_2}}{R_2}\dot{U}_1 e^{j(-\frac{\pi}{2})}$$

此式表明,L_2C_2 回路电压 $\dot{U}_{ab}$ 比 L_1C_1 回路电压 $\dot{U}_1$ 滞后 $\pi/2$,则电压矢量图如图 6-39(a) 所示。因为鉴频器的输出电压 u_o 与 $U_{D1} - U_{D2}$ 成正比,由矢量图 6-39(a)知 $U_{D1} = U_{D2}$,则鉴频器的输出电压为

$$u_o = K_d(U_{D1} - U_{D2}) = 0$$

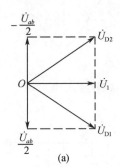
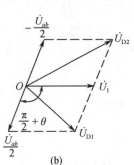
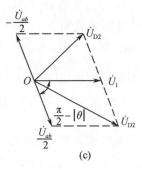

(a)   (b)   (c)

图 6-39 矢量合成图

当输入信号频率 $\omega > \omega_c$ 时,$X_2 > 0$,这时 L_2C_2 回路总阻抗为

$$\dot{Z}_2 = R_2 + jX_2 = |Z_2|e^{j\theta}$$

式中,$|Z_2|$ 是 $\dot{Z}_2$ 的模,其值为

$$|Z_2| = \sqrt{R_2^2 + X_2^2}$$

θ 是 $\dot{Z}_2$ 的相角,其值为

$$\theta = \arctan(X_2/R_2) > 0$$

代入式(6-80)中,得

$$\dot{U}_{ab} = \frac{M}{L_1} \frac{\dfrac{1}{\omega C_2}}{|Z_2|} \dot{U}_1 \mathrm{e}^{\mathrm{j}\left(-\frac{\pi}{2}-\theta\right)} = \frac{M}{L_1} \frac{\dfrac{1}{\omega C_2}}{|Z_2|} \dot{U}_1 \mathrm{e}^{-\mathrm{j}\left(\frac{\pi}{2}+\theta\right)}$$

此式表明,$L_2 C_2$ 回路电压 $\dot{U}_{ab}$ 比 $L_1 C_1$ 回路电压 $\dot{U}_1$ 滞后$\left(\dfrac{\pi}{2}+\theta\right)$,对应的矢量图如图 6-39(b) 所示,从图中可知 $U_{D1} < U_{D2}$,则鉴频器的输出电压为

$$u_o = K_d(U_{D1} - U_{D2}) < 0$$

当输入信号频率 $\omega < \omega_c$ 时,$X_2 < 0$,这时 $L_2 C_2$ 回路总阻抗为

$$\dot{Z}_2 = R_2 + \mathrm{j}X_2 = |Z_2|\mathrm{e}^{\mathrm{j}-|\theta|}$$

式中,$|Z_2| = \sqrt{R_2^2 + X_2^2}$,$\theta = \arctan(X_2/R_2) < 0$。将 $|Z_2|$ 和 θ 代入式(6-80)中,得

$$\dot{U}_{ab} = \frac{M}{L_1} \cdot \frac{\dfrac{1}{\omega C_2}}{|Z_2|} \dot{U}_1 \mathrm{e}^{-\mathrm{j}\left(\frac{\pi}{2}-|\theta|\right)}$$

此式表明,$L_2 C_2$ 回路电压 $\dot{U}_{ab}$ 比 $L_1 C_1$ 回路电压 $\dot{U}_1$ 滞后$\left(\dfrac{\pi}{2}-|\theta|\right)$,对应的矢量图如图 6-39(c)所示,从图中可知 $U_{D1} > U_{D2}$,则鉴频器的输出电压为

$$u_o = K_d(U_{D1} - U_{D2}) > 0$$

由以上分析可得鉴频器输出电压 u_o 与频率 f 的关系曲线如图 6-40 所示。在 $\omega = \omega_c$ 点,$u_o = 0$,随着失谐的加大,U_{D1} 与 U_{D2} 幅度的差值增大,u_o 的绝对值加大。当 $\omega > \omega_c$ 时,u_o 为负值。当 $\omega < \omega_c$ 时,u_o 为正值。当频率偏离超过 ω_{m1} 和 ω_{m2} 两点时,曲线弯曲,这是由于失谐严重,$\dot{U}_1$ 和 $\dot{U}_{ab}$ 幅度都变小,合成电压也减小,鉴频特性曲线下降。

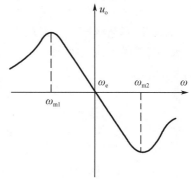

图 6-40 鉴频器特性曲线

3. 相位鉴频器的鉴频特性

对于实际电路,前面定性分析中的两点假设是不完全符合实际的,因而应该考虑回路损耗和耦合强弱的影响。设一次、二次回路的谐振频率都为 ω_c,且品质因数 Q_L 和谐振电阻 R_p 都相同,一般来说,一次回路是接在晶体管的集电极电路中,可用图 6-41 所示等效电路表示。根据耦合回路分析方法,可求得

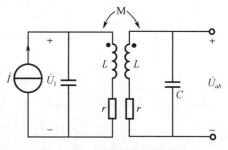

图 6-41 互感耦合回路电路

$$\dot{U}_1 = \frac{1+\mathrm{j}\xi}{(1+\mathrm{j}\xi)^2 + \eta^2} \dot{I} R_p$$

$$\dot U_{ab} = -\frac{\mathrm{j}\eta}{(1+\mathrm{j}\xi)^2 + \eta^2}\dot I R_\mathrm{p}$$

式中，$\xi = Q_\mathrm{L}\left(\dfrac{f}{f_0} - \dfrac{f_0}{f}\right) \approx 2Q_\mathrm{L}\dfrac{\Delta f}{f_\mathrm{c}}$ 称为回路广义失谐，$\Delta f = f - f_\mathrm{c}$；$\eta = kQ_\mathrm{L}$，耦合因数；$k = \dfrac{M}{\sqrt{L_1 L_2}} =$

$\dfrac{M}{L}$，耦合系数。

将 $\dot U_1$ 和 $\dot U_{ab}$ 代入式（6-74）和式（6-75），可得

$$\dot U_{\mathrm{D}1} = \dot U_1 + \frac{\dot U_{ab}}{2} = \dot I R_\mathrm{p}\frac{1 + \mathrm{j}\xi - \mathrm{j}\dfrac{\eta}{2}}{(1+\mathrm{j}\xi)^2 + \eta^2}$$

$$\dot U_{\mathrm{D}2} = \dot U_1 - \frac{\dot U_{ab}}{2} = \dot I R_\mathrm{p}\frac{1 + \mathrm{j}\xi + \mathrm{j}\dfrac{\eta}{2}}{(1+\mathrm{j}\xi)^2 + \eta^2}$$

它们的幅值分别为

$$U_{\mathrm{D}1} = IR_\mathrm{p}\frac{\sqrt{1 + (\xi - \eta/2)^2}}{\sqrt{(1 + \eta^2 - \xi^2)^2 + 4\xi^2}} \tag{6-81}$$

$$U_{\mathrm{D}2} = IR_\mathrm{p}\frac{\sqrt{1 + (\xi + \eta/2)^2}}{\sqrt{(1 + \eta^2 - \xi^2)^2 + 4\xi^2}} \tag{6-82}$$

因此鉴频器的输出电压为

$$
\begin{aligned}
u_\mathrm{o} &= K_\mathrm{d}(U_{\mathrm{D}1} - U_{\mathrm{D}2})\\
&= K_\mathrm{d}IR_\mathrm{p}\frac{\sqrt{1 + (\xi - \eta/2)^2} - \sqrt{1 + (\xi + \eta/2)^2}}{\sqrt{(1 + \eta^2 - \xi^2) + 4\xi^2}}\\
&= K_\mathrm{d}IR_\mathrm{p}\psi(\xi,\eta) \tag{6-83}
\end{aligned}
$$

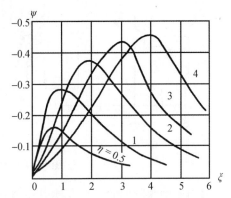

上式是鉴频特性的数学表示式。显然，在 K_d、I、R_p 一定时，鉴频特性取决于 $\psi(\xi,\eta)$。故鉴频特性可用一组通用的曲线族表示，图 6-42 是 $\psi(\xi,\eta)$ 曲线的一半，即 $\xi>0$ 的一半。另一半与其相似，$\xi<0$，$\psi(\xi,\eta)$ 为正。若将该曲线乘以 $K_\mathrm{d}IR_\mathrm{p}$ 就可以得鉴频曲线族。

由该曲线可以看出，$\eta<1$ 的鉴频特性的非线性较严重且线性范围小；而 $\eta=1.5\sim3$ 时，线性范围增大，鉴频跨导减小；在 $\eta>3$ 范围内鉴频特性的非线性又严重起来。为了确保鉴频特性曲线的线性好，通常 η 取 $1.5\sim3$。

图 6-42　$\psi(\xi,\eta)$ 曲线

由该曲线族还可以看到，当 $\eta\geqslant1$ 时，对应于曲线最大值的广义失谐量 ξ_m 近似等于 η。因此，$\xi_\mathrm{m} = Q_\mathrm{L}\dfrac{2\Delta f_{\max}}{f_\mathrm{c}}$，$\eta = kQ_\mathrm{L}$，所以鉴频特性曲线两个最大值之间的宽度（鉴频宽度）为

$$B_\mathrm{m} = 2\Delta f_{\max} = kf_\mathrm{c}。$$

通过上面讨论可知，耦合回路相位鉴频器的鉴频特性曲线与 η 有关，而其鉴频宽度则

由 k 确定。当 k 确定后,回路的 Q_L 应由所需 η 值决定。

6.6.4 比例鉴频器

相位鉴频器的输出电压除了与输入电压的瞬时频率有关外,还与输入电压的振幅有关。而在实际工作中,调频信号通过传输很难保证是理想的等幅波,特别是寄生调幅的干扰分量必须尽可能去掉或减小。因而在相位鉴频器前通常需加一级限幅放大,以消除寄生调幅。对于要求不太高的设备,例如调频广播接收机中,常采用一种兼有抑制寄生调幅能力的鉴频器,这就是比例鉴频器。

1. 比例鉴频器的基本电路及工作原理

比例鉴频器的基本电路如图 6-43 所示。它与相位鉴频器在调频-调相调频波变换和矢量合成部分相同,但检波器部分有较大变化,主要差别是:

① 在 $a'b'$ 两端并接一个大电容 C_o,其电容量约为 10 μF,由于 C_o 和 $(R+R)$ 组成电路的时间常数很大,通常为 0.1~0.2 s,这样在检波过程中,对于 15 Hz 以上的寄生调幅变化,电容 C_o 上的电压 U_{dc} 基本保持不变。

② 两个二极管中一个与相位鉴频器接法方向相反。这样除了保证两个二极管的直流通路外,还使得两个检波器的输出电压极性相同。因此,$a'b'$ 两端就是两个检波电压之和,即 $U_{a'b'} = U_{C3} + U_{C4} = U_{dc}$。

③ 把两个检波电容 C_3 和 C_4 的连接点 d 与两个电阻连接点 e 分开,鉴频器的输出电压 u_o 从 d、e 两点取出。

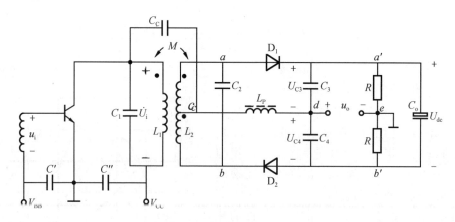

图 6-43　比例鉴频器的基本电路

因为比例鉴频器的波形变换电路与相位鉴频器相同,所以电压 $\dot{U}_{ab}$ 与 $\dot{U}_1$ 的关系与式(6-80)相同,即

$$\dot{U}_{ab} = -\mathrm{j}\,\frac{M}{L_1}\,\frac{\dfrac{1}{\omega C_2}}{R_2 + \mathrm{j}X_2}\dot{U}_1$$

两个检波器的输入电压 $\dot{U}_{D1}$ 和 $\dot{U}_{D2}$ 分别为

$$\dot{U}_{D1} = \dot{U}_1 + \dot{U}_{ab}/2$$

$$\dot{U}_{D2} = -\dot{U}_1 + \dot{U}_{ab}/2 = -(\dot{U}_{D1} - \dot{U}_{ab}/2)$$

检波器输出为

$$U_{C3} = K_d |\dot{U}_{D1}|$$

$$U_{C4} = K_d |\dot{U}_{D2}|$$

值得注意的是,检波器只对 $\dot{U}_{D1}$ 和 $\dot{U}_{D2}$ 的振幅进行检波,检波后的电压方向完全由二极管的方向来决定。

从图 6 – 43 中可以看出,由于 U_{dc} 不变,则

$$U_{C3} + U_{C4} = U_{dc}$$

$$U_R = U_{dc}/2$$

鉴频器的输出电压 u_o 为

$$u_o = U_{C4} - \frac{1}{2}U_{dc} = U_{C4} - \frac{1}{2}(U_{C3} - U_{C4})$$

$$= \frac{1}{2}U_{C4} - \frac{1}{2}U_{C3} = -\frac{1}{2}K_d(|\dot{U}_{D1}| - |\dot{U}_{D2}|)$$

可见比例鉴频器的输出也取决于两个检波器输入电压之差,但输出电压值为相位鉴频器的一半。

2. 比例鉴频器抑制寄生调幅的原理

从前面的分析可知,比例鉴频器的输出电压为

$$u_o = U_{C4} - \frac{1}{2}U_{dc} = \frac{1}{2}U_{dc}\left(\frac{2U_{C4}}{U_{dc}} - 1\right) = \frac{1}{2}U_{dc}\left(\frac{2U_{C4}}{U_{C3} + U_{C4}} - 1\right)$$

$$= \frac{1}{2}U_{dc}\left(\frac{2}{1 + \dfrac{U_{C3}}{U_{C4}}} - 1\right) = \frac{1}{2}U_{dc}\left(\frac{2}{1 + \dfrac{|\dot{U}_{D1}|}{|\dot{U}_{D2}|}} - 1\right)$$

由上式可以看出,因为 U_{dc} 不变,所以 u_o 的大小取决于 $|\dot{U}_{D1}|$ 与 $|\dot{U}_{D2}|$ 的比值,而不取决于它本身的大小。与相位鉴频器分析一样,在调频信号的瞬时频率变化时,$|\dot{U}_{D1}|$ 与 $|\dot{U}_{D2}|$ 一个增大,一个减小,其比值随频率变化而变化,这就实现了鉴频作用。但是,当输入调频信号的幅度发生变化时,$|\dot{U}_{D1}|$ 与 $|\dot{U}_{D2}|$ 同时增大或同时减小,但其比值可保持不变,这样比例鉴频器输出电压 u_o 就不随输入调频信号的振幅变化而变化,起到抑制寄生调幅作用。

比例鉴频器抑制寄生调幅的作用也可以从电路的动态工作中定性进行说明。在检波器分析中已知,大信号检波器的传输系数 K_d 和输入电阻 R_{id} 在检波电路一定的条件下是常数。而比例鉴频器中的大信号振幅检波器却不是这样的,由于电容器 C_0 的作用,两端电压 U_{dc} 保持不变,相当于给两个检波二极管加一个固定的直流偏压。当输入调频信号的振幅增大时,$\dot{U}_1$ 和 $\dot{U}_{ab}$ 增大,则 $|\dot{U}_{D1}|$ 和 $|\dot{U}_{D2}|$ 都增大,检波电流增大。因为 U_{dc} 不变,则检波器的等效负载电阻 R 减小,使得检波器的导通角 θ 增大,从而使检波器的电压传输系数 $K_d = \cos\theta$ 减小。另外,由于 R 减小,使得检波器的等效输入电阻 $R_{id} = R/2$ 减小,使初级回路的品质因数 Q_L 减小,又使前面放大器的电压增益减小。二者的综合作用能起到自动调整输出电压不受输

入振幅变化的影响。同理,输入调频信号的振幅减小时,其过程与上述相反,也能达到自动调整的作用。

6.6.5 相移乘法鉴频器

图 6－44 是相移乘法鉴频器的原理图。它是由进行调频－调相调频波形变换的移相器、实现相位比较的乘法器和低通滤波器组成的。

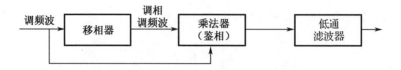

图 6－44　相移乘法鉴频器的原理图

目前广泛采用谐振回路作为移相器。图 6－45(a)所示是一个由电容 C_1 和单调谐回路 LC_2R 组成的分压传输移相网络。设输入电压为 $\dot{U}_1$,则输出电压 $\dot{U}_2$ 为

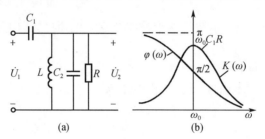

图 6－45　移相网络及其特性

$$\dot{U}_2 = \dot{U}_1 \frac{\cfrac{1}{\left(\cfrac{1}{R} + j\omega C_2 + \cfrac{1}{j\omega L}\right)}}{\left(\cfrac{1}{j\omega C_1}\right) + \cfrac{1}{\left(\cfrac{1}{R} + j\omega C_2 + \cfrac{1}{j\omega L}\right)}}$$

$$= \frac{j\omega C_1}{\left(\cfrac{1}{R}\right) + j\omega(C_1 + C_2) + \left(\cfrac{1}{j\omega L}\right)} \tag{6－84}$$

令 $\omega_0 = 1/\sqrt{L(C_1 + C_2)}$,$Q_L = R/(\omega_0 L) = R\omega_0(C_1 + C_2)$,则在 ω 在 ω_0 附近变化时,式 (6－84) 可简化为

$$\dot{U}_2 \approx \dot{U}_i \frac{j\omega C_1 R}{1 + jQ_L \cfrac{2(\omega - \omega_0)}{\omega_0}} = \dot{U}_1 \frac{j\omega C_1 R}{1 + j\xi} \tag{6－85}$$

式中,$\xi = 2(\omega - \omega_0)Q_L/\omega_0$ 为广义失谐量。由式(6－85)可得移相网络传输的幅频特性 $K(\omega)$ 和相频特性 $\varphi(\omega)$ 分别为

$$K(\omega) = \frac{\omega C_1 R}{\sqrt{1 + \xi^2}} \tag{6－86}$$

$$\varphi(\omega) \;=\; \frac{\pi}{2} - \arctan \xi \qquad\qquad (6-87)$$

其特性曲线如图 6-45(b)所示。当 ω 变化较小，即 $\arctan \xi < \pi/6$ 时，$\tan \xi \approx \xi$。此时

$$\varphi(\omega) \approx \frac{\pi}{2} - \xi = \frac{\pi}{2} - 2Q_{\mathrm{L}}\frac{\omega - \omega_0}{\omega_0}$$

对于输入调频信号来说，其瞬时频率 $\omega(t) = \omega_{\mathrm{c}} + k_{\mathrm{f}}u_{\Omega}(t) = \omega_{\mathrm{c}} + \Delta\omega$。因为要求移相网络的 $\omega_0 = \omega_{\mathrm{c}}$，则

$$\varphi(\omega) \;=\; \frac{\pi}{2} - 2Q_{\mathrm{L}}\frac{\Delta\omega}{\omega_{\mathrm{c}}} = \frac{\pi}{2} - 2Q_{\mathrm{L}}\frac{k_{\mathrm{f}}u_{\Omega}(t)}{\omega_{\mathrm{c}}} \qquad (6-88)$$

式(6-88)表示输入为调频波时，经移相网络产生调相调频波的相位随瞬时频率的变化关系。

上述经过移相网络产生的调相调频波与原调频波输入给乘法器实现相位比较，经低通滤波器取出原调制信号。对于乘法器实现相位比较，原则上前面乘积型鉴相电路的三种方式都可应用。下面以乘法器输入均为小信号为例进行说明。

设输入调频波为

$$u_1 \;=\; U_{1\mathrm{m}}\cos(\omega_{\mathrm{c}}t + m_{\mathrm{f}}\sin \Omega t)$$

其原调制信号为

$$u_{\Omega}(t) \;=\; U_{\Omega\mathrm{m}}\cos \Omega t$$

调频波 u_1 经移相器产生的调相调频波 u_2 为

$$\begin{aligned}
u_2 &= K(\omega)U_{1\mathrm{m}}\cos\left[\omega_{\mathrm{c}}t + m_{\mathrm{f}}\sin \Omega t + \varphi(\omega)\right]\\
&= K(\omega)U_{1\mathrm{m}}\cos\left[\omega_{\mathrm{c}}t + m_{\mathrm{f}}\sin \Omega t + \frac{\pi}{2} - 2Q_{\mathrm{L}}\frac{k_{\mathrm{f}}u_{\Omega}(t)}{\omega_{\mathrm{c}}}\right]\\
&= -K(\omega)U_{1\mathrm{m}}\sin\left[\omega_{\mathrm{c}}t + m_{\mathrm{f}}\sin \Omega t - 2Q_{\mathrm{L}}\frac{k_{\mathrm{f}}u_{\Omega}(t)}{\omega_{\mathrm{c}}}\right]
\end{aligned}$$

在 u_1 和 u_2 均为小信号的条件下，乘法器的输出电流为

$$\begin{aligned}
K_{\mathrm{M}}u_1 u_2 &= -K_{\mathrm{M}}K(\omega)U_{1\mathrm{m}}^2\cos(\omega_{\mathrm{c}}t + m_{\mathrm{f}}\sin \Omega t)\sin\left[\omega_{\mathrm{c}}t + m_{\mathrm{f}}\sin \Omega t - 2Q_{\mathrm{L}}\frac{k_{\mathrm{f}}u_{\Omega}(t)}{\omega_{\mathrm{c}}}\right]\\
&= -\frac{1}{2}K_{\mathrm{M}}K(\omega)U_{1\mathrm{m}}^2\sin\left[2\omega_{\mathrm{c}}t + 2m_{\mathrm{f}}\sin \Omega t - 2Q_{\mathrm{L}}\frac{k_{\mathrm{f}}u_{\Omega}(t)}{\omega_{\mathrm{c}}}\right]\\
&\quad -\frac{1}{2}K_{\mathrm{M}}K(\omega)U_{1\mathrm{m}}^2\sin\left[-2Q_{\mathrm{L}}\frac{k_{\mathrm{f}}u_{\Omega}(t)}{\omega_{\mathrm{c}}}\right]
\end{aligned}$$

设低通滤波器在通带内的传输系数 $K_{\mathrm{L}} = 1$，负载电阻为 R_{L}，则乘法器输出电流经低通滤波后在 R_{L} 上得到电压为

$$\begin{aligned}
u_{\mathrm{o}} &= -\frac{1}{2}K_{\mathrm{M}}K(\omega)U_{1\mathrm{m}}^2 R_{\mathrm{L}}\sin\left[-2Q_{\mathrm{L}}\frac{k_{\mathrm{f}}u_{\Omega}(t)}{\omega_{\mathrm{c}}}\right]\\
&= \frac{1}{2}K_{\mathrm{M}}K(\omega)U_{1\mathrm{m}}^2 R_{\mathrm{L}}\sin\left[2Q_{\mathrm{L}}\frac{k_{\mathrm{f}}u_{\Omega}(t)}{\omega_{\mathrm{c}}}\right]
\end{aligned}$$

当 $2Q_{\mathrm{L}}\dfrac{k_{\mathrm{f}}u_{\Omega}(t)}{\omega_{\mathrm{c}}} < \dfrac{\pi}{6}$ rad 时，则

$$u_{\mathrm{o}} \approx K_{\mathrm{M}}K(\omega)U_{1\mathrm{m}}^2 R_{\mathrm{L}}Q_{\mathrm{L}}\frac{k_{\mathrm{f}}U_{\Omega\mathrm{m}}}{\omega_{\mathrm{c}}}\cos \Omega t$$

这种鉴频电路能实现线性解调,在集成电路中被广泛采用。例如,集成调频接收电路MC3362 和 MC3363 等均采用内部集成乘法器和运算放大器外接移相网络和滤波元件构成鉴频器。这种鉴频电路的性能良好,片外电路简单,通常只有一个可调电感,调整非常方便。

6.6.6 脉冲均值型鉴频器(脉冲计数式鉴频器)

调频信号瞬时频率的变化,直接表现为单位时间内调频信号过零值点(简称过零点)的疏密变化,如图 6 – 46 所示。调频信号每周期有两个过零点,由负变为正的过零点称为"正过零点",如 $0_1,0_3,0_5$ 等,由正变为负的过零点称为"负过零点",如 $0_2,0_4,0_6$ 等。如果在调频信号的每一个正过零点处由电路产生一个振幅为 U_m,宽度为 τ 的单极性矩形脉冲,这样就把原始调频信号转换成了重复频率与调频信号的瞬时频率相同的单向矩形脉冲序列。这时单位时间内矩形脉冲的数目就反映了调频波的瞬时频率,该脉冲序列振幅的平均值能直接反映单位时间内矩形脉冲的数目。脉冲个数越多,平均分量越大;脉冲个数越少,平均分量越小。因此实际应用时,不需要对脉冲直接计数,而只需用一个低通滤波器取出这一反映单位时间内脉冲个数的平均分量,就能实现鉴频。

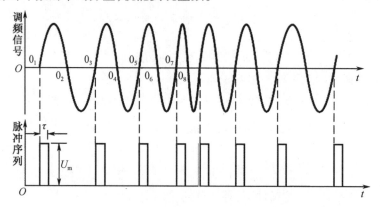

图 6 – 46 调频信号变换成单向矩形脉冲序列

设输入调频信号的瞬时频率为 $f(t) = f_c + k_f U_{\Omega m}\cos \Omega t = f_c + \Delta f(t)$,相应的周期为 $T(t) = 1/f(t)$。通过变换电路得到一个矩形脉冲序列,脉冲宽度为 τ;脉冲振幅为 U_m;周期为 $T(t)$。脉冲序列通过传输系数为 K_L 的低通滤波器进行滤波,则滤波后的输出电压 u_o 可写成

$$u_o = u_{av} = K_L U_m \frac{\tau}{T(t)} = K_L U_m \tau [f_c + \Delta f(t)] \tag{6 – 89}$$

式中,u_{av} 表示一个周期内脉冲振幅的平均值。输出电压 u_o 中的 $K_L U_m \tau f_c$ 是载波电源压产生的直流电流分量,采用隔直电容可取出后一项调频波的解调电压为

$$u_o' = K_L U_m \tau k_f U_{\Omega m}\cos \Omega t$$

滤波与隔直后输出电压与调制信号电压成正比。

由式(6 – 89)可知,滤波后输出电压与调制信号的瞬时频率 F 成正比。

脉冲计数式鉴频器的优点是线性好,频带宽,易于集成化。一般能工作在 10 MHz 左右,是一种应用较广泛的鉴频器。

6.7　数字角度调制与解调

6.7.1　数字频率调制与解调

1. 数字频率调制

数字频率调制又称频移键控(FSK),是用数字基带信号控制载波信号的频率,不同的载波频率代表数字信号的不同电平。二进制数字频移键控(2FSK)信号是用两个不同频率的载波来代表数字信号的两种电平。

2FSK 信号的数学表达式为

$$u(t) = \left[\sum_n a_n g(t - nT_S) \right] \cos \omega_1 t + \left[\sum_n \overline{a}_n g(t - nT_S) \right] \cos \omega_2 t$$

式中,$g(t)$ 是持续时间为 T_S 的矩形脉冲。

$$a_n = \begin{cases} 1, & \text{概率为 } p \\ 0, & \text{概率为 } 1 - p \end{cases}$$

$\overline{a}_n$ 是 a_n 的反码,即

$$\overline{a}_n = \begin{cases} 0, & \text{概率为 } p \\ 1, & \text{概率为 } 1 - p \end{cases}$$

2FSK 信号的产生有两种方法,直接调频法和频率键控法。

直接调频是用数字基带信号直接控制载波振荡器的振荡频率。前面介绍的模拟信号的直接调频电路都可以用来产生 2FSK 信号,它具有电路简单和相位连续的优点,但频率稳定度较低。

频率键控法如图 6 - 47 所示。它由两个独立振荡源和数字基带信号控制转换开关组成。数字基带信号控制电子开关,在两个独立振荡源之间进行转换以输出对应的不同频率。这种方法的频率稳定度高,转换速度较快,但其转换时相位不连续。

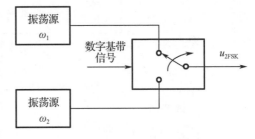

图 6 - 47　频率键控法原理框图

为了兼顾相位连续和频率稳定高,常用图 6 - 48 所示的数字式调频器来产生 2FSK 信号。它主要由标准频率源和可变分频器组成,可变分频器的分频比由输入数字基带信号控制。

图 6 - 48　数字式调频器

2 数字调频的解调

(1)包络解调法

2FSK 信号包络解调原理框图如图 6-49 所示。输入的2FSK 信号是等幅的调频波,经过 ω_1 和 ω_2 两个窄带的分路带通滤波器变成上下两路 ASK 信号,上路是载频为 ω_1 的 ASK 信号,下路是载频为 ω_2 的 ASK 信号。经包络检波器后分别取出它们的包络。这两路包络送给抽样判决器进行比较,从而判决输出数字基带信号。

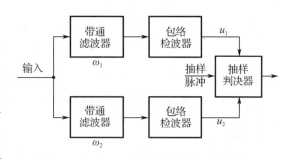

图 6-49 2FSK 信号包络解调原理框图

假若频率 ω_1 代表数字信号"1",频率 ω_2 代表数字信号"0"。上一路包络检波输出电压 u_1,下一路包络检波输出 u_2,则抽样判决器的判决准则是: $u_1 - u_2 > 0$,判决为"1"; $u_1 - u_2 < 0$,判决为"0"。其判决门限为零电平。

(2)同步解调法

2FSK 信号同步解调原理框图如图 6-50 所示。输入的2FSK 信号经过 ω_1 和 ω_2 两个窄带的分路带通滤波器变成为上、下两路 ASK 信号,通过乘法器与本地载频 ω_1 和本地载频 ω_2 分别进行相乘,经过低通滤波器滤除高频分量,实现了对 ASK 信号的同步检波。抽样判决器对低通滤波器输出电压 u_1 和 u_2 比较判决,即可还原出数字基带信号。

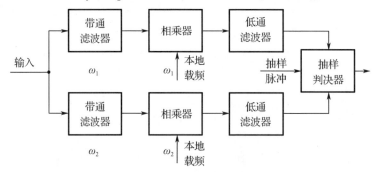

图 6-50 2FSK 信号同步解调原理框图

(3)过零检测法

过零检测法原理框图如图 6-51 所示。输入的 u_{FSK} 信号经限幅放大后成为矩形脉冲波,再经过微分电路得到具有正负的双向尖脉冲,然后通过全波整流将双向尖脉冲变为单向脉冲,每一个尖脉冲表示输入信号的一个过零点,尖脉冲的重复频率就是信号频率的二倍。将尖脉冲去触发一单稳态电路,产生一定宽度的矩形脉冲序列,该序列的平均分量与脉冲重复频率成正比,即与输入信号成正比。所以经过低通滤波器输出的平均分量的变化反映了输入信号频率的变化,这样就把码元"1"与"0"在幅度上区分开来,恢复出数字基带信号。

图 6-51 FSK 过零检测法原理框图

6.7.2　数字相位调制与解调

1. 数字相位调制

数字相位调制又称为相位键控(PSK),它是用数字基带信号控制载波的相位,使载波的相位发生跳变的调制方式。二进制相位键控(2PSK)用同一载波的两种相位来代表数字信号。由于 PSK 系统抗噪音性能优于 ASK 和 FSK,而且频带利用率较高,在中、高速数字通信中广泛应用。

数字调相常分为绝对调相(CPSK)和相对调相(DPSK)。

(1)绝对调相(CPSK)

以未调制载波相位作为基准的调制称为绝对调相。在二进制相位键控中,设码元取"1"时,已调载波的相位与未调制载波相位相同,取"0"时,则反相。其数学表示式为

$$u_{2CPSK} = \begin{cases} A\sin(\omega_c t + \theta_0), & \text{为"1"码} \\ A\sin(\omega_c t + \theta_0 + \pi), & \text{为"0"码} \end{cases}$$

式中,θ_0 为载波的初相位。受控载波在 0 和 π 两个相位上变化,其波形如图 6 – 52 所示,图 6 – 52(a)为数字基带信号 $s(t)$,图(b)为载波,图(c)为2CPSK 绝对调相波形,图(d)为双极性数字基带信号 $s'(t)$。

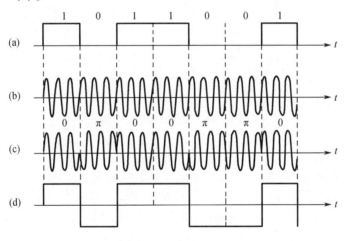

图 6 – 52　两相绝对调相波形

从图 6 – 52 可知,2CPSK 信号可以看成是双极性基带信号乘以载波信号而产生的,即

$$u_{2CPSK} = s'(t)A\sin(\omega_c t + \theta_0)$$

式中,$s'(t)$ 为双极性基带信号。CPSK 波形相位是相对于载波相位而言的,首先必须画好载波,然后根据相位的规定画出 CPSK 波形。

图 6 – 53 所示是一个典型的环形调制器。在 1、2 端接载波信号 $A\sin(\omega_c t + \theta_0)$,5、6 端接双极性基带信号 $s'(t)$,3、4 端为 CPSK 信号输出端。当基带信号为正时,D_1、D_2 导通,D_3、D_4 截止,输出载波与输入载波同相。当基带信号为负时,D_3、D_4 导通,D_1、D_2 截止,输出载波与输入载波反相,从而实现了 CPSK 调制。这种方法称为直接调相法。

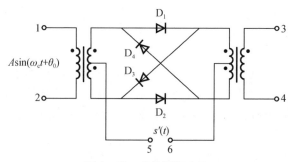

图 6 – 53 直接调相电路

图 6 – 54 所示是相位选择法产生 CPKS 信号的电路。设振荡器产生的载波信号为 $A\sin \omega_c t$，它加到与门 1，同时振荡信号经反相器变为 $A\sin(\omega_c t + \pi)$ 加到与门 2，基带信号和它的倒相信号分别作为与门 1 及与门 2 的选通信号。基带信号为"1"码时，与门 1 选通，输出为 $A\sin \omega_c t$；基带信号为"0"码时，与门 2 选通，输出为 $A\sin(\omega_c t + \pi)$，即可得到 CPSK 信号。

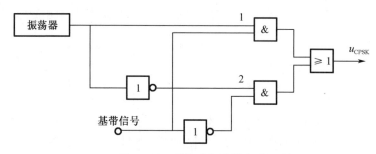

图 6 – 54 相位选择法的电路

(2)相对调相(DPSK)

相对调相就是各码元的载波相位，不是以未调制载波相位为基准，而是以相邻的前一个码元的载波相位为基准来确定。例如，当码元为"1"时，它的载波相位取与前一个码元的载波相位差 π，而当码元为"0"时，它的载波相位取与前一个码元的载波相位相同，如图 6 – 55 所示。其中图 6 – 55(a)是数字基带信号 $s(t)$ 的波形，又称为绝对码；图 6 – 55(b)为载波；图 6 – 55(c)为 DPSK 波形；图 6 – 55(d)是数字基带信号的相对码 $s'(t)$，用它对载波进行绝对调相和用绝对码对载波进行相对调相，其输出结果相同。因而，可以采用将绝对码变换成相对码后，再进行绝对调相来实现相对调相。其原理框图如图 6 – 56(a)所示。图 6 – 56(b)是绝对码变换成相对码的原理图，它是由异或门和延时一个码元宽度 T_B 的延时器组成的。它完成的功能是 $b_n = a_n \oplus b_{n-1}$($n - 1$ 表示 n 的前一个码)。也就是将图 6 – 55(a)所示的绝对码基带信

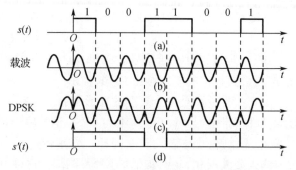

图 6 – 55 DPSK 信号波形

号 $s(t)$ 转换成图 6 - 55(d)所示的相对码基带信号 $s'(t)$。

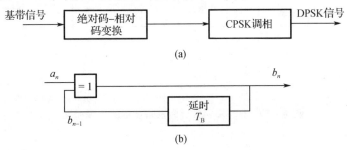

(a)

(b)

图 6 - 56　DPSK 信号的产生

2. 数字调相的解调

数字调相信号的解调方法有极性比较法和相位比较法两种。

（1）极性比较法（同步解调）

图 6 - 57 所示是极性比较法解调 CPSK 信号的原理电路。CPSK 信号经带通滤波器后加到乘法器，与载波极性比较。因为 CPSK 信号的相位是以载波相位为基准的，所以经低通滤波和抽样判决电路后还原数字基带信号。若输入信号为 DPSK，经图 6 - 57 解调电路解调后得到的是相对码，还需要经过相对码—绝对码变换器才能得到原数字基带信号。图 6 - 58 所示是相对码 - 绝对码变换电路，它完成的功能是 $a_n = b_n \oplus b_{n-1}$。将图 6 - 58 电路加在图 6 - 57 电路的抽样判决器之后，则构成 DPSK 信号极性比较法解调电路。

图 6 - 57　CPSK 信号极性比较法解调电路

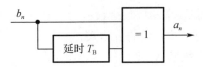

图 6 - 58　相对码—绝对码变换电路

（2）相位比较法

DPSK 相位比较法解调器的原理框图如图 6 - 59 所示。其基本原理是将输入调相波的前后码元所对应的调相波通过乘法器进行相位比较。它是以前一码元的载波相位作为后一码元载波相位的参考相位。输入的 u_{DPSK} 信号经带通滤波后，一路直接加到乘法器，另一路经延时器延时一个码元时间，加到乘法器作为相干载波。经乘法器相乘，通过低通滤波器滤除高频项取出前后码元载波的相位差，相位差为 0 对应"0"，相位差为 π 对应"1"。再经抽样判决器直接解调出原绝对码基带信号。

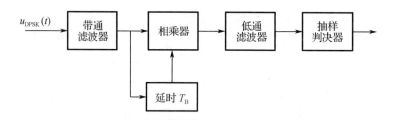

图 6-59　DPSK 相位比较法解调器的原理框图

6.8　思考题与习题

6-1　有一余弦信号 $u(t) = U_m \cos(\omega_0 t + \theta_0)$，其中 ω_0 和 θ_0 均为常数，求其瞬时频率和瞬时相位。

6-2　调制信号 $u_\Omega(t)$ 为周期重复的三角波，试分别画出调频和调相时的瞬时频率偏移 $\Delta\omega(t)$ 随时间变化的关系曲线和对应的调频波和调相波的波形。

6-3　调制信号 $u_\Omega(t)$ 如图 6-60 所示的矩形波，试分别画出调频和调相时频率偏移 $\Delta\omega(t)$ 和瞬时相位偏移 $\Delta\theta(t)$ 随时间变化的关系曲线。

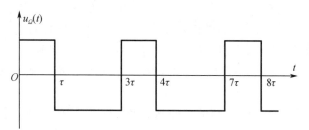

图 6-60　题 6-3 图

6-4　某调频波的数学表达式为 $u(t) = 6\cos[2\pi \times 10^8 t + 5\sin(\pi \times 10^4 t)]$ V，其调制信号 $u_\Omega(t) = 2\cos(\pi \times 10^4 t)$ V，试求：

（1）此调频波的载频、调制频率和调频指数；

（2）瞬时相位 $\theta(t)$ 和瞬时频率 $f(t)$ 的表达式；

（3）最大相移 $\Delta\theta_m$ 和最大频偏 Δf_m；

（4）有效频带宽度 B_{CR}。

6-5　已知某调频电路调频信号中心频率为 $f_c = 50$ MHz，最大频偏 $\Delta f_m = 75$ kHz。求调制信号频率 F 为 300 Hz，15 kHz 时，对应的调频指数 m_f、有效频谱宽度 B_{CR}。

6-6　设角度调制信号为 $u(t) = 8\cos[4\pi \times 10^8 t + 10\sin(2\pi \times 10^3 t)]$ V。

（1）试问在什么调制信号下，该调角波为调频波或调相波？

（2）试计算调频波和调相波的 Δf_m 和 m。

（3）若调频电路和调相电路保持不变，仅是将调制信号的频率增大到 2 kHz，振幅不变，试求输出调频波和调相波的 Δf_m 和 B_{CR}。

（4）若调频电路和调相电路不变，仅是调制信号振幅减为原值的一半，频率不变，试求输出调频波和调相波的 Δf_m 和 B_{CR}。

6-7　有一个调幅波和一个调频波，它们的载频均为 1 MHz，调制信号电压均为 $u_\Omega(t) = 0.1\cos(2\pi \times 10^3 t)$ V。若调频时单位调制电压产生的频偏为 1 kHz。

（1）试求调幅波的频谱宽度 B_{AM} 和调频波的有效频谱宽度 B_{CR}；

（2）若调制信号电压改为 $u_{\Omega}(t) = 20\cos(2\pi \times 10^3 t)\,\text{V}$，试求对应的 B_{AM} 和 B_{CR}，并对此结果进行比较。

6－8　已知载波信号 $u_c(t) = 2\cos(2\pi \times 10^7 t)\,\text{V}$，调制信号 $u_{\Omega}(t) = 3\cos(800\pi t)\,\text{V}$，最大频偏 $\Delta f_m = 10\,\text{kHz}$，（1）试分别写出调频波与调相波的数学表示式；（2）若调制电路不变，只是将调制信号频率变为 $2\,\text{kHz}$，振幅不变，此时调频波和调相波将产生什么样的变化？

6－9　已知载波频率 $f_c = 100\,\text{MHz}$，载波电压振幅 $U_{cm} = 5\,\text{V}$，调制信号 $u_{\Omega}(t) = 1\cos(2\pi \times 10^3 t) + 2\cos(2\pi \times 500t)\,\text{V}$。试写出调频波的数学表达式（设最大频偏 $\Delta f_{max} = 20\,\text{kHz}$）。

6－10　已知某调频电路调制信号频率为 $400\,\text{Hz}$，振幅为 $2.4\,\text{V}$，调制指数为 60，求频偏。当调制信号频率减为 $250\,\text{Hz}$，同时振幅上升为 $3.2\,\text{V}$ 时，调制指数将变为多少？

6－11　某调频波的调制信号频率 $F = 1\,\text{kHz}$，载频 $f_c = 5\,\text{MHz}$，最大频率 $\Delta f_m = 10\,\text{kHz}$，此信号经过 12 倍频，试求此时调频信号的载频、调制信号频率和最大频偏为多大？

6－12　如图 $6-61$ 所示电路是两个变容二极管调频电路，试画出其简化的高频等效电路，并说明各元件的作用。

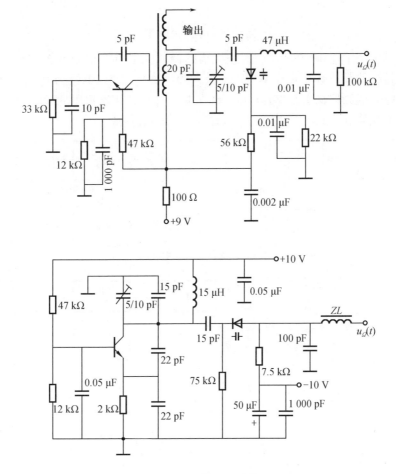

图 6－61　题 6－12 图

6-13 变容二极管作为回路总电容直接调频,实现大频偏线性调频的条件是什么? 如果条件不能满足,会产生什么不良后果? 当频偏很小时,要求有什么不同?

6-14 变容二极管调频电路如图6-62(a)所示,变容二极管的非线性特征如图6-62(b)所示。当调制信号电压$u_\Omega(t) = \cos(2\pi \times 10^3 t)$V时,试求:(1)调频波的中心频率$f_c$;(2)最大频偏$\Delta f_m$。

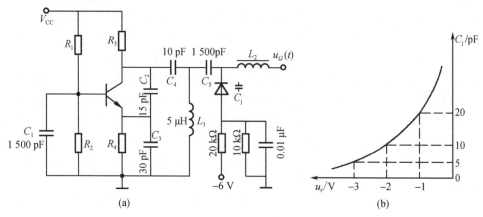

图6-62 题6-14图

6-15 某一由间接调频、倍频、混频组成的调频发射机方框原理图如图6-63所示。要求输出调频波的载波频率$f_c = 100$ MHz,最大频偏$\Delta f_m = 75$ kHz,已知调制信号频率$F = 100$ Hz ~ 15 kHz,混频器输出频率$f_3 = f_L - f_2$,矢量合成法调相器提供的调相指数为0.2 rad。试求:(1)倍频次数n_1和n_2;(2)$f_1(t)$、$f_2(t)$和$f_3(t)$的表达式。

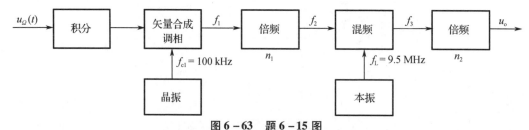

图6-63 题6-15图

6-16 现有几种矢量合成法调相器方框图,如图6-64图所示,主振器输出振荡电压信号为$U_{2m}\cos \omega_c t$,试写出输出信号电压的数学表达式,说明调相原理。

6-17 乘积型鉴相器是由乘法器和低通滤波器组成。假若乘法器的两个输入信号均为小信号,即$u_1 = U_{1m}\cos[\omega_c t + \varphi(t)]$,$u_2 = U_{2m}\cos \omega_c t$,乘法器的输出电流$i = K_M u_1 u_2$。试分析说明此鉴相器的鉴相特性,并与$u_2 = U_{2m}\sin$

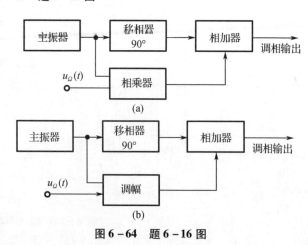

图6-64 题6-16图

$\omega_c t$ 输入时的鉴相特性相比较,它们的特点如何?

6 – 18　由或门与低通滤波器组成的门电路鉴相器,试分析说明此鉴相器的鉴相特性。

6 – 19　将双失谐回路鉴频器的两个检波二极管 D_1,D_2 都调换极性反接,电路还能否工作? 只反接其中一个,电路还能否工作? 有一个损坏(开路),电路还能否工作?

6 – 20　耦合回路相位鉴频器电路如图 6 – 65 所示。若输入信号 $u_S = U_{Sm}\cos(\omega_o t + m_f\sin\Omega t)$ V,试定性绘出加在两个二极管上的高频电压 $\dot U_{D1}$ 和 $\dot U_{D2}$ 以及输出电压 u_{o1}、u_{o2} 和 u_o 的波形。

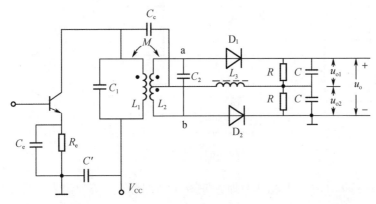

图 6 – 65　题 6 – 20 图

6 – 21　在题 6 – 20 所示的耦合回路相位鉴频器中,当耦合回路的同名端变化时,其鉴频特性曲线怎样变化? 当两个二极管同时反接时,其鉴频特曲线怎样变化? 若只有一个二极管反接能否正常鉴频?

6 – 22　在耦合回路相位鉴频电路中,如果发现有下列情况时,鉴频特性曲线将如何变化?

(1)二次侧回路未调谐在中心频率 f_c 上(高于或低于 f_c);

(2)一次回路未调谐在中心频率 f_c 上(高于或低于 f_c);

(3)一、二次回路均调谐在中心频率,而 k 由小变大;

(4)一、二次级回路均调谐在中心频率 f_c,而 Q_L 由小变大。

6 – 23　相位鉴频电路中,为了调节鉴频特性曲线的中心频率、峰宽和线性,应分别调节哪些元件,为什么?

6 – 24　为什么通常应在相位鉴频器之前要加限幅器,而比例鉴频器却不用加限幅器?

6 – 25　试画出调频发射机、调频接收机的原理方框图。

6 – 26　用矢量合成原理定性描述出如图 6 – 66 所示耦合回路相位鉴频器的鉴频特性。

6 – 27　为什么比例鉴频器有抑制寄

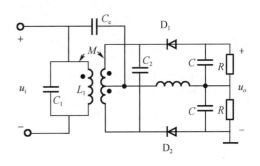

图 6 – 66　题 6 – 26 图

生调幅作用,其根本原因何在?

6-28　试采用乘法器 MC1596 设计一个相移乘积型鉴频器电路,并画出具体电路图。乘法器可采用单端输出。

6-29　某雷达接收机的鉴频器如图 6-67 所示,其中谐振回路的传输系数 $A(f) = \left[1 + \left(2Q_{\mathrm{L}}\dfrac{f-f_{\mathrm{o}}}{f_{\mathrm{o}}}\right)^2\right]^{-\frac{1}{2}}$,检波器传输系数 $K_{\mathrm{d}} \approx 1$。差动放大器电压增益为 A,试分析其工作原理,定性画出鉴频特性曲线。

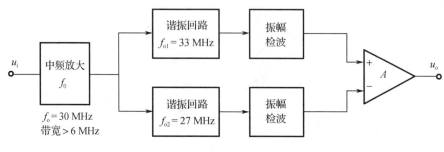

图 6-67　题 6-29 图

6-30　图 6-68(a)为鉴相器原理方框图,(b)图和(c)图为输入信号 u_1 和 u_2 的波形图,试画出方框图中 a、b、c、d、e 各点的波形示意图,并写出鉴相器的鉴相特性方程。假设双稳态触发器输出脉冲度为 $\pm U_{\mathrm{m}}$,低通滤波器传输系数 $K_Z = 1$。

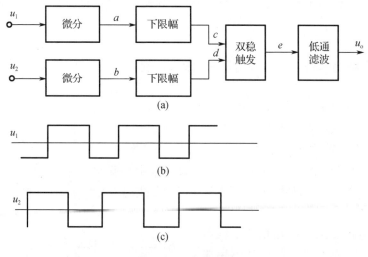

图 6-68　题 6-30 图

6-31　模拟信号调频与数字信号调频有什么异同点?

6-32　试说明 2FSK 信号的特点,2FSK 信号产生与解调有哪些基本方法?

6-33　什么是数字调相? 二进制调相有哪几种方法,其特点是什么?

第 7 章

变 频 电 路

7.1 概 述

7.1.1 变频电路的功能

变频电路的功能是将已调波的载波频率变换成固定的中频载波频率,而保持其调制规律不变。也就是说,它是一个线性频谱搬移电路,对于调幅波、调频波或调相波通过变频电路后仍然是调幅波、调频波或调相波,只是其载波频率变成了中频载波频率,其调制规律是不变的。能完成这样功能的电路称为变频电路。

变频电路的功能可以分别用时域和频域两种方法表示,图 7-1 所示是以普通调幅波为例的这两种表示法的示意图。输入信号为 $u_S = U_{Sm}(1 + m_a \sin \Omega t) \sin \omega_S t$ 的普通调幅波,其调制信号角频率为 Ω,高频载波角频率为 ω_S,而输出信号 $u_I = U_{Im}(1 + m_a \sin \Omega t) \sin \omega_I t$,也是一个调制信号角频率为 Ω 的正弦调幅的普通调幅波,其载波角频率由 ω_S 变成为 ω_I。从频

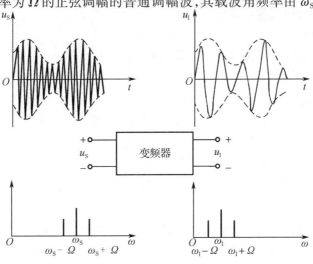

图 7-1 变频电路的功能

谱的角度看,变频电路的功能是将频谱从原来的 ω_S 附近搬到 ω_I 附近,而频谱内部结构并不发生任何变化。即输入信号的频谱为 ω_S、$\omega_S \pm \Omega$,通过变频电路后输出信号的频谱为 ω_I、$\omega_I \pm \Omega$,故变频电路是线性频谱搬移电路。

变频器有上变频和下变频之分。当输出信号载波频率为 $\omega_I = \omega_L + \omega_S$ 时,称其为上变频,对应的中频称为高中频。反之,当输出信号频率为 $\omega_I = \omega_L - \omega_S$ 时,称其为下变频,对应的中频称为低中频。

7.1.2 变频器的组成、分类与用途

1. 变频器的组成

变频器与其他频率变换电路一样,为了完成频率变换,必须有非线性器件。常用的非线性器件有晶体三极管、二极管、场效应管、差分对管和模拟乘法器等。当两个不同频率的信号通过一个非线性器件之后,输出信号频率将会包含很多频谱分量,一般可以表示为 $f = pf_S + qf_L (p, q = 0, 1, 2, 3, \cdots 和 -1, -2, -3, \cdots)$,在如此多的频率分量中要得到所需的频率分量,就必须采用选频网络,选出所需的频率分量 f_I。因此一般变频器应由四部分组成,即输入回路、非线性器件、带通滤波器和本机振荡器,如图 7 – 2 所示。本机振荡器用来提供本振信号频率 f_L。

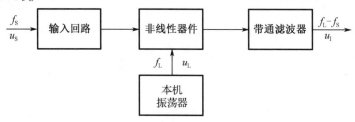

图 7 – 2 变频器的组成

通常将输入回路、非线性器件与带通滤波器三部分称为混频器。而变频器是由混频器和本机振荡器两部分组成的。

2. 变频器的分类

通常按使用的非线性器件分为二极管混频器、三极管或场效应管混频器和集成模拟乘法器混频器。

3. 变频器的用途

变频电路广泛用于各种电子设备中,在超外差式接收机中,将高频载频信号变成固定中频载频信号,然后通过中频放大器进行放大,使整个接收机灵敏度和选择性大大提高。在频率合成器中常用变频器完成频率加减运算,从而得到各种不同的频率,这些频率的稳定度可以与主振器的高稳定度相同。

高性能通信接收机中应用最广泛的是二极管环形混频器和双差分对集成模拟乘法器混频器。目前由于集成技术提高,双差分对模拟乘法器的性能不断改进与提高,在几百兆赫的工作频段内,二极管环形混频器已逐渐被双差分对集成模拟乘法器混频器取代,特别是在单片集成接收机中已广泛应用这种混频器。而在微波频段仍广泛使用二极管环形混频器。三极管或场效应管混频器由于电路简单、造价低,在普通接收机中也有较多使用。

7.1.3 变频器的主要技术指标

1. 变频增益

变频器中频输出电压振幅 U_{Im} 与高频输入信号电压振幅 U_{Sm} 之比,称为变频电压增益。

$$A_{uc} = \frac{U_{\text{Im}}}{U_{\text{Sm}}}$$

变频器的输出中频信号功率 P_{I} 与高频输入信号功率 P_{S} 之比,称为变频功率增益。

$$A_{pc} = \frac{P_{\text{I}}}{P_{\text{S}}}$$

一般要求变频增益大些,这样有利于提高接收机的灵敏度。

2. 选择性

变频器的输出电流中包含很多频率分量,但其中只有中频分量是有用的。为了抑制其他各种不需要频率分量,要求输出端的带通滤波器有较好的选择性,即希望有较理想的幅频特性,它的矩形系数尽可能接近于 1。

3. 噪声系数

因为变频器在接收机的最前端,主要是变频器的噪声决定接收机的噪声系数。因此,为了提高接收机的灵敏度,必须降低变频器噪声,即噪声系数应尽可能小。

4. 失真和干扰

变频器除了有频率失真和非线性失真外,还会产生各种非线性干扰,如组合频率、交叉调制和互相调制、阻塞等干扰。所以不仅要求变频器的频率特性好,而且还要求其非线性器件尽可能少产生一些不需要的频率分量,以减小造成干扰的可能。

7.2 晶体三极管混频器

在以分立元件构成的广播、电视、通信设备的接收机中,都是采用晶体管混频电路。在一些集成电路接收系统的芯片中,也有采用晶体三极管作混频器的,例如 TA7641BP 单片收音机中的混频器。晶体三极管混频器的特点是,电路简单,有一定的变频增益,要求本振电压的幅值较小,为 $50 \sim 200 \text{ mV}$。

7.2.1 晶体三极管混频器工作原理

晶体三极管混频器的原理电路如图 7－3所示,在发射结上作用有三个电压,即直流偏置电压 V_{BB}、信号电压 u_{S} 和本振电压 u_{L}。为了减小非线性器件产生的不需要分量,一般情况下,选用本振电压振幅 $U_{\text{Lm}} \gg U_{\text{Sm}}$,也就是本振电压为大信号,而输入信号电压为小信号。在一个大信号 u_{L} 和一个小信号 u_{S} 同时

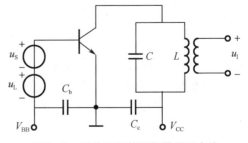

图 7－3 晶体三极管混频器原理电路

作用于非线性器件时,晶体管可近似看成小信号的工作点随大信号变化而变化的线性元件,如图 7-4 所示。

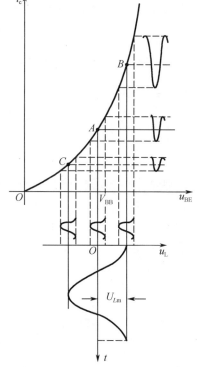

由于 u_L 为大信号,在偏压 V_{BB} 和本振电压 u_L 的共同作用下,它的工作点在 B 点、A 点和 C 点之间变化,工作点随本振电压的变化是非线性的。因为 u_S 是小信号,无论工作点怎样变化,在每一个工作点,对 u_S 而言,晶体管可以被近似看成工作于线性状态。但是不同的工作点其线性参数是不一样的。所以 u_S 的工作点随 u_L 的变化而变化,晶体管的线性参量也就随着 u_L 变化而变化,即线性参量是随时间变化的。这种随时间变化的参量称为时变参量,这样的电路称为线性时变电路。应当注意,虽然这种线性时变电路是由非线性器件组成。但对于小信号 u_S 来说,它工作于线性状态,因此,当有多个小信号同时作用于此种电路的输入端时,可以应用叠加原理。

由图 7-4 知

图 7-4　一个大信号和一个小信号同时作用于非线性元件

$$u_{BE} = V_{BB} + u_L(t) + u_S(t)$$
$$= V_{BB} + U_{Lm}\cos \omega_L t + U_{Sm}\cos \omega_S t \qquad (7-1)$$

晶体管的正向传输特性为

$$i_c = f(u_{BE}, u_{CE}) \qquad (7-2)$$

由晶体管的输入特性可知,当 $u_{CE} \geqslant 1$ V 时,u_{CE} 对 i_b 的影响可忽略。晶体管混频器工作时均满足 $u_{CE} > 1$ V,而 $i_c = \beta i_b$,即可忽略 u_{CE} 对 i_c 的影响。于是式(7-2)可简化为

$$i_c = f(u_{BE}) \qquad (7-3)$$

因为 u_S 的值很小,在 u_S 的变化范围内正向传输特性是线性的,所以可以将函数 $i_c = f(u_{BE})$ 在时变偏压 $V_{BB} + u_L(t)$ 上对 $u_S(t)$ 展成泰勒级数,则

$$i_c = f[V_{BB} + u_L(t)] + f'[V_{BB} + u_L(t)]u_S(t)$$
$$+ \frac{1}{2}f''[V_{BB} + u_L(t)]u_S^2(t) + \cdots \qquad (7-4)$$

对于小信号的 u_S,其高阶导数就更小,所以可忽略第三项及以后的各项,可取

$$i_c = f[V_{BB} + u_L(t)] + f'[V_{BB} + u_L(t)]u_S(t) \qquad (7-5)$$

式中,$f[V_{BB} + u_L(t)]$ 为 $u_{BE} = V_{BB} + u_L(t)$ 时的集电极电流;$f'[V_{BB} + u_L(t)] = \dfrac{\partial i_c}{\partial u_{BE}} = g$ 为 $u_{BE} = V_{BB} + u_L(t)$ 时晶体三极管的跨导。

因为本振电压为大信号,且工作于非线性状态,所以集电极电流 $f[V_{BB} + u_L(t)]$ 和跨导 g 均随 $u_L(t)$ 的变化呈非线性变化。在本振电压 $u_L(t) = U_{Lm}\cos \omega_L t$ 的条件下,它们可用下列级数表示,即

$$f[V_{BB} + u_L(t)] = I_{C0} + I_{c1m}\cos \omega_L t + I_{c2m}\cos 2\omega_L t + \cdots \qquad (7-6)$$

$$f'[V_{BB} + u_L(t)] = g(t) = g_0 + g_1\cos \omega_L t + g_2\cos 2\omega_L t + \cdots \qquad (7-7)$$

式中，I_{C0}、I_{c1m}、I_{c2m}、g_0、g_1、g_2 分别为只加振荡电压时，集电极电流中的直流、基波和二次谐波分量的幅值以及跨导的平均分量、基波和二次谐波分量的幅值。

将输入信号电压 $u_S(t) = U_{Sm}\cos \omega_S t$ 代入式 $(7-5)$，可得

$$i_c = f[V_{BB} + u_L(t)] + f'[V_{BB} + u_L(t)]u_S(t)$$

$$= (I_{C0} + I_{c1m}\cos \omega_L t + I_{c2m}\cos 2\omega_L t + \cdots) + (g_0 + g_1\cos \omega_L t + g_2\cos 2\omega_L t + \cdots)U_{Sm}\cos \omega_S t$$

$$= I_{C0} + I_{c1m}\cos \omega_L t + I_{c2m}\cos 2\omega_L t + \cdots + U_{Sm}[g_0\cos \omega_S t + \frac{g_1}{2}\cos(\omega_L - \omega_S)t$$

$$+ \frac{g_1}{2}\cos(\omega_L + \omega_S)t + \frac{g_2}{2}\cos(2\omega_L - \omega_S)t + \frac{g_2}{2}\cos(2\omega_L + \omega_S)t + \cdots] \qquad (7-8)$$

若中频频率取差频 $\omega_I = \omega_L - \omega_S$，则混频后通过带通滤波器输出的中频电流为

$$i_I = U_{Sm}\frac{g_1}{2}\cos(\omega_L - \omega_S)t \qquad (7-9)$$

其振幅为

$$I_{Im} = U_{Sm}\frac{g_1}{2}$$

上式表明，输出的中频电流振幅 I_{Im} 与输入的高频信号电压的振幅 U_{Sm} 成正比。若高频信号电压振幅 U_{Sm} 按一定规律变化，则中频电流振幅 I_{Im} 也按相同规律变化。也就是说，经混频后，信号只改变了载波频率，其包络形状没有改变。因此，当输入高频信号是调幅波时，其振幅为 $U_{Sm}(1 + m_a\cos \Omega t)$，则混频器所输出的中频电流也是调幅波，即

$$i_I = \frac{1}{2}g_1 U_{Sm}(1 + m_a\cos \Omega t)\cos \omega_I t$$

为了说明混频器把输入信号电压转换为中频电流的能力，通常引入变频跨导 g_c。变频跨导定义为输出中频电流振幅 I_{Im} 与输入高频信号电压振幅 U_{Sm} 之比，即

$$g_c = I_{Im}/U_{Sm} = \frac{1}{2}g_1 \qquad (7-10)$$

这说明混频器变频跨导 g_c 等于时变跨导 $g(t)$ 的傅里叶展开式中基波振幅 g_1 的一半。

因为时变跨导 $g(t)$ 是随本振电压 $u_L(t)$ 周期变化的，其关系是非线性的。在数值上，变频跨导是时变跨导 $g(t)$ 的基波分量的一半，可以通过求 $g(t)$ 的基波分量 g_1 来求得变频跨导。

$$g_1 = \frac{1}{\pi}\int_{-\pi}^{\pi} g(t)\cos \omega_L t\,\mathrm{d}(\omega_L t)$$

$$g_c = \frac{1}{2}g_1 = \frac{1}{2\pi}\int_{-\pi}^{\pi} g(t)\cos \omega_L t\,\mathrm{d}(\omega_L t) \qquad (7-11)$$

在实际工作中经常采用经验公式近似计算 g_c，即

$$g_c = (0.4 \sim 0.5)\frac{I_{EQ}}{\sqrt{1 + \left(\dfrac{\omega_S}{\omega_T}r_{bb'}\dfrac{I_{EQ}}{26}\right)}} \qquad (7-12)$$

式中，I_{EQ} 为直流静态工作点的发射极电流，单位为 mA。

7.2.2　晶体三极管混频器等效电路

对于晶体三极管混频器,由于本振电压为大信号,对输入信号为小信号来说,非线性器件被看成时变网络,这样就可采用小信号分析法。因而,混频器可用图7-5所示电路等效。由于混频器的输入回路调谐于 ω_S,输出回路调谐于 ω_I,混频器等效电路中的输入电容和输出电容分别合并到输入回路和输出回路中去得出了等效电路。等效电路中的各参量均可根据定义和混合 π 等效电路求出。

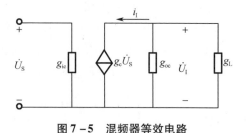

图 7-5　混频器等效电路

从图7-5中可得混频器的变频电压增益和变频功率增益分别为

$$A_{uc} = \frac{\dot{U}_{Im}}{\dot{U}_{Sm}} = \frac{g_c}{g_{oc} + g_L}$$

$$A_{pc} = \frac{P_I}{P_S} = \left(\frac{g_c}{g_{oc} + g_L}\right)^2 \frac{g_L}{g_{ic}}$$

当负载电导 g_L 和输出电导 g_{oc} 相等时,输出回路是匹配的,变频功率增益最大,即

$$A_{pcmax} = \frac{g_c^2}{4g_{ic}g_{oc}}$$

7.2.3　具体电路和工作状态的选择

混频器有输入信号电压和本振电压两个输入信号,对输入信号 u_S 来说,晶体管可构成共射和共基两种组态。而对本振电压 u_L 来说,u_L 注入有由基极注入和发射极注入两种组态。因此混频器就有如图7-6所示的四种组态。

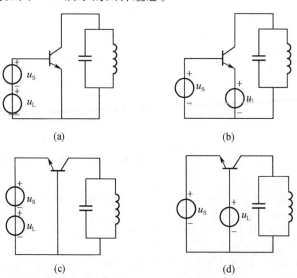

(a)　　　　　　　　　　　(b)

(c)　　　　　　　　　　　(d)

图 7-6　混频器的四种组态

图 7 - 6(a)对信号电压而言是共射组态,它具有输入阻抗高,变频增益大的优点,对本振电压而言是基极注入(共射组态),它对本地振荡器呈现较大阻抗,使本振的负载较轻,容易起振。因为电路中的信号电压和本振电压均由基极注入,所以信号回路和本振回路相互影响较大,可能产生频率牵引现象。

图 7 - 6(b)对信号电压而言和图 7 - 6(a)一样,只是将本振电压由发射极注入,对本振电压而言,晶体管是共基组态,它的输入阻抗小,使本振的负载较重,不易起振。但是它的信号电压和本振电压加在两个不同电极上,相互影响较小,实际电路应用较多。

图 7 - 6(c)(d)对信号电压而言均是共基组态,因此它们的输入阻抗小,变频电压增益小,在频率较低时,一般不用这两种组态。但当频率较高时,因为 $f_\alpha \gg f_\beta$,这时它们的变频电压增益可能比共射组态大,可采用这两种组态。也就是说,它们的上限工作频率高。

图 7 - 7 是晶体管收音机中常用的变频电路。晶体管除了完成混频任务外,还兼作本机振荡器的振荡管,此振荡器接成互感耦合的自激振荡器,对本振电压而言,是由电容耦合到晶体管的发射极。

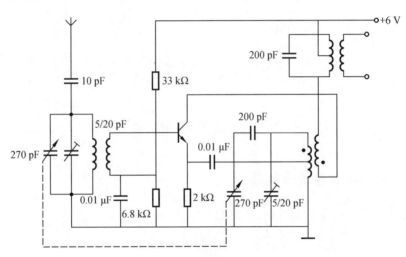

图 7 - 7　收音机变频电路

在电视机中,由于工作频率较高,经常采用图 7 - 8 中所示的共基电路。为了减小输入信号电压与本振电压的相互影响,本振电压由电容值小的电容耦合到混频管的发射极。

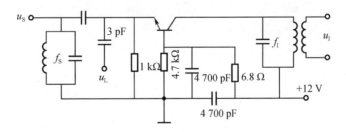

图 7 - 8　电视机混频器

晶体三极管混频器的参数,如变频增益、输入电导、输出电导和噪声系数等,都随着管子工作状态变化而变化,而管子的工作状态又由直流偏置和本振电压的幅度来决定。混频器

的功率增益 A_{pc} 和噪声系数 N_F 与本振电压幅度和 I_{EQ} 的关系是十分复杂的,一般通过大量的实验找出其规律,供实践中参考。

晶体三极管混频器工作状态的选取原则是,变频功率增益大和噪声系数小。变频功率增益 A_{pc} 和噪声系数 N_F 与 I_{EQ} 和 U_{Lm} 的关系的实验结果如图 7 - 9 所示。从图 7 - 9(a) 可知,本振电压幅度在 100 mV 左右时, A_{pc} 可获得最大值而噪声系数 N_F 可达最小值。从图 7 - 9(b) 可知,当 I_{EQ} 为 0.3 ~ 0.7 mA 时,变频功率增益大且噪声系数小。对于晶体管变频电路,由于要兼顾本振电路的要求, I_{EQ} 应选大一些,以保证本机振荡器能满足起振条件的要求。若只是晶体管混频器, I_{EQ} 可选小一点。

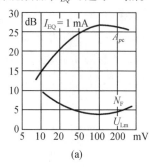
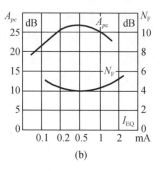

图 7 - 9 A_{pc} 和 N_F 与 U_{Lm} 和 I_{EQ} 的关系

7.3 场效应管混频器

7.3.1 结型场效应管混频器

结型场效应管工作在饱和区时,其漏极电流 i_D 与栅源间电压 u_{GS} 的关系可近似为平方律特性,即

$$i_D = I_{DSS}\left(1 - \frac{u_{GS}}{U_p}\right)^2 \qquad (7 - 13)$$

式中, I_{DSS} 为 $u_{GS} = 0$ 时的 i_D ; U_p 为夹断电压。

图 7 - 10 所示是结型场效应管混频器的原理电路图。输入信号电压 u_S 从栅极输入,本振电压 u_L 由源极注入。加在场效应管栅源间的电压为 $u_{GS} = U_{GSQ} + u_S - u_L$,其中 U_{GSQ} 为场效应管静态工作点的 U_{GS} 值。

设 输入信号 $u_S = U_{Sm}\cos \omega_S t$

本振信号 $u_L = U_{Lm}\cos \omega_L t$

由式(7 - 13)可得

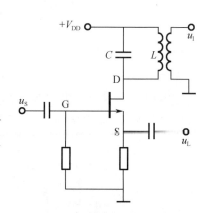

图 7 - 10 结型场效应管混频器的原理电路

$$i_D = I_{DSS}\left(1 - \frac{U_{GSQ} + u_S - u_L}{U_p}\right)^2$$

$$= \frac{I_{DSS}}{U_p^2}(U_p^2 + U_{GSQ}^2 + u_S^2 + u_L^2 - 2U_pU_{GSQ} - 2U_pu_S + 2U_pu_L + 2U_{GSQ}u_S - 2U_{GSQ}u_L - 2u_Su_L)$$

将 u_S 和 u_L 代入上式,经数学运算可知 i_D 中含有直流,ω_S、$2\omega_S$、ω_L、$2\omega_L$、$\omega_L \pm \omega_S$ 等频率分量,其中 $\omega_L \pm \omega_S$ 为高中频和低中频分量。若选用低中频的带通滤波器,则可获得的低中频电流分量是 $2u_S u_L$ 的一部分,即

$$i_I = \frac{I_{DSS}}{U_P^2} U_{Sm} U_{Lm} \cos(\omega_L - \omega_S)t$$

$$= \frac{I_{DSS}}{U_P^2} U_{Lm} U_{Sm} \cos \omega_I t = g_c U_{Sm} \cos \omega_I t$$

式中,g_c 为变频跨导,其值为 $I_{DSS} U_{Lm}/U_P^2$。

若中频选频带通滤波器调谐于 ω_I,且谐振电阻为 R_L,则混频器输出电压为

$$u_I = g_c R_L U_{Sm} \cos \omega_I t$$

对于输入信号为 $u_S = U_{Sm}(1 + m_a \cos \Omega t) \cos \omega_S t$ 的调幅波来说,只要带通滤波器的通带宽度不小于 2Ω,再则 $\omega_I \gg \Omega$,故混频器输出电压为

$$u_I = g_c R_L U_{Sm}(1 + m_a \cos \Omega t) \cos \omega_I t \tag{7-14}$$

7.3.2　双栅绝缘栅场效应管混频器

双栅绝缘栅场效应管具有栅漏极间电容很小,正向传输导纳较大,且 i_D 受到双重控制的特点,很适合作为超高频段混频器。图 7 - 11 所示是双栅绝缘栅场效应管混频电路。

双栅绝缘栅场效应管由于受两个栅极的双重控制且两个栅极彼此独立,用于混频时,高频输入信号由 G_1 输入,本振信号由 G_2 输入,互不影响。直流偏置应使管子工作于放大区,在放大区,漏极电流可表示为

$$i_D = g_{m1} u_S + g_{m2} u_L \tag{7-15}$$

式中,$g_{m1} = a_0 + a_1 u_S + a_2 u_L$;

$g_{m2} = b_0 + b_1 u_S + b_2 u_L$。

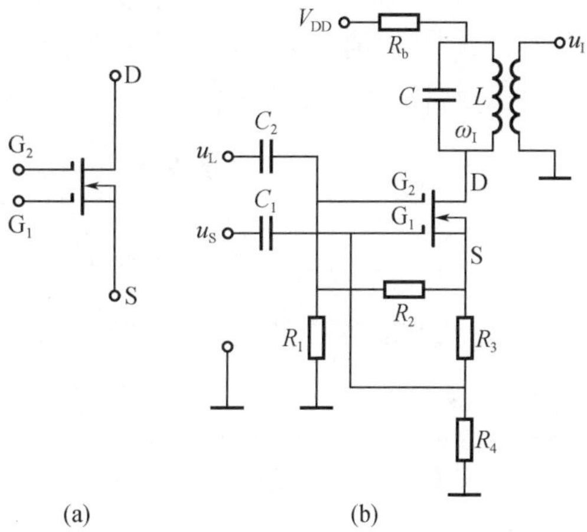

图 7 - 11　双栅绝缘栅场效应管混频电路

其中 a_0、a_1、a_2、b_0、b_1、b_2 是由直流偏置及管子本身所决定的常数,则

$$i_D = a_0 u_S + b_0 u_L + (a_2 + b_1) u_S u_L + a_1 u_S^2 + b_2 u_L^2 \tag{7-16}$$

当输入信号 $u_S = U_{Sm} \cos \omega_S t$,本振电压 $u_L = U_{Lm} \cos \omega_L t$ 时,漏极电流中含有直流,ω_S、ω_L、$\omega_L \pm \omega_S$、$2\omega_S$、$2\omega_L$ 等频率分量。经带通滤波器(调谐于中频 ω_I)可取出中频电压实现混频。需要说明的是,若取上变频的高中频,带通滤波器的中心频率 $\omega_I = \omega_L + \omega_S$;若取下变频的低中频,带通滤波器的中心频率 $\omega_I = \omega_L - \omega_S$。

7.4 二极管混频电路

晶体二极管平衡和环形混频器与晶体三极管混频器相比,具有电路结构简单、噪声低、动态范围大、组合频率分量少等优点,在通信设备中得到广泛的应用。如果采用肖特基表面势垒二极管,它的工作频率可高达微波频段。

7.4.1 二极管平衡混频器

图 7 – 12 为平衡混频器的原理电路。高频输入信号 u_S 由输入变压器 Tr_1 输入,混频后的中频信号 u_I 由输出变压器 Tr_2 输出。Tr_1 和 Tr_2 均为高频宽带变压器。本振电压 u_L 由 Tr_1 的二次侧的中心抽头和 Tr_2 的一次侧的中心抽头输入。为了减少混频产生的组合频率分量,选取本振电压 u_L 足够大,使晶体二极管工作在受 u_L 控制的开关状态。流过上、下两个晶体二极管的电流分别为

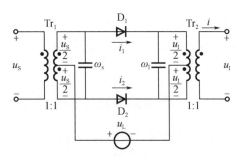

图 7 – 12　平衡混频器原理电路

$$i_1 = g_d K(\omega_L t)\left(u_L + \frac{u_S - u_I}{2}\right) \quad (7 - 17)$$

$$i_2 = g_d K(\omega_L t)\left(u_L - \frac{u_S - u_I}{2}\right) \quad (7 - 18)$$

因而,在无滤波的条件下,通过输出回路的电流为

$$i = i_1 - i_2 = g_d K(\omega_L t)(u_S - u_I)$$

设　$u_S = U_{Sm}\cos \omega_S t, u_I = U_{Im}\cos \omega_I t$,则

$$i = i_1 - i_2 = g_d K(\omega_L t)(u_S - u_I)$$

$$= g_d\left(\frac{1}{2} + \frac{2}{\pi}\cos \omega_L t - \frac{2}{3\pi}\cos 3\omega_L t + \cdots\right)(U_{Sm}\cos \omega_S t - U_{Im}\cos \omega_I t)$$

$$= \frac{1}{2}g_d U_{Sm}\cos \omega_S t - \frac{1}{2}g_d U_{Im}\cos \omega_I t$$

$$+ \frac{1}{\pi}g_d U_{Sm}\cos(\omega_L + \omega_S)t + \frac{1}{\pi}g_d U_{Sm}\cos(\omega_L - \omega_S)t$$

$$- \frac{1}{\pi}g_d U_{Im}\cos(\omega_L + \omega_I)t - \frac{1}{\pi}g_d U_{Im}\cos(\omega_L - \omega_I)t$$

$$- \frac{1}{3\pi}g_d U_{Sm}(3\omega_L + \omega_S)t - \frac{1}{3\pi}g_d U_{Sm}\cos(3\omega_L - \omega_S)t$$

$$+ \frac{1}{3\pi}g_d U_{Im}\cos(3\omega_L + \omega_I)t + \frac{1}{3\pi}g_d U_{Im}\cos(3\omega_L - \omega_I)t + \cdots \quad (7 - 19)$$

由于输出回路调谐于中频频率 $\omega_I = \omega_L - \omega_S$,则经滤波后,选出中频电流 i_I 为

$$i_1 = \frac{1}{\pi}g_d U_{Sm}\cos(\omega_L - \omega_S)t - \frac{1}{2}g_d U_{Im}\cos\omega_1 t$$

$$= \frac{1}{\pi}g_d U_{Sm}\cos\omega_1 t - \frac{1}{2}U_{Im}\cos\omega_1 t \qquad (7-20)$$

由式(7-20)可知,输出中频电流是由高频输入信号电压与本振电压的正向混频产生的中频电流和中频输出电压反作用产生的中频电流之差。

对于输入回路来说,无滤波条件下通过输入回路的电流仍是 $i_1 - i_2$,其表达式为式(7-19)。由于输入回路调谐于 ω_S,则输入回路通过选频作用产生的输入电流 i_S 为

$$i_S = \frac{1}{2}g_d U_{Sm}\cos\omega_S t - \frac{1}{\pi}g_d U_{Im}\cos(\omega_L - \omega_1)t$$

$$= \frac{1}{2}g_d U_{Sm}\cos\omega_S t - \frac{1}{\pi}g_d U_{Im}\cos\omega_S t \qquad (7-21)$$

由式(7-21)可知,输入电流是由高频输入信号电压在输入回路产生的输入电流和输出中频电压与本振电压经反向混频产生的输入电流之差。

根据式(7-21)和式(7-20)可以看出,二极管混频器是一个能实现双向混频的电路。输入信号频率 ω_S 与本振信号频率 ω_L 经过正向混频在输出端得到中频频率 ω_1,而输出中频电压频率 ω_1 与本振信号频率 ω_L 经过反向混频,在输入端能产生输入信号频率 ω_S。

二极管平衡混频器的中频输出电压是中频电流与输出回路谐振电阻的乘积。

根据式(7-21)和式(7-20)可直接得出二极管混频器的等效电路,如图7-13所示,其中,$g_2 = g_d/\pi$,$g_1 = \left(\frac{1}{2} - \frac{1}{\pi}\right)g_d$。它是对称 π 型双口网络,等效电路中的 g_1 和 g_2 与二极管特性有关。根据双口网络的理论,该网络的特性电导 g_0 的定义是,在输出端接入 $g_L = g_0$ 时,从输入端向里看输入电导为 g_0。同样,当在输入端接入 $g_S = g_0$ 时,从输出端向里看输出电导为 g_0。因而特性电导 $g_0 = \sqrt{g_1^2 + 2g_1 g_2}$。通常混频器应工作于全匹配状态,即 $g_L = g_0$,$g_S = g_0$,此时能获得最大的功率传输。其变频功率增益为

$$A_{pc} = \frac{P_I}{P_S} = \frac{U_I^2 g_L}{U_S^2 g_S} = A_{uc}^2$$

式中,A_{uc} 为变频电压增益,由等效电路可得

$$A_{uc} = \frac{g_2}{g_1 + g_2 + g_0}$$

所以

$$A_{pc} = \left(\frac{g_2}{g_1 + g_2 + g_0}\right)^2$$

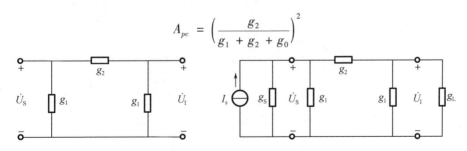

图7-13 二极管开关混频器等效电路

7.4.2 二极管环形混频器

为了进一步抑制混频器中一些非线性产物,在二极管平衡混频器的基础上增加两个二极管 D_3 和 D_4,构成二极管双平衡混频器,如图 7-14 所示。本振电压从输入变压器 Tr_1 的二次侧的中心抽头和输出变压器 Tr_2 的一次侧的中心抽头之间加入。本振电压 u_L 足够大,使四个二极管工作在受 u_L 控制的开关状态。设备电流、电压的极性如图中所示。

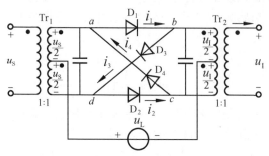

图 7-14 环形混频器

将图 7-14 中的 4 个二极管交叉连接,变成环形串接连接方式,可得如图 7-15 所示环形混频电路。两个电路完全相同,二极管双平衡混频器又称为二极管环形混频器。在输入信号相同条件下,两电路的输出完全相同。下面以图 7-15 所示环形混频器进行电路分析。

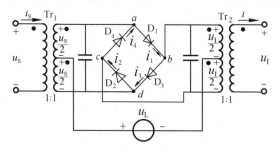

图 7-15 环形混频器

设本振信号电压 $u_L(t) = U_{Lm}\cos\omega_L t$,$U_{Lm}$ 足够大,使四个二极管工作在受 $u_L(t)$ 控制的开关状态。$u_L(t)$ 的正半周,二极管 D_1、D_2 导迪,D_3、D_4 截止,开关函数为 $K(\omega_L t)$,其等效电路如图 7-16 所示。

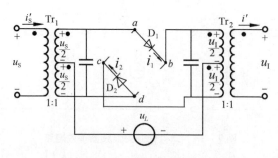

图 7-16 $u_L(t)$ 的正半周等效电路

变压器 Tr_2 二次侧的输出电流为

$$i' = i_1 - i_2$$

$$i_1 = g_d K(\omega_c t)\left[u_L(t) + \frac{u_S(t)}{2} - \frac{u_1(t)}{2}\right]$$

$$i_2 = g_d K(\omega_L t)\left[u_L(t) - \frac{u_S(t)}{2} + \frac{u_1(t)}{2}\right]$$

$$i' = i_1 - i_2 = g_d K(\omega_L t)\left[u_S(t) - u_I(t)\right]$$

$u_L(t)$ 的负半周,二极管 D_3、D_4 导通 D_1、D_2 截止,开关函数为 $K(\omega_L t - \pi)$,其等效电路如图 7 – 17 所示。

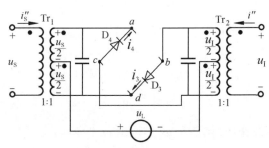

图 7 – 17 $u_L(t)$ 的负半周等效电路

变压器 Tr_2 二次侧的输出电流为

$$i'' = i_3 - i_4$$

$$i_3 = g_d K(\omega_L t - \pi)\left[-u_L(t) + \frac{u_S(t)}{2} + \frac{u_1(t)}{2}\right]$$

$$i_4 = g_d K(\omega_L t - \pi)\left[-u_L(t) - \frac{u_S(t)}{2} - \frac{u_1(t)}{2}\right]$$

$$i'' = i_3 - i_4 = g_d K(\omega_L t - \pi)\left[u_S(t) + u_I(t)\right]$$

在无滤波条件下,变压器 Tr_2 二次侧的输出电流为

$$i_o = i' - i'' = g_d u_S(t)\left[K(\omega_L t) - K(\omega_L t - \pi)\right] - g_d u_1(t)\left[K(\omega_L t) + K(\omega_L t - \pi)\right]$$

因为

$$K(\omega_L t) - K(\omega_L t - \pi) = \frac{4}{\pi}\cos\omega_L t - \frac{4}{3\pi}\cos 3\omega_L t + \cdots$$

$$K(\omega_L t) + K(\omega_L t - \pi) = 1$$

$$u_S(t) = U_{Sm}\cos\omega_S t, u_I(t) = U_{Im}\cos\omega_I t$$

所以

$$i_o = \frac{4}{\pi}g_d U_{Sm}\left[\frac{1}{2}\cos(\omega_L + \omega_S)t + \frac{1}{2}\cos(\omega_L - \omega_S)t\right]$$

$$- \frac{4}{3\pi}g_d U_{Sm}\left[\frac{1}{2}\cos(3\omega_L + \omega_S)t + \frac{1}{2}\cos(3\omega_L - \omega_S)t\right] + \cdots$$

$$- g_d U_{Im}\cos\omega_I t \tag{7 – 22}$$

由式(7 – 22)可知,与平衡混频电路比较,环形混频电路的输出电流中,进一步抵消了 ω_S 及

$\omega_{\mathrm{L}} \pm \omega_{\mathrm{I}}$、$3\omega_{\mathrm{L}} \pm \omega_{\mathrm{I}}$ 等分量。

经过输出回路的滤波作用,选出中频电流(设 $\omega_{\mathrm{I}} = \omega_{\mathrm{L}} - \omega_{\mathrm{S}}$)

$$i_{\mathrm{I}} = \frac{2}{\pi} g_{\mathrm{d}} U_{\mathrm{Sm}} \cos(\omega_{\mathrm{L}} - \omega_{\mathrm{S}}) t - g_{\mathrm{d}} U_{\mathrm{Im}} \cos \omega_{\mathrm{I}} t$$

$$= \frac{2}{\pi} g_{\mathrm{d}} U_{\mathrm{Sm}} \cos \omega_{\mathrm{I}} t - g_{\mathrm{d}} U_{\mathrm{Im}} \cos \omega_{\mathrm{I}} t \qquad (7-23)$$

式(7-23)表明,输出中频电流是 u_{S} 与 u_{L} 的正向混频以及 u_{I} 的负反馈作用产生。

对于输入回路,设 u_{S} 输入回路 Tr_1 电流方向如图 7-15 图 7-16 和图 7-17 所示。在无滤波条件下,通过输入信号回路的电流为

$$i_{\mathrm{So}} = i'_{\mathrm{S}} + i''_{\mathrm{S}}$$

$$i'_{\mathrm{S}} = i_1 - i_2 = g_{\mathrm{d}} K(\omega_{\mathrm{L}} t)\left[u_{\mathrm{S}}(t) - u_{\mathrm{I}}(t)\right]$$

$$i''_{\mathrm{S}} = i_3 - i_4 = g_{\mathrm{d}} K(\omega_{\mathrm{L}} t - \pi)\left[u_{\mathrm{S}}(t) + u_{\mathrm{I}}(t)\right]$$

$$i_{\mathrm{So}} = g_{\mathrm{d}} u_{\mathrm{S}}(t)\left[K(\omega_{\mathrm{L}} t) + K(\omega_{\mathrm{L}} t - \pi)\right] - g_{\mathrm{d}} u_{\mathrm{I}}(t)\left[K(\omega_{\mathrm{L}} t) - K(\omega_{\mathrm{L}} t - \pi)\right]$$

$$= g_{\mathrm{d}} U_{\mathrm{Sm}} \cos \omega_{\mathrm{S}} t - g_{\mathrm{d}} U_{\mathrm{Im}} \cos \omega_{\mathrm{I}} t\left(\frac{4}{\pi} \cos \omega_{\mathrm{L}} t - \frac{4}{3\pi} \cos 3\omega_{\mathrm{L}} t + \cdots\right) \qquad (7-24)$$

经过输入回路的滤波作用(调谐于 ω_{S}),选出 ω_{S} 分量电流

$$i_{\mathrm{S}} = g_{\mathrm{d}} U_{\mathrm{Sm}} \cos \omega_{\mathrm{S}} t - \frac{2}{\pi} g_{\mathrm{d}} U_{\mathrm{Im}} \cos(\omega_{\mathrm{L}} - \omega_{\mathrm{I}}) t$$

$$= g_{\mathrm{d}} U_{\mathrm{Sm}} \cos \omega_{\mathrm{S}} t - \frac{2}{\pi} g_{\mathrm{d}} U_{\mathrm{Im}} \cos \omega_{\mathrm{S}} t \qquad (7-25)$$

式(7-25)表明,输入回路电流是 u_{S} 及 u_{I} 与 u_{L} 的反向混频作用产生。

从式(7-23)和(7-25)可知,对滤波后输出中频电流和输入信号电流分量而言,环形混频器为平衡混频器的 2 倍。

图 7-18 是 ADE-1 二极管环形混频器模块图。环形混频器模块有本振(LO)、射频(RF)和中频(IF)三个端口。本振和射频均为单端(不平衡)输入,而中频输出是单端(不平衡)输出。本振和射频信号通过高频宽带变压器 Tr_1 和 Tr_2 将不平衡输入信号变换成平衡输入信号加给环形二极管的对应端实现混频,中频信号从 IF 端输出。其特点是具有极宽的频带、动态范围大、损耗小、频谱纯和隔离度高,体积小,外围电路少,性能优良,使用方便,可用于无线通信接收机中做混频器。ADE-1 的工作频率范围是 0.5 ~ 500 MHz,变频损耗 5.0 dB,隔离度 L-R 为 55 dB,L-I 为 40 dB。同类型的 ADE-6 工作频率范围是 0.05 ~ 250 MHz,ADE-11 工作频率范围是 10 ~ 2 000 MHz。

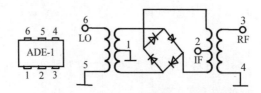

图 7-18　ADE-1 环形混频器模块图

图 7-19 是有 LC 中频滤波器的 ADE-1 二极管环形混频器电路。本振电压 $u_{\mathrm{L}}(t)$ 从

L 端(6 脚)单端输入,设 $u_{\mathrm{L}}(t) = U_{\mathrm{Lm}}\cos \omega_{\mathrm{L}}t$,其幅值足够大,使 4 个二极管工作于开关状态。$u_{\mathrm{L}}(t)$ 正半周,D_1、D_2 导通,D_3、D_4 截止,开关函数为 $K(\omega_{\mathrm{L}}t)$。$u_{\mathrm{L}}(t)$ 负半周,D_3、D_4 导通,D_1、D_2 截止,开关函数为 $K(\omega_{\mathrm{L}}t - \pi)$。信号电压 $u_{\mathrm{S}}(t)$ 从 R 端(3 脚)单端输入,设 $u_{\mathrm{S}}(t) = U_{\mathrm{Sm}}\cos\omega_{\mathrm{S}}t$。输出中频电压从 I 端(2 脚)单端输出,设 $u_{\mathrm{I}}(t) = U_{\mathrm{Im}}\cos \omega_{\mathrm{I}}t$,且 $\omega_{\mathrm{I}} = \omega_{\mathrm{L}} - \omega_{\mathrm{S}}$,$LC$ 回路调谐于 ω_{I}。

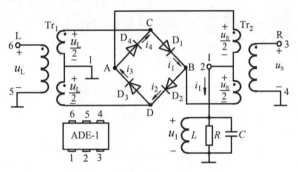

图 7 - 19　ADE - 1 环形混频器

$u_{\mathrm{L}}(t)$ 正半周,D_1、D_2 导通,D_3、D_4 截止,开关函数为 $K(\omega_{\mathrm{L}}t)$,其等效电路如图 7 - 20 所示。

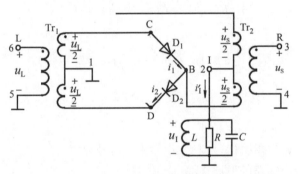

图 7 - 20　$u_{\mathrm{L}}(t) > 0$ 的等效电路

在无滤波条件下,输出中频电流 $i'_{\mathrm{I}} = i_1 - i_2$。由等效电路可得

$$i_1 = g_{\mathrm{d}}K(\omega_{\mathrm{L}}t)\left[\frac{u_{\mathrm{L}}(t)}{2} + \frac{u_{\mathrm{S}}(t)}{2} - u_{\mathrm{I}}(t)\right]$$

$$i_2 = g_{\mathrm{d}}K(\omega_{\mathrm{L}}t)\left[\frac{u_{\mathrm{L}}(t)}{2} - \frac{u_{\mathrm{S}}(t)}{2} + u_{\mathrm{I}}(t)\right]$$

$$i'_{\mathrm{I}} = g_{\mathrm{d}}K(\omega_{\mathrm{L}}t)\left[u_{\mathrm{S}}(t) - 2u_{\mathrm{I}}(t)\right]$$

$u_{\mathrm{L}}(t)$ 负半周,D_3、D_4 导通,D_1、D_2 截止,开关函数为 $K(\omega_{\mathrm{L}}t - \pi)$,其等效电路如图 7 - 21 所示。

在无滤波条件下,输出中频电流 $i''_{\mathrm{I}} = i_3 - i_4$。由等效电路可得

$$i_3 = g_{\mathrm{d}}K(\omega_{\mathrm{L}}t - \pi)\left[-\frac{u_{\mathrm{L}}(t)}{2} - \frac{u_{\mathrm{S}}(t)}{2} - u_{\mathrm{I}}(t)\right]$$

$$i_4 = g_{\mathrm{d}}K(\omega_{\mathrm{L}}t - \pi)\left[-\frac{u_{\mathrm{L}}(t)}{2} + \frac{u_{\mathrm{S}}(t)}{2} + u_{\mathrm{I}}(t)\right]$$

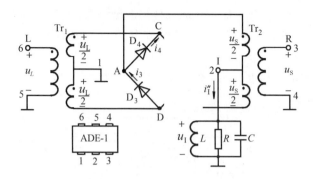

图 7 − 21　$u_L(t) < 0$ 的等效电路

$$i_I'' = g_d K(\omega_L t - \pi)[-u_S(t) - 2u_I(t)]$$

由电路可知,在无滤波条件下,输出中频电流

$$i_{Io} = i_I' + i_I''$$

$$i_{Io} = g_d u_S(t)[K(\omega_L t) - K(\omega_L t - \pi)] - 2g_d u_I(t)[K(\omega_L t) + K(\omega_L t - \pi)]$$

因为

$$K(\omega_L t) - K(\omega_L t - \pi) = \frac{4}{\pi}\cos\omega_L t - \frac{4}{3\pi}\cos 3\omega_L t + \cdots$$

$$K(\omega_L t) + K(\omega_L t - \pi) = 1$$

所以

$$i_{Io} = \frac{4}{\pi}g_d U_{Sm}\left[\frac{1}{2}\cos(\omega_L + \omega_S)t + \frac{1}{2}\cos(\omega_L - \omega_S)t\right]$$

$$- \frac{4}{3\pi}g_d U_{Sm}\left[\frac{1}{2}\cos(3\omega_L + \omega_S)t + \frac{1}{2}\cos(3\omega_L - \omega_S)t\right] + \cdots$$

$$- 2g_d U_{Im}\cos \omega_I t$$

可见中频回路电流不含有本振信号频率 ω_L 和输入信号频率 ω_S。

经过中频输出回路的滤波作用,选出中频电流

$$i_I = (2/\pi)g_d U_{Sm}\cos(\omega_L - \omega_S)t - 2g_d U_{Im}\cos \omega_I t$$

输出中频电流是由高频输入信号与本振电压混频产生的中频电流和中频输出电压反作用产生中频电流之差。

关于本振端口、输入信号端口和输出中频信号端口之间隔离的讨论。中频输出端的电流中不含有本振信号频率 ω_L 和输入信号频率 ω_S。本振电压通过 D_1 和 D_2 的分压在 B 点产生的电压与通过 D_3 和 D_4 的分压在 A 点产生的电压相等,本振端的电压通过 D_1、D_2 和 D_3、D_4 流过输入信号端高频变压器 Tr_2 一次侧的电流是相互抵消的,因而不含有本振信号频率 ω_L 分量,表明本振端口对输入信号端口是隔离的。同理,输入信号电压通过 D_1 和 D_4 的分压在 C 点产生的电压与通过 D_3 和 D_2 的分压在 D 点产生的电压相等,因而输入信号电压不会在本振信号端口的高频变压器 Tr_1 的二次侧产生输入信号频率 ω_S 的电流。表明输入信号端口对本振端口是隔离的。

7.5 模拟乘法器混频器

7.5.1 MC1596 模拟乘法器混频器

模拟乘法器在混频电路中的应用是较为广泛的。特别是在大规模通信集成电路中,通常都是集成模拟乘法器作为混频器。模拟乘法器作为混频器的分析方法与第 5 章模拟乘法器调幅电路的分析相似。如图 7 – 22 所示为 MC1596 模拟乘法器混频器,本机振荡信号 $u_L = U_{Lm}\cos \omega_L t$ 加在 8 端,7 端交流电位为零。外来的输入信号 $u_S = U_{Sm}(1 + m_a\cos \Omega t)\cos \omega_S t$ 加在 1 端。6,9 两端分别接 100 μH 电感到电源 V_{CC},对工作于中频 $f_I = 9$ MHz 等效为 5.6 kΩ 的电阻。混频器后选用的中频滤波器的中心频率为 9 MHz。输入信号振幅最大值约为 15 mV,本振电压 U_{Lm} 约为 100 mV。

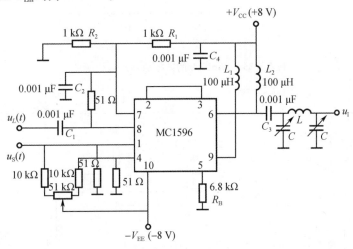

图 7 – 22　MC1596 模拟乘法器的混频器

本电路可工作在高频或甚高频信号下进行混频。在 $f_S = 200$ MHz 时,电路的混频增益为 9 dB,灵敏度为 14 μV。本电路与晶体三极管混频器相比较其优点是:输出电流中组合频率分量少,干扰小;对本振电压振幅要求不很严格,不会因 U_{Lm} 小而失真严重;u_S 与 u_L 的隔离性好,频率牵引小。

7.5.2 SA602A 集成变频器

集成模拟乘法器的功能是实现两输入信号相乘。在通信电路中是一种应用范围较广的单片集成电路。为了兼顾多种用途,其电路的偏置电流是要根据用途不同而在片外设置不同的偏置电路,集成电路内部没有设定偏置。

对于功能专一的集成混频器,通常会根据混频的技术要求在集成电路内部设置好偏置,减少片外电路。考虑到变频功能,有些集成混频电路还集成了本机振荡器的放大和缓冲电路,使集成混频器利用片内的振荡器构成本机振荡器,而组成了变频器。若不用内部振荡器,外部输入本振信号,集成电路就是混频器。SA602A 就是这种集成混频器中的一个型号,图 7 – 23 所示是 SA602A 的方框原理与引脚图,图 7 – 24 所示是 SA602A 的内部等效电路图。

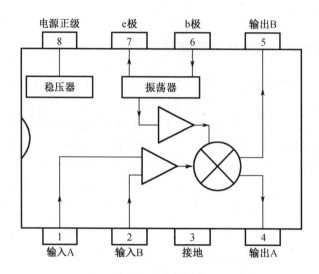

图 7 – 23　SA602A 的方框原本理与引脚图

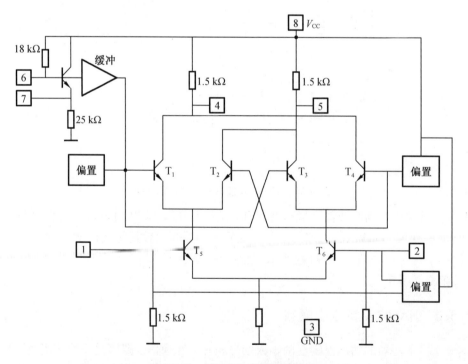

图 7 – 24　SA602A 内部等效电路

从图 7 – 24 可以看出,SA602A 是一个双差分模拟乘法器,其偏置电流根据电路的技术要求由偏置电源提供。送给乘法器的本振信号电压是单端输入,可由内部电路产生,也可由外部本振信源直接单端输入。射频输入信号可以双端输入也可以单端输入。中频输出可以双端差动输出,也可以单端输出。

SA602A 的最高工作频率可达 500 MHz,内部本机振荡电路是一个截止频率高的 NPN 晶体三极管,其基极(6 脚)和发射极(7 脚)与集成电路引脚相连,可通过外接电路构成电容三点式正弦波振荡器,其振荡频率可达 200 MHz。也可以通过基极(6 脚)直接输入外部本振信号源,经内部缓冲级送给混频器,其频率不受内部晶体管的限制。

SA602A 属于低电压、低电流设计,其正常供电范围是 4.5～8.0 V,耗电电流通常低于 3 mA。其混频灵敏度高,可低达 μV 级,更重要的是抑制本振频率反辐射能力强,且噪声系数低(在工作频率 45 MHz 时 ≤4.5 dB)。SA602A 的射频输入电阻为 1.5 kΩ,输出电阻为 1.5 kΩ,输出电容约为 3 pF,应用时需注意阻抗匹配。SA602A 适用于 HF/VHF 频率变换、移动通信和 VHF 无线发射、接收机等设备中。

图 7-25 所示是 SA602A 的应用电路。6 脚和 7 脚的外接电路与内部放大器构成并联型晶体电容三点式振荡电路。晶体的基频为 14.515 MHz,选用三次泛音振荡,要求 7 脚对地的支路的等效电抗在振荡频率 34.545 MHz 为容抗,而在基频与二次泛音频率为感抗来保证。通常采用电容和电感并联电路实现,例如图中的 22 pF 电容和 1.3 μH 电感并联。接入 1 nF 电容与 1.3 μH 电感串联是隔直,保证 7 脚不因 1.3 μH 电感的接入直流电位接地。在电容取值上,容抗值比感抗值小很多,可近似用感抗值代替。1.3 μH 电感与 22 pF 电容并联的谐振频率为 29.76 MHz,即并联等效电抗在三次泛音频率为容抗,在基频、二次泛音频为感抗,确保振荡频率为 34.545 MHz。1 脚和 2 脚的外接电路是一个并联 LC 选频回路,谐振于输入信号频率 35.000 MHz。100 nF 电容为旁路电容,保证 2 脚交流接地,输入信号为单端输入,47 pF 和 220 pF 的分压接入是实现信源 50 Ω 和输入阻抗 1.5 kΩ 的阻抗匹配。4 脚接中心频率为 455 kHz 输入阻抗为 1.5 kΩ 的陶瓷滤波器,为单端输出方式,满足阻抗匹配。8 脚为电源输入端,采用了 Π 型去耦滤波电路。

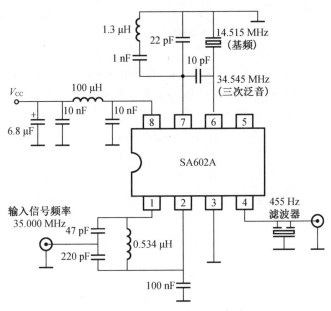

图 7-25　SA602A 的应用电路

7.6 混频器的干扰与失真

混频器的各种非线性干扰是很严重的问题,在讨论各种混频器时,常把非线性产物的多少作为衡量混频器质量标准之一。非线性干扰中很重要的一类就是组合频率干扰和副波道干扰。这类干扰是混频器特有的。

混频器存在下列干扰:信号与本振的组合频率干扰(也称干扰哨声),外来干扰与本振的组合频率干扰(也称副波道干扰),外来干扰互相形成的互调干扰,外来干扰与信号形成的交叉调制干扰,阻塞、倒易混频干扰,等等。

7.6.1 信号频率与本振频率的组合频率干扰(干扰哨声)

当信号与本振信号同时输给混频器时,由于混频器的非线性特性,在其输出电流中,除了有需要的中频($f_L - f_S$)外,还有一些谐波频率和组合频率。例如$2f_L, 2f_S, 3f_L, 3f_S, 2f_S - f_L$, $3f_S - f_L, 2f_L - f_S, 3f_L - f_S, \cdots$如果在这些组合频率中有接近中频$f_I = f_L - f_S$的组合频率,它就会通过中频放大器与正常的中频$f_I$一道进行放大,并加到检波器上。通过检波器的非线性作用,这个近于中频的组合频率与中频f_I产生差拍检波,输出差频信号,这个差频信号是音频,通过终端扬声器以哨叫声的形式出现并形成干扰。

一般情况下,信号与本振的组合频率f_Σ为

$$f_\Sigma = \pm pf_L \pm qf_S \qquad (7-26)$$

式中,p、q为正整数或零,它们分别代表本振频率和信号频率的谐波次数。

当式(7-26)满足以下关系

$$f_\Sigma = \pm pf_L \pm qf_S \approx f_I \qquad (7-27)$$

也就是

$$f_\Sigma = \pm pf_L \pm qf_S = f_I \pm F \qquad (7-28)$$

式中,F为音频。组合频率f_Σ就以干扰信号的形式进入中频放大器放大,并与正确中频产生差拍检波,输出F的音频信号在扬声器中产生哨叫声。

当混频器的输出中频$f_I = f_L - f_S$时,式(7-28)只有

$$qf_S - pf_L = f_I \pm F$$
$$pf_L - qf_S = f_I \pm F$$

可能成立。将以上两个表达式综合表述,得到可能产生干扰哨声的输入信号频率的表达式为

$$f_S = \frac{p \pm 1}{q - p}f_I \pm \frac{F}{q - p} \qquad (7-29)$$

一般情况下,$f_I \gg F$,因此上式可简化为

$$f_S \approx \frac{p \pm 1}{q - p}f_I \qquad (7-30)$$

式(7-30)说明,若p和q取不同的正整数,则可能产生干扰哨声的输入有用信号频率就会有许多个,并且其值均接近于f_I的整数倍或分数倍。但是实际上,任何一部接收机的接收频

段都是有限的,只有频段内的频率才可能产生干扰哨声。再则,因为混频管集电极电流中的组合频率分量的振幅总是随着$(p+q)$的增加而迅速减小。所以,其中只有对应于较小 p 和 q 值的输入信号才会产生明显的干扰。

例如,调幅广播接收机的中频频率为 465 kHz,某电台发射频率$f_S = 931$ kHz。显然,正常的变频过程是$f_L - f_S = f_I$,这是主通道。假设$f_S = 931$ kHz 时,其对应本振频率为 1 396 kHz,在混频管的非线性特性有三次方项时,组合频率$2f_S - f_L = 466$ kHz $\approx f_I$,可以通过中频选通回路与正常的$f_I = 465$ kHz 一道放大。再经检波器检波后,会产生 1 kHz 差拍检波信号送给终端扬声器产生干扰哨声。此时的干扰信号对应的 $p = 1$,$q = 2$。

中波的广播频段范围为 531 ~ 1 602 kHz,变频比$f_S/f_I = 1.14 ~ 3.45$。根据式(7 - 30)可得

$$\frac{f_S}{f_I} = \frac{p \pm 1}{q - p} \tag{7 - 31}$$

由式(7 - 31)可以计算出该频率范围内的干扰点。

减少这种干扰的方法较多,例如采用理想二次方特性的场效应管作混频器,采用开关状态与平衡混频方式,晶体三极管混频器的本振信号选为大信号等都不会有干扰哨声的组合频率分量。

7.6.2 外来干扰信号与本振信号的组合频率干扰(副波道干扰)

这类干扰是指在混频器输入回路选择性不好的条件下,外来强干扰信号进入了混频器。相当于进入混频器的除了正常输入信号 u_S 和本振信号 u_L 外,还有一个干扰信号 u_n。因为混频器具有非线性作用,u_n 与 u_L 的组合频率就可能产生干扰。

设干扰信号频率为f_n,若$f_L - f_S = f_I$,则满足

$$pf_L - qf_n = f_I \text{ 或 } qf_n - pf_L = f_I$$

就能产生副波道干扰。

实际上,当接收机接收某一给定频率的电台时,输入回路要调谐于f_S 时,则对应的本振电压频率$f_L = f_S + f_I$。若某一干扰电台(包括无关的其他电台)的频率为f_n也进入了混频器,在满足

$$f_n = \frac{p}{q}f_L \pm \frac{f_I}{q} \tag{7 - 32}$$

就会产生副波道干扰。

副波道干扰有两个需要特别注意的特殊干扰。当 $p = 0$,$q = 1$,$f_n = f_I$时,因为干扰信号频率f_n 等于中频频率f_I,称其为中频干扰。实际上,当接收机在接收某一频率为f_S 电台时,因为混频器的输入回路选择性不好,有一频率$f_n = f_I$ 的强干扰信号通过输入回路进入混频器。因为中频回路的谐振频率为f_I,对强干扰信号来说混频器相当于放大器,将中频干扰信号进行放大,对接收机产生干扰。它是由非线性特性的一次方项产生的。当 $p = 1$,$q = 1$,$f_n - f_L = f_I$时,称其为镜像频率干扰。这种干扰是因输入回路选择性不好,干扰为强信号和非线性特性平方项产生的。通常计算镜像频率干扰的频率用$f_n = f_S + 2f_I$来计算。

如果上述两种干扰信号能够进入混频器的输入端,混频器就能有效地将它们变为中频。因而,要减小这两种干扰,首先要提高混频器和高频放大器的频率选择性。对中频干扰来

说,还可以在前端输入回路中接入中频陷波器或高通滤波器。对镜像频率干扰来说,也可以提高中频频率f_1,使镜像频率与信号频率相差很大,能起到抑制作用。

对于 $p+q \geqslant 3$ 的情况,例如 $2f_L - f_n, 2f_n - f_L, f_L - 2f_n, f_n - 2f_L, 2f_L - 2f_n, 2f_n - 2f_L, \cdots$ 是非线性特性三次方项以及三次方以上项产生的。如果它们等于 f_1,则会产生干扰,称其为副波道干扰。减小副波道干扰的方法是提高混频器和前端高频放大器的频率选择性以及减小混频器特性三次方以上项,例如平衡混频等。

7.6.3　交叉调制干扰(交调失真)

交叉调制干扰的含义为,由于输入回路选择性不好,一个已调的强干扰信号进入混频器与有用信号(已调波或载波)同时作用于混频器,经非线性作用,将干扰的调制电压转换到有用信号的载波上,然后再与本振混频得到中频电压,从而形成干扰。

设晶体三极管的静态正向传输特性在静态工作点上展开为幂级数
$$i_c = a_0 + a_1 u_{BE} + a_2 u_{BE}^2 + a_3 u_{BE}^3 + a_4 u_{BE}^4 + \cdots$$
作用在输入端(基极 – 发射极)的电压有

信号电压 $\quad u_S = U_{Sm}(1 + m_1 \cos \Omega_1 t) \cos \omega_S t = U_{Sm}' \cos \omega_S t$

干扰电压 $\quad u_n = U_{nm}(1 + m_2 \cos \Omega_2 t) \cos \omega_n t = U_{nm}' \cos \omega_n t$

本振电压 $\quad u_L = U_{Lm} \cos \omega_L t$

合成电压 $u_{BE} = u_S + u_n + u_L$ 代入正向传输特性中,其中 u_{BE}^4 中的四阶产物中的 $12 a_4 u_S u_n^2 u_L$ 项中的 $3 a_4 U_{nm}'^2 U_{Sm}' U_{Lm} \cos(\omega_L - \omega_S) t$ 项就是交调产物,则

$$3 a_4 U_{nm}'^2 U_{Sm}' U_{Lm} \cos(\omega_L - \omega_S) t$$
$$= 3 a_4 U_{nm}^2 (1 + m_2 \cos \Omega_2 t)^2 U_{Sm} (1 + m_1 \cos \Omega_1 t) U_{Lm} \cos(\omega_L - \omega_S) t$$
$$= 3 a_4 U_{nm}^2 U_{Sm} U_{Lm} (1 + 2 m_2 \cos \Omega_2 t + m_2^2 \cos^2 \Omega_2 t)(1 + m_1 \cos \Omega_1 t) \cos \omega_1 t$$

上式表明,传送的信息除正常信息 Ω_1 外,还有干扰信息 Ω_2 及其谐波 $2\Omega_2$。说明交叉调制干扰实质上是通过非线性作用将干扰信号的包络解调出来,而后调制到中频载频上去。

由交调干扰的表达式可以看出,如果有用信号消失,即 $U_{Sm} = 0$,则交调产物为零。所以交调干扰与有用信号并存,它是通过有用信号而起作用的。同时也可以看出,它与干扰的载频 ω_n 无关。任何频率的强干扰都可能形成交调,只是 ω_n 与 ω_S 相差越大,受前端电路的抑制越大,形成的干扰越弱。

混频器的交调干扰是四次方项产生的,其中本振电压占一阶,故常称为三阶交调。除了四次方项以外,非线性特性的更高偶次方项也可产生交调干扰,但幅值较小,一般可不考虑。减小交叉调制干扰的方法主要是:提高前端高频放大器和混频器输入回路的选择性,选取合适的混频电路形式,减小混频器非线性特性四次方以上项产生的影响。

7.6.4　互调干扰(互调失真)

互调干扰是指两个或多个干扰电压同时作用在混频器输入端,经混频器,产生近似中频的组合频率,进入中放通带内形成干扰。

产生互调干扰应满足
$$\pm m \omega_{n1} \pm n \omega_{n2} = \omega_S$$

对于 $m=1$, $n=1$ 的情况是非线性的三次方项产生。设干扰信号 $u_{n1} = U_{n1m} \cos \omega_{n1} t$, $u_{n2} = U_{n2m} \cos \omega_{n2} t$, 而 $u_S = U_{Sm} \cos \omega_S t$, $u_L = U_{Lm} \cos \omega_L t$。当输入回路选择性不好,两个强干扰信号与有用信号同时进入混频器,则 $(u_S + u_{n1} + u_{n2} + u_L)^3$ 项中的 $u_{n1} u_{n2} u_L$ 项,当满足 $(\pm \omega_{n1} \pm \omega_{n2}) = \omega_S$ 就会产生二阶互调干扰。

例 7 – 2 中频频率为 0.5 MHz 的接收机,当接收 2.4 MHz 的有用信号时,如果混频器输入回路选择性不好,有两个干扰信号 $f_{n1} = 1.5$ MHz, $f_{n2} = 0.9$ MHz 也进入混频器,则当 $f_I = f_L - f_S$ 时, $f_L = 2.9$ MHz,混频器三次方项产生如下组合频率

$$f_L - (f_{n1} + f_{n2}) = 2.9 - (1.5 + 0.9) = 0.5 \text{ MHz}$$

它也正好落入中频通带内,产生二阶互调干扰。

对于 $m=2$, $n=1$ 的情况是非线性四次方项产生,即 $(u_S + u_{n1} + u_{n2} + u_L)^4$ 项中的 $u_{n1}^2 u_{n2} u_L$ 项,当满足 $(\pm 2\omega_{n1} \pm \omega_{n2}) = \omega_S$ 就会产生三阶互调干扰。

减小互调干扰的方法是:提高前端高频放大器和混频器输入回路的选择性,选取合适的混频电路形式,减小混频器特性三次方以上项产生的影响。

7.6.5　包络失真与强信号阻塞

包络失真指的是,由于混频器的非线性,输出包络与输入包络不成正比,当输入为振幅调制信号时,混频器输出包络中出现了新的调制分量。例如,$(u_S + u_L)^4$ 项中含有 $u_S^3 u_L$,若 $u_S = U_{Sm}(1 + m_a \cos \Omega t) \cos \omega_S t = U'_{Sm} \cos \omega_S t$, $u_L = U_{Lm} \cos \omega_L t$,则 $u_S^3 u_L = U'^3_{Sm} \cos^3 \omega_S t U_{Lm} \cos \omega_L t$,其中 $\cos^3 \omega_S t = \dfrac{3}{4} \cos \omega_S t + \dfrac{1}{4} \cos 3\omega_S t$,故 $u_S^3 u_L$ 项中含有 $U'^3_{Sm} \cos \omega_S t U_{Lm} \cos \omega_L t$ 项,它可表示为 $U^3_{Sm}(1 + m_a \cos \Omega t)^3 \cos \omega_S t U_{Lm} \cos \omega_L t$,其中含有 $U^3_{Sm} U_{Lm}(1 + m_a \cos \Omega t)^3 \cos(\omega_L - \omega_S) t$ 项。可见振幅中除 Ω 分量外,还有 2Ω、3Ω 的谐波分量,即输出振幅的变化不仅与 Ω 有关,而且还与 2Ω、3Ω 有关,产生了包络失真。这是由非线性四次方项产生的。

强信号阻塞干扰是指,当强干扰信号与有用信号同时加入混频器时,强干扰信号会使混频器的工作点进入饱和区,而输出的有用信号的振幅要减小,严重时,甚至小到无法接收,这种现象称阻塞干扰。当然,有用信号为强信号时,同样也会产生阻塞干扰,会导致输出电流振幅不随 U'_{Sm} 变化而变化。

7.7　集成接收电路

7.7.1　TA7641BP 单片收音机集成电路

TA7641BP 是 AM 单片收音机集成电路,它是将调幅收音机所需的从变频到功放的所有电路集成到单片上,外接元件少,静态电流小,使用方便。

图 7 – 26 所示是 TA7641BP 内部组成框图。它包含变频、中放、AM 振幅检波和低放、功放等电路。它是硅单片集成电路,为 16 脚双列直插塑料封装结构。由天线回路接收下来的已调高频信号从⑯脚送入片内,与变频器内的本机振荡器产生的本振信号进行混频,产生的

中频调幅信号从①脚输出,经外接中频调谐回路选频,再由③脚送到中频放大器进行放大,然后送给检波器进行检波。检波后的音频信号经⑦脚输出,经外接音量电位器分压后再送入⑬脚给功率放大器放大,再经⑩脚到外接扬声器。电路内部设置了自动增益控制电路(AGC),以控制中放级的增益。为了使电路工作稳定,低频功率放大器的电源与中放、检波等电路分开设置。直流电压由⑨脚馈入。

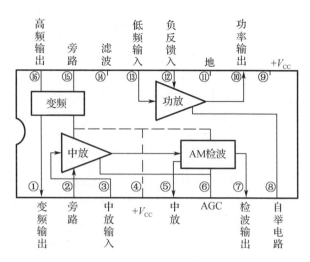

图 7-26　TA7641BP 内部组成框图

图 7-27 是 TA7641BP 组成的单片收音机电路,图中 Tr_1 是磁棒天线,Tr_1 一次侧的电感 L_1 与双连电容的 C_{1-1} 及 C_{1-a} 组成天线回路,选择所需电台信号送至⑯脚给变频器的输入端。本振变压器 Tr_2 的一次侧电感与电容的 C_2,C_{1-2} 及 C_{1-b} 组成本振回路,通过集成电路内部的晶体管构成互感耦合振荡器,用来产生本振频率送给混频器实现混频。天线回路和本振回路的调谐是由双连电容器 C_{1-1} 和 C_{1-2} 同时同步调谐,用于调节频率、选择电台。应该注意的是,要保持天线回路的谐振频率与本机振荡回路的谐振频率之差为 465 kHz 的中频。Tr_3 是变频器的负载回路,也是中频放大器的输入回路、需调谐于 465 kHz。Tr_4 是中频放大器的负载回路,调谐于 465 kHz。R_p 是音量调节电位器,并附带电源开关,调节后的音频信号回送到⑬脚,经低频功率放大由⑩脚经 C_{17} 送到扬声器。

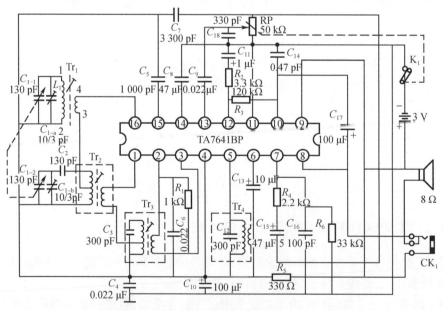

图 7-27　TA7641BP 单片收音机电路图

7.7.2　MC3362 单片调频接收机

图 7－28 所示是 MC3362 单片调频接收机的内部组成框图。它是由两级变频器、限幅放大器、乘法相移鉴频器和比较器四部分组成的。

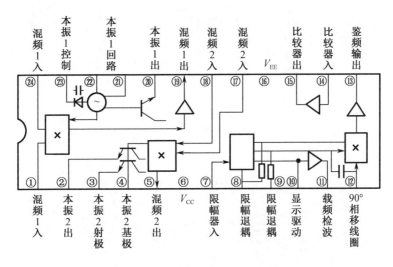

图 7－28　MC3362 单片调频接收机的内部组成方框图

MC3362 引脚功能说明如下：

⑥脚是电源正端（V_{CC}），⑯脚是电源负端（V_{EE}），也是公共地端。①脚和㉔是第一混频器信号输入端，可以平衡输入，也可以不平衡输入。如用不平衡输入，㉔脚可用电容器高频旁路。⑳，㉑，㉒，㉓脚是第一本振的相关引脚。其中，⑳脚是第一本振信号输出端；㉑，㉒脚是第一本振的选频电路连接端；㉓脚是可变电容控制端，内部是一个变容二极管，从㉓脚输入控制电压，可以改变第一本振的频率。⑲脚是第一混频器输出端输出。⑰，⑱脚是第二混频器输入端，输入的是第一混频器输出信号经滤波后得到的第一中频信号。②脚是第二本振内部放大器的发电极输出端，③脚是第二本振内部放大器的发射极引出端，④脚是第二本振内部放大器的基极引出端。通过外接晶体或选频电路，内部放大器与外接选频电路构成第二本振电路，第二本振与⑰，⑱脚输入的第一中频信号频率同时加到第二混频器，产生混频信号由⑤脚输出。⑦脚是限幅放大器输入端。⑧脚和⑨脚是限幅放大器退耦滤波端。⑩和⑪脚是监测限幅放大信号强度的相关端子，⑩脚是电表驱动指示端，可通过电表判断信号强弱情况，⑪脚是第二中频载波检测端。⑫脚是外接正交相移线圈端子，第二中频已调信号和被相移后的第二中频信号共同加给乘法器进行乘法移相鉴频，经放大后由⑬脚输出给低通滤波器获得音频信号。⑭脚和⑮脚分别是比较器的输入、输出端。

图 7－29 是 MC3362 的典型应用电路。信号来自天线，天线的输入频率可以达到 200 MHz。经输入匹配电路，送到①脚和㉔脚。⑳脚和㉑脚上的 LC 选频电路和㉓脚上的变容二极管决定第一本振的振荡频率。该频率受㉓脚上来自锁相环路鉴相器输出电压的控制。第一本振频率从⑳脚送到锁相环路。第一混频器输出从⑲脚送到 10.7 MHz 的陶瓷滤波器滤波，输出从⑰脚送回第二混频器，③脚和④脚上接 10.245 MHz 的晶体，第二本振与第一中频混频，产生 455 kHz 的第二中频，从⑤脚送到 455 kHz 的陶瓷滤波器，它的输出由⑦脚

送到限幅放大器的输入端,然后经过鉴频;从⑬脚上输出恢复原音频信号。若是传送的数据信号,在⑬脚上的数据信号通过比较放大器,由⑮脚输出。

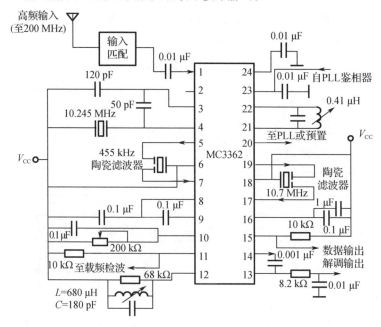

图 7 − 29　MC3362 典型应用电路

7.8　思考题与习题

7 − 1　变频作用是怎样产生的?为什么一定要有非线性元件才能产生变频作用?变频与检波有何相同点与不同点?

7 − 2　晶体三极管混频器,其转移特性或跨导特性以及静态偏压 V_Q、本振电压 $u_L(t)$ 如图 7 − 30 所示,试问哪些情况能实现混频,哪些不能?

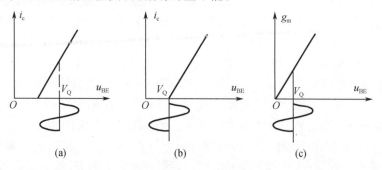

图 7 − 30　题 7 − 2 图

7 − 3　混频器的本振电压 $u_L = U_{Lm} \cos \omega_L t$,试分别写出下列情况的混频器输入及输出中频信号表达式(1)AM;(2)DSB;(3)SSB;(4)FM;(5)PM。

7-4 设某非线性器件的伏安特性为 $i = a_0 + a_1 u + a_2 u^2 + a_4 u^4$，如果 $u(t) = U_{Sm}(1 + m_a \cos \Omega t) \cos \omega_S t$，$U_L(t) = U_{Lm} \cos \omega_L t$，并有 $U_{Lm} \gg U_{Sm}$，试求这个器件的时变跨导 $g(t)$、变频跨导 g_c 以及中频电流的幅值。

7-5 设某非线性器件的转移特性为 $i = au + bu^2 + cu^3$。若 $u(t) = U_{Lm} \cos \omega_L t + U_{Sm} \cos \omega_S t$，且本振 $U_{Lm} \gg U_{Sm}$，试求变频跨导 g_c。

7-6 乘积型混频器的方框图如图7-31所示，相乘器的特性为 $i = Ku_S(t) u_L(t)$，若 $K = 0.1 \text{ mA/V}^2$，$u_L(t) = \cos(9.2 \times 10^6 t) \text{ V}$，$u_S(t) = 0.01[1 + 0.05 \cos 6\pi \times 10^2 t] \cos(2\pi \times 10^6 t) \text{ V}$。

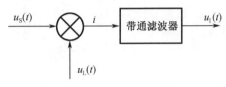

图7-31 题7-6图

(1)试求乘积型混频器的变频跨导；

(2)为了保证信号传输，带通滤波器的中心频率(中频取差频)和带宽应分别为何值？

7-7 已知混频器件的伏安特性为 $i = a_0 + a_1 u + a_2 u^2$。问能否产生中频干扰和镜频干扰？是否会产生交叉调制和互相调制？

7-8 某接收机中频 $f_I = 465 \text{ kHz}$，$f_L > f_S$，当接收 $f_S = 931 \text{ kHz}$ 的信号时，除听到正常的声音外，还同时听到音调为 1 kHz 的干扰声，当改变接收机的调谐旋钮时，干扰音调也发生变化。试分析原因，并指出减小干扰的途径。

7-9 有一超外差接收机，中频 $f_I = f_L - f_S = 465 \text{ kHz}$，试分析说明下列两种情况是何种干扰？

(1)当接收 $f_{S1} = 550 \text{ kHz}$ 的信号时，也听到 $f_{m1} = 1480 \text{ kHz}$ 的强电台干扰声音；

(2)当接收 $f_{S2} = 1400 \text{ kHz}$ 的信号时，也会听到 700 kHz 的强电台干扰声音。

7-10 有一超外差接收机，中频为 465 kHz，当出现下列现象时，指出这些是什么干扰及形成原因。

(1)当调谐到 580 kHz 时，可听到频率为 1510 kHz 的电台播音；

(2)当调谐到 1165 kHz 时，可听到频率为 1047.5 kHz 的电台播音；

(3)当调谐到 930.5 kHz 时，约有 0.5 kHz 的哨叫声。

7-11 设混频器输入端除了作用有用信号 $f_S = 20 \text{ MHz}$ 外，还同时作用有两个干扰电压，它们的频率分别为 $f_{m1} = 19.2 \text{ MHz}$，$f_{m2} = 19.6 \text{ MHz}$，已知混频器中频为 $f_I = 3 \text{ MHz}$，本振频率为 $f_L = 23 \text{ MHz}$，试问由这两个干扰组成的组合频率分量能否通过中频放大器？如何减小这种干扰？

7-12 什么是混频器的交调干扰和互调干扰？怎样减小它们的影响？

7-13 二极管平衡混频器如图7-32所示。$L_1 C_1$、$L_2 C_2$、$L_3 C_3$ 三个回路各自调谐在 f_S、f_L、f_I 上，试问在以下三种情况下，电路是否仍能实现混频？

(1)将输入信号 $u_S(t)$ 与本振信号 $u_L(t)$ 互换；

(2)将二极管 D_1 的正、负极性反接；

(3)将二极管 D_1、D_2 的正负极性同时

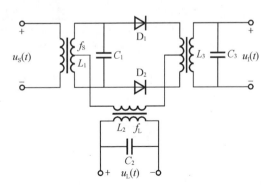

图7-32 题7-13图

反接。

7-14 二极管平衡混频器如图7-33所示。设二极管的伏安特性均为从原点出发,斜率为g_d的直线,且二极管工作在受u_L控制的开关状态。试求各电路的输出电压u_o的表示式。

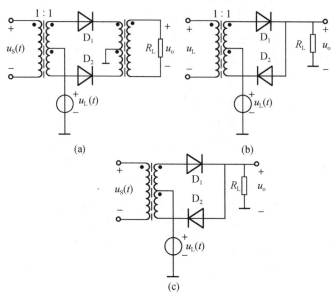

图7-33 题7-14图

7-15 在图7-34所示桥式电路中,各晶体二极管的特性一致,均为自原点出发、斜率为g_d的直线,并工作在受$u_2(t)$控制的开关状态。假若$R_L \gg r_d = 1/g_d$,$u_2(t) = U_{2m}\cos \omega_L t$为大信号的本振信号,$u_1(t) = U_{1m}\cos \omega_S t$为小信号的输入信号,完成下变频的混频功能,试分析写出负载上输出电压$u_o(t)$的表示式,并说明应采用中心频率为多少及什么形式的滤波器。

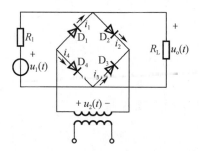

图7-34 题7-15图

第8章

反馈控制电路与频率合成

8.1 概　　述

在通信系统和电子设备中,为了提高它们的技术性能,或者实现某些特殊的高指标要求,广泛采用各种类型的反馈控制回路。对通信系统来说,传送信息的载波信号通常采用高频振荡信号,而一个高频振荡信号含有三个基本参数,即振幅、频率和相位。在传送信息时,发射信号可用振幅调制、频率调制和相位调制。对于反馈控制电路来说,也就是实现对这三个参数的分别控制,即自动振幅控制、自动频率控制和自动相位控制。

反馈控制电路可以看成由被控制对象和反馈控制器两部分组成的自动调节系统。图 8-1 所示是反馈控制电路的组成方框图。其中 X_o 为系统的输出量,X_R 为系统的输入量,也就是反馈控制器的比较标准量。根据实际工作的需要,每个反

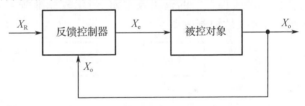

图 8-1　反馈控制电路的组成方框图

馈控制电路的 X_o 和 X_R 之间都具有确定的关系,例如 $X_o = g(X_R)$。若这一关系受到破坏,则反馈控制器就能够检测出输出量与输入量的关系偏离 $X_o = g(X_R)$ 的程度,从而产生相应的误差量 X_e,加到被控对象上对输出量 X_o 进行调整,使输出量与输入量之间的关系接近或恢复到预定的关系 $X_o = g(X_R)$。

8.1.1　自动振幅控制电路

自动振幅控制电路通常称为自动增益控制电路。它主要用于接收机中,使整机在输入振幅变化时保持输出电压振幅不变。自动振幅控制电路的被控量是电压振幅,在反馈控制器中必须进行振幅比较,利用误差量对输出振幅进行调整。

图 8-2 所示是自动振幅控制电路组成方框图,可控增益放大器是环路的被控对象,它的输入量 u_i(不是控制环路的输入量 u_R)与其输出量 u_o 的关系为

$$u_o = A_2(u_e)u_i$$

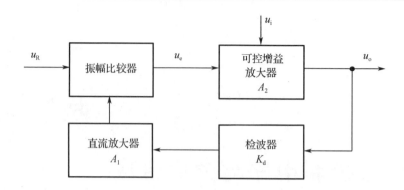

图 8 - 2　自动振幅控制电路组成方框图

式中, $A_2(u_e)$ 是受环路振幅比较器输出误差电压 u_e 控制的放大器的放大倍数。

控制环路的输入量为 u_R, 而输出量为放大器输出电压 u_o。由于闭合环路的控制作用, 环路能够实现自动振幅控制。

8.1.2　自动频率控制电路

自动频率控制电路主要用于电子设备中保证振荡器的振荡频率稳定。被控量是频率, 被控对象是压控振荡器(VCO)。而在反馈控制中必须对振荡频率进行比较, 利用输出误差量对被控制对象的输出频率进行调整。

图 8 - 3 所示是自动频率控制电路的组成方框图, 压控振荡器输出电压的频率受 u_c 控制。而 u_c 是压控振荡的输出频率 ω_o 与比较标准频率 ω_R 经鉴频器比较产生的误差电压 u_e 经放大后得到的控制电压。

图 8 - 3　自动频率控制电路的组成方框图

控制环路的输入量为 ω_R, 而输出量为压控振荡器输出的振荡频率 ω_o, 由于闭合环路的控制作用, 环路能够实现自动频率控制。

8.1.3　自动相位控制电路

自动相位控制电路通常称为锁相环路。利用锁相环路可以实现许多功能。锁相环路的被控量是相位, 被控对象是压控振荡器(VCO)。在反馈控制器中对振荡相位进行比较, 利用输出误差量对被控对象的输出相位进行调整。

图 8 - 4 所示是自动相位控制电路的组成方框图。压控振荡器输出振荡电压的相位受 u_c 控制。而 u_c 是由压控振荡器的输出相位 θ_V 与环路输入相位 θ_R 经鉴相器产生的误差电压 u_e 经环路滤波器后得到的控制电压。

控制环路的输入量为 θ_R, 输出量为压控振荡器的输出相位 θ_V。由于闭合环路的控制作用, 环路能够实现自动相位控制。

图 8 – 4　自动相位控制电路的组成方框图

8.2　锁相环路基本原理及应用

锁相环路是在现代各种电子系统中,特别是在接收机中应用广泛的一种基本电路。

8.2.1　锁相环路的组成及基本原理

锁相环路是由鉴相器(PD)、环路滤波器(LF)和压控振荡器(VCO)组成的闭环系统,如图 8 – 4 所示。锁相环路是一个相位误差控制系统。因为锁相环路中的被控量是相位,所以为了研究锁相环路的性能,必须首先建立锁相环路的相位模型。

1. 鉴相器及其相位模型

鉴相器是相位比较器,其功能是用来比较输入信号的相位和压控振荡器(VCO)输出信号的相位,其输出电压与这两个信号的相位差成正比。

任何一个理想的模拟乘法器都可以作为鉴相器,如图 8 – 5 所示。送给鉴相器的电压是输入信号电压 $u_R(t)$ 和压控振荡器输出信号电压 $u_V(t)$。

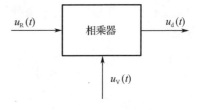

图 8 – 5　等效鉴相器

设输入信号电压和压控振荡器输出信号电压分别为

$$u_R(t) = U_{Rm}\sin[\omega_R t + \theta_R(t)] \qquad (8 – 1)$$
$$u_V(t) = U_{Vm}\cos[\omega_0 t + \theta_V(t)] \qquad (8 – 2)$$

式中,U_{Rm} 为输入信号电压的振幅;ω_R 为输入信号的角频率;$\theta_R(t)$ 为输入信号以其载波相位 $\omega_R t$ 为参考的瞬时相位;U_{Vm} 为压控振荡器输出信号电压的振幅;ω_0 为压控振荡器输出信号的中心角频率;$\theta_V(t)$ 为压控振荡器输出信号以相位 $\omega_0 t$ 为参考的瞬时相位。

一般情况下,两个信号的频率是不同的,因而它们的参考相位也就不同。为了便于比较两信号之间的相位差,现规定统一以压控振荡器在控制电压 $u_c(t) = 0$ 时的振荡角频率 ω_0 确定的相位 $\omega_0 t$ 为参考相位。这样就可以将输入信号改写为

$$\begin{aligned}
u_R(t) &= U_{Rm}\sin[\omega_0 t + (\omega_R - \omega_0)t + \theta_R(t)] \\
&= U_{Rm}\sin[\omega_0 t + \Delta\omega_0 t + \theta_R(t)] \\
&= U_{Rm}\sin[\omega_0 t + \theta_1(t)]
\end{aligned} \qquad (8 – 3)$$

式中,$\theta_1(t) = (\omega_R - \omega_0)t + \theta_R(t)$ 称为输入信号以相位 $\omega_0 t$ 为参考的瞬时相位。

经相乘器,$u_R(t)$ 与 $u_V(t)$ 相乘后,其输出 u 为

$$\begin{aligned}
u &= K_M u_R(t) u_V(t) \\
&= K_M U_{Rm}\sin[\omega_0 t + \theta_1(t)] U_{Vm}\cos[\omega_0 t + \theta_V(t)] \\
&= \frac{1}{2}K_M U_{Rm}U_{Vm}\sin[2\omega_0 t + \theta_1(t) + \theta_V(t)] + \frac{1}{2}K_M U_{Rm}U_{Vm}\sin[\theta_1(t) - \theta_V(t)]
\end{aligned}$$

式中，K_M 为乘法器的系数，单位为 1/V。因环路中有环路滤波器，它只允许低频分量通过。高频分量（上式中第一项）将被环路滤波器滤掉，可以认为它在环路中不起作用。因而乘法器的输出可以认为只有低频分量。则

$$u_d(t) = \frac{1}{2}K_M U_{Rm} U_{Vm}\sin\left[\theta_1(t) - \theta_V(t)\right] \tag{8-4}$$

令 $K_d = K_M U_{Rm} U_{Vm}/2$ 为鉴相器的最大输出电压，K_d 单位为 V。$\theta_e(t) = \theta_1(t) - \theta_V(t)$ 为鉴相器输入信号的瞬时相差，则式（8-4）可写为

$$u_d(t) = K_d\sin\theta_e(t) \tag{8-5}$$

可见，乘法器作为鉴相器时的鉴相特性是正弦特性，如图 8-6 所示。

鉴相器的作用是将两个输入信号的瞬时相位差 $\theta_e(t)$ 变为输出电压 $u_d(t)$。因此，其作用可以用图 8-7 所示数学模型来表示。鉴相器的处理对象是 $\theta_1(t)$ 和 $\theta_V(t)$ 而不是原信号本身，这是数学模型与原理方框图的区别。

需要说明的是，在上面推导中，将两个输入信号分别表示为正弦和余弦形式，目的是得到正弦鉴相特性。

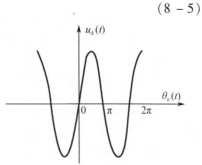

图 8-6 鉴相特性曲线

实际上，两者同时都用正弦或余弦表示也可以，只不过得到的将是余弦鉴相特性。而环路的稳定工作区不管是正弦还是余弦特性，总是处于特性的线性区域内，显然使用正弦特性比较方便。

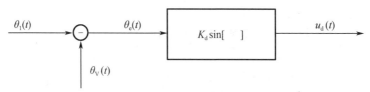

图 8-7 鉴相器的数学模型

2. 环路滤波器（LF）及其相位模型

环路滤波器决定锁相环特性。环路滤波器是低通滤波器，用来滤除相位比较器输出的高频部分，并抑制噪声，以保证环路达到要求的性能，并提高环路的稳定性。

在锁相环路中，常用的环路滤波器有 RC 滤波器、无源比例积分滤波器和有源比例积分滤波器。

（1）RC 滤波器

图 8-8 是一阶 RC 低通滤波器，其传输函数为

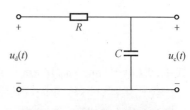

图 8-8 一阶 RC 低通滤波器

$$K_F(s) = \frac{u_c(s)}{u_d(s)} = \frac{\dfrac{1}{sC}}{R + \dfrac{1}{sC}}$$

$$= \frac{1}{sRC + 1} = \frac{1}{s\tau + 1} \tag{8-6}$$

式中，$\tau = RC$。

（2）无源比例积分滤波器

图 8-9 是无源比例积分滤波器。其传输函数为

$$K_F(s) = \frac{u_c(s)}{u_d(s)} = \frac{R_2 + \dfrac{1}{sC}}{R_1 + R_2 + \dfrac{1}{sC}} = \frac{1 + s\tau_2}{1 + s(\tau_1 + \tau_2)}$$

(8-7)

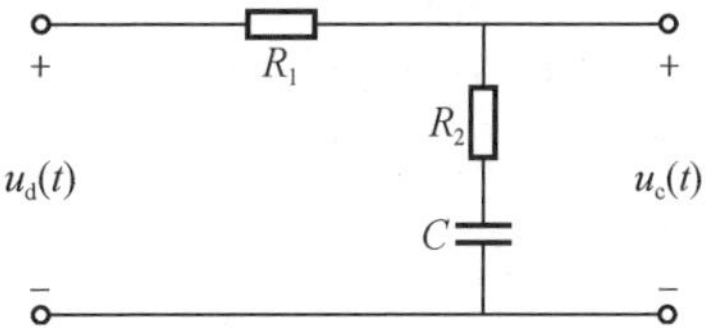

图 8-9　无源比例积分滤波器

式中，$\tau_1 = R_1 C$，$\tau_2 = R_2 C$。

（3）有源比例积分滤波器

图 8-10 是有源比例积分滤波器。设运算放大器差模输入电阻 $R_{id} \gg R_1$，则其传输函数为

$$K_F(s) = -\frac{A_u(1 + s\tau_2)}{1 + s(\tau_1 + A_u\tau_1 + \tau_2)}$$

(8-8)

式中，$\tau_1 = R_1 C$，$\tau_2 = R_2 C$。

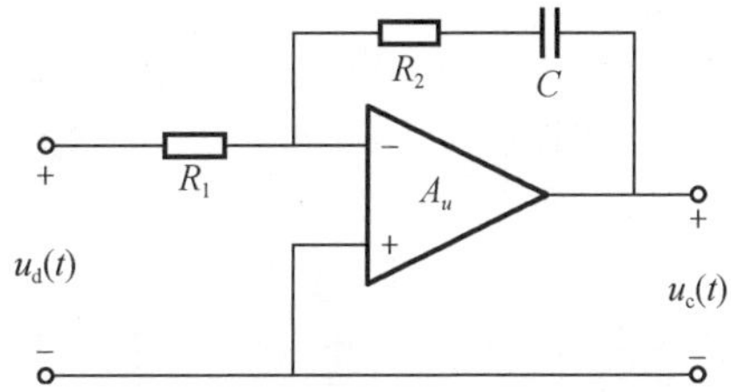

图 8-10　有源比例积分滤波器

当 $A_u\tau_1 \gg (\tau_1 + \tau_2)$ 时，则

$$K_F(s) = -\frac{A_u(1 + s\tau_2)}{1 + sA_u\tau_1}$$

(8-9)

当 $A_u \to \infty$ 时，上式可简化为

$$K_F(s) \approx -\frac{1 + s\tau_2}{s\tau_1}$$

(8-10)

从式（8-10）可知，当运算放大的 A_u 越大，有源比例积分滤波器就越近于理想积分滤波器，通常将这种滤波器构成的锁相环称为理想二阶环。

如果将 $K_F(s)$ 中的 s 用微分算子 $p = \mathrm{d}/\mathrm{d}t$ 替换，就可写出表示滤波器激励和响应之间关系的微分方程。即

$$u_c(t) = K_F(p)u_d(t)$$

(8-11)

从而得环路滤波器的数学模型如图 8-11 所示。

3. 压控振荡器（VCO）及其相位模型

压控振荡器的振荡频率 $\omega_V(t)$ 受电压 $u_c(t)$ 控制，所以它是一种电压-频率变换器。不论以何种振荡电路和何种控制方式构成的振荡器，它的特性总可以用瞬时频率 $\omega_V(t)$ 与控制电压 $u_c(t)$ 间的关系曲线来表示。图 8-12 是压控振荡器的频率-电压关系特性曲线。可以看出，在一定范围内，$\omega_V(t)$ 与 u_c 可近似认为是线性关系，即

$$\omega_V(t) = \omega_o + K_V u_c(t)$$

(8-12)

式中，ω_0 是压控振荡器固有振荡频率，即压控振荡器控制电压 $u_c(t) = 0$ 时，压控振荡器的振荡频率；K_V 是压控振荡器调频特性的直线部分的斜率，它表示单位控制电压所能产生的压控振荡器角频率变化的大小，通

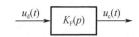

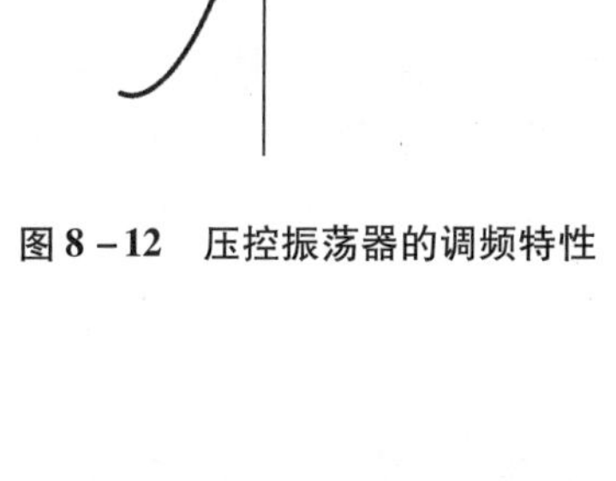

图 8-11　环路滤波器模型

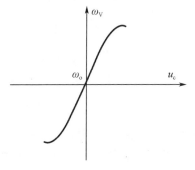

图 8-12　压控振荡器的调频特性

常称为压控灵敏度(rad/s·V)。

锁相环路中,压控振荡器的输出作用在鉴相器上。由鉴相特性可知,压控振荡器输出电压信号对鉴相器直接发生作用的不是瞬时角频率,而是瞬时相位。因此就整个锁相环路来说,压控振荡器应该以它的输出信号的瞬时相位作为输出量。对式(8－12)积分得

$$\int_0^t \omega_V(t)\,\mathrm{d}t = \omega_0 t + K_V\int_0^t u_c(t)\,\mathrm{d}t \qquad (8-13)$$

与式(8－2)比较,可知以 $\omega_0 t$ 为参考的输出瞬时相位为

$$\theta_V(t) = K_V\int_0^t u_c(t)\,\mathrm{d}t \qquad (8-14)$$

即 $\theta_V(t)$ 正比于控制电压 $u_c(t)$ 的积分。由此可知,压控振荡器在锁相环路中的作用是积分环节,若用微分算子 $p=\mathrm{d}/\mathrm{d}t$ 表示,则上式可表示为

$$\theta_V(t) = \frac{K_V}{p}u_c(t) \qquad (8-15)$$

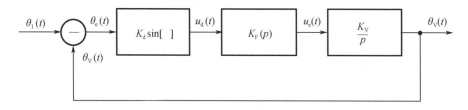

由式(8－15)可得压控振荡器的数学模型如图 8－13 所示。

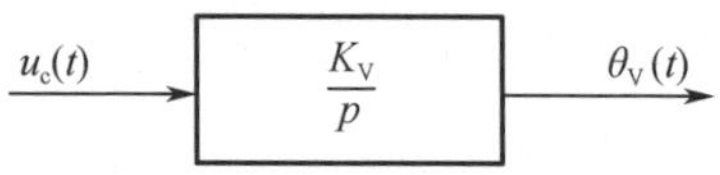

图 8－13　压控振荡器的数学模型

4. 锁相环路的相位模型和基本方程

将鉴相器、环路滤波器和压控振荡器的数学模型按图 8－4 的方框图连接起来,就可得到如图 8－14 所示的锁相环路的相位模型。

图 8－14　锁相环路的相位模型

应当指出,锁相环路实质上是一个传输相位的闭环反馈系统。锁相环路讨论的是输入瞬时相位和输出瞬时相位的关系,因此将锁相环路的相位模型作为分析基础。以后要研究环路的各种特性,如传输函数、幅频特性和相频特性等都是对瞬时相位而不是对整个信号而言的。

由图 8－14 可直接得锁相坏路的基本方程为

$$\theta_e(t) = \theta_1(t) - \theta_V(t) = \theta_1(t) - K_d K_V K_F(p)\frac{1}{p}\sin\theta_e(t) \qquad (8-16)$$

式(8－16)为相位控制方程,它具有的物理意义是:

① $\theta_e(t)$ 是鉴相器的输入信号与压控振荡器输出信号之间的瞬时相位差;

② $K_d K_V K_F(p)\dfrac{1}{p}\sin\theta_e(t)$ 称为控制相位差,它是 $\theta_e(t)$ 通过鉴相器、环路滤波器逐级处理而得到的相位控制量;

③ 相位控制方程描述了环路相位的动态平衡关系,即在任何时刻,环路的瞬时相位差 $\theta_e(t)$ 和控制相位差之代数和等于输入信号以相位 $\omega_0 t$ 为参考的瞬时相位。

5. 锁相环路的频率动态平衡关系

将式(8-16)对时间微分,可得频率动态平衡关系,因为 $p = \mathrm{d}/\mathrm{d}t$ 是微分算子,故可得

$$p\theta_e(t) = p\theta_1(t) - K_d K_V K_F(p)\sin\theta_e(t) \tag{8-17}$$

经改写可得

$$p\theta_e(t) + K_d K_V K_F(p)\sin\theta_e(t) = p\theta_1(t) \tag{8-18}$$

锁相环路的频率动态平衡关系的物理意义是:

① $p\theta_e(t)$ 是压控振荡器振荡角频率偏离输入信号角频率的数值 $[\omega_R - \omega_V(t)]$,称瞬时角频差;

② $K_d K_V K_F(p)\sin\theta_e(t)$ 是压控振荡器在控制电压 $u_c(t) = K_d K_F(p)\sin\theta_e(t)$ 作用下的振荡角频率 $\omega_V(t)$ 偏离 ω_0 的数值 $[\omega_V(t) - \omega_0]$,称为控制角频差;

③ $p\theta_1(t)$ 是输入信号角频率 ω_R 偏离 ω_0 的数值$(\omega_R - \omega_0)$,称为输入固有角频差;

④ 环路闭合后的任何时刻,瞬时角频差和控制角频差之代数和恒等于输入固有角频差,即

$$[\omega_R - \omega_V(t)] + [\omega_V(t) - \omega_0] = [\omega_R - \omega_0]$$

应当指出,因为式(8-18)中含有 $\sin\theta_e(t)$ 项,所以它是一个非线性微分方程,这是由鉴相特性的非线性决定的。不过这个非线性微分方程的求解是比较困难的,目前只有无滤波器,即 $K_F(s) = 1$ 的环路才能够得到精确的解析解,而其他情况,只能借助一些近似的方法分析研究。

8.2.2　环路"锁定与失锁状态"和"跟踪与捕捉过程"的基本概念

锁相环路工作时有锁定与失锁两个基本状态,环路工作状态不是锁定就是失锁。在锁定状态下环路输入信号频率和相位在一定范围内变化时,由于环路的控制作用,输出信号频率和相位跟随变化的动态过程称为跟踪过程。而从失锁状态进入锁定状态的过程称为捕捉过程。

1. 环路工作的"锁定与失锁状态"

(1)锁定状态

当环路输入一个频率和相位不变的信号时,即

$$u_R(t) = U_{Rm}\sin(\omega_{R0}t + \theta_{R0})$$

其中,ω_{R0} 和 θ_{R0} 为不随时间变化的量。

输入信号 $u_R(t)$ 以压控振荡器的相位 $\omega_0 t$ 为参考的数学式为

$$u_R(t) = U_{Rm}\sin[\omega_0 t + (\omega_{R0} - \omega_0)t + \theta_{R0}] = U_{Rm}[\omega_0 t + \theta_1(t)]$$

其以 $\omega_0 t$ 为参考的瞬时相位 $\theta_1(t)$ 为

$$\theta_1(t) = (\omega_{R0} - \omega_0)t + \theta_{R0} = \Delta\omega_0 t + \theta_{R0}$$

经微分得

$$p\theta_1(t) = \omega_{R0} - \omega_0 = \Delta\omega_0 \tag{8-19}$$

式中,ω_0 为没有控制电压时压控振荡器的固有振荡频率;$\Delta\omega_0$ 称为环路的固有角频差。

将式(8-19)代入式(8-18)中,得在上述条件下的环路方程为

$$p\theta_e(t) + K_d K_V K_F(p)\sin\theta_e(t) = \Delta\omega_0 \tag{8-20}$$

对应的各角频率关系为

$$[\omega_{R0} - \omega_V(t)] + [\omega_V(t) - \omega_0] = \omega_{R0} - \omega_0 \qquad (8-21)$$

式中,$\omega_{R0} - \omega_V(t)$ 为瞬时角频差;$\omega_V(t) - \omega_0$ 为控制角频差;$\omega_{R0} - \omega_0$ 为输入固有角频差;$\omega_V(t)$ 为压控振荡器在控制电压作用下输出信号的角频率。

在输入信号的角频率和相位不变的条件下,$\Delta\omega_0$ 为一固定值,由环路方程式(8-20)可解出环路闭合后瞬时相位差 $\theta_e(t)$ 随时间变化的规律。因为它是非线性方程,求解复杂。但用式(8-21)可以定性地进行说明。在环路刚闭合的瞬间,因为压控振荡器的控制电压为零,$\omega_V(t) = \omega_0$,无控制角频差,此时可认为环路的瞬时角频差就是固有角频差 $\Delta\omega_0$。而鉴相器的输出电压 $u_d(t) = K_d \sin\Delta\omega_0 t$ 是差拍频率为 $\Delta\omega_0$ 的差拍电压。当 $\Delta\omega_0$ 较小时,差拍电压能够通过环路滤波器,形成压控振荡器的控制电压 $u_c(t)$ 去控制压控振荡器。随时间 t 的增加,在控制电压 $u_c(t)$ 作用下,压控振荡器输出电压是受 $u_c(t)$ 调制的调频波,其瞬时振荡频率 $\omega_V(t)$ 将会围绕着 ω_0 在一定范围内来回摆动。鉴相器的输出将是输入信号角频率和压控振荡器输出调频波瞬时振荡角频率的差拍,其波形是上下不对称的,即差拍电压含有直流分量。这个直流分量经过环路滤波器加到压控振荡器上,使控制角频差逐渐加大,这样就会使环路的瞬时角频差减小,二者的代数和等于固有角频差。直到控制角频差增大到等于固有角频差,此时瞬时角频差为零,即

$$\lim p\theta_e(t) = 0 \qquad (8-22)$$

这时 $\theta_e(t)$ 不再随时间变化,是一固定的值。若能一直保持下去,则认为锁相环进入锁定状态。式(8-22)就是锁定状态应满足的必要条件。

从式(8-22)可知,环路进入锁定状态后的特点是:

① 环路进入锁定后,$p\theta_e(\infty) = 0$,即 $\omega_{R0} - \omega_V(t) = 0$,$\omega_V(t) = \omega_{R0}$,表明环路没有剩余频差。

② 环路进入锁定后,$\theta_e(\infty)$ 为一固定值。表明输入信号与压控振荡器输出信号之间只存在一个固定的稳态相位差,称为剩余相位差,用 $\theta_{e\infty}$ 表示。由式(8-20)可求得

$$K_d K_V K_F(p) \sin\theta_{e\infty} = \Delta\omega_0$$

因为 $u_d(t)$ 为直流,对于环路滤波器来说,其传输函数应为直流的 $K_F(0)$,即

$$K_d K_V K_F(0) \sin\theta_{e\infty} = \Delta\omega_0$$

所以

$$\theta_{e\infty} = \arcsin\frac{\Delta\omega_0}{K_d K_V K_F(0)} = \arcsin\frac{\Delta\omega_0}{K_p} \qquad (8-23)$$

式中,$K_p = K_d K_V K_F(0)$ 为环路的直流总增益,通常称为环路增益,单位为 rad/s。

稳态相位差 $\theta_{e\infty}$ 的作用是使它所产生的控制角频差等于环路固有角频差,环路处于锁定状态。

③ 环路处于锁定状态时,鉴相器的输出电压为直流,即

$$u_d(t) = K_d \sin\theta_{e\infty}$$

(2)失锁状态

与锁定状态不同的是当环路固有角频差 $\Delta\omega_0$ 很大时,鉴相器输出差拍电压 $u_d(t)$ 的差拍频率也很大,由于环路滤波器的通频带所限,不能够通过环路滤波器形成压控振荡器的控制电压 $u_c(t)$。因此控制角频差建立不起来,环路的瞬时角频差始终等于固有角频差。鉴相器输出是一个上下对称的正弦差拍电压,环路不能起控制作用。环路处于

"失锁"状态。

2. 环路工作的"跟踪与捕捉过程"

（1）跟踪过程

对于角频率和相位不变的输入信号能够锁定的环路,当输入信号的频率和相位不断变化时,通过环路的作用,可以在一定范围内使压控振荡器输出的角频率和相位不断跟踪输入信号角频率和相位变化。这种动态过程称为跟踪过程或同步过程。可以这样说,环路的"锁定状态"是对频率和相位固定的输入信号而言的。环路的"跟踪过程"是对频率和相位变化的输入信号而言的。事实上环路的跟踪过程是,通过环路的自动调整保持环路无剩余频差,始终处于锁定状态。如果环路不处于锁定状态或跟踪过程,则处于失锁状态。

（2）捕捉过程

捕捉是指环路为失锁状态,通过环路的自身调节作用,从失锁变为锁定的过程。锁相环路的捕捉特性用捕捉带和捕捉时间来表示,捕捉带大,捕捉时间短,表明环路的捕捉特性好。下面分析当输入固有角频差 $\Delta\omega_0 = \omega_{R0} - \omega_0$ 为不同值时的捕捉情况。

① $\Delta\omega_0$ 很大

由于环路固有角频差 $\Delta\omega_0$ 很大时,鉴相器输出差拍电压 $u_d(t)$ 的差拍频率很高,对应的环路滤波器的 $K_F(\Delta\omega_0) = 0$, $u_d(t)$ 不能够通过环路滤波器形成压控振荡器的控制电压 $u_c(t)$,环路没有信号去控制压控振荡器,所以环路不可能实现反馈控制而处于失锁状态。

② $\Delta\omega_0$ 较小

由于环路固有角频差 $\Delta\omega_0$ 较小,鉴相器输出差拍电压 $u_d(t)$ 的差拍频率较低,处于环路滤波器的通带内,环路滤波器的输出电压 $u_c(t) = K_d K_F(\Delta\omega_0)\sin\Delta\omega_0 t$ 是正弦波,压控振荡器的输出电压是由 $u_c(t)$ 调制的调频波,其瞬时角频率为

$$\omega_V(t) = \omega_0 + K_V u_c(t) = \omega_0 + K_d K_V K_F(\Delta\omega_0)\sin\Delta\omega_0 t$$

由上式可知,$\omega_V(t)$ 是按正弦规律变化。$u_c(t)$ 的振幅 $K_d K_F(\Delta\omega_0)$ 越大,$\omega_V(t)$ 随 $u_c(t)$ 变化的幅度也大。当 $K_d K_V K_F(\Delta\omega_0) \geqslant \Delta\omega_0$ 时,$\omega_V(t)$ 在以正弦方式摆动的一周内,会摆动到满足 $\omega_V(t) = \omega_{R0}$ 的点,环路即可锁定。把这种控制电压在正弦变化一周内捕获的现象称为快捕。

③ $\Delta\omega_0$ 在上述两者之间

环路滤波器的 $K_F(\Delta\omega_0) > 0$,且鉴相器输出电压 $u_d(t)$ 的差拍正弦信号频率较高,环路滤波器对它的衰减较大,但没有完全衰减,$K_d K_V K_F(\Delta\omega_0) < \Delta\omega_0$,因此不能快速捕获。同理,压控振荡器输出调频波的瞬时角频率为

$$\omega_V(t) = \omega_0 + K_V u_c(t) = \omega_0 + K_d K_V K_F(\Delta\omega_0)\sin\Delta\omega_0 t$$

当 $u_c(t) > 0$ 时,得 $\omega_V(t) > \omega_0$,环路的瞬时角频差 $\Delta\omega_e = \omega_{R0} - \omega_V(t)$ 比 $\Delta\omega_0$ 要小。当 $u_c(t) < 0$ 时,得 $\omega_V(t) < \omega_0$,环路的瞬时角频差 $\Delta\omega_e = \omega_{R0} - \omega_V(t)$ 比 $\Delta\omega_0$ 要大。因为对应 $u_c(t) > 0$ 的正半周 $0 \sim \pi$[或 $2n\pi \sim (2n+1)\pi$],$\Delta\omega_e$ 小,对应的周期长;而 $u_c(t) < 0$ 的负半周 $\pi \sim 2\pi$[或 $(2n+1)\pi \sim 2(n+1)\pi$],$\Delta\omega_e$ 大,对应的周期短。所以鉴相器输出电压 $u_d(t)$ 不再是正弦波,而是正半周长,负半周短的不对称波形。不对称的电压波形包含直流分量、基波分量和谐波分量。其中直流分量为正值,通过环路滤波器后使压控振荡器的输出信号频率向输入信号频率 ω_{R0} 方向牵引。牵引结果是产生新的角频差 $\Delta\omega'_0 < \Delta\omega_0$。由于频差减小,$|K_F(\Delta\omega'_0)| > |K_F(\Delta\omega_0)|$,环路滤波器对 $u_d(t)$ 通过能力增大,产生一个更大的控制电

压 $u_c(t) = K_d K_F(\Delta\omega'_0)\sin\Delta\omega'_0 t$。随着时间的增加,压控振荡器的输出信号频率进一步向输入信号频率 ω_{R0} 方向牵引,使鉴相器输出的差拍信号的频率进一步降低,环路滤波器输出电压逐渐变大。经过这样的几个循环,直到压控振荡器输出频率被牵引到满足快捕条件的频率,环路就可通过快捕过程到达锁定。

8.2.3 锁相环路的跟踪特性

所谓环路的跟踪性能,是指锁相环路已完成频率及相位捕获,锁相环路已锁定,环路进入跟踪状态。在这种状态下,输入信号频率(或相位)变化引起的相位误差 θ_e 都很小($\theta_e \leqslant \pi/6$),鉴相器工作在线性状态,因此环路方程可线性化近似,相应的锁相环路是线性系统,因此跟踪特性又称为环路的线性动态特性。衡量锁相环路跟踪性能好坏的指标是跟踪相位误差,即相位误差函数 $\theta_e(t)$ 的瞬态响应和稳态响应。其中瞬态响应用来描述跟踪速度的快慢及跟踪过程中相位误差波动的大小。稳态响应是当 $t\to\infty$ 时的相位差,表征系统的跟踪精度。

对于线性系统,描述输出输入特性的关系是系统的传递函数。因此,分析跟踪特性的依据是环路的开环传递函数、闭环传递函数及误差传递函数。

1. 环路的传递函数

(1)开环传递函数 $H_o(s)$

$$H_o(s) = \frac{\theta_V(s)}{\theta_e(s)} = \frac{K_d K_V K_F(s)}{s} \qquad (8-24)$$

它表示在开环条件下,误差相位 $\theta_e(s)$ 传送到压控振荡器输出端得到的 $\theta_V(s)$ 所对应的传递函数。

(2)闭环传递函数 $H(s)$

$$H(s) = \frac{\theta_V(s)}{\theta_1(s)} = \frac{K_d K_V K_F(s)}{s + K_d K_V K_F(s)} \qquad (8-25)$$

它表示在闭环条件下,输入标准信号的相角 $\theta_1(s)$ 与压控振荡器输出信号相角 $\theta_V(s)$ 之间的关系。

(3)误差传递函数 $H_e(s)$

$$H_e(s) = \frac{\theta_e(s)}{\theta_1(s)} = 1 - \frac{\theta_V(s)}{\theta_1(s)} = 1 - H(s) = \frac{s}{s + K_d K_V K_F(s)} \qquad (8-26)$$

锁相环路是相位传输系统。传递函数中的 s 表示输入输出信号相位变化的频率,而不是输入输出信号的载频。误差传递函数一般应用于环路跟踪特性的分析,例如求稳态相差;闭环传递函数用于环路频率特性分析,例如求调角信号通过环路后的表达式;开环传递函数则用于分析环路的稳定性。对于闭环传递函数,$s\to 0$ 时,$H(s)\to 1$;$s\to\infty$ 时,$H(s)\to 0$,说明它具有低通特性。对于误差传递函数,$s\to 0$ 时,$H_e(s)\to 0$;$s\to\infty$ 时,$H_e(s)\to 1$;表明它具有高通特性。

为了能使以上每个传递函数的表达式更清楚地表示出环路的性能,引入环路的自然角频率 ω_n 和阻尼系数 ζ 两个参数来描述系统特性。表 8-1 列出了采用不同环路滤波器的传递函数与 ω_n、ζ 的关系以及 ω_n、ζ 与 K_d、K_V、τ_1 和 τ_2 的关系。

表 8 - 1　采用不同环路滤波器时的环路传递函数表达式

滤波器类型	RC 滤波器 $K_F(s) = \dfrac{1}{s\tau + 1}$ $\tau = RC$	无源比例积分滤波器 $K_F(s) = \dfrac{1 + s\tau_2}{1 + s(\tau_1 + \tau_2)}$ $\tau_1 = R_1 C, \tau_2 = R_2 C$	理想积分滤波器 $K_F(s) = \dfrac{1 + s\tau_2}{s\tau_1}$ $\tau_1 = R_1 C, \tau_2 = R_2 C$
$H_o(s)$	$\dfrac{\omega_n^2}{s^2 + 2\zeta\omega_n s}$	$\dfrac{s\omega_n\left(2\zeta - \dfrac{\omega_n}{K_d K_v}\right) + \omega_n^2}{s\left(s + \dfrac{\omega_n^2}{K_d K_v}\right)}$	$\dfrac{2\zeta\omega_n s + \omega_n^2}{s^2}$
$H(s)$	$\dfrac{\omega_n^2}{s^2 + 2\zeta\omega_n s + \omega_n^2}$	$\dfrac{s\omega_n\left(2\zeta - \dfrac{\omega_n}{K_d K_v}\right) + \omega_n^2}{s^2 + 2\zeta\omega_n s + \omega_n^2}$	$\dfrac{2\zeta\omega_n s + \omega_n^2}{s^2 + 2\zeta\omega_n s + \omega_n^2}$
$H_e(s)$	$\dfrac{s^2 + 2\zeta\omega_n s}{s^2 + 2\zeta\omega_n s + \omega_n^2}$	$\dfrac{s\left(s + \dfrac{\omega_n^2}{K_d K_v}\right)}{s^2 + 2\zeta\omega_n s + \omega_n^2}$	$\dfrac{s^2}{s^2 + 2\zeta\omega_n s + \omega_n^2}$
ω_n	$\omega_n^2 = \dfrac{K_d K_v}{\tau}$	$\omega_n^2 = \dfrac{K_d K_v}{\tau_1 + \tau_2}$	$\omega_n^2 = \dfrac{K_d K_v}{\tau_1}$
ζ	$2\zeta\omega_n = \dfrac{1}{\tau}$	$2\zeta\omega_n = \dfrac{1 + K_d K_v \tau_2}{\tau_1 + \tau_2}$	$2\zeta\omega_n = K_d K_v \dfrac{\tau_2}{\tau_1}$

2. 环路的瞬态相位误差

求解线性跟踪过程中瞬态误差的方法是求解在输入信号激励下的环路线性动态方程，其步骤是：

① 求出输入信号 $\theta_1(t)$ 的拉普拉斯变换 $\theta_1(s)$；

② 用 $\theta_e(s) = H_e(s)\theta_1(s)$ 求得环路相差的拉普拉斯变换；

③ 将 $\theta_e(s)$ 进行拉普拉斯反变换求得 $\theta_e(t)$，则可求得瞬态误差随时间变化的规律；

④ 求时间趋于无穷大时 $\theta_e(t)$ 的极限，即为稳态误差 $\theta_e(\infty)$。

下面以理想二阶环对于频率跃变信号（如 FSK）为例进行瞬态误差响应分析。

当输入参考信号的频率在 $t = 0$ 时，有一阶跃变化，即

$$\omega_1(t) = \begin{cases} 0, & t < 0 \\ \Delta\omega, & t > 0 \end{cases} \tag{8-27}$$

即在 $t = 0$ 瞬时，输入信号的角频率发生了 $\Delta\omega$ 的跳变，这时输入信号频率变为

$$\omega_{R0} + \Delta\omega = \omega_{R0} + \omega_1(t)$$

由于相位是频率的积分，所以输入频率阶跃可以变为输入相位的变化，即 $\theta_1(t) = \Delta\omega t$。其拉普拉斯变换为

$$\theta_1(s) = \frac{\Delta\omega}{s^2}$$

对于环路滤波器为理想积分滤波器时，其环路的 $\theta_e(s) = H_e(s)\theta_1(s)$，则

$$\theta_e(s) = \frac{\Delta\omega}{s^2 + 2\zeta\omega_n s + \omega_n^2} \tag{8-28}$$

求其拉普拉斯反变换得

当 $0 < \zeta < 1$ 时

$$\theta_e(t) = \frac{\Delta\omega}{\omega_n}\left[\frac{1}{\sqrt{1-\zeta^2}}\sin(\sqrt{1-\zeta^2}\,\omega_n t)\right]e^{-\zeta\omega_n t} \qquad (8-29a)$$

当 $\zeta = 1$ 时

$$\theta_e(t) = \frac{\Delta\omega}{\omega_n}(\omega_n t)e^{-\omega_n t} \qquad (8-29b)$$

当 $\zeta > 1$ 时

$$\theta_e(t) = \frac{\Delta\omega}{\omega_n}\left[\frac{1}{\sqrt{\zeta^2-1}}\sin(\sqrt{\zeta^2-1}\,\omega_n t)\right]e^{-\zeta\omega_n t} \qquad (8-29c)$$

式(8-29)的变化关系如图8-15所示，由图可知：

① 锁相环路瞬态过程的性质由 ζ 决定。当 $\zeta < 1$ 时，瞬态过程是衰减振荡，环路处于欠阻尼状态；当 $\zeta > 1$ 时，瞬态过程按指数衰减，尽管也有过冲，但不会在稳态值附近多次摆动，环路处于过阻尼状态；当 $\zeta = 1$ 时，环路处于临界阻尼状态，其瞬态过程没有振荡。

② 环路在达到稳定前，相位误差在稳定值上下摆动，在变化过程中最大的瞬态相位误差称为过冲量，过冲量不能太大，否则环路将趋于不稳定。ζ 越小，过冲量越大，环路的稳定性越差。兼顾小的稳态相位误差和小的过冲量，ζ 一般选 0.707 比较合适。

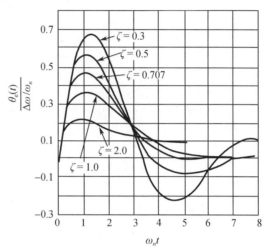

图 8-15　理想二阶环频率阶跃瞬态相位误差

3. 环路的稳态相位误差

稳态相位误差是用来描述环路最终能否跟踪输入信号的相位变化及跟踪精度与环路参数之间的关系。求解稳态相位误差 $\theta_e(\infty)$ 的方法有如下两种。

(1)从 $\theta_e(t)$ 的表达式，令 $t\to\infty$ 即可求出

$$\theta_e(\infty) = \lim_{t\to\infty}\theta_e(t) \qquad (8-30)$$

(2)利用拉普拉斯变换的终值定理，直接从 $\theta_e(s) = H_e(s)\theta_1(s)$ 求出

$$\theta_e(\infty) = \lim_{t\to\infty}\theta_e(t) = \lim_{s\to0}sH_e(s)\theta_1(s) \qquad (8-31)$$

对于不同的环路，不同的输入信号所求的稳态相位误差列于表8-2，由表可知：

① 同环路对不同输入的跟踪能力不同，输入变化越快，跟踪性能越差，$\theta_e(\infty) = \infty$ 意味着环路不能跟踪。

② 同一输入，采用不同环路滤波器的环路的跟踪性能不同。可见环路滤波器具有改善环路性能的作用。

表 8 - 2　环路的稳态相位误差

信号	一阶环 $K_F(s) = 1$	二阶 I 型环 $K_F(s) = \dfrac{1 + s\tau_2}{1 + s\tau_1}$	二阶 II 型环 $K_F(s) = \dfrac{1 + s\tau_2}{s\tau_1}$	三阶 III 型环 $K_F = \left(\dfrac{1 + s\tau_2}{s\tau_1}\right)^2$
相位阶跃 $\theta_1(t) = \Delta\theta$	0	0	0	0
频率阶跃 $\theta_1(t) = \Delta\omega t$	$\dfrac{\Delta\omega}{K_d K_V}$	$\dfrac{\Delta\omega}{K_d K_V}$	0	0
频率斜升 $\theta_1(t) = \dfrac{1}{2}Rt^2$	∞	∞	$\dfrac{\tau_1 R}{K_d K_V} = \dfrac{R}{\omega_n^2}$	0

③ 同是二阶环,对同一信号的跟踪能力与环路的"型"有关(即环路内理想积分因子$1/s$的个数)。"型"越高跟踪精度越高;增加"型"数,可以跟踪更快变化的输入信号。

④ I 型环跟踪输入相位阶跃无稳态相差,跟踪频率阶跃有固定的稳态相差,不能跟踪频率斜升。II 型环跟踪相位阶跃和频率阶跃均无稳态相差,跟踪频率斜升有固定的稳态相差。III 型环跟踪相位阶跃、频率阶跃和频率斜升均无稳态相差。

8.2.4　锁相环路的频率特性

锁相环路传输的是相位信息,其频率特性讨论的环路的闭环传递函数与输入信号相位变化的频率 Ω 的关系。也就是当输入信号的相角按正弦规律变化时(即输入正弦调频或调相信号),环路输出信号相角,即压控振荡器振荡信号的相角,也将按正弦规律变化。但相位变化的幅度和初始相位将随频率 Ω 的不同而不同,称这种性质为环路的频率特性。

例如,锁相环路的输入信号为

$$u_i(t) = U_{im}\sin[\omega_o t + \theta_1(t)] = U_{im}\sin(\omega_o t + \theta_{1m}\sin\Omega t)$$

式中,θ_{1m} 为输入信号相位变化的振幅,Ω 为相位变化的角频率,初始相角为零。

经过锁相环路的闭环传输,环路输出信号为

$$u_o(t) = U_{om}\cos[\omega_o t + \theta_V(t)] = U_{om}\cos[\omega_o t + \theta_{om}\sin(\Omega t + \varphi)]$$

其中,θ_{om} 为输出信号相位变化的振幅,Ω 为相位变化的角频率,初始相角为 φ(滞后输入信号的相角)。

由于锁相环中压控振荡器输出信号的瞬时相位 $\theta_V(s) = H(s)\theta_1(s)$,频率特性可以用 $j\Omega$ 代替闭环传递函数中的 s 求得。对于采用理想积分滤波器的二阶环路的频率特性为

$$
\begin{aligned}
H(j\Omega) &= \frac{2\zeta\omega_n(j\Omega) + \omega_n^2}{(j\Omega)^2 + 2\zeta\omega_n(j\Omega) + \omega_n^2} \\
&= \frac{j2\zeta\dfrac{\Omega}{\omega_n} + 1}{\left[1 - \left(\dfrac{\Omega}{\omega_n}\right)^2\right] + j2\zeta\left(\dfrac{\Omega}{\omega_n}\right)}
\end{aligned}
\tag{8-32}
$$

由上式可得出理想积分滤波器的二阶环路对相位信号传输的幅频特性和相频特性为

$$|H(\mathrm{j}\Omega)| = \sqrt{\frac{1 + \left(2\zeta\dfrac{\Omega}{\omega_{\mathrm{n}}}\right)^2}{\left[1 - \left(\dfrac{\Omega}{\omega_{\mathrm{n}}}\right)^2\right]^2 + \left(2\zeta\dfrac{\Omega}{\omega_{\mathrm{n}}}\right)^2}} \qquad (8-33)$$

$$\varphi(\mathrm{j}\Omega) = \arctan\left(2\zeta\dfrac{\Omega}{\omega_{\mathrm{n}}}\right) - \arctan\dfrac{2\zeta\dfrac{\Omega}{\omega_{\mathrm{n}}}}{1 - \left(\dfrac{\Omega}{\omega_{\mathrm{n}}}\right)^2} \qquad (8-34)$$

图 8 – 16 所示为在不同 ζ 值时,$20\lg|H(\mathrm{j}\Omega)|$ 与 $\dfrac{\Omega}{\omega_{\mathrm{n}}}$ 的关系曲线。可以看出,它具有低通滤波特性,ζ 越小,低通特性的峰起越严重,截止速度越快。而 ζ 越大,低通特性越平坦,但衰减变慢。

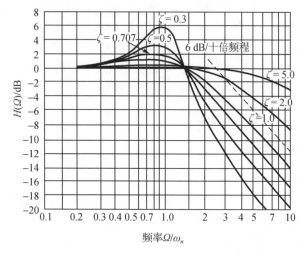

图 8 – 16 理想积分滤波器的二阶环路的幅频特性

令 $|H(\mathrm{j}\Omega)| = 1/\sqrt{2}$,即可求得此低通滤波器的 $-3\,\mathrm{dB}$ 带宽为

$$\Omega_{-3\,\mathrm{dB}} = \omega_{\mathrm{n}}\left[2\zeta^2 + 1 + \sqrt{(2\zeta^2 + 1)^2 + 1}\right]^{\frac{1}{2}} \qquad (8-35)$$

式中,$\omega_{\mathrm{n}} = \sqrt{\dfrac{K_{\mathrm{d}}K_{\mathrm{V}}}{\tau_1}}$;$2\zeta\omega_{\mathrm{n}} = K_{\mathrm{d}}K_{\mathrm{V}}\dfrac{\tau_2}{\tau_1}$,$\tau_1 = R_1 C$;$\tau_2 = R_2 C$。

环路的 3 dB 带宽由环路增益和滤波器的时间常数 τ_1 决定。改变相应的参数值,可以实现不同的环路 3 dB 带宽的要求。

表 8 – 3 所示为式(8 – 35)的典型值。当 ζ 固定,$\Omega_{-3\,\mathrm{dB}}/\omega_{\mathrm{n}}$ 为一常数,故 ω_{n} 决定低通特性的频带宽度。

表 8 – 3 不同阻尼系数 ζ 时 $\Omega_{-3\,\mathrm{dB}}/\omega_{\mathrm{n}}$ 的值

ζ	0.5	0.707	1
$\Omega_{-3\,\mathrm{dB}}/\omega_{\mathrm{n}}$	1.82	2.06	2.48

8.2.5　锁相环路的应用

1. 锁相环路的主要特点

（1）良好的跟踪特性

锁相环路锁定后，其输出信号频率可以精确地跟踪输入信号频率的变化。即当输入信号频率 ω_R 稍有变化时，通过环路控制作用，压控振荡器的振荡频率也会发生相应的变化，最后达到 $\omega_V = \omega_R$。

（2）良好的窄带滤波特性

锁相环路就频率特性而言，相当于一个低通滤波器，而且其带宽可以做得很窄，例如在几百 MHz 的中心频率上，实现几十 Hz 甚至几 Hz 的窄带滤波，能够滤除混进输入信号中的噪声和杂散干扰。这种窄带滤波特性是任何 LC、RC、石英晶体、陶瓷等滤波器难以达到的。

（3）锁定状态无剩余频差

锁相环路利用相位差来产生误差电压，因而锁定时只有剩余相位差，没有剩余频差。

（4）易于集成化

组成环路的基本部件易于集成化。环路集成化可减小体积和降低成本、提高可靠性，更可贵的是减少了调整的困难。

2. 锁相环路的应用举例

（1）锁相倍频电路

锁相倍频电路的组成方框图如图 8 – 17 所示。它是在基本锁相环路的基础上增加了一个分频器。根据锁相原理，当环路锁定后，鉴相器的输入信号角频率 ω_i 与压控振荡器输出信号角频率 ω_o 经分频器反馈到鉴相器的信号角频率 $\omega_o' = \omega_o/N$ 相等，即 $\omega_o = N\omega_i$。若采用具有高分频次数的可变数字分频器，则锁相倍频电路可做成高倍频次数的可变倍频器。

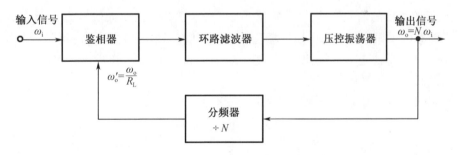

图 8 – 17　锁相倍频电路方框图

锁相倍频器与普通倍频器相比较，其优点是：

① 锁相环路具有良好的窄带滤波特性，容易得到高纯度的频率输出，而在普通倍频器的输出中，谐波干扰是经常出现的。

② 锁相环路具有良好的跟踪特性和滤波特性，锁相倍频器特别适用于输入信号频率在较大范围内漂移，并同时伴随着有噪声的情况，这样的环路兼有倍频和跟踪滤波的双重作用。

（2）锁相分频电路

锁相分频电路在原理上与锁相倍频电路相似，就是在锁相环路的反馈通道中插入倍频器，这样就可以组成基本的锁相分频电路。图 8 – 18 是一个锁相分频电路的基本组成方框图。根据锁相原理，当环路锁定时，鉴相器的输入信号角频率 ω_i 与压控振荡器经倍频后反馈到鉴相器的信号的角频率 $\omega_o' = N\omega_o$ 相等，即 $\omega_o = \omega_i/N$。

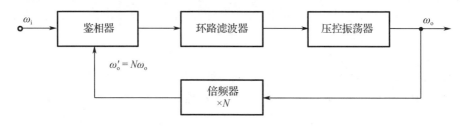

图 8 – 18　锁相分频电路方框图

（3）锁相混频电路

锁相混频电路的基本组成方框图如图 8 – 19 所示。它是在锁相环路的反馈通道中插入混频器和中频放大器组成的。

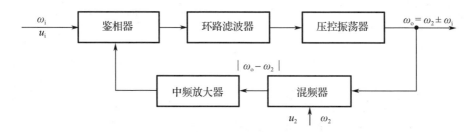

图 8 – 19　锁相混频电路方框图

设送给鉴相器的输入信号 $u_i(t)$ 频率为 ω_i，送给混频器的输入信号为 $u_2(t)$，其角频率为 ω_2，混频器的本振信号输入由压控振荡器输出提供，其角频率为 ω_o，混频器输出取差频还是取和频由滤波器决定，经低通滤波器取差频 $|\omega_o - \omega_2|$，而高通滤波器取和频 $|\omega_o + \omega_2|$，图 8 – 19 用低通滤波取差频。

根据锁相环路锁定后无剩余频差的特性，可得

$$\omega_i = |\omega_o - \omega_2|$$

当 $\omega_o > \omega_2$ 时，则 $\omega_o = \omega_2 + \omega_i$，当 $\omega_o < \omega_2$ 时，则 $\omega_o = \omega_2 - \omega_i$。也就是压控振荡器输出信号的频率是 $\omega_o = \omega_2 + \omega_i$ 或 $\omega_o = \omega_2 - \omega_i$。实际上，$\omega_o > \omega_2$ 或 $\omega_o < \omega_2$ 的条件是已知 ω_2，而 ω_o 是未加环路控制电压 $[u_c(t) = 0]$ 时，压控振荡器的振荡频率。

例 8 – 1　现有两个频率各为 10 MHz 和 1 000 Hz 的标准信号，需要得到一个频率为10.001 MHz 的信号，应如何实现？

这个问题好像采用一般的混频器就可实现。但是，混频器除了能产生和频之外，还有差频，即有 10.001 MHz 和 9.999 MHz 的两个频率。要求取出 10.001 MHz 的信号并滤去9.999 MHz 的信号，对滤波器的相对通频带和矩形系数的要求太苛刻，难以实现。

若采用锁相混频电路则可以实现。将 10 MHz 的信号送给混频器，相当于图 8 – 19 中

的 u_2，而 1 000 Hz 的信号送给鉴相器相当于 u_1。因为需要取 $f_2 + f_1$，故压控振荡器无控制电压时的固有振荡频率必须大于 f_2，即 $f_o > f_2$。

由上述例子可见，当两个频率相差很大的信号进行混频时，因为 $\omega_2 + \omega_1$ 和 $\omega_2 - \omega_1$ 相距很近，用普通混频器取出其中任何一个分量都十分困难。而用锁相混频电路却易于实现。特别是需要 ω_2 与 ω_1 在一定范围内变化时，更加显示出锁相混频电路的优点。即输出信号的角频率能跟踪输入信号的角频率的变化。锁相混频电路在频率合成和锁相接收机中得到广泛应用。

（4）锁相调频电路

采用锁相环路调频，能够得到中心频率高度稳定的调频信号。图 8 - 20 给出了锁相调频电路的方框图。

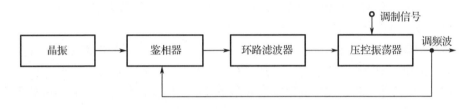

图 8 - 20　锁相调频电路的方框图

这种电路实现的条件是：

① 压控振荡器固有振荡频率的不稳定变化频率应在环路低通滤波器的带宽内，即锁相环路的作用只对载波频率的慢变化起调整作用，滤波器为窄带滤波，保证载波频率稳定度高。

② 调制信号频谱要处于环路滤波器带宽之外，即环路对调制信号引起的频率变化不灵敏，不起作用。但调制信号却使压控振荡器振荡频率受调制而输出调频波。

（5）锁相调频解调电路

图 8 - 21 给出了锁相调频解调电路的组成方框图。调频信号输入给鉴相器，而解调输出从环路滤波器取出。当锁相环路作为调频解调电路时，其实现条件是环路滤波的通带必须足够宽，使鉴相器的输出电压能顺利通过。在这样条

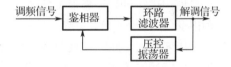

图 8 - 21　锁相调频解调电路方框图

件下，压控振荡器在环路滤波器输出电压的控制下，输出信号频率将跟踪输入信号频率的变化。而环路滤波器的输出电压则正好是调频信号解调出的调制信号。

（6）锁相调相解调电路

调相波的解调电路从电路形式上看与锁相调频解调电路相似，如图 8 - 22 所示。但是实现条件是，环路滤波器必须是窄带，能够滤掉输入调相波中的调制信号分量。压控振荡器只能跟踪调相信号的中心频率。解调电压由鉴相器输出。若鉴相器有线性的鉴相特性，则解调电压不失真。

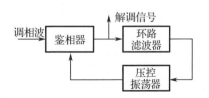

图 8 - 22　锁相调相解调电路方框图

实质上,锁相环路在作为调相波解调时,只是给鉴相器提供一个与调相波中心频率相同的参考信号。

(7)窄带跟踪接收机(锁相接收机)

在空间技术中,测速与测距是确定卫星运行的两种重要的技术手段。它们都是依靠地面接收机接收卫星发来的通信信息而实现的。因为卫星距离地面很远,而且发射功率低,所以地面能接收到的信号极其微弱。此外,卫星环绕地球飞行时,由于多普勒效应,地面收到的信号频率将偏离卫星发射信号频率,并且量值的变化范围较大。例如,一般情况下虽然接收信号本身只占几十 Hz 到几百 Hz,而它的频率偏移可以达到几 kHz 到几十 kHz,如果采用普通的外差式接收机,中频放大器带宽就要相应大于这一变化范围,大的带宽会引起大的噪声功率,导致接收机的输出信噪比严重下降,无法接收有用信号。窄带跟踪接收机由于它的带宽很窄,又能跟踪信号,因此能大大提高接收机的信噪比。一般来说,它可比普通接收机信噪比提高 30 ~ 40 dB。这是一个很重要的优点。

图 8 - 23 是窄带跟踪接收机的简化方框图。实际上它是一个窄带跟踪锁相环路。锁相环路中的环路滤波器的带宽很窄,只允许调频波的中心频率通过实现频率跟踪,而不允许调频波的调制信号通过。调频波中的调制信号是中频放大器输出信号经鉴频器解调得到的。

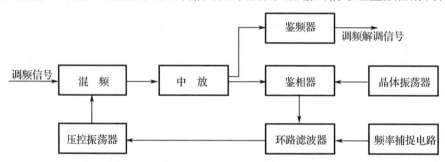

图 8 - 23　窄带跟踪接收机的简化方框图

一般锁相接收机的环路带宽都做得很窄,因而环路的捕捉带也很小。对于中心频率在大范围内变化的输入信号,单靠环路自身进行捕捉往往是困难的。因此,锁相接收机都附有捕捉装置用来扩大环路的捕捉范围。例如,环路失锁时,频率捕捉装置送出一个锯齿波扫描电压加到环路滤波器产生控制电压,控制压控振荡器的频率在大范围内变化,一旦压控振荡器的振荡频率靠近输入信号频率,坏路将扫描电压自动切断,环路进入正常工作。

8.3　频率合成器

8.3.1　频率合成器的分类及主要技术指标

随着电子与通信技术的发展,对振荡信号源的要求也越来越高。不仅要求其频率稳定度和准确度高,而且要求它能方便地快速改换频率。晶体振荡器的频率稳定度和准确度很高,但频率变化范围小,宜用于固定频率振荡器;*LC* 振荡器改变频率较方便,但频率稳定度和准确度不高,很难满足通信、雷达、测控、电子对抗、仪器仪表等电子系统的需要。频率合成技术就能解决对振荡信号源要求高的需求。

频率合成是利用一个(或几个)高准确度和高稳定度的基准频率,通过一定的变换与处理后,形成一系列等间隔的离散频率。这些离散频率的频率准确度和稳定度都与基准频率相同,而且能在很短的时间内,由某一频率切换到另一频率。

频率合成器可分为直接式频率合成器、锁相频率合成器和直接式数字频率合成器。

由于频率合成器应用广泛,在不同的应用领域,其技术指标也不完全相同,其主要技术指标如下。

1. 工作频率范围

频率合成器的最高与最低输出频率所确定的频率范围,称为工作频率范围。

2. 频率间隔

每个离散频率之间的最小间隔称为频率间隔,又称为分辨力。不同用途的合成器,对频率间隔的要求也不同。短波单边带通信的频率间隔一般为 100 Hz,有时也取 10 Hz、1 Hz、0.1 Hz。超短波通信则多取 50 kHz,有时也取 25 kHz。

3. 频率转换时间

合成器从某一频率转换到另一频率并达到稳定所需的时间。它与采用的频率合成方法有密切关系。

4. 频率稳定度与准确度

频率稳定度是指在规定时间内,合成器输出频率偏离标称值相对变化的大小。准确度表示实际工作频率与标称值的差。二者有密切的关系。

5. 频谱纯度

频谱纯度是指输出信号接近正弦波的程度,可以用输出端的有用信号电平与各寄生频率总电平之比的分贝数表示。影响频率合成器频谱纯度的主要因素是相位噪声和寄生干扰。相位噪声主要来源于参考振荡器和压控振荡器,在频谱上呈现为主谱两边的连续噪声。寄生干扰是非线性部件产生的,其中最严重是混频器。寄生干扰表现为一些离散的频谱。

8.3.2　直接频率合成器

直接频率合成技术是相对出现较早的一种频率合成技术,其理论相对比较成熟,原理也比较简单。它采用单个或多个不同频率的晶体振荡器作为基准源,经过具有加减乘除运算功能的混频器、倍频器、分频器产生所需的新频率,由具有选频功能的滤波器和电子开关阵进行频率选择,可产生大量的频率间隔较小的离散频率系列。

图 8 - 24 所示是直接式频率合成器的基本单元,图中仅用了一个石英晶体振荡器作为基准频率 f_R, M 表示倍频器的倍频次数,N 表示分频器的分频次数。频率相加是由混频器和带通滤波器构成的,输出为和频分量。当输入基准频率为 f_R 时,合成器的输出频率 f_o 为

$$f_o = \frac{M_3}{N_3}\left(\frac{M_1}{N_1} + \frac{M_2}{N_2}\right)f_R$$

式中,M_2/N_2 称为分频比的余数,代表该频率最低位,其值应为一简单的整数比。只需要改变各倍频次数和分频器的分频数,即可获得一系列的离散频率。

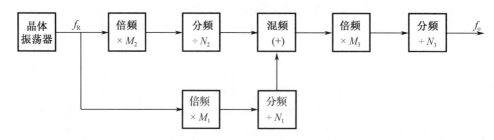

图 8 – 24 直接式频率合成器的基本单元

图 8 – 25 是另一种常见的直接式频率合成器的原理图,图中基准频率是由谐波发生器提供,发生器引出了 10 条谐波输出线,其频率分别为 0 ~ 9 MHz。三个单刀 10 掷开关阵 S_1、S_2 和 S_3 各有 10 个结点,分别接到谐波发生器的 10 个输出端上,只要改变 S_1、S_2 和 S_3 的连接位置,即可得到频率间隔为 100 kHz,频率范围为 10.0 MHz ~ 99.9 MHz 的离散频率。

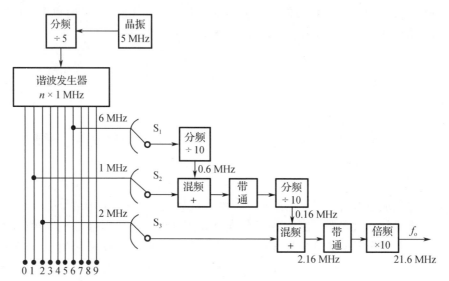

图 8 – 25 直接式频率合成器

直接式频率合成器的频率跳变一般是通过控制滤波器电子开关阵实现的,频率切换时间主要受限于选频电路电子开关阵的响应速度。其优点是频率转换时间比较短,能产生任意小的频率间隔;其缺点是频率范围有限,离散频率点不能太多。此外由于采用了大量的倍频器、分频器,特别是混频器,使输出信号中的寄生频率成分和相位噪声显著加大。而过多的滤波器又使设备庞大,成本较高,使其发展受到了限制。

8.3.3 锁相频率合成器

锁相频率合成器由基准频率产生器和锁相环路两部分组成。由于锁相环路具有良好的窄带跟踪特性,使频率准确地锁定在参考频率或其某次谐波上,并使被锁定的频率具有与参考频率一致的频率稳定度和较高的频谱纯度。由于系统结构简单,输出频率频谱纯度高,能得到大量的离散频率,且有多种大规模集成锁相频率合成器的成品供选用,它已成为目前频率合成技术中的主要制式。

1. 典型的锁相频率合成器

图 8-26 所示是典型的锁相频率合成器原理框图。压控振荡器的输出信号先通过程序分频器进行 N 次分频后再送给鉴相器与参考输入信号进行比较,当环路锁定后,输出频率 $f_o = Nf_R$。而程序分频器的分频比 N 由输入的数字信号控制。通常采用并行输入、串行输入和四位数据总线输入的数字信号控制方式。参考基准频率 f_R 可以由晶体振荡器直接产生,也可以在晶体振荡器后面加入一个参考分频器($\div R$)来产生。后者可用数字信号控制分频比,使用较为方便,集成锁相频率合成器中已广泛使用。目前已有系列产品与它们相对应,使用时可查阅相关资料。

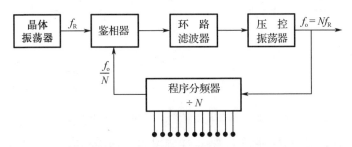

图 8-26　典型的锁相频率合成器原理框图

参考基准频率 f_R 可以由晶体振荡器直接产生,也可以在晶体振荡器后面加一个参考分频器($\div R$)来产生。后者可用数字信号控制分频比,使用较为方便,集成锁相频率合成器中已广泛使用。

图 8-27 所示是利用中规模锁相环频率合成器 MC145106 与低通滤波器、压控振荡器组成的频率合成器。MC145106 内部集成有鉴相器、参考分频器($\div R$)、程序分频器($\div N$)和构成晶体振荡器的放大器。外接晶体(10.24 MHz)与放大器组成振荡频率为 10.24 MHz 的晶体振荡器。参考分频器是由一个 $\div 2$ 电路和 $\div 2^9/2^{10}$ 电路组成的,由 $FS(6)$ 端控制。若 $FS = $ “1”,参考分频比为 2^{10},则 $f_R = 10$ kHz。若 $FS = $ “0”,参考分频比为 2^{11},则 $f_R = 5$ kHz。由于 FS 端内接上拉电阻,本电路 6 端接地 $FS = $ “0”,故 $f_R = 5$ kHz。程序分频器($\div N$ 计数器)输入端 2 连接到 VCO 的输出端,其分频比 N 为 3 ~ 511,由并行 9 位二进制输入来控制。N 计数器各输入端

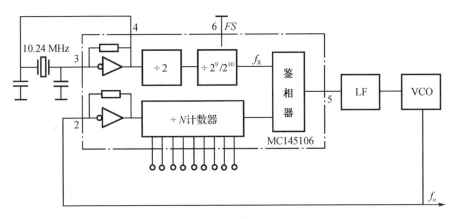

图 8-27　MC145106 与低通滤波器、压控振荡器组成的频率合成器

都接有下拉电阻,输入悬空时,相当于逻辑"0",接高电平(V_{DD})时,相当于逻辑"1"。本电路的输出频率为 15 ~ 2 555 kHz,频率间隔为 5 kHz。

2. 带高速前置分频器的锁相频率合成器

由于锁相频率合成器的程序分频器允许工作的上限频率有限。例如,MC145106 的程序分频器上限频率为 4 MHz。若要求合成器的最高输出频率大于程序分频器的允许上限工作频率时,通常可采用在程序分频器前增加高速前置分频器 M,如图 8 - 28 所示。其输出频率为 $f_o = MNf_R$,最高输出频率增大 M 倍。

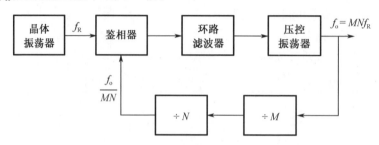

图 8 - 28　具有高速前置分频器的频率合成器

其缺点是因前置程序分频器的引入,也使输出频率间隔增大了 M 倍,这样对要求频率间隔较小的合成器不太适用。当然从表面上看可以用降低 f_R 来解决。但是过低的 f_R 将会要求锁相环路的带宽很小,使环路建立时间变长,抑制压控振荡器的噪声能力变差。这种合成器常用于频率分辨力要求不高、输出频率很高的场合。

3. 双模前置分频锁相频率合成器(吞脉冲锁相频率合成器)

为了解决高的 VCO 输出频率和低速程序分频器的矛盾,并保证合适的频率间隔,可采用双模前置分频的锁相频率合成器,又称为吞脉冲锁相频率合成器。

双模前置分频锁相频率合成器中的分频器是由高速的双模前置分频器($\div P/P+1$)、吞脉冲计数器 A、程序计数器 N 和模式控制逻辑电路组成的,如图 8 - 29 所示。

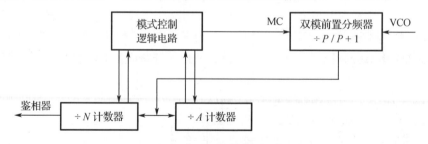

图 8 - 29　吞脉冲可变分频器原理

图 8 - 29 中 $\div A$ 计数器和 $\div N$ 计数器均为减法计数器。开始工作时,要先进行预置。双模前置分频器的分频比受控制逻辑电路的换模信号 MC 控制。MC 为低电平"0"时,分频比为 $P+1$;MC 为高电平"1"时,分频比为 P。其工作原理是:先预置 A 计数器为 A,N 计数器为 N,控制逻辑 MC 为"0",双模分频器分频比为 $P+1$。此时每输入($P+1$)个压控振荡 VCO 脉冲,双模分频器输出一个脉冲,该脉冲同时送到 A 计数器和 N 计数器进行减法计数。当双模分频器输出 A 个脉冲,也就是 VCO 输入($P+1$)A 个脉冲时,A 计数器减为 0,由控制

逻辑产生换模信号 MC 为"1"，使双模分频器分频比为 P。VCO 输入脉冲继续输入时，A 计数器停止计数，N 计数器继续从 $(N-A)$ 进行减法计数。当 VCO 再送入 $(N-A)P$ 个脉冲后，N 计数器也减到 0。这时，N 计数器产生一个输出脉冲给鉴相器进行鉴相。与此同时控制逻辑换模信号 MC 变为"0"，又开始新的工作周期。因此，由双模前置分频器和 A 计数器、N 计数器组成的分频器的总分频比 $N_T = A(P+1) + (N-A)P = NP + A$。这样的等效分频器用于锁相频率合成器中，其 VCO 输出频率 $f_o = (PN+A)f_R$。A 计数器是个位，决定了频率间隔，f_R 不用取得非常小。双模前置分频器解决了 N 计数器上限频率不够高的问题。必须注意的是，N 计数器的预置 N 必须大于 A 计数器的预置 A。

图 8-30 所示是用双模前置分频器组成的锁相频率合成原理图。锁相环路是由鉴相器、环路滤波器、压控振荡器和可控程序分频器组成。可控程序分频器是由双模前置分频器、÷A 计数器、÷N 计数器和控制逻辑电路组成，其总分频比为 $N_T = PN + A$。对于频率合成器来说，要求有一个频率稳定度很高的基准频率，通常是由晶体振荡器经参考分频器分频后得到基准频率 f_R。由双模前置分频器组成的锁相频率合成器的输出频率为

$$f_o = N_T f_R = (PN + A)f_R$$

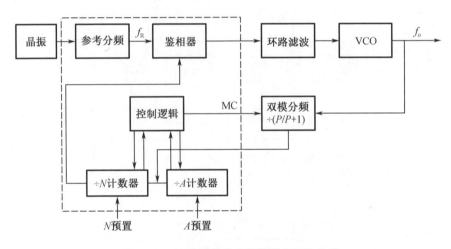

图 8-30　双模前置分频器的锁相频率合成

图中虚线框内的各组成部分，通常是根据不同需要制成了许多不同型号的集成锁相频率合成器，而虚线框外的电路也是由功能集成电路来完成，可根据不同要求选取。

适用于双模前置分频器应用的集成锁相频率合成器的类型较多，MC145152 就是其中的并行输入方式之一。由于双模前置分频锁相频率合成器具有输出频率高，频道间隔小，并且可通过单片机或数控系统进行预置设定等优点，是频率合成设计者的首选方案。

4. 采用混频器的锁相频率合成器

当混频器工作于下变频状态时，采用前置混频的方法可以降低锁相频率合成器中程序分频器的输入工作频率。图 8-31 所示是采用前置混频的锁相频率合成器的组成框图。从图中可知工作于下变频状态的混频器有两个输入信号，一个是压控振荡器输出信号（频率为 f_o），另一个是外加的本振信号（频率为 f_L）。混频器输出的差频频率为 $f_I = f_o - f_L$ 的信号经带通滤波器送给 ÷N 分频器，经分频后送给鉴相器。在锁相环路锁定时，满足 $f_R = (f_o - f_L)/N$，则压控振荡器输出频率为 $f_o = f_L + Nf_R$，其频率间隔为 f_R。该方法的优点

是,输出频率和频率间隔可以通过 f_L, f_R 和 ÷N 分别给予调整,可以在较高输出频率情况下,满足频率间隔小,多信道的应用。其缺点是需要增加一个本振源,而且混频使寄生分量增多,会使输出信号的频谱纯度下降。

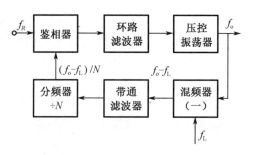

图 8-31　含前置混频器的频率合成器

5. 多环锁相频率合成器

单环锁相频率合成器要减小频率间隔,就需要降低参考频率。在要求输出频率较高时,可变分频器就需要有较高的可变分频比,高的分频比,输出噪声大,也使频率间隔的减小受到限制。如果需要进一步减小频率间隔而不降低参考频率,可以采用多环锁相频率合成器。图 8-32 所示是三环锁相频率合成器的组成框图。

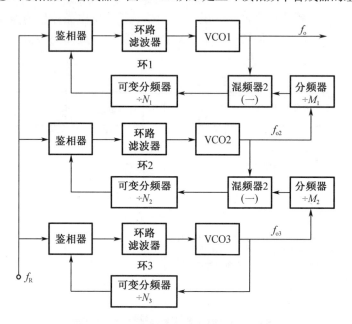

图 8-32　三环锁相频率合成器的组成框图

图中环路 1、环路 2 和环路 3 的参考频率都为 f_R,环路 3 的输出频率 f_{o3} 为

$$f_{o3} = N_3 f_R$$

环路 2 的输出频率 f_{o2} 为

$$f_{o2} = N_2 f_R + \frac{f_{o3}}{M_2} = N_2 f_R + \frac{N_3 f_R}{M_2}$$

环路 1 的输出频率 f_o 为

$$f_o = N_1 f_R + \frac{f_{o2}}{M_1} = N_1 f_R + \frac{N_2 f_R}{M_1} + \frac{N_3 f_R}{M_1 M_2}$$

$$= (M_1 M_2 N_1 + M_2 N_2 + N_3) \frac{f_R}{M_1 M_2}$$

从输出频率的表示式可以看出,参考频率 f_R 确定后,频率间隔因引入了分频器 ÷M_1 和 ÷M_2,而减小了 $M_1 \times M_2$ 倍。然后输出频率由分频比 N_1、N_2 和 N_3 决定。

8.3.4 集成锁相环频率合成器

1. MC145106 集成锁相环频率合成器

MC145106 是单片中规模集成的 CMOS 锁相环频率合成器,在民用波段和 FM 收发信机等领域得到广泛应用。MC145106 的组成方框图如图 8−33 所示。它由三部分组成,一是由放大器与外接晶体组成的参考振荡器,其振荡信号经除 2^{10} 或 2^{11}(包括 $\div 2$)的参考分频器得到参考频率 f_R 送给鉴相器;二是对输入信号进行放大和 $\div N$ 的程序分频器;三是鉴相器。MC145106 通常采用一个 10.24 MHz 的晶体与放大器组成振荡电路,但也可以采用外部输入振荡信号作为参考信号。程序分频器有 9 个控制端口,采用标准的二进制信号进行控制分频比。因为这些端口对地都有下拉电阻,所以可以用机械开关或电子开关来控制编程分频比,端口悬空相当于逻辑"0"。程序分频器的分频比 N 为 2 ~ 511。鉴相器有两个输出端:ϕDet_{out} 是三态输出端,给压控振荡器提供控制信号,当输入信号经 $\div N$ 分频后得到的 f_V 小于参考频率 f_R 时,产生高电平信号,当 f_V 大于参考频率 f_R 时,产生低电平信号;LD 是环路锁定指示端,"0"表示失锁,"1"表示锁定。参考分频器的分频比由 FS 端控制,"1"表示分频 2^{10},"0"表示分频 2^{11}。图 8−34 所示是 MC145106 的引出端排列图。其中 $P0 \sim P8$ 是程序分频器分频比输入端;f_{in} 是程序分频器的频率输入端;OSC_{in} 和 OSC_{out} 是振荡器输入端和振荡器输出端;LD 是锁定指标端;ϕDet_{out} 是鉴相器输出端;FS 是参考振荡器分频比选择端;$\div 2$ 是参考振荡器的 2 分频输出端;V_{DD} 是正电源端;V_{SS} 是接地端。

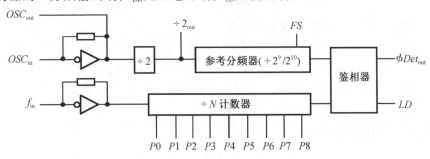

图 8−33 MC145106 的组成方框图

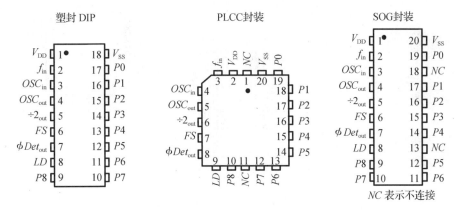

图 8−34 MC145106 的引出端排列图

图 8 - 35 是用 MC145106 构成的一个单晶体民用波段收发信机频率合成器的典型框图,共包括 40 个信道。R/T 是收发控制端,通过开关板使用同一信道的收发频率相差为455 kHz。

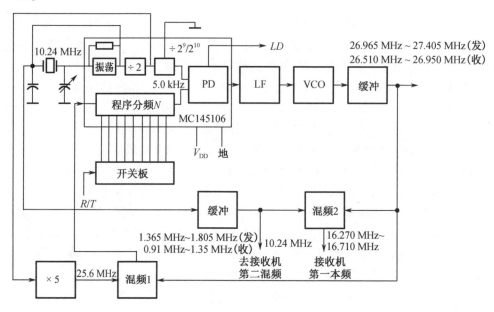

图 8 - 35　民用波段收发信机频率合成器

2. MC145151 - 2 集成锁相环频率合成器

MC145151 - 2 是一种并行码输入编程的大规模集成锁相环频率合成器。在外电路若要增加前置分频器时,只能用单模前置分频器。图 8 - 36 给出了 MC145151 - 2 的外形图和引出端排列图。图 8 - 37 给出了 MC145151 - 2 的原理方框图。该器件可以认为由三部分组成:一是包括参考振荡器和有八种分频比选择的参考分频器给鉴相器提供参考频率 f_R,二是由 14 位 $\div N$ 计数器组成的可编程 $\div N$ 分频器,三是数字鉴相器。

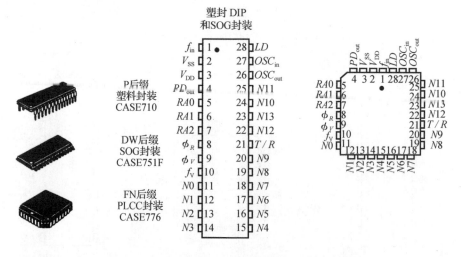

图 8 - 36　MC145151 - 2 的外形图和引出端排列图

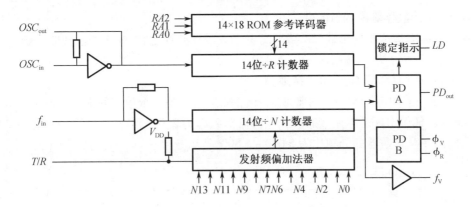

图 8 - 37 MC145151 - 2 的原理方框图

MC145151 - 2 引出端说明如下。

① f_{in}：频率合成器 $\div N$ 计数器的输入端（1 端），采用交流耦合输入。

② $RA0 \sim RA2$：参考地址码输入端（5,6,7 端）。这三个输入端输入控制参考分频器，共有八种分频比选择。地址码与所有分频比的关系如表 8 - 4 所示。

表 8 - 4 真值表

参考地址码			总参考分频比
$RA2$	$RA1$	$RA0$	
0	0	0	8
0	0	1	128
0	1	0	256
0	1	1	512
1	0	0	1 024
1	0	1	2 048
1	1	0	2 410
1	1	1	8 192

片内接有上拉电阻确保输入端开路时处于逻辑"1"状态，只需要一个单刀单掷开关就可将输入数据改变到"0"状态。

③ $N0 \sim N13$：$\div N$ 计数器编程输入端（11 ~ 20,22 ~ 25 端）。$N0$ 为最低位，$N13$ 为最高位。上拉电阻确保输入端开路时处于逻辑"1"状态。

④ T/R：收/发附加偏移输入端（21 端）。这个输入端可控制向 $\div N$ 计数器输入端提供附加的数据，以产生收发频差。当 T/R 为低电平时，偏移值固定为 856；当 T/R 为高电平时，无偏移。上拉电阻使该输入端悬空时为逻辑"1"。

⑤ OSC_{in}、OSC_{out}：参考振荡器输入、输出端（27,26 端）。外接并联谐振晶体可构成参考振荡器。两端需各接一个合适电容到地，用作频率微调。

⑥ PD_{out}：鉴相器 A 输出端（4 端）。鉴相器的三态单端输出，可作为环路误差信号。当 $f_V > f_R$ 时，输出负脉冲；当 $f_V < f_R$ 时，输出正脉冲；当 $f_V = f_R$ 时，输出保持高阻状态。

⑦ ϕ_R、ϕ_V：鉴相器 B 输出端（8,9 端）。同样 ϕ_R、ϕ_V 也能作为环路误差信号。当 $f_V > f_R$ 时，ϕ_V 产生低电平脉冲提供误差信号，ϕ_R 基本保持高电平；当 $f_V < f_R$ 时，ϕ_R 产生低电平脉冲提供误差信号，ϕ_V 基本保持高电平；当 $f_V = f_R$ 时，ϕ_V 和 ϕ_R 都保持高电平。

⑧ $f_V:N$ 计数器输出端(10端)。

⑨ LD:锁定指示器输出端(28端),高电平表示环路锁定,低电平表示环路失锁。

⑩ V_{DD}:正电源端(3端),可工作于 3.0~9.0 V。

⑪ V_{SS}:负电源端(2端),通常接地。

图 8-38 是 MC145151-2 的典型应用电路之一,它是一个信道间隔为 1 kHz,输出频率为 5.000~5.500 MHz 的本振电路。其晶体振荡频率为 2.048 MHz,经参考分频器 ÷2 048,$f_R = 1$ kHz。 ÷N 计数器的分频比为 5 000~5 500。

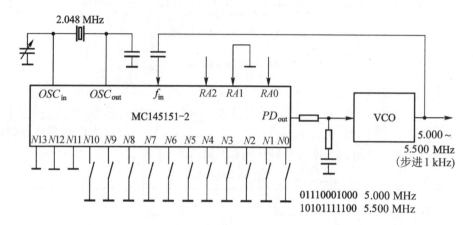

图 8-38　5.000~5.500 MHz 本振电路

图 8-39 所示是 UHF 陆地移动电台频率合成器。本频率合成器的技术指标要求发射状态提供发射机的频率为 440.000~470.000 MHz,步进 25 kHz 的载波信号电压;接收状态提供接收机的频率为 418.600~448.600 MHz,步进 25 kHz 的本振信号电压。同一信道发射与接收频差为 21.400 MHz。从电路系统可分析各模块频率变换的关系,压控振荡器输出频率经 6 倍频得到要求的输出频率,则压控振荡器要求输出频率在发射状态为 73.333 3 ~78.333 3 MHz,频率步进 4.166 7 kHz;而压控振荡器要求输出频率在接收状态为 69.766 7 ~74.766 7 MHz,频率步进 4.166 7 kHz。由于本频率合成器是有下变频的前置混频器的单环

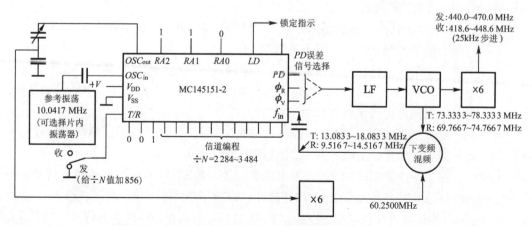

图 8-39　UHF 陆地移动电台频率合成器

锁相环,压控振荡器输出的频率步进就是参考频率f_R,即$f_R = 4.166\ 7$ kHz。参考频率的产生可以有多种方式,本电路的参考振荡器的频率为 10.041 7 MHz,经 $\div 2\ 410$ 分频得到$f_R = 4.166\ 7$ kHz。采用混频器的目的是降低输入给 $\div N$ 程序分频器的频率,保持频率间隔不变。通过参考振荡器的频率为 10.041 7 MHz 经 6 倍频得$f_L = 60.250\ 0$ MHz,送给混频器与压控振荡器输出频率相减得发射状态为 13.083 3 ~ 18.083 3 MHz,接收状态 9.516 7 ~ 14.516 7 MHz。接收状态的分频比为 $N = (9.516\ 7 \sim 14.516\ 7\ \text{MHz}) \div 4.166\ 7$ kHz,即 $N = 2\ 284 \sim 3\ 484$。发射状态分频比为 $N + 856$。

3. MC145152 - 2 集成锁相环频率合成器

MC145152 - 2 是一种并行码输入编程的大规模锁相环频率合成器。它与 MC145151 - 2 不同的是只适用于采用双模前置分频器。图 8 - 40 给出了该器件的外形图和引出端排列图。图 8 - 41 给出了该器件的原理方框图。

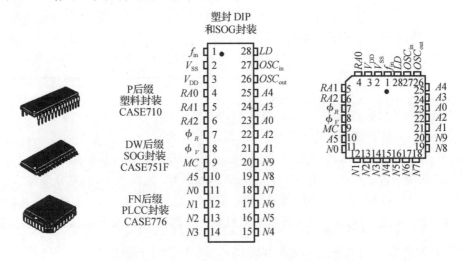

图 8 - 40　MC145152 - 2 外形图与引出端排列图

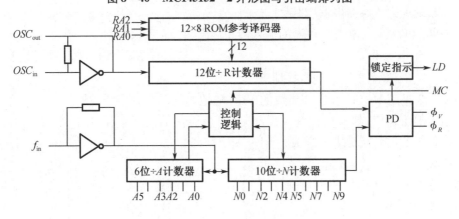

图 8 - 41　MC145152 - 2 原理方框图

MC145152 - 2 引出端说明如下。

① f_{in}：$\div N$ 和 $\div A$ 计数器的输入端(1 端)。它用双模前置分频器输出脉冲的正沿触发,通常采用交流耦合方式输入。

② $RA0$、$RA1$、$RA2$：参考地址码输入端(4,5,6端)。根据三个输入端的码字可控制参考分频比。地址码与分频比的关系如表 8 – 5 所示。

表 8 – 5

参考地址码			总参考分频比
$RA2$	$RA1$	$RA0$	
0	0	0	8
0	0	1	64
0	1	0	128
0	1	1	256
1	0	0	512
1	0	1	1 024
1	1	0	1 160
1	1	1	2 048

③ $N0 \sim N9$：N 计数器编程输入端(11 ~ 20 端)。

④ $A0 \sim A5$：A 计数器编程输入端(23,21,22,24,25 端)。

⑤ MC：双模前置分频器控制输出端(9 端)。由片内的控制逻辑电路产生一个信号去控制外接的双模前置分频器。在一个计数周期开始时，MC 为低电平，前置分频器的分频比为 $P+1$，并一直保持到 $\div A$ 计数器从编程值递减到 0 为止。此时 MC 变为高电平，前置分频器的分频比变为 P，并一直保持到 $\div N$ 计数器将剩下的数减为 0，又开始新一周计数，MC 变为低电平。

⑥ ϕ_V、ϕ_R：鉴相器的输出端(8,7 端)。

⑦ LD：锁定指示器输出端(28 端)。

⑧ OSC_{in} 和 OSC_{out}：参考振荡器的输入端和输出端(27,26 端)。

⑨ V_{DD}：正电源端(3 端)。

⑩ V_{SS}：负电源端(2 端)，通常接地。

图 8 – 42 是用 MC145152 – 2 组成的 VHF 陆地移动电台频率合成器。电路中的前置分频器采用了 MC12017，其分频比为 $\div 64/65$。因为振荡器的晶体采用了 10. 24 MIlz，$RA0$、$RA1$、$RA2$ 均为"1"状态，则 $f_R = 5$ kHz。对于 MC145152 – 2 来说，$\div A$ 计数器和 $\div N$ 计数器均为减法计数器。当预置 $\div A$ 和 $\div N$ 的数值后，开始计数时控制逻辑输出端 MC 为低电平，前置分频器分频比为 $P+1$。当计数到 $(P+1)A$ 后，A 计数器为 0，MC 变为高电平，前置分频器分频比为 P，则 N 计数器将按 P 分频继续计数直到 0，这样完成一周计数，MC 又回到低电平开始新一周的计数。$\div A$ 和 $\div N$ 计数器加上前置分频器的总分频比 N_T 为

$$N_T = (P+1)A + P(N-A) = PN + A$$

则 VCO 输出频率 $f_o = (PN+A)f_R$。对于图 8 – 42 来说，$P = 64$，$f_R = 5$ kHz，即 $f_o = (64N+A) \times 5$ kHz。若要满足 $f_o = 150 \sim 175$ MHz，步进为 5 kHz，则 $N = 468 \sim 546$，$A = 0 \sim 56$。

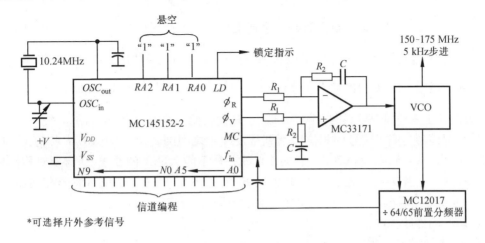

图 8－42　VHF 陆地移动电台频率合成器

8.3.5　直接数字频率合成器（DDS）

直接数字频率合成器是采用全数字技术产生正弦波，基本思路是按一定的时钟节拍从存放有正弦函数表的 ROM 中读出这些离散的代表正弦幅值的二进制数，然后经过 D/A 变换并滤波，得到一个模拟正弦波。

1. 组成与基本原理

图 8－43 所示是 DDS 的组成框图，它是由相位累加器（N 位全加器和 N 位寄存器组成）、波形存储器（ROM）、数模转换器（D/A）、低通滤波器和参考时钟等组成的。每当一个时钟脉冲到来时，数字全加器将上一个时钟周期内寄存器所寄存的值与输入频率字 K 相加，其和存入寄存器作为相位累加器的当前相位值输出。显然，K 就是一个时钟周期内相位增量。相位累加器的当前相位值作为 ROM 的地址，通过查 ROM 表可以得出对应相位值的正弦波幅值。随着时钟脉冲的不断到来，相位累加器的相位值不断增加，相位值达 2π 时，寄存器存满产生一次溢出，将整个相位累加器置零，从而完成一个周期的动作。

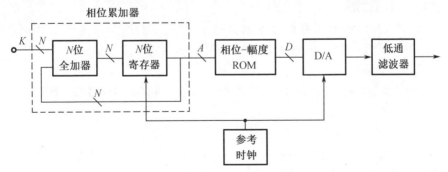

图 8－43　DDS 的组成框图

由于相位累加器采用 N 位字长的数字寄存器来存储正弦波一个周期内取样后的离散相位，实际上是对 $0\sim 2\pi$ 的相位区间进行间隔为 $1/2^N$ 的线性量化，即 $\Delta\varphi=\dfrac{2\pi}{2^N}$。当对应输

入 N 位频率字 $K = 1$ 时,表示每个时钟脉冲到来会产生相位增量为 $\dfrac{2\pi}{2^N}$。若参考时钟脉冲频率为 f_c,则 DDS 输出频率 $f_o = f_{\min} = f_c / 2^N$。而对应于 K 不为零的情况,每个时钟脉冲到来都会产生相位增量 $\dfrac{2\pi K}{2^N}$,对应的输出频率 $f_o = K f_c / 2^N$。表明在时钟频率不变时,改变输入频率字 K,就使在正弦一周内取点的间隔 $\Delta \varphi$ 改变,从而改变了 DDS 输出信号的频率。

波形存储器是完成信号的相位序列到幅度序列之间的转换,它由 ROM 来完成。在实际应用时,由于存储器的容量有限,它的地址线往往不能满足 N 的要求,通常要对相位累加器所生成的 N 位序列值做截断处理,截去低 B 位,留下高 $A = N - B$ 位对波形存储器寻址。输出经 D/A 变换后得阶梯正弦波,又经低通滤波器得到正弦波输出。

2. DDS 的性能特点

(1)工作频率范围很宽

DDS 的输出频率下限对应于频率控制字 $K = 1$,即 $f_{o\min} = f_c / 2^N$。当 N 很大时,$f_{\min}$ 很小可达 Hz、mHz。例如,当 $N = 32$,$f_c = 50$ MHz 时,$f_{o\min} = 0.011\ 6$ Hz。

DDS 的最高输出频率受限于时钟频率 f_c 和取样定理,即 $f_{o\max} < \dfrac{1}{2} f_c$。在实际应用中,由于输出滤波器的非理想特性,一般采用 $f_{o\max} = f_c \times 40\%$。

(2)频率分辨力极高

DDS 的最小频率步进量就是它的最低输出频率 $\Delta f = f_{o\min} = f_c / 2^N$。例如,$N = 32$,$f_c = 50$ MHz 时,$\Delta f = 0.011\ 6$ Hz,这是传统频率合成技术很难做到的。

(3)频率转换时间极短

由于 DDS 是一个开环系统,无反馈环节,理论上与频率的步进大小无关,只取决于器件的工作速度。高速 DDS 系统的频率转换时间一般可达纳秒级。

(4)频率变换时相位连续

DDS 改变输出频率是通过改变频率控制字 K 来实现的,实际上是改变相位增长速率,而输出信号的相位本身是连续的,这就使 DDS 频率变换时具有相位连续性。

(5)能输出任意波形

DDS 的输出波形仅由波形存储器中的数据来决定。因此,只需要改变存储器中的数据,就可以用 DDS 产生相应的正弦波、方波、三角波、锯齿波等任意波形。

(6)能实现止交输出

在 DDS 中如果分别在两个 ROM 中存储 $\sin \theta$ 和 $\cos \theta$ 的两个函数表,则可以同时输出 $\sin 2\pi f_o t$ 和 $\cos 2\pi f_o t$。

(7)数字调制性能

由于 DDS 采用全数字结构,本身又是个相位控制系统,用频率控制字 K 可直接调整输出信号的频率和相位,只需把相关数据写在 ROM 中即可实现调频、调相。

(8)工作频带的限制

由于 DDS 的最高频率受参考时钟频率的限制,高的时钟频率是不易实现的,另外 D/A 变换器的速度也限制了 DDS 的工作频率。

（9）相位噪声较低

DDS 系统没有 VCO,因此 DDS 频率合成器的相位噪声主要决定于时钟信号的相位噪声,而时钟信号是一个频率稳定度很高的晶体振荡器,其振荡频率是一个很高的固定值f_c,它比合成器输出频率f_o要大得多,理论上输出信号比时钟信号的相位噪声改善了$20\log\dfrac{f_c}{f_o}$ dB。所以 DDS 的相位噪声较低。

（10）杂散信号较多

DDS 是利用 ROM 中存储的正弦波抽样、D/A 变换的方式产生正弦波,这样会产生很多离散的杂散信号。另外受 ROM 的容量限制,ROM 的地址线位数比相位累加器的位数少很多,也会引入杂散频率分量。因此尽可能抑制杂散信号是很必要的。

8.4　自动频率控制电路

自动频率控制电路也可称自动频率微调电路,简称 AFC。AFC 的主要作用是自动调整振荡器的振荡频率,在通信系统中得到了广泛应用。

8.4.1　自动频率控制电路的工作原理

图 8－44 是一个通信系统的自动频率控制电路的基本组成方框图,其中被控对象是压控振荡器（VCO）。反馈控制器是由混频器、差频放大器、限幅鉴频器和放大器等组成。频率误差经混频器检测出,并经差频放大器、限幅鉴频器和放大器转换成为电压误差信号去控制压控振荡器。

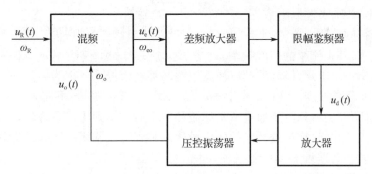

图 8－44　自动频率控制电路的基本组成方框图

环路的输入量为输入信号$u_R(t)$的角频率ω_R,输出量是 VCO 的振荡角频率ω_o,它们之间的关系可根据要求而定。根据通信系统的要求,它们之间的关系应满足

$$\omega_o - \omega_R = \omega_{eo} \tag{8-36}$$

或

$$\omega_R - \omega_o = \omega_{eo} \tag{8-37}$$

式中,ω_{eo}为固定的角频率。差频放大器的中心频率$\omega_I = \omega_{eo}$。

当ω_o与ω_R的关系满足式（8－36）或式（8－37）时,因鉴频器的中心频率选在ω_{eo},则其输出误差电压为零,VCO 不受控制,环路没有控制作用。当 ω_R 一定,ω_o 因某种不稳定因素发生变化,其变化值比未加控制电压时的振荡角频率 ω_o 大 $\Delta\omega_o$。由式(8-36)可知,混频器输出电压 $u_e(t)$ 中角频率比 ω_{eo} 增加 $\Delta\omega_{eo} = \Delta\omega_o$,经限幅鉴频后输出误差电压 $u_d(t)$,再经放大器放大并加到 VCO 上,使 VCO 的振荡频率减小。这个减小量使得角频率由 $\Delta\omega_{eo}$ 减小到 $\Delta\omega'_{eo}$,在新的误差角频率作用下,再经过限幅鉴频放大,使得 VCO 的振荡频率继续减小,如此多次循环,与锁相环路相似,最后环路达到锁定状态。因为环路传输的是频率,故锁定后环路存在误差角频率,称为剩余角频率误差,用 $\Delta\omega_{e\infty}$ 表示。实际上,自动频率控制电路是将大的起始角频率误差 $\Delta\omega_{eo}$ 通过环路的调节作用减小到较小的剩余角频率误差 $\Delta\omega_{e\infty}$。

同理,当 ω_o 一定,ω_R 变化 $\Delta\omega_R$ 时,通过环路的自动调节,也能使 VCO 的振荡角频率跟随 ω_R 变化,使误差角频率 ω_{eo} 减小到 $\Delta\omega_{e\infty}$。剩余角频率差 $\Delta\omega_{e\infty}$ 的大小除了与起始角频率差 $\Delta\omega_o$ 有关外,还决定于鉴频特性和 VCO 的调整特性。

8.4.2　自动频率控制电路的应用

1. 自动频率微调电路

自动频率控制电路广泛用于接收机中作为自动频率微调电路。图 8-45 是一个具有自动频率微调电路的调幅接收机方框图。与普通调幅接收机不同的是,本机振荡器改为能进行调整频率的压控振荡器,同时增加了限幅鉴频器、放大器和低通滤波器,与混频器和中频放大器组成一个自动频率控制电路。

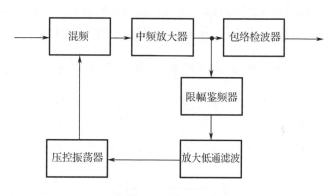

图 8-45　调幅接收机的 AFC 方框图

正常情况下,外来调幅的载波频率 ω_c 与压控振荡器的振荡频率 ω_o 相差一个中频 ω_I、通过鉴频器输出一个电压,经滤波放大使压控振荡器输出振荡频率为 ω_o。若因某一原因使 ω_c 或 ω_o 偏离额定值时,则差频 ω_I 产生 $\Delta\omega_I$ 的偏离,经限幅鉴频,将偏离于 ω_I 的频率误差变换成误差电压,而后将该电压通过窄带滤波和放大后作用到压控振荡器上,使压控振荡器的振荡频率产生变化,这样通过环路的作用最后调整到输入调幅信号的载波频率 ω_c 与压控振荡器的振荡频率之差近于 ω_I。

2. 调频负反馈解调器

对于调频接收系统来说,都要用调频解调器。由于噪声的存在,任何普通的调频解调器都有一个解调的门限值。当调频解调器的输入信噪比高于解调门限值时,调频波解调后的输出信噪比将有所提高,并且其值与输入信噪比呈线性关系。而输入信噪比低于解调门限值时,调频波解调器解调后的输出信噪比不仅不会提高,反而会随着输入信噪比的减小而急剧下降。因此提高调频波解调器的输入信噪比十分重要。

图 8-46 是调频负反馈解调器的电路方框图。它与普通调频接收机中的鉴频器的区别是,它利用鉴频后经低通滤波器输出的解调信号反馈给 VCO,使 VCO 的角频率按解调电压变化。而解调电压就是输入调频波的调制电压。

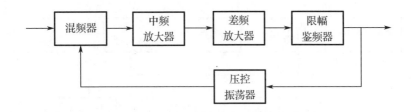

图 8 - 46　调频负反馈解调器的电路方框图

设中频放大器的中心频率为 $\omega_I = \omega_c - \omega_o$，其中，$\omega_c$ 为输入调频波的中心频率，ω_o 为压控振荡器的中心频率。若混频器输入调频波的瞬时角频率为

$$\omega_c(t) = \omega_c + \Delta\omega_{m1}\cos \Omega t$$

而 VCO 产生的振荡信号是受解调电压控制的调频振荡信号，其瞬时角频率为

$$\omega_o(t) = \omega_o + \Delta\omega_{m2}\cos \Omega t$$

则混频器输出信号的瞬时角频率为

$$\omega_I(t) = (\omega_c - \omega_o) + (\Delta\omega_{m1} - \Delta\omega_{m2})\cos \Omega t$$

式中，$(\omega_c - \omega_o)$ 为中频放大器的中心频率，$(\Delta\omega_{m1} - \Delta\omega_{m2})$ 为输出给中频放大器的调频波的最大频率偏移。显然，中频信号仍为不失真的调频波，但其最大角频率偏移小于混频器输入调频波的最大角频率偏移。因而负反馈解调器的中频放大器的通带可以比普通鉴频器接收机的中频放大器的通带小。若维持混频器输入信噪比相同，加到调频负反馈解调器的限幅鉴频器的输入信噪比就比普通接收机中限幅鉴频器的输入信噪比高。若维持限幅鉴频器输入信噪比相同，采用负反馈解调器时，混频器输入端所需输入信噪比比普通接收机要低，可以认为是解调门限值降低。

8.5　自动增益控制电路

8.5.1　AGC 电路的工作原理

AGC 电路的作用是，当输入信号电压变化很大时，保持接收机输出电压几乎不变。图 8 - 47 是一个典型的具有 AGC 电路的接收机方框图。其中，高频放大器和中频放大器是直接受控的增益可控的放大器。高频放大器和中频放大器是 AGC 控制环路的被控对象。AGC 检波器、低通滤波器和直流放大器组成反馈控制器。

接收机输入信号 u_c 为载波信号，即 $u_c = U_{cm}\cos \omega_c t$，而环路的输入量为电压 U_R，环路的输出量为中频放大器输出电压振幅 U_{Im}。AGC 检波器在环路中还兼作振幅比较器，它的门限电压就是环路的输入量 U_R。

当 $U_{Im} \leqslant U_R$ 时，AGC 检波器无输出，误差控制电压 $u_e = 0$，AGC 环路不起作用。设输入回路、高频放大器、变频器和中频放大器组成的信号传输系统的总电压增益在 $u_e = 0$ 时，为 $A(0)$。接收机接收到的信号经输入回路、高频放大、变频和中频放大得到中频输出电压为 $U_{Im} = A(0)U_{cm}$，其中，U_{cm} 为接收机输入信号的振幅。AGC 环路不起作用时，信号传输系统的总电压增益 $A(0)$ 不变，U_{Im} 随 U_{cm} 线性变化。

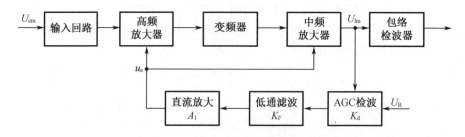

图 8 - 47　具有 AGC 电路的接收机方框图

当 $U_{\text{Im}} > U_{\text{R}}$ 时,AGC 检波器才会有输出。设 AGC 检波器的传输系数为 K_{d},低通滤波器的传输系数为 K_{F},直流放大器的电压增益为 A_1,并令 AGC 环路总增益 $A_1 K_{\text{F}} K_{\text{d}} = K$,则提供给被控对象的误差控制电压为

$$u_{\text{e}} = A_1 K_{\text{F}} K_{\text{d}}(U_{\text{Im}} - U_{\text{R}}) = K(U_{\text{Im}} - U_{\text{R}}) \qquad (8 - 38)$$

此电压反馈给高频放大器和中频放大器,使信号传输系统的总电压增益 A 随 u_{e} 改变。根据信号传输系统的要求,$A(u_{\text{e}})$ 随 u_{e} 增大而减小,通常为非线性特性。它是由可控放大器的电路结构和控制方式所决定的。它表明了信号传输系统在 AGC 环路工作时,中频输出电压振幅 U_{Im} 与输入电压振幅 U_{cm} 的关系。即

$$U_{\text{Im}} = A(u_{\text{e}}) U_{\text{cm}} \qquad (8 - 39)$$

那么 U_{cm} 不变,AGC 环路正常工作的稳定状态是怎样确定呢?

由式(8 - 39)可以看出在输入信号电压的振幅 U_{cm} 固定不变时,中频输出电压振幅 U_{Im} 与 u_{e} 的关系是与 $A(u_{\text{e}})$ 与 u_{e} 的关系相似,如图 8 - 48 的曲线①所示。它是 U_{cm} 为某一确定数值所对应的特性曲线,因为 $A(u_{\text{e}})$ 与 u_{e} 的关系是确定不变的,若 U_{cm} 变化,特性曲线按式(8 - 39)变化。

AGC 环路误差控制电压 u_{e} 与中频输出电压 U_{Im} 的关系由式(8 - 38)确定。因为 K 与 U_{R} 都是常数,$U_{\text{Im}}(u_{\text{e}})$ 是一线性方程,即 $U_{\text{Im}} = (u_{\text{e}}/K) + U_{\text{R}}$,如图 8 - 48 的曲线②所示。

确定稳定状态的 $U_{\text{Im}\infty}$ 和 $u_{\text{e}\infty}$ 必须同时满足信号传输系统的特性(曲线①)和 AGC 环路的特性(曲线②),故两条特性曲线的交点 Q 是稳定平衡点,通常将环路达到稳定状态称为环路锁定。稳定状态对应的误差控制电压是 $u_{\text{e}\infty}$,中频

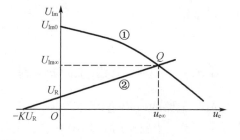

图 8 - 48　AGC 环路锁定特性

放大器的输出电压振幅是 $U_{\text{Im}\infty}$,$\Delta U_{\text{Im}\infty} = U_{\text{Im}\infty} - U_{\text{R}}$ 称为剩余幅差。由图中可以得出锁定状态(稳态)的误差控制电压为

$$u_{\text{e}\infty} = K(U_{\text{Im}\infty} - U_{\text{R}}) = A_1 K_{\text{F}} K_{\text{d}}(U_{\text{Im}\infty} - U_{\text{R}})$$

同时,还可看到 AGC 反馈控制器的 K 越大,剩余幅差越小。

当 AGC 环路达稳定工作状态后,信号传输系统的输入信号振幅 U_{cm} 变化,AGC 环路的稳态将怎样变化? 设信号传输系统的输入信号振幅为 U_{cm} 时,对应的信号传输系统的受控特性 $U_{\text{Im}} = A(u_{\text{e}}) U_{\text{cm}}$ 如图 8 - 49 中曲线①所示,对应的 AGC 控制特性 $U_{\text{Im}} = (u_{\text{e}}/K) + U_{\text{R}}$ 如图 8 - 48 中曲线②所示,两特性交点 Q 为稳态平衡点。其稳态的误差控制电压是 $u_{\text{e}\infty}$,中频

放大器的输出电压振幅是 $U_{Im\infty}$，剩余幅差为 $\Delta U_{Im\infty} = U_{Im\infty} - U_R$。当信号传输系统的输入信号振幅由 U_{cm} 增大到 U'_{cm} 时，信号传输系统的受控特性 $U'_{Im} = A(u_e)U'_{cm}$ 如图 8 - 49 中曲线③所示，而 AGC 控制特性不变，如图 8 - 49 中曲线②所示。通过 AGC 环路控制调节，稳态平衡点由 Q 点变到 Q' 点，对应的稳态的误差控制电压是 $u'_{e\infty}$，中频放大器的输出电压 $U'_{Im\infty}$，剩余幅差为 $\Delta U'_{Im\infty} = U'_{Im\infty} - U_R$。可以看出系统

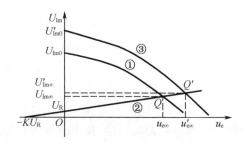

图 8 - 49　AGC 控制的稳态变化

的输入信号的振幅 U_{cm} 变化很大，由于 AGC 环路的控制作用，中频放大器的输出电压 $U_{Im\infty}$ 的变化很小，剩余幅差的变化也很小。AGC 环路的总增益 $A_1 K_F K_d = K$ 越大，中频放大器的输出电压 $U_{Im\infty}$ 的变化越小，剩余幅差的变化也越小。可见，具有 AGC 环路的信号传输系统，通过 AGC 环路对系统总电压增益的控制调节作用，使信号传输系统在输入信号电压振幅变化很大时，保持输出信号电压振幅变化很小。

若接收机输入为调幅电压信号，中频放大器输出电压为 $U_{Im}(1 + m_a\cos\Omega t)\cos\omega_1 t$，通过检波器后有反映信号强弱的直流电压，其值与载波电压成正比，还有反映调制规律的音频电压。信号传输系统中的两个检波器是有不同的要求的。包络检波器的任务是解调出被传送的调制信号（音频 Ω），包络检波的低通滤波器的带宽是宽带，要允许调制信号（音频 Ω）不失真通过。而 AGC 检波器是解调反映信号强弱的中频载波电压，其低通滤波器应是窄带，可滤除音频电压，而取出直流电压，此直流电压经直流放大后作为误差控制电压去控制可控增益放大器。若 AGC 检波器也是宽带低通滤波器，则误差控制电压中含有音频电压，这样就会把接收机的输出调幅信号中反映传输信息的包络变化抑制。

8.5.2　AGC 电路的分类

AGC 电路就其工作特性来说可分为简单 AGC 和延迟式 AGC 两大类。

图 8 - 50 是表示接收机中频放大器输出信号振幅 U_{Im} 与接收机输入信号振幅 U_{cm} 的关系，它能反映接收机的传输特性。简单 AGC 电路是只要接收机有外来信号输入，中频放大器有信号输出，AGC 电路就立刻工作，产生误差控制电压 u_e 去控制可控增益放大器。即相当于比较电压 $U_R = 0$ 的情况。图 8 - 50 曲线①表示无 AGC 电路时接收机中频放大器输出 U_{Im} 与输入 U_{cm} 的关系。曲线②表示具有简单 AGC 电路的接收机中频放大器输出 U_{Im} 与输入 U_{cm} 之间的关系。

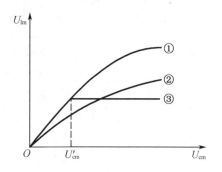

图 8 - 50　AGC 控制类型

由图可知，具有简单的 AGC 电路的接收机，无论输入信号大小，其输出电压均比无 AGC 电路的同样接收机输出电压为小。它的主要特点是，在接收机输入信号非常微弱时，接收机的输出也因可控增益放大器受控而较无 AGC 电路时要小。它使接收机的灵敏度降低了，这

是不利的。

在实际工作中,需要的是曲③所示的理想特征。即在输入信号 U_{cm} 小于某一预定 U'_{cm} 值的时,AGC 不起作用,接收机的输出电压与输入信号的关系,与无 AGC 电路相同。只有当 $U_{cm} > U'_{cm}$ 后,AGC 才起作用。这时,虽然外来输入信号继续增强,但接收机的输出电压将维持不变。它既能保证接收机有高的灵敏度,又能保证输出电压振幅恒定。

由于 AGC 电路被控量是电压振幅,在反馈控制器中必须进行振幅比较,利用幅度误差量去对输出振幅进行调整,想实现理想的延迟式 AGC 电路的特性是非常困难的。实用中的延迟式 AGC 电路的特性如图 8 - 51 所示,在 AGC 控制范围内 ($U_{cm1} \sim U_{cm2}$),接收机输入信号电压 U_{cm} 变化很大时,而接收机中频放大器的输出电压 U_{Im} 的变化却很小,它不会等于比较电压 U_R,始终存在有剩余幅差。

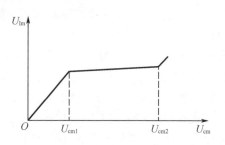

图 8 - 51 延迟式 AGC 电路特性

图 8 - 52 是延迟式 AGC 原理电路图。中频放大器输出信号除送给信号检波外,还送给 AGC 检波器。当信号振幅低于比较电压 U_R 时,二极管处于截止状态,无 AGC 电压输出,AGC 环路不工作。只有当中频放大器输出电压振幅高于比较电压 U_R 时,二极管导通,有检波电压输出。经低通滤波,并送给直流放大器进行放大得到误差控制电压 u_e,AGC 环路工作,自动调节中频放大器的输出电压使其幅值近于不变。必须注意的是,上面分析中,认为二极管的导通电压为零实际上并不为零,故应将此导通电压考虑为比较电压的一部分。

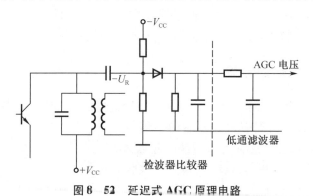

图 8 - 52 延迟式 AGC 原理电路

8.6 思考题与习题

8 - 1 锁相环路稳频与自动频率控制电路在工作原理上有何区别?为什么说锁相环路相当于一个窄带跟踪滤波器?

8 - 2 锁相调频电路与一般的调频电路有什么区别?各自的特点是什么?

8 - 3 锁相接收机与普通接收机有哪些异同点?

8 - 4 锁相分频器、锁相倍频器与普通分频器、倍频器相比,其主要优点各是什么?

8-5　在图8-53所示的锁相环路中,晶体振荡器的振荡频率为100 kHz,固定分频器的分频比为10,可变分频器的分频比$M = 760 \sim 960$,试求压控振荡器输出频率的范围及相邻两频率的间隔。

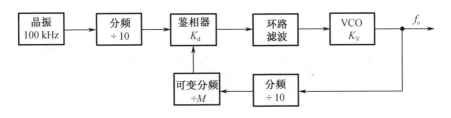

图8-53　题8-5图

8-6　某频率合成器中锁相环路方框图如图8-54所示,已知$\omega_2 = 2\pi \times 10^6$ rad/s,$\omega_i = 2\pi \times 500 \times 10^3$ rad/s,求环路输出频率ω_o。

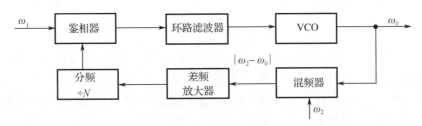

图8-54　题8-6图

8-7　在图8-55所示频率合成器方框图中,标准频率$f_1 = 2$ MHz,$N_1 = 200$,$N_2 = 20$,$N_3 = 200 \sim 300$,$N_4 = 50$,求其输出频率范围和频率间隔。图中PD为鉴相器,LF为低通滤波器,VCO为压控振荡器,N为分频器分频比。

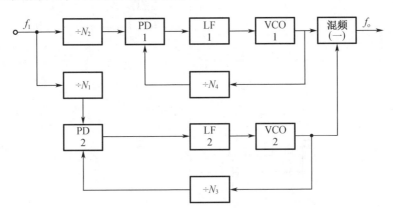

图8-55　题8-7图

8-8　图8-56所示为三环频率合成器,其中$f_i = 100$ kHz,$N_A = 300 \sim 399$,$N_B = 351 \sim 396$,试求其输出频率的表达式及频率范围、频率间隔。

8-9　调频接收机的自动频率控制系统为什么要在鉴频器与本振之间接一个低通滤波器,这个低通滤波器的截止频率应如何选择?

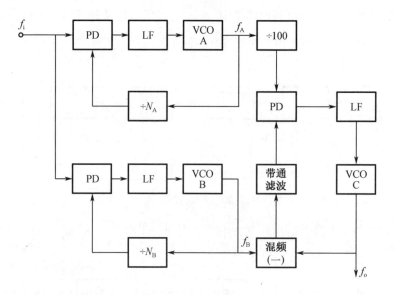

图 8-56 题 8-8 图

8-10 试分析说明晶体管放大器如何改变其电压增益,NPN 晶体管和 PNP 晶体管改变其电压增益所加的 AGC 电压是否相同,为什么?

8-11 图 8-57 中,变压器次级线圈的负载不是电阻 R_L,而是检波器和 AGC 电路,请画出该电路图,并标出控制电压 U_{AGC} 的极性。

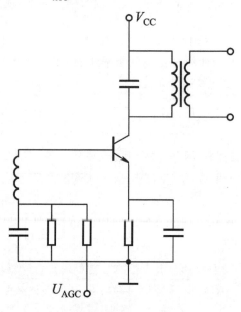

图 8-57 题 8-11 图

参 考 文 献

[1]张肃文,陆兆熊.高频电子线路[M].3版.北京:高等教育出版社,1993.

[2]冯军,谢嘉奎.电子线路[M].5版.北京:高等教育出版社,2010.

[3]董在望.通信电路原理[M].2版.北京:高等教育出版社,2002.

[4]孙景琪.通信、广播电路与系统[M].北京:北京工业大学出版社,1994.

[5]董荔真,倪福卿,罗伟雄.模拟与数字通信电路[M].北京:北京理工大学出版社,1990.

[6]谢沅清.模拟电子线路Ⅱ[M].成都:电子科技大学出版社,1994.

[7]张凤言.电子电路基础[M].2版.北京:高等教育出版社,1995.

[8]万心平,张厥盛.集成锁相环路:原理、特性、应用[M].北京:人民邮电出版社,1990.

[9]张厥胜,张会宁,刑静.锁相环频率合成器[M].北京:电子工业出版社,1997.

[10]克劳斯.固态无线电技术[M].秦士,姚玉洁,译.北京:高等教育出版社,1987.

[11]史密斯.现代通信电路[M].叶德福,译.西安:西北电讯工程学院出版社,1987.

[12]YOUNG P H.电子通信技术[M].4版.英文影印版.北京:科学出版社,2003.

[13]RAPPAPORT T S.无线通信原理与应用[M].影印版.北京:电子工业出版社,1998.

[14]Leon W. Couch Ⅱ.数字与模拟通信系统[M].5版.影印版.北京:清华大学出版社,1998.

[15]曾兴雯.高频电子线路[M].北京:高等教育出版社,2004.

[16]胡长阳.D类和E类开关模式功率放大器[M].北京:高等教育出版社,1985.

[17]陈邦媛.射频通信电路[M].2版.北京:科学出版社,2006.